KANT E O ORNITORRINCO

UMBERTO ECO

KANT E O ORNITORRINCO

ensaios sobre linguagem e cognição

TRADUÇÃO DE ANA THEREZA B. VIEIRA

REVISÃO TÉCNICA DE MARCO LUCCHESI

2ª edição

EDITORA RECORD

RIO DE JANEIRO • SÃO PAULO

2023

CIP-BRASIL. CATALOGAÇÃO NA PUBLICAÇÃO
SINDICATO NACIONAL DOS EDITORES DE LIVROS, RJ

E22
2. ed.

Eco, Umberto, 1932-2016
    Kant e o ornitorrinco : ensaios sobre linguagem e cognição / Umberto Eco ; tradução Ana Thereza B. Vieira ; revisão técnica Marco Lucchesi. - 2. ed. - Rio de Janeiro : Record, 2023.

    Tradução de: Kant e l'ornitorinco
    Inclui bibliografia e índice
    ISBN 978-65-5587-626-0

    1. Linguagem e línguas - Filosofia. 2. Cognição. 3. Semiótica. I. Vieira, Ana Thereza B. II. Lucchesi, Marco. III. Título.

22-80858

CDD: 401.4
CDU: 81'22

Meri Gleice Rodrigues de Souza Bibliotecária – CRB-7/6439

Copyright © RCS Libri S.p.A. – Milano Bompiani, 1997

Título original em italiano: Kant e l'ornitorinco

Texto revisado segundo o Acordo Ortográfico da Língua Portuguesa de 1990.

Direitos exclusivos de publicação em língua portuguesa para o Brasil adquiridos pela
EDITORA RECORD LTDA.
Rua Argentina, 171 – 20921-380 – Rio de Janeiro, RJ – Tel.: (21) 2585-2000, que se reserva a propriedade literária desta tradução.

Impresso no Brasil

ISBN 978-65-5587-626-0

EDITORA AFILIADA

Seja um leitor preferencial Record.
Cadastre-se em www.record.com.br
e receba informações sobre nossos
lançamentos e nossas promoções.

Atendimento e venda direta ao leitor:
sac@record.com.br

SUMÁRIO

Introdução

O que tem Kant a ver com o ornitorrinco? Nada. Como veremos, todos juntos, não tem nada a ver com ele. E isto bastaria para justificar o título e aquela sua incoerência totalizante que soa como uma homenagem à antiquíssima enciclopédia chinesa de memória borgesiana.

De que fala este livro? Além do ornitorrinco, de gatos, cães, ratos, cavalos, mas também de cadeiras, pratos, árvores, montanhas e outras coisas que vemos todos os dias, e das razões pelas quais distinguimos um elefante de um tatu (também daquelas pelas quais comumente não trocamos a nossa mulher por um chapéu). Trata-se de um problema filosófico formidável que obcecou o pensamento humano desde Platão até os cognitivistas contemporâneos e que nem mesmo Kant (como veremos) soube, não digo resolver, mas nem sequer fixar em termos satisfatórios. Imagino.

Eis por que os ensaios deste livro (redigidos no espaço de doze meses, retomando temas que tratei — em parte de forma inédita — nos últimos anos) originam-se de um núcleo de preocupações sistemáticas. Se os vários parágrafos são às vezes teimosamente numerados e subdivididos é apenas para permitir remissões rápidas de um escrito a outro, sem que este artifício deva sugerir uma arquitetura subjacente. Se muitas são as coisas que digo nestas páginas, muitíssimas são aquelas que não digo, simplesmente porque não tenho ideias precisas a seu respeito. Antes, desejarei ter como emblema a citação de Boscoe Pertwee, um autor do século XVIII (a mim desconhecido), que encontrei em Gregory (1981: 558): "Há tempo eu estava indeciso, mas agora não sei se estou tão seguro assim."

Escritos, então, sob o emblema da indecisão e de numerosas perplexidades, estes ensaios originaram-se do sentimento de não ter honrado alguns compromissos firmados quando havia publicado o *Tratado de semiótica geral* em 1975 (já retomando e desenvolvendo uma série de pesquisas iniciadas na segunda metade dos anos 1960). Os contos em suspenso diziam respeito ao problema da referência, dos ícones, da verdade, da percepção e daquela que então chamava a "soleira inferior" da semiótica. No decorrer destes vinte e dois anos muitos foram os que me fizeram perguntas muito urgentes, oralmente ou por escrito, e muitíssimos aqueles que me perguntavam se e quando teria escrito uma atualização do *Tratado*. Estes ensaios foram escritos também para explicar, talvez mais a mim mesmo do que aos outros, por que não o fiz.

As razões são fundamentalmente duas. A primeira é que, se nos anos 1970 podíamos pensar em unir os membros esparsos de tantas pesquisas semióticas para tentar fazer uma summa, hoje a sua área ampliou-se tanto (misturando-se com aquela das várias ciências cognitivas) que cada nova sistematização seria imprudente. Estamos diante de uma galáxia em expansão, não mais de um sistema planetário cujas equações fundamentais podem ser fornecidas. O que me parece ser um sinal de sucesso e de saúde: a interrogação sobre a semiose tornou-se central em muitíssimas disciplinas, mesmo por parte de quem não pensava, ou não sabia, ou ainda não queria fazer semiótica. Isto já era verdade na época do *Tratado* (para dar um exemplo, não havia razão para que tivessem lido livros de semiótica biólogos que começaram a falar de "código" genético), mas o fenômeno ampliou-se, mais para aconselhar, a quem segue uma estratégia da atenção, e por mais seletivos que sejam os seus critérios teóricos, a praticar uma espécie de tolerância ecumênica, no mesmo sentido em que o missionário de vistas largas decide que até o infiel, qualquer que seja o ídolo ou o princípio superior que adore, é *naturaliter* cristão e, portanto, será salvo.

Todavia, embora tolerante com relação às opiniões alheias, cada um deve expor as suas próprias opiniões, ao menos sobre as questões fundamentais. Pela integração e correção do *Tratado*, eis-me aqui expondo as minhas ideias mais recentes sobre alguns pontos que aquele livro havia deixado em suspenso.

De fato (e chegamos à segunda razão), na primeira parte do Tratado eu começava com um problema: se existe, em termos peircianos, um Objeto

Dinâmico, nós o conhecemos apenas através de um Objeto Imediato. Manipulando signos, nós nos referimos ao Objeto Dinâmico como *terminus ad quem* da semiose. Na segunda parte, aquela dedicada aos modos de produção de signos, pressupunha, ao contrário (mesmo se não o explicitava em termos claros), que se falamos (ou emitimos signos, sejam eles de qualquer tipo) é porque Algo nos leva a falar. Com o que se apresentava o problema do Objeto Dinâmico como *terminus a quo*.

Antepor o problema do Objeto Dinâmico como *terminus ad quem* determinou os meus interesses sucessivos: seguir o fato da semiose como sequência de interpretantes, os interpretantes sendo um produto coletivo, público, observável, que se depositam no correr dos processos culturais, mesmo se não supomos uma mente que os acolha, utilize e explique. Daí surgiu o que escrevi sobre o problema do significado, do texto e da intertextualidade, da narração, dos fatos e dos limites da interpretação. Mas foi justamente o problema dos limites da interpretação que me levou a pensar se aqueles limites são apenas culturais, textuais, ou se se escondem mais a fundo. E isto explica por que o primeiro destes ensaios trata do Ser. Não se trata de delírio de onipotência, mas de dever profissional. Como veremos, falo do Ser apenas enquanto parece que aquilo que é impõe limites à nossa liberdade de expressão.

Quando julgamos um sujeito que procura compreender o que experimenta (e o Objeto — que é a Coisa em Si — torna-se o *terminus a quo*), então, mesmo antes de se formar a cadeia dos interpretantes, entra em jogo um processo de interpretação do mundo que, sobretudo no caso de objetos inéditos e desconhecidos (como o ornitorrinco em fins do Setecentos), assume uma forma "original", feita de tentativas e recusas, que já é semiose em ato, que colocará em discussão os sistemas culturais preestabelecidos.

Assim, cada vez que pensei retomar o *Tratado*, perguntei-me se não deveria reestruturá-lo começando pela segunda parte. As razões pelas quais eu me questionava deveriam tornar-se evidentes lendo os ensaios que seguem. O fato de eles se apresentarem justamente como ensaios, explorações errantes de diversos pontos de vista, diz como — tomado pelo impulso de fazer uma inversão sistemática — percebi que não era capaz de arquitetá-lo (e talvez ninguém possa fazê-lo sozinho). Assim decidi passar com prudência da arquitetura dos jardins à jardinagem, e, em vez de desenhar Versailles, limitei-me a desbastar alguns canteiros mal ligados por caminhos de terra batida — e suspeitando que tudo ao redor se estenda ainda como um parque romântico à inglesa.

Onde escolhi colocar os meus canteiros? Decidindo (em vez de polemizar com mil outros) polemizar comigo mesmo, e assim com várias coisas que havia escrito antes, corrigindo-me quando me parecia justo, sem aliás renegar-me *in toto*, porque as ideias mudam sempre como manchas de leopardo, nunca por inteiro e de um dia para o outro. Se tivesse de sintetizar o núcleo de problemas ao redor do qual andei, falaria de elementos de uma semântica cognitiva (que certamente pouco tem a ver seja com aquela verdadeira-funcional, seja com aquela estrutural-lexical, mesmo que de ambas procure subtrair temas e motivos) baseada numa noção contratual quer dos nossos esquemas cognitivos ou do significado e da referência — posição coerente com as minhas tentativas anteriores de elaborar uma teoria do conteúdo em que semântica e pragmática se fundissem. Ao fazer isto, procuro adaptar uma visão eminentemente "cultural" dos processos semióticos ao fato de que, qualquer que seja o peso dos nossos sistemas culturais, há algo no *continuum* da experiência que impõe limites às nossas interpretações, pelo que — se não temesse usar palavras grosseiras — diria que aqui a disputa entre realismo interno e realismo externo tenderia a compor-se numa noção de realismo contratual.

A propósito, sou obrigado a abrir um parêntese. Em 1984 colaborei para a coleção *Il pensiero debole*, aos cuidados de Gianni Vattimo e Pier Aldo Rovatti (Milão: Feltrinelli). Esta deveria ser, na intenção dos curadores, uma palestra de confronto entre autores de várias origens sobre aquela proposta de pensamento fraco cujo copyright pertencia há tempo a Vattimo. Talvez no fim a proporção entre "fracos fortes" (linha hermenêutica Nietzsche-Heidegger) e "fracos fracos" (pensamento da conjetura e da falibilidade) tornara-se um pouco desequilibrada, mas críticos atentos (como, por exemplo, Cesare Cases no Espresso de 5 de fevereiro de 1984) perceberam também que no contexto eu parecia mais da parte dos enciclopedistas que daquela de Heidegger. Não importa: no âmbito das mass media aquela coleção foi frequentemente entendida como um manifesto, e algumas vezes (no âmbito de uma panfletagem popular) eu me vi *tout court* na lista dos "fracos".

Penso que, sobretudo no primeiro ensaio deste livro, sejam confirmadas e esclarecidas, mesmo através de alguns respeitosos confrontos polêmicos, as minhas posições a esse respeito. Há uma diferença entre dizer que não podemos entender tudo (de uma vez por todas) e dizer que o ser tirou férias (mesmo se penso que nenhum "fraco" nunca tenha chegado a tanto). Mas, em suma, pelo menos numa introdução publicada em cursivo, ocorre ficar de sobreaviso com relação às simplificações das *media*.

O leitor perceberá que, começando pelo segundo ensaio e sempre à medida que avanço, estas minhas discussões teóricas estão cheias de "histórias". Talvez alguém saiba que, quando senti o impulso de narrar histórias, eu o satisfiz em outro lugar e assim esta minha decisão fabulatória não se deve à necessidade de realizar uma vocação reprimida (tentação de muitos pensadores contemporâneos que substituem a filosofia por páginas de boa literatura, no sentido crociano do termo). Poderíamos dizer que a minha decisão tem um profundo motivo filosófico: se terminou, como dizem, a era das "grandes narrações", será útil proceder por parábolas, que fazem ver algo de forma textual — como teria dito Lotman, e como nos convida a fazer Bruner — sem delas querer fazer gramáticas.

Há, entretanto, uma segunda razão. Ao colocar-me numa posição interrogativa sobre o modo como percebemos (mas também chamamos) gatos, ratos ou elefantes, pareceu-me útil não tanto analisar em termos modelísticos expressões como há um gato no tapete, ou então ver o que fazem os nossos neurônios quando vemos um gato no tapete (para não falar do que fazem os neurônios do gato quando ele nos vê sentados no tapete — como explicarei, procuro não meter o nariz em caixas-pretas, deixando este difícil trabalho para quem o saiba fazer), mas recolocar em cena um personagem frequentemente desprezado, que é o senso comum. E para entender como funciona o senso comum não há nada melhor que imaginar "histórias" em que as pessoas se comportam segundo o senso comum. Descobrimos assim que a normalidade é narrativamente surpreendente.

Mas talvez a presença de tantos gatos, cães e ratos no meu discurso tenha me levado à função cognitiva dos bestiários moralizantes e dos contos de fada. Ao tentar pelo menos atualizar o bestiário, introduzi o ornitorrinco como herói do meu livro. Agradeço a Stephen Jay Gould e a Giorgio Celli (como também a Gianni Piccini via Internet) por me ter simpaticamente ajudado na minha caça àquele imponderável animalzinho (que, aliás, há anos, também conheci pessoalmente). Ele acompanhou-me passo a passo, até lá onde não o cito, e cuidei para dar-lhe credenciais filosóficas, encontrando logo um parentesco dele com o unicórnio que, como os solteiros, não pode nunca estar ausente de uma reflexão sobre a linguagem.

Como devedor de Borges por tantos motivos durante a minha atividade anterior, consolava-me pelo fato de que Borges tivesse falado de tudo, exceto do ornitorrinco, e assim alegrava-me por ter-me subtraído da angústia da influência. Enquanto estava para publicar estes ensaios, Stefano Bartezzaghi mostrou-me que, ao menos verbalmente, num diálogo com Domenico Porzio, explicando (talvez) por que nunca fora à Austrália, Borges falou do ornitorrinco: "Além do canguru e do ornitorrinco, que é um animal horrível, feito com pedaços de outros animais, agora também há o camelo.*

Do camelo já me ocupara, trabalhando sobre as classificações aristotélicas. Neste livro explico por que o ornitorrinco não é horrível, mas prodigioso e providencial por colocar à prova uma teoria do conhecimento. A propósito, pela sua aparição muito remota no desenvolvimento das espécies, insinuo que não seja feito com pedaços de outros animais, mas que os outros animais é que são feitos dos seus pedaços.

Falo de gatos e de ornitorrincos, mas também de Kant — caso contrário o título seria injustificável. Antes, falo de gatos justamente porque Kant havia trazido à baila os conceitos empíricos (e, se não havia falado de gatos, havia, contudo, falado de cães), e depois não sabia mais onde colocá-los. Parti de Kant para honrar um outro compromisso firmado comigo mesmo, desde os anos universitários, em que comecei a divulgar tantos pequenos apontamentos sobre aquele conceito "devastador" (sugeriu-o Peirce) que era o do esquema. Encontramos o problema da esquematização em nossas mãos até hoje, no âmago da discussão sobre os processos cognitivos. Mas muitas destas pesquisas sofrem de insuficiente contextualização histórica. Fala-se, por exemplo, de neoconstrutivismo, alguns fazem uma referência explícita a Kant, mas muitos outros fazem ao neokantismo sem saber. Lembro-me sempre de um livro americano, muito bonito aliás (e, por isso, deixamos de falar do pecador ocasional,

---

* Domenico Porzio, "Introdução" a J. L. Borges, *Tutte le opere*, v. 2. Milão: Mondadori, 1985. xv-xvi.

atendo-nos apenas ao pecado), onde aparecia, num certo momento, uma nota que dizia a um depressivo: "Parece que Kant também falou coisas afins sobre este ponto (cf. Brown, 1988)."

Se parece que Kant falou coisas afins, a tarefa de um discurso filosófico é rever de onde Kant partiu, e em que nós problemáticos se debateu, porque a sua alternância pode ensinar algo também a nós. Sem saber, poderemos ser ainda filhos dos seus erros (assim como das suas verdades), e conhecer o assunto poderia evitar que cometêssemos erros análogos ou acreditar que descobrimos ontem aquilo que ele já havia sugerido há duzentos anos. Para falar rapidamente, Kant não sabia nada sobre o ornitorrinco, e paciência, mas o ornitorrinco, para resolver a própria crise de identidade, deveria saber algo sobre Kant.

Não tento um quadro exaustivo de agradecimentos porque seria puro *name dropping*, começando por Parmênides. As referências bibliográficas no fim deste livro não são uma bibliografia, são apenas um gesto de prudência legal, para não ser acusado de calar nomes de pessoas que citei diretamente. Assim, estão ausentes tantos nomes importantes, de autores a quem muito devo, mas que não citei diretamente.

Agradeço à Italian Academy for Advanced Studies in America at Columbia University, que me deu tempo hábil para dedicar-me por dois meses ao primeiro esboço dos ensaios 3, 4 e 5.

Quanto ao restante, sobre estes temas, nos últimos anos, fui estimulado por pessoas que trabalhavam a meu lado (e que perceberam o princípio sadio pelo qual é necessário falar dos amigos sem papas na língua, porque as falsidades estão reservadas apenas aos adversários). Os débitos em tal sentido, acumulados no curso de tantos confrontos, são infinitos. Veremos que citei algumas teses de licenciatura e de doutorado discutidas (não falo da sessão final, falo das muitas discussões *in itinere*) nos últimos anos, e que influenciaram diretamente muitos destes ensaios, mas quem sabe quantos nomes não tive a oportunidade de citar, entre todos aqueles com quem discuti nos últimos anos ao longo dos workshops do Centro de Estudos Semióticos e Cognitivos da Universidade de São Marino e nos inumeráveis seminários em Bolonha.

Entretanto, não posso deixar de falar dos vários apontamentos, assuntos e empecilhos dos colaboradores para a coleção *Semiótica História*

Interpretação. Ensaios acerca de Umberto Eco. Milão: Bompiani, 1992.*
Enfim, talvez, a decisão de iniciar estes ensaios recolhendo e reelaborando os vários rascunhos veio-me das discussões, diagnósticos e prognósticos (ainda reservados) a mim oferecidos pelos participantes da Década de Cerisy-la-Salle no verão de 1996. No momento parecerá aos presentes que, acima de tudo, tenha apreciado as tardes musicais, alegradas por generosas doses de Calvados, mas não perdi uma palavra do que se disse, e várias vezes fiquei em crise.**

Obrigado a todos (especialmente aos mais jovens) por me terem acordado de alguns sonhos dogmáticos — se não como Hume, ao menos como o velho Lampe.

---

* Em ordem de aparição, Giovanni Manetti, Costantino Marmo, Giulio Blasi, Roberto Pellerey, Ugo Volli, Giampaolo Proni, Patrizia Violi, Giovanna Cosenza, Alessandro Zinna, Francesco Marsciani, Marco Santambrogio, Bruno Bassi, Paolo Fabbri, Marina Mizzau, Andrea Bernardelli, Massimo Bonfantini, Isabella Pezzini, Maria Pia Pozzato, Patrizia Magli, Claudia Miranda, Sandra Cavicchioli, Roberto Grandi, Mauro Wolf, Lucrecia Escudero, Daniele Barbieri, Luca Marconi, Marco De Marinis, Omar Calabrese, Giuseppina Bonerba, Simona Bulgari.

** Em ordem alfabética (à exceção de dois organizadores, Jean Petitot e Paolo Fabbri), Per--Aage Brandt, Michael Caesar, Mario Fusco, Enzo Golino, Moshe Idel, Burkhart Kroeber, Alexandre Laumonier, Jacques Le Goff, Helena Lozano Miralles, Patrizia Magli, Giovanni Manetti, Gianfranco Marrone, Ulla Musarra-Schroeder, Winfried Nöth, Pierre Ouellet, Maurice Olender, Hermann Parret, Isabella Pezzini, Roberto Pellerey, Maria Pia Pozzato, Marco Santambrogio, Thomas Stauder, Emilio Tadini, Patrizia Violi, Tadaiko Wada, Alessandro Zinna, Ivailo Znepolski. Mas para falar de contribuições críticas ao meu trabalho, sinto que não devo calar sobre outras reflexões, mesmo se não estão imediatamente ligadas aos temas discutidos neste livro, e que chegaram até mim quando já dava os últimos retoques. Desejo, então, citar os colaboradores das seguintes coleções: Rocco Capozzi, ed., *Eco. An Anthology* (Bloomington: Indiana U. P. 1997); Peter Bondanella, *Umberto Eco. Signs for this time* (Cambridge: Cambridge U. P. 1997); Norma Bouchard e Veronica Pravadelli, eds., *The Politics of Culture and the Ambiguities of Interpretation. Eco's Alternative* (Nova York: Peter Lang Publishers, no prelo); Thomas Stauder, ed., *"Staunen über das Sein". Internationale Beiträge zu Umberto Ecos 'Insel des vorigen Tages'* (Darmstadt: Wissenschaftliche Buchgesellschaft, 1997).

1.
Sobre o ser

A história das pesquisas sobre o significado é rica de *homens* (que são animais racionais e mortais), de *solteiros* (que são machos adultos não casados) e até de *tigres* (mesmo que não saibamos se é certo defini-los como mamíferos felinos ou grandes gatos de pelo amarelo com listras pretas). São raríssimas (mas as poucas que existem são muito importantes) as análises de preposições e advérbios (como é o significado de *ao lado de, desde* ou *quando?*); excelentes algumas análises de sentimentos (pensemos na *cólera* greimasiana), muito frequentes as análises de verbos, como *andar, limpar, louvar, matar*. Não ocorre, ao contrário, que algum estudo de semântica tenha produzido uma análise satisfatória do verbo *ser*, que usamos até na linguagem quotidiana, em todas as suas formas, com uma certa frequência.

Pascal (*Fragmento*, 1655) percebera isso muito bem: "Não podemos nos preparar para definir o ser sem incorrer neste absurdo: porque não podemos definir uma palavra sem começarmos pelo termo *é*, expresso ou subentendido. Então, para definir o ser, é preciso dizer é, e assim usar o termo definido na definição." O que não é o mesmo que dizer, com Gorgia, que não podemos falar do ser: falamos muito dele, até demais, a não ser que esta palavra mágica nos sirva para definir quase tudo mas não seja definida por nada. Em semântica falaríamos de um primitivo, o mais primitivo de todos.

Quando Aristóteles (*Metafísica* IV, 1, 1) diz que há uma ciência que estuda o ser enquanto ser, utiliza o particípio presente, *to on*. Em italiano alguns traduzem o *ente*, outros o *ser*. De fato, este *to on* pode ser entendido como aquilo que é, como o ser existente,[1] e, enfim, aquilo que a Escolástica chamava o *ens*, cujo plural são os *entia*, as coisas que existem. Mas se Aristóteles tivesse pensado apenas nas coisas do mundo real que nos circunda, não teria falado de uma ciência especial: os entes são estudados, segundo os setores da realidade, da zoologia, da física e até da política. Aristóteles diz *to on* é *on*, o ente *enquanto tal*. Quando falamos de um ente (seja ele uma pantera ou uma pirâmide) enquanto ente (e não enquanto pantera ou pirâmide), eis que o *to on* torna-se aquilo que é comum a todos os entes, e aquilo que é comum a todos os entes é o fato de existirem, o fato de ser. Neste sentido, como dizia Peirce,[2] o ser (*Being*) é aquele aspecto abstrato que pertence a todos os objetos expressos por termos concretos: ele possui uma *extensão ilimitada* e uma *intenção* (ou *compreensão*) *nula*. O que vale dizer que se refere a tudo mas não tem significado algum. Para ele está claro porque o uso substantivo do particípio presente, normal para os gregos, na linguagem filosófica aos poucos se transfere para o infinito, se não em grego, certamente no *esse* escolástico. Contudo, já encontramos a ambiguidade em Parmênides, que fala de *t'eon*, mas depois afirma que *esti gar einai* (DK 6), e é difícil não entender em sentido substantivado um infinitivo (*essere*) que se torna sujeito de um *é*. Em Aristóteles, o ser como objeto de ciência é *to on*, mas a essência é *to ti en einai* (*Met*. IV, 1028b 33.36), o que era o ser, mas no sentido daquilo que o ser é estavelmente (que será mais tarde traduzido como *quod quid erat esse*).

Todavia, não podemos negar que *ser* seja também um verbo, que exprime não só o ato de ser algo (por isso dizemos que um gato é um felino), mas também a atividade (pelo que dizemos que é belo estar com boa saúde, ou viajando), de modo que muitas vezes (quando dizemos que estamos contentes de estar no mundo) nós o utilizamos como sinônimo de *existir*, mesmo que a equação dê lugar a muitas reservas, porque originariamente *ex-istere* significa "sair de", "manifestar-se" e, portanto, "vir a ser".[3]

Assim, temos (i) um substantivo, o *ente*, (ii) um outro substantivo, o *ser*, e (iii) um verbo, *ser*. A perplexidade é tal que diferentes línguas reagem de diferentes modos. O italiano e o alemão possuem um termo para (i), *ente* e *Seiende*, mas apenas um termo quer para (ii) como para (iii), *essere* e *Sein*. Sabemos como Heidegger fundiu a distinção entre ôntico e ontológico sobre esta diferença, mas como faremos com o inglês, que também possui dois termos, exceto que *to be* engloba apenas a acepção (iii) e *Being* engloba (i) e (ii)? O francês possui apenas um termo, *être*; é verdade que desde o século XVII aparece o neologismo filosófico *étant*, mas o próprio Gilson (na primeira edição de *L'être et l'essence*) custa a aceitá-lo, e decide-se por ele apenas nas edições sucessivas. O latim escolástico adotara *ens* para (i), mas jogava com angustiada desenvoltura com (ii), usando às vezes *ens* e às vezes *esse*.[4]

Por outro lado, ainda falando apenas de ente, sabemos que existem entes materiais e entes de razão, entre os quais estão as leis matemáticas; Peirce propunha restaurar o termo *ens* (ou *entity*) ao seu significado originário de tudo aquilo de que possamos falar.[5] E eis que o ente passa a ter equivalência de ser, enquanto totalidade que compreende não só aquilo que está fisicamente ao redor, mas também aquilo que está abaixo, ou acima, ou ao redor, ou antes ou depois, e o fundamenta ou justifica.

Mas então, se estamos falando de tudo aquilo de que podemos falar, ocorre incluir também o possível. Não só ou não tanto no sentido que acreditou que até os mundos possíveis existem realmente num lugar qualquer (Lewis 1973), mas ao menos no sentido de Wolff (*Philosophia prima sive ontologia methodo scientifico pertractata*, 134), para quem uma ontologia diz respeito ao ente *quatenus ens est*, independentemente de qualquer questão de existência, para quem *quod possibile est, ens est*. E com maior razão pertenceriam agora à esfera do ser não só as coisas que irão acontecer, mas também os eventos passados: aquilo que é, é em todas as conjugações e tempos do verbo ser.

Neste ponto inseriu-se no ser a temporalidade (seja do *Dasein*, seja das galáxias), e não é necessário ser parmenidiano a qualquer custo: se o Ser (com a maiúscula) é tudo aquilo de que podemos dizer algo, por que o futuro também não deverá fazer parte dele? O futuro aparece como defeito numa visão do ser como Esfera compacta e imutável; mas neste ponto não sabemos ainda se o ser não é, não diremos volúvel, mas móvel, metamórfico, metempsicótico, compulsivamente reciclante, inveterado *bricoleur*...

Em todo caso, as línguas que falamos são aquilo que são, e se apresentam ambiguidades, ou então confusões no uso deste primitivo (ambiguidade que a reflexão filosófica não resolve), não será que esta perplexidade exprime uma *condição fundamental*?

Para respeitar essa perplexidade, usaremos nas páginas que seguem *ser* no seu sentido mais amplo e aberto. Mas qual sentido pode ter este termo que Peirce declarou propositadamente nulo? Terá o sentido sugerido pela dramática pergunta de Leibniz: "Por que algo existe de preferência ao nada?"

Eis o que entenderemos pela palavra *ser*: Algo.

1.1. A semiótica e o Algo

Por que a semiótica deveria ocupar-se deste algo? Porque um dos seus problemas é (também, e certamente) dizer se e como usamos signos para nos referirmos a algo, e escreveu-se muito sobre isso. Mas não acredito que a semiótica possa evitar um outro problema: que coisa é aquele algo que nos leva a produzir signos?

Cada filosofia da linguagem se encontra diante não só de um *terminus ad quem* mas também de um *terminus a quo*. Não só deve perguntar-se "a que nos referimos quando falamos, e com que credibilidade?" (problema certamente digno de nota), mas também: "O que faz com que falemos?"

Este, filogeneticamente, era no fundo o problema — que a modernidade interditou — das origens da linguagem, ao menos desde Epicuro em diante. Mas se podemos evitá-lo filogeneticamente (aludindo à falta de achados arqueológicos) não podemos ignorá-lo ontogeneticamente. A nossa própria experiência quotidiana pode nos fornecer elementos, talvez imprecisos mas num certo modo tangíveis, para responder à pergunta: "mas por que nunca fui levado a dizer algo?"

A semiótica estrutural nunca expôs o problema (à exceção de Hjemslev, como veremos): as várias línguas são consideradas enquanto sistemas já constituídos (e analisáveis sincronicamente) no momento em que os usuários se exprimem, afirmam, indicam, pedem, comandam. O resto pertence à produção da *parole*, mas as motivações por que falamos são psicológicas e não linguísticas. A filosofia analítica contentou-se com o próprio conceito de verdade (que não diz respeito a como as coisas estão de fato, mas que coisa deveríamos concluir se um enunciado fosse entendido como verdadeiro), mas não tornou problemática a nossa relação pré-linguística com as coisas. Em outras palavras, a afirmação *a neve é branca* é verdadeira se a neve é branca, mas como percebemos (e estamos seguros) que a neve seja branca é questionado por uma teoria da percepção, ou pela ótica.

O único que fez do problema a base da sua própria teoria, semiótica, cognitiva e ao mesmo tempo metafísica, com certeza foi Peirce. Um Objeto Dinâmico nos leva a produzir um *representamen*, isto produz numa quase mente um Objeto Imediato, por sua vez traduzível numa série potencialmente infinita de interpretantes e algumas vezes, através do *hábito* elaborado no curso do processo de interpretação, retornamos ao Objeto Dinâmico, e fazemos algo dele. De fato, desde que devemos falar novamente do Objeto Dinâmico, ao qual voltamos, encontramo-nos de novo no ponto de partida, devemos tornar a nomeá-lo através de um outro *representamen*, e num certo sentido o Objeto Dinâmico permanece sempre como uma Coisa em Si, sempre presente e nunca apreensível, a não ser, precisamente, através da semiose.

Assim, o Objeto Dinâmico é aquilo que nos leva a produzir semiose. Produzimos signos porque há algo que exige ser dito. Com expressão pouco filosófica mas eficaz, o Objeto Dinâmico é Algo que pega no nosso pé[6] e nos diz "fala!" — ou "fala de mim!", ou ainda, "leve-me em consideração!"

Entre as modalidades da produção dos sinais conhecemos os signos indicais, *este* ou *aquele* na linguagem verbal, um índice tenso, uma seta na linguagem dos gestos ou das imagens (cf. Eco 1975, 3.6); mas há um fenômeno que devemos entender como pré-semiótico, ou protossemiótico (no sentido que constitui o indício que dá partida, instituindo-o, no processo semiósico) e que chamaremos *indicalidade* ou *atencionalidade primária* (Peirce falava de *atenção*, como capacidade de dirigir a mente através de um objeto, prestar atenção num elemento negligenciando outro).[7] Temos indicalidade primária quando, na densa matéria das sensações que nos bombardeiam, selecionamos algo que recortamos daquele fundo geral, decidindo que queremos falar sobre ele (quando, em outras palavras, enquanto vivemos circundados por sensações luminosas, térmicas, táteis, interceptivas, apenas uma destas atrai a nossa atenção, e *somente depois* diremos que faz frio, ou que machuca o nosso pé); se há indicalidade primária quando chamamos a atenção de alguém, não necessariamente para falar-lhe, mas apenas para mostrar-lhe algo que deverá tornar-se signo, por exemplo, e chamamos a atenção para ele, viramo-lo de ponta-cabeça.

Na mais elementar das relações semiósicas, a tradução radical ilustrada por Quine (1960: 2), antes de saber que nome o indígena dá ao coelho que passa (ou a qualquer coisa que ele veja que eu vejo e percebo como um coelho que passa), antes que eu lhe pergunte "o que é aquilo?" — com um suspeito gesto interrogativo enquanto, de modo talvez incompreensível para ele, aponto o dedo para o evento espaço-temporal que me interessa — para fazer com que ele me responda com o célebre e enigmático *gavagai*, há um momento em que eu fixo a sua atenção sobre aquele evento espaço-temporal. Emitirei um grito, irei agarrá-lo pelos ombros, caso ele tenha se voltado para outro lado, farei algo para que perceba aquilo a que eu decidi reparar.

Este fixar a minha atenção ou a de outrem em algo é condição de toda semiose futura, precede até aquele ato de atenção (já semiósico, já efeito de pensamento) pelo qual decido que algo é pertinente, curioso, intrigante, e deve ser explicado através de uma hipótese. Acontece antes ainda da curiosidade, antes da percepção do objeto enquanto objeto. É a decisão ainda cega pela qual, no magma da experiência, determino algo que devo ter em conta.

Se por ventura uma vez elaborada uma teoria do conhecimento, este algo se torna Objeto Dinâmico, realidade inteligível, matéria ainda bruta de uma intuição ainda não iluminada pelo categorial, tudo isto vem depois. Antes há algo, mesmo que fosse apenas a minha atenção desperta; mas nem isso, talvez a minha atenção no sono, na vigília, na sonolência. Não é o ato primário da atenção que define o algo, é o algo que desperta a atenção, antes a própria atenção em vigília já faz parte (é testemunho) deste algo.

Eis as razões pelas quais a semiótica não pode deixar de refletir sobre este algo que (para nos unirmos a todos aqueles que durante séculos se preocuparam com isso) decidimos chamar de Ser.

1.2. Um problema inatural

Dissemos que o problema do ser (a resposta à pergunta "o que é o ser?") é o menos natural de todos os problemas, aquele que o senso comum jamais se interroga (Aubenque, 1962: 13-14). "O ser enquanto tal está tão longe de constituir um problema que aparentemente é como se tal elemento não 'existisse'" (Heidegger 1973: 1969). A tal ponto que a tradição posterior a Aristóteles não perguntou, removeu-o por assim dizer, e talvez a isto se deva o fato já legendário de que o texto da *Metafísica* tenha desaparecido para reaparecer no século I a.C. Por outro lado, o próprio Aristóteles, e com ele toda a tradição filosófica grega, nunca se coloca este problema que, por sua vez, Leibniz expôs nos seus *Principes de la nature et de la grace*: "Pourquoi il y a plutôt quelque chose que rien?" — acrescentando que no fundo o nada seria mais simples e menos complicado que o algo. De fato, esta pergunta representa também as angústias do não filósofo que algumas vezes acha muito difícil imaginar Deus na sua inconcebível eternidade, ou, pior ainda, a eternidade do mundo, enquanto seria muito mais simples e tranquilizador se nada existisse e nunca tivesse existido, de modo que não existiria nem uma só mente levada a atormentar-se com a razão do nada existir de preferência ao ser. Mas se aspira ao nada é porque, neste ato de aspiração, já se encontra sendo, seja em forma de defeito e queda, como sugere Valéry em *Ébauche d'un serpent*:

> Soleil, soleil!... Faute éclatante!
> Toi qui masques la mort, Soleil...
> Par d'impénétrables délices,
> Toi le plus fier de mes complices,
> Et de mes pièges le plus haut,
> Tu gardes les coeurs de connaître
> Que l'univers n'est qu'un défaut
> Dans la pureté du Non-être.

Dito de forma incisiva, se a condição normal fosse o nada, e se fôssemos apenas uma desventurada excrescência transitória, cairia também o argumento ontológico. Não valeria argumentar que, se é possível pensar *id cujus nihil majus cogitari possit* (isto dotado de todas as imperfeições), como deveria competir a este ser também aquela perfeição que é a existência, o próprio fato de que Deus seja imaginável demonstra que existe. De todas as refutações do argumento ontológico, a mais enérgica parece expressa pela pergunta: "quem nunca disse que a existência seja uma perfeição?" Uma vez admitido que a absoluta pureza consista no Não ser, a máxima perfeição de Deus consistiria no não existir. Pensá-lo (poder pensá-lo) como existente seria efeito da nossa insuficiência, capaz de manchar com a atribuição de existência aquilo que tem o direito supremo e a sorte inimaginável de não existir. Seria interessante um debate não entre Anselmo e Gaunilão, mas entre Anselmo e Cioran.

Mas também se o ser fosse um defeito na pureza do não ser, seríamos atraídos para esse defeito. Logo, tanto faz que procuremos falar sobre ele. Voltemos, então, à questão fundamental da metafísica: por que algo existe (seja ele o ser enquanto tal, ou a pluralidade dos entes exequíveis e pensáveis, e a totalidade do imenso defeito que nos subtraiu da tranquilidade divina do não ser) de preferência ao nada? Repito, em Aristóteles (e na tradição do aristotelismo escolástico) não há esta pergunta. Por quê? Porque a questão era evitada pela resposta implícita que iremos dar.

1.3. Por que há o ser?

Por que há o ser de preferência ao nada? *Porque sim.*[8]

Esta é uma resposta a ser levada com a máxima seriedade, não como um dito espirituoso. O próprio fato de que podemos fazer a pergunta (que não poderíamos fazer se não existisse nada, nem sequer nós que a fazemos) significa que a condição de toda pergunta é que o ser exista. O ser não é um problema de senso comum (ou melhor, o senso comum não o coloca como um problema) porque é a própria condição do senso comum. No início do *De Veritate* (1.1), São Tomás diz: "Illud autem quod primum intellectus concipit quasi notissimum, et in quo omnes conceptiones resolvit, est ens." Que algo existe é a primeira coisa que o nosso intelecto concebe como a mais notória e evidente, e todo o resto vem depois. Ou melhor, não poderíamos pensar senão partindo do princípio (implícito) de que estamos pensando algo. O ser é o horizonte, ou o líquido amniótico, em que naturalmente se move o nosso pensamento — antes, como para Tomás o intelecto preside à primeira apreensão das coisas, é aquilo em que se move o nosso primeiro esforço perceptivo.

Existiria o ser mesmo que nos encontrássemos numa situação berkeliana, se nós não fôssemos senão uma tela sobre a qual Deus projetasse um mundo que de fato não existe. Também naquele caso existiria o nosso ato, seja simplesmente falaz, de perceber aquilo que não existe (ou que existe apenas enquanto é percebido por nós), nós existiríamos como sujeitos perceptíveis (e, na hipótese berkeliana, um Deus que nos comunica aquilo que não existe). Existiriam então muitos seres para satisfazer o mais ansioso dos ontólogos. Há sempre algo, desde que haja alguém capaz de perguntar-se por que existe o ser de preferência ao nada.

O que deve logo esclarecer que o problema do ser não pode ser reduzido àquele da realidade do mundo. Que aquilo que chamamos de Mundo externo, ou o Universo, exista ou não, ou que seja efeito de um gênio maligno, esta possibilidade não concerne, de fato, à evidência primária que "algo" exista num lugar qualquer (não fosse outra coisa senão uma *res cogitans* que se dá conta de pensar).

Mas não é necessário esperar Descartes. Há uma bela página de Avicena que, após ter dito em muitos lugares que o ente é aquilo que é concebido primeiro, que não pode ser comentado senão através do seu nome, porque é o princípio primeiro de cada outro comentário, que a razão o conhece sem ter de recorrer a definições, porque não há definição, gênero e diferença, e não há nada mais conhecido que isso, nos convida a uma experiência tal que faz supor que não lhe seja estranha a experiência de alguma droga oriental: "Suponhamos que um de nós seja criado subitamente, e perfeito. Mas os seus olhos são velados e não podem ver as coisas externas. Foi criado planando no ar, antes no vazio, de modo que não sofresse o choque da resistência do ar. Os seus membros são separados, não se encontram nem se tocam. Ele reflete e pergunta se a sua existência é comprovada. Sem dúvida alguma, afirmaria existir: apesar disso não provar nem as suas mãos nem os seus pés, nem o íntimo das suas vísceras, nem um coração, nem um cérebro, nem alguma outra coisa exterior, ele afirmaria existir, sem estabelecer se possui comprimento, largura, profundidade..." (Philippe 1975: 1-9).

Assim, o ser existe porque podemos perguntar sobre o ser, e este existe vem antes de cada pergunta, e, portanto, de cada resposta e de cada definição. É notória a objeção moderna de que a metafísica ocidental — com a sua obsessão pelo ser — surja apenas no interior de um discurso fundamentado sobre as estruturas sintáticas do indo-europeu, isto é, sobre uma linguagem que prevê, para cada julgamento, a estrutura sujeito-cópula-predicado (enquanto, como os construtores de línguas perfeitas do século XVII também se preocupavam em propor — também enunciados como *Deus existe* ou *o cavalo galopa* podem sempre ser resolvidos em *Deus é existente* e *o cavalo é galopante*). Mas a experiência do ser está implícita no primeiro grito que o recém-nascido emite logo que saiu do ventre materno, precisamente para saudar ou perceber aquilo que se apresenta como horizonte, e na primeira vez que estende os lábios para a mama. O mesmo fenômeno da indicalidade primária nos mostra atraídos para algo (e é irrelevante que este algo exista de verdade, ou que o estabeleçamos com a nossa extensão; é até irrelevante, ao máximo, se somos nós que tendemos, em todo o caso existiria uma extensão).

O ser é *id quod primum intellectus concipit quasi notissimum*, como se estivéssemos sempre naquele horizonte, e talvez o feto note o ser enquanto ainda flutua no útero. Obscuramente, sente o ser "como muito conhecido" (antes, como a única coisa conhecida).

Não ocorre perguntar ao ser por que ele existe, é uma evidência luminosa. O que não exclui que esta luz não possa parecer ofuscante, terrível, insuportável, mortal — e, de fato, parece que para muitos assim aconteça. Perguntar-se sobre o seu fundamento é ilusão ou fraqueza e leva a pensar naquele que, ao ser interrogado se acreditava em Deus, respondera "não, creio em algo muito maior". O ser, em cuja evidência não eliminável nos abrimos para cada interrogação que lhe diz respeito, é o Fundamento de si mesmo. Fazer perguntas sobre o fundamento do ser é como fazer perguntas sobre o fundamento do fundamento, e depois sobre o fundamento do fundamento do fundamento, numa regressão infinita: quando, extenuados, paramos, estamos de novo e já no próprio fundamento da nossa pergunta.[9]

A pergunta por que o ser existe de preferência ao nada oculta, quando muito, uma outra inquietação, que diz respeito à existência de Deus. Mas antes vem a evidência do ser, depois a pergunta sobre Deus. A pergunta "quem fez tudo isto, quem o sustenta no ser?" segue a tomada de ação da evidência, muito conhecida, de que há algo; mais: parece-nos como já organizado na coorte dos entes. Parece inegável que também tenham a evidência do ser os animais, que não sabem realmente fazer a pergunta, a que chegamos, *an Deus sit*. A esta Tomás responderá numa *summa* que se chama justamente "Theologica". Mas antes vem a discussão sobre o *De ente et essentia*.

1.4. Como falamos do ser

O ser existe antes mesmo que se fale dele. Mas podemos transformá-lo de evidência irresistível num problema (que espera resposta) apenas enquanto falamos a seu respeito. A primeira abertura para o ser é um tipo de experiência estática, seja mesmo no sentido mais materialístico do termo, mas desde que permaneçamos nesta evidência inicial, e muda, o ser não é um problema filosófico, assim como não é problema filosófico para o peixe a água que o sustenta. Porém, no momento em que falamos do ser, ainda não falamos nesta sua forma completamente envolvente porque, já o dissemos, o problema do ser (a mais natural e imediata dentre as experiências) é o menos natural de todos eles, aquele sobre o qual o senso comum jamais se interroga: começamos a caminhar engatinhando no ser, cortando entes, e aos poucos construindo um Mundo.

Portanto, visto que o senso comum é incapaz de pensar o ser antes de tê-lo organizado no sistema, ou na série desordenada, dos entes, os entes são o modo em que o ser vem ao nosso encontro, e é preciso começar a partir dali.

E então cheguemos à questão central da *Metafísica* aristotélica. Tal questão se coloca sob a forma de uma constatação da qual Aristóteles não começa, mas quase chega a ela por passos sucessivos — encontrando-a, por assim dizer, a seus pés, à medida que passa do primeiro ao quarto livro, onde, após ter dito que há uma ciência que considera o ser enquanto tal, lá onde esperaríamos a primeira e procurada definição do objeto desta ciência, Aristóteles repete como única definição possível aquilo que no primeiro livro (992b 19) aparecera apenas como observação parentética: o ser nos diz em muitos modos (*leghetai men pollachōs*) — segundo significados múltiplos (1002 a 33).

O que para São Tomás o intelecto *percipit quasi notissimum*, o horizonte do nosso pensamento e da fala, para Aristóteles (mas Tomás concordava) é por natureza (se tivesse uma natureza, mas sabemos que não há nem gênero nem espécie) ambíguo, polissêmico.

Para alguns autores esta afirmação confia o problema do ser a uma aporia fundamental, que a tradição pós-aristotélica procurou apenas reduzir, sem destruir o seu potencial dramático. Com efeito, Aristóteles é o primeiro a tentar reduzi-la a dimensões aceitáveis, e o faz jogando com o advérbio "de muitos modos".

Os muitos modos se reduziriam a quatro, e seria possível controlá-los. O ser se diz (i) como ser acidental (é o ser predicado pela cópula, por isso dizemos que o homem é branco e está de pé); (ii) como verdadeiro, pelo que pode ser verdade ou mentira que o homem seja branco, ou que o homem seja animal; (iii) como potência e ato, pelo que se não é verdade que este homem são esteja atualmente doente, poderia adoecer, e diríamos hoje que podemos pensar num mundo possível em que seja verdade que este homem esteja doente; (iv) enfim, o ser se diz como *ens per se*, ou melhor, como *substância*. Para Aristóteles a polissemia do ser aplaca-se à medida que, não obstante se fale do ser, dizemos isso "com referência a um único princípio" (1003b 5-6), isto é, às substâncias. As substâncias são seres individuais e existentes, e delas temos evidência perceptiva. Aristóteles nunca duvidou de que existissem substâncias individuais (Aristóteles nunca duvidou da realidade do mundo como nos aparece na experiência quotidiana), das substâncias em que e apenas em que as próprias formas platônicas se atualizam, sem que possam existir antes ou depois em qualquer pálido Hiperurânio, e esta segurança lhe consente dominar a multivocidade do ser. "O primeiro dos significados do ser é a essência que significa (*sēmainei*) a substância (*ousia*)" (1028 a 4-6).

Mas o drama do ser aristotélico não está no *pollachōs*, está no *leghetai*. Que o digamos de um ou muitos modos, o ser é algo que *se diz*. Será até o horizonte de qualquer outra evidência, mas torna-se problema filosófico apenas no momento em que falamos sobre ele. Antes, é justamente o fato de falarmos sobre ele que o torna ambíguo e polivalente. O fato de que a polivalência possa ser reduzida não nos priva de tomarmos conhecimento apenas através de um *dizer*. O ser, enquanto pensante, se nos apresenta desde o início *como um efeito de linguagem*.

No momento em que paramos à sua frente, o ser suscita interpretação; no momento em que podemos falar sobre ele, este já é interpretado. Não há mais nada a fazer. Deste círculo não fugia nem mesmo Parmênides, que também havia definido os *onomata* como não confiáveis. Mas os *onomata* eram nomes falsos que somos levados, antes da reflexão filosófica, a dar àquilo que se transforma: entretanto, Parmênides é o primeiro a exprimir *em palavras* o convite a reconhecer (e interpretar) os muitos signos (*semata*) através dos quais o ser suscita o nosso discurso. E que o ser exista, ocorre *dizer*, além de pensar (DK 6).

Com maior razão, o ser não existe nem deixa de existir sem palavras para Aristóteles: está ali, estamos dentro dele, mas não *pensamos* estar. A ontologia de Aristóteles, dissemos amplamente, tem raízes verbais. Na *Metafísica* cada menção do ser, cada pergunta e resposta sobre o ser está no contexto de um *verbum dicendi* (seja ele *leghein, sēmainein* ou outro). Quando (1005b 25-26) lemos que "é impossível a quem quer que seja acreditar que a mesma coisa exista e não exista", aparece o verbo *ypolambanein*, que é, sim, "acreditar", "entender com a mente", mas — visto que a mente é *logos* — significa também "tomar a palavra".

Poderíamos objetar que dizemos sem contradição aquilo que pertence à substância, e a substância é independente do nosso dizer. Mas até que ponto? Como falamos da substância? Como podemos dizer sem contradições que o homem é animal racional, enquanto dizer que é branco ou que corre indica apenas um acidente de percurso, que não pode ser então objeto da ciência? No ato perceptivo o intelecto agente abstrai do sínolo (matéria + forma) a essência, e assim parece que no momento cognitivo captamos imediatamente e sem esforço o *to ti ēn einai* (1028b 33-36), aquilo que o ser era, e então é estavelmente. Mas o que podemos dizer da essência? Podemos apenas dar uma definição: "A definição nasce porque devemos significar algo. A definição é a noção (*logos*) de cujo nome (*onoma*) é signo (*sēmeion*)" (1012a 22.24).

Ah! Temos a irresistível evidência da existência dos indivíduos, mas deles nada podemos dizer, senão nomeando-os pela sua essência, isto é, pelo gênero e pela diferença específica (portanto não "este homem", mas "homem"). Mal entramos no universo das essências, entramos no universo das definições, isto é, no universo da linguagem que define.[10]

Temos poucos nomes e poucas definições para uma infinidade de coisas singulares. Assim, o recurso ao universal não é uma força de pensamento, mas *uma enfermidade do discurso*. O drama é que o homem fala sempre em geral enquanto as coisas são singulares. A linguagem nomeia ofuscando a irresistível evidência do individual existente. E não valerá nenhuma tentativa, a *reflexio ad phantasmata*, o corte do conceito a *flatus vocis* com relação ao indivíduo como única notícia intuitiva, a defesa sobre os indicadores, sobre os nomes próprios e as designações rígidas... Panaceias. Exceto poucos casos (em que poderíamos também não falar, apontar o dedo, assobiar, pegar pelo braço — mas então se existe, não discutimos sobre o ser), falamos sempre já situados no universal.

E então o ancoradouro das substâncias, que deveria fazer frente à multivocidade do ser, devido à linguagem que o diz, nos leva à linguagem como condição daquilo que sabemos das próprias substâncias. Como mostramos (Eco 1984, 2.4), para definir, é necessário construir uma árvore dos predicados, dos gêneros, das espécies e das diferenças; e Aristóteles, que também sugerirá a Porfírio tal árvore, não consegue nunca (nas obras naturais em que pensa verdadeiramente definir as essências) aplicá-lo de forma homogênea e rigorosa (cf. Eco 1990: 4.2.1.1.).

1.5. A aporia do ser aristotélico

Mas o drama do ser não é que seja apenas efeito de linguagem. É que nem mesmo a linguagem o define. Não há definição do ser. O ser não é um gênero, nem sequer o mais geral de todos, e assim foge a qualquer definição, se para definir é necessário utilizar o gênero e a diferença específica. O ser é aquilo que permite cada definição sucessiva. Mas cada definição é efeito de organização lógica e, portanto, semiósica do mundo.[11] Todas as vezes que procurássemos garantir esta organização recorrendo àquele parâmetro seguro que é o ser, voltaríamos à fala, isto é, àquela linguagem cuja garantia procuramos. Como observou Aubenque, "não só não podemos dizer nada do ser, mas o ser não nos diz nada sobre aquilo a que o atribuímos: sinal não de superabundância, mas de pobreza essencial... O ser não acrescenta nada àquilo a que o atribuímos" (1962: 232). E é natural: se o ser é o horizonte de partida, dizer de algo "que é" não acrescenta nada àquilo que já se deu como evidente pelo próprio fato de nomear aquela coisa como objeto de discurso. O ser dá sustento a cada discurso, exceto àquele que temos sobre ele (o qual não diz nada que já não soubéssemos no próprio instante em que começávamos a falar).

Havia algumas soluções para fugir a esta aporia. Poderíamos colocar o ser alhures, numa zona onde não devesse ou não pudesse ficar condicionado à linguagem. Isto tenta o neoplatonismo, até as suas ramificações extremas. O Uno, fundamento do ser, para subtrair-se às nossas definições coloca-se antes do próprio ser, e faz-se inefável: "para que o ser exista, é necessário que o Uno não seja ser" (*Enéades*, V, 2.2). Mas para colocar o Uno fora das garras do próprio ser, a linguagem torna-se teologia negativa, como se a negação não fosse ela mesma um motor da semiose, um princípio de individuação por oposição.

Ou então poderíamos, como fez a Escolástica, identificar o fundamento do ser com Deus como *ipsum esse*. A filosofia antes como teologia preenchia o vazio da metafísica como ciência do ser. Mas filosoficamente isto é um *escamotage*: assim é para o filósofo crente, que deve aceitar que a fé sirva de suplemento onde a razão não pode dizer nada; assim é para o filósofo descrente, que vê a teologia construir o fantasma de Deus para reagir à incapacidade da filosofia de controlar aquilo que, mesmo sendo mais evidente que qualquer outra coisa, para ela permanece como mero fantasma. Além disso, para falar ainda do *ipsum esse*, que também deveria ser o fundamento da nossa própria capacidade de palavra, ocorre elaborar uma linguagem. Visto que não poderá ser a mesma linguagem que nomeia univocamente, e segundo as leis da argumentação, os entes, será a linguagem da *analogia*. Mas não é certo dizer que o princípio de analogia nos permite falar do ser. Não é que primeiro venha a analogia e depois a possibilidade de aplicá-la ao *ens* ou até ao *ipsum esse*. Podemos falar de Deus justamente porque admitimos desde o princípio que exista uma *analogia entis* do ser, não da linguagem. Mas quem diz que o ser é análogo? A linguagem. É um círculo.

E assim não é a analogia que nos permite falar do ser, mas é o ser que, pelo modo em que é dizível, nos permite falar de Deus por analogia. Colocar o ser no *ipsum esse*, que se fundamenta por si e participa o ser aos entes mundanos, não exime a teologia do *falar* (senão seria pura visão beatífica, e sabemos que até "aqui findou, sem força, a fantasia").

Outras soluções? Uma, filosoficamente sublime, e *quase* inexpugnável: reabsorver por completo a linguagem no ser. O ser fala e se autodefine no seio omnicompreensível de uma Substância onde a ordem e a conexão das ideias são o mesmo que a ordem e a conexão das coisas. Não há mais diferença entre o ser e o seu fundamento, não há mais separação entre o ser e os entes (os modos que constituem a sua polpa), não há mais fratura entre a substância e a sua definição, não há mais nenhum hiato entre pensamento e pensado. E mesmo numa arquitetura quadrilátera e perfeita como aquela de Spinoza, a linguagem insinua-se como traça, e constitui problema. Esta parece perfeitamente adequada ao objeto, que através dela se autodenomina, até que fala em abstrato da substância, dos seus atributos e dos seus modos; mas parece muito fraca, experiente, perspectiva, contingente quando deve ter em conta, uma vez mais, os nomes dos entes mundanos, como por exemplo *homem*. De fato, "aqueles que contemplaram com mais frequência a postura ereta dos homens pela alcunha de *homem* entenderão um animal de postura ereta; aqueles que, por sua vez, tiveram o hábito de contemplar outra coisa formarão uma imagem comum dos homens, isto é, o homem é um animal que ri, bípede, sem plumas, racional; e assim cada um formará imagens universais das outras coisas, segundo as disposições do próprio corpo" (*Ethica*, XL, escólio 1). Não propomos novamente aqui a pobreza da linguagem e do pensamento, aquela *penuria nominum* e aquela abundância de homonímias que afligiam os teóricos dos universais, complicada pelo fato de que a linguagem agora está submetida às "disposições do corpo"? E como poderemos confiar plenamente nesta linguagem somatopática, quando pretende falar (em termos de *ordem geométrica!*) do ser?

Restava uma última possibilidade: após séculos dividindo o ser da essência e a essência da existência, restava *fazer o ser divorciar-se de si mesmo*.

1.6. A duplicação do ser

Quando Heidegger, em *O que é a metafísica?*, pergunta "Por que há o ente de preferência ao nada?", utiliza *Seiende*, e não *Sein*. Para Heidegger o mal da metafísica é que esta sempre se ocupou do ente, mas não do seu fundamento, isto é, do ser, e da verdade do ser. Interrogando o ente enquanto ente, a metafísica evitou voltar-se para o ser enquanto ser. Ela nunca se recolheu ao próprio fundamento: fez parte do seu destino o fato do ser lhe fugir. Referiu-se ao ente na sua totalidade, acreditando falar do ser enquanto tal, ocupou-se do ente enquanto ente quando o ser se manifesta apenas em e para *Dasein*. Pelo que não podemos falar do ser senão com relação a nós enquanto somos lançados no mundo. Pensar o ser enquanto ser (pensar na verdade do ser como fundamento da metafísica) significa abandonar a metafísica. O problema do ser e do seu descobrimento não é um problema da metafísica como ciência do ente, mas o problema central da existência.

Assim, entra em cena a ideia do Nada, que "vem junto" com a ideia do ente. Nasce no sentimento da angústia. A angústia faz com que nos sintamos desambientados no ente e "retira a nossa palavra". Não existe mais ente sem palavras: na dispersão do ente surge o não ente, isto é, o nada. A angústia nos revela o nada. Mas este nada identifica-se com o ser (*Sein*), como ser do ente, seu fundamento e verdade, e em tal sentido Heidegger pode acolher o dito hegeliano pelo qual o puro ser e o puro nada são o mesmo. Desta experiência do nada surge a necessidade de ocupar-se do ser como essência do fundamento do ente.

Contudo, *non sunt multiplicanda entia sine necessitate*, sobretudo entidades tão primitivas como o ente, o ser e o nada. É difícil separar o pensamento de Heidegger da linguagem em que se exprime, e ele mesmo sabia disso: orgulhoso como era da natureza filosófica do próprio alemão, o que teria pensado se tivesse nascido em Oklahoma, dispondo de um vaguíssimo *to be* e de apenas um *Being* para *Seiende* e *Sein*? Se ainda fosse necessário repetir que o ser aparece somente como efeito de linguagem, bastaria o modo pelo qual estas duas palavras (*Seiende* e *Sein*) se tornam hipostáticas em dois Algos. As duas entidades criam a si mesmas porque há uma linguagem e se mantêm apenas se não aceitamos até o fim a aporia do ser como é delineado em Aristóteles.

Se o ente heideggeriano são as substâncias, das quais Aristóteles não duvidava (e tampouco duvidava Heidegger que, apesar do grande nada sobre o qual fala, como Aristóteles e Kant, nunca questionou que as coisas existam e se ofereçam espontaneamente à nossa intuição sensível), por certo poderia existir algo mais vago e originário que resiste na parte inferior da nossa ilusão de nomeá-las univocamente. Mas até aqui estaremos ainda desconfiados de Parmênides para com os *onomata*. Bastaria dizer que o modo pelo qual até então segmentamos o Algo que nos circunda não presta contas de verdade, não presta contas da sua insondável riqueza, ou absoluta simplicidade, ou irresistível confusão. Se o ser se diz realmente em muitos modos, o *Sein* seria ainda a viscosa totalidade dos entes, antes que estes sejam subdivididos por obra da linguagem que os diz.

Mas então o problema do *Dasein*, enquanto único entre todos os entes que pode expor o problema do ser, seria justamente isto: perceber a sua relação circular com a totalidade dos entes que nomeia — tomada de consciência suficiente para suscitar angústia e desambientação, mas que de modo algum nos faria sair do círculo em que a existência foi lançada.

Dizer que há algo que a metafísica ainda não interpretou, ou melhor, que a interpretação ainda não segmentou, implica o fato de que este algo já seja objeto de segmentação, enquanto é definido como o conjunto daquilo que ainda não foi segmentado.

Se a existência é o ente que reconhece plenamente a natureza semiósica da sua relação com os entes, não é necessário duplicar *Seiende* e *Sein*.

Não adianta dizer que o discurso da metafísica construiu um mundo dos entes em que vivemos de modo não autêntico. Isto nos levaria, no máximo, a reformular aquele falso discurso. Mas poderíamos fazê-lo sempre a partir daquele horizonte do ente em que somos lançados. Se o conjunto dos entes não se identifica com o conjunto dos objetos utilizáveis, mas ainda compromete as ideias e as emoções, até a angústia e o sentimento de desambientação são parte constitutiva daquele universo ôntico que deveriam dissolver.

A consciência do ser pela morte, pela angústia, pelo sentimento do nada não nos induz a nada que já não seja o horizonte em que fomos lançados. Os entes que vêm ao nosso encontro não são apenas objetos "utilizáveis": são ainda o teclado das paixões que conhecemos muito bem, porque são o modo em que outros compreenderam estar comprometidos no mundo. Os sentimentos que parecem levar ao *Sein* já fazem parte do imenso território dos entes. Ainda se o Nada fosse a epifania de uma força obscura que se opõe aos entes, neste inenarrável "buraco negro" ontológico poderemos talvez encontrar, peregrino de um universo negativo, *das Sein*. Mas não, Heidegger não é tão ingênuo para tornar hipostático um mecanismo do pensamento (a negação) ou o sentido que a realidade vacile, e transformá-lo na "realidade" ontológica do Nada. Ele sabe muito bem, com o ensaio de Elea, que existe de fato o ser, mas o nada não existe (DK 6). O que poderia fazer com um termo que não só tem intenção mas também extensão nula? O sentimento do nada não será uma simples tonalidade passional, uma depressão contingente e casual, um humor, mas é sempre uma "situação afetiva fundamental" (Heidegger 1973: 204). Não Aparição de um outro Algo, mas paixão.

E então o que é que a desambientação faz surgir, senão a consciência de que a nossa Existência consiste em ter de falar (conversar) sobre o ente? Divorciado do ente de que falamos, o ser se dispersa. Mas esta não é uma afirmação ontológica ou metafísica, mas um relevo lexical; à palavra *das*

Sein, enquanto oposta a *das Seiende*, não corresponde nenhum significado. Os dois termos possuem a mesma extensão (ilimitada) e a mesma intenção (nula). "O ente é conhecido — mas e o ser? Quando tentamos determinar ou apenas entender uma noção semelhante, não somos tomados por uma vertigem?" (Heidegger 1973: 195). É exatamente a mesma vertigem que nos toma quando desejamos dizer o que é o ente *enquanto ente*. Termos de tal extensão e intenção (única instância de sinonímia absoluta!), *Seiende* e *Sein* indicam ambos o mesmo Algo.

O *Sein* aparece sempre no discurso heideggeriano como um intruso, hipóstase substantivada de um uso verbal típico do discurso comum. A existência se encontra, torna-se consciente de si enquanto destinada ao ente, e ali descobre a sua verdadeira essência (que não é essência, mas *decisão*) como ser pela morte. É um tipo de intuição transcendental sem "eu" e sem "penso", em que a existência se descobre como pensamento, emoção, desejo e corporeidade (de outra forma não poderia ter de morrer). "Ao relacionar-se com o ente que ele não é, o homem já se encontra diante do ente como aquilo que o mantém, aquilo a que se encontra destinado, aquilo que, com toda a sua cultura e a sua técnica, ele não poderá nunca, no fundo, dominar" (Heidegger 1973: 196). Neste horizonte o *Dasein* se reconhece como tal: "Neste estado de espírito, pelo qual cada um de nós 'é' nesta ou naquela disposição, está manifesta a nossa existência." De acordo. Mas por que então o texto prossegue: "Nós, assim, compreendemos o ser, e todavia falta o conceito" (Heidegger 1973: 196)? Por que neste estado de espírito ou disposição se descobre o *Sein*? É natural que falte o conceito, se a sua intenção é nula, como acontece com o ente enquanto tal. Mas por que temos necessidade deste conceito?

A angústia constitui a abertura da existência ao seu existir como ser lançado pelo próprio fim (Heidegger 1923); de acordo, e o sujeito (gramatical) deste ser lançado é o *Dasein*. Mas então por que logo depois dizemos que "por ela (a angústia) o ser se abre à existência" e "vai plenamente do ser da existência"? O ser da existência é pura tautologia. A existência não pode fundamentar-se em algo, visto que é "lançada" (por quê? *porque sim*). De onde sai este *das Sein* que se abre à existência, se a existência que se abre é um ente entre os entes?

Quando Heidegger diz que o problema da instituição da metafísica encontra a sua raiz na interrogação sobre o ser no homem, ou melhor, sobre o seu mais íntimo fundamento, "a compreensão do ser como perfeição realmente existente" (Heidegger 1973: 198), o *Sein* não é senão a compreensão existencial do nosso modo finito de sermos destinados ao horizonte dos entes. O *Sein* não é nada, exceto entender que somos entes finitos.

Por isso poderíamos dizer que, no máximo, a experiência do ser da existência é eficaz metáfora para indicar o âmbito obscuro em que se forma uma decisão ética: assumir autenticamente o nosso destino de ser pela morte, e neste ponto sacrificar em silêncio aquilo que a metafísica teria prolixamente falado da legião de entes sobre a qual instaurou o seu domínio ilusório.

Mas ocorre (Evento filosoficamente influente) a Volta. E na Volta este ser tão intencionalmente fugaz torna-se um sujeito denso, mesmo que sob a forma de borborismo obscuro que se insinua sob a pele dos entes. Deseja *falar* e *despertar*. Se fala, falará através de nós, visto que, como *Sein*, emerge apenas no seu vínculo com o *Dasein*. É preciso, então, como se operou a duplicação ôntico/ontológico, fazendo divorciar o ser de si mesmo, fazer com que a linguagem também se divorcie de si. Haverá de um lado a linguagem da metafísica já no fim, envelhecida no seu obstinado esquecimento do ser, aflita para tornar presentes objetos, e de outro lado uma linguagem capaz — diremos — de "donner un sens plus pur aux mots de la tribus". De modo que desperte o ser, antes de ocultá-lo.

Conferimos então um poder imenso à linguagem, e sustentamos que existe uma forma de linguagem tão forte, tão consubstancial ao próprio fundamento do ser, que nos "mostra" o ser (ou melhor, o plexo inseparável ser-linguagem) de forma a não deixar resíduos — de modo que na linguagem atue o autodescobrimento do ser. Será o seu emblema o último verso de *Andenken* de Hölderlin: "Mas o que resta, instituem-no os poetas."

1.7. A interrogação dos poetas

A ideia é antiga e apresenta-se em toda a sua glória no neoplatonismo do Pseudo-Dionísio. Dado um Uno divino, que não é corpo, nem figura, nem forma, não tem quantidade, qualidade ou peso, não está num lugar, não vê, não sente, não é alma nem inteligência, nem número, ordem ou grandeza, não é substância nem eternidade nem tempo. Não é treva e não é luz, não é erro e não é verdade (*Theologia mistica*), porque nenhuma definição pode delimitá-lo, não poderemos denominá-lo senão oximoricamente como "escuridão luminosíssima", ou por outras obscuras dessemelhanças, como Fulgor, Ciúmes, Urso ou Pantera, justamente para sublinhar a inefabilidade (*De coelesti hierarchia*). Este modo dito "simbólico" — que é, de fato, abundantemente metafórico —, e que pesará ainda no conceito tomista e pós-tomista de analogia, é o exemplo de como podemos falar do ser apenas por via poética.

Assim é a mais antiga tradição mística que confere ao mundo moderno a ideia de que existe de um lado um discurso capaz de nomear univocamente os entes, e de outro um discurso da teologia negativa, que nos permite falar do desconhecido. Com o que se abre o caminho para a persuasão que do desconhecido podem falar somente os Poetas, mestres da metáfora (que diz sempre outra coisa) e do oximoro (que diz sempre a presença simultânea dos contrários) — ideia que agrada não só aos poetas e aos místicos, mas ainda mais ao cientista positivista, já pronto, por conta própria, de dia a racionalizar sobre os limites prudentes do conhecimento e, de noite, a organizar sessões mediúnicas.

Esta solução estaria em relação muito complexa com as definições que no correr dos séculos foram apresentadas do discurso poético — e artístico em geral. Mas assumamos também Poesia e Poeta como sinédoques para Arte e Artista. De um lado, desde Platão a Baumgarten, temos um tipo de depreciação do conhecimento artístico com relação àquela teorética, da ideia de imitação de uma imitação àquela de uma *gnosiologia inferior*. Com isto, tendo identificado a perfeição do conhecimento com a compreensão do universal, rebaixávamos o discurso poético como algo a meio caminho entre a perfeição de um conhecimento generalizante, explicada através da descoberta de leis, e aquela de um conhecimento em grande parte individualizante: o poeta nos comunica o matiz da cor desta folha, mas não nos diz que é a Cor. Ora, em termos históricos, com o advento de uma era da ciência, desde a Idade da Razão Iluminística ao Século do Positivismo, é que se manifestou um processo ao conhecimento científico e aos seus limites. À medida que a validade deste conhecimento era posta em dúvida, e limitado a universos do discurso muito delimitados, emergia sempre mais a possibilidade de uma área de certeza que conseguia tocar o Universal, mas através de uma revelação quase numinosa do particular (e outra coisa não é senão a noção moderna de epifania).

Assim a *gnosiologia inferior* torna-se instrumento de conhecimento privilegiado. Mas *faute de mieux*. O poder revelador reconhecido aos Poetas não é tanto o efeito de uma revalorização da Poesia quanto de uma depressão da Filosofia. Não são os Poetas que vencem, são os Filósofos que se rendem.

Ora, mesmo admitindo-se que os Poetas nos falam do diferentemente desconhecido, para confiar-lhes a tarefa exclusiva de falar do ser, é necessário admitir como postulado que o desconhecido exista. Mas esta é exatamente uma das "quatro incapacidades" enumeradas por Peirce no seu *Some consequences of four incapacities*, onde se argumenta, na ordem, que (1) não temos poder de introspecção, mas cada conhecimento do mundo externo deriva de raciocínios hipotéticos; (2) não temos poder de intuição, mas cada conhecimento é determinado por conhecimentos anteriores; (3) não temos poder de pensar sem sinais; (4) não temos nenhuma concepção do absolutamente desconhecido.

Não é necessário aprovar as três primeiras proposições para aceitar a quarta. O argumento de Peirce parece-me irrepreensível: "cada filosofia não idealista [e neste ponto será oportuno não estranhar este adjetivo, e, todavia, não o entende nos termos da tradição filosófica alemã] pressupõe algo absolutamente inexplicável, um último fato não analisável, que resulte de mediação mas que em si mesmo não seja suscetível de mediação. Ora, que algo seja de tal modo inexplicável, isto pode ser conhecido apenas através de um raciocínio por signos. Mas a única justificativa de uma inferência de signos é que a conclusão explica o fato. Supor o fato como absolutamente inexplicável não significa explicá-lo, e portanto esta pressuposição não é consentida"(WR 2: 213).

Com isto Peirce não quer dizer que podemos ou devemos excluir *a priori* que o desconhecido exista; diz que para afirmá-lo é necessário ter tentado conhecê-lo através de cadeias de indiferenças. Portanto, se desejamos manter em aberto a interrogação filosófica, não é necessário pressupor ou postular o desconhecido de início. Como conclusão (nossa), se esta pressuposição não é consentida, não é necessário confiar de início o poder de falar do desconhecido para quem não pretende seguir o caminho da hipótese, mas logicamente segue o da revelação.

O que nos revelam os Poetas? Eles não *afirmam* o ser, procuram simplesmente rivalizá-lo: *ars imitatur naturam in sua operatione*. Os Poetas assumem como tarefa própria a substancial ambiguidade da linguagem, e procuram explorá-la para fazer surgir, mais que um excesso de ser, *um excesso de interpretação*. A substancial multivocidade do ser nos impõe logo um esforço para dar forma ao disforme. O poeta rivaliza com o ser propondo-lhe novamente a viscosidade, procurando reconstituir o disforme originário, para induzir-nos a prestar contas de novo com o ser. Mas não nos diz sobre o ser, propondo-nos o *Ersatz*, mais que o ser nos diz ou o que lhe fazemos dizer, isto é muito pouco.

É preciso decidir o que dizem os Poetas quando intuem aquilo que resta. Lendo algumas páginas de *Holzwege* (Heidegger 1950: 18-22, 25-30) divisamos uma oscilação entre duas estéticas bastante diversas.

Pela primeira afirma-se que, quando Van Gogh representa um par de tamancos, "a obra de arte fez com que conhecêssemos o que os sapatos são na verdade", e "tal ente se apresenta na não ocultação de seu ser", ou melhor, naquela representação "o ser do ente chega à estabilidade do seu surgimento". Então, há uma verdade, e há um ser (*Sein*) que a diz, aparecendo, e usando como veículo aquele *Dasein* que se chamava Vincent — assim como para certos heréticos Cristo se encarnara passando pela Virgem *quasi per tubum*, mas era o Verbo que tomava a iniciativa, não o seu intermediário carnal e casual.

Mas surge uma segunda estética quando dizemos que um templo grego aparece — traduziremos — como epifania da Terra, e através desta experiência quase numinosa "a obra mantém aberta a abertura do Mundo". Aqui a obra não é caminho através do qual o *Sein* se manifesta, é (como dizíamos) o modo com que a arte faz *tabula rasa* dos modos não autênticos em que corremos ao encontro dos entes, e nos convida, nos provoca a reinterpretar o Algo em que estamos.

Estas duas estéticas são inconciliáveis. A primeira deixa entrever um *realismo órfico* (algo fora de nós nos diz como as coisas são verdadeiramente); a segunda celebra o triunfo da interrogação e da hermenêutica. Mas esta segunda estética não nos diz que no discurso dos Poetas se manifesta o ser.[12] Diz que o discurso dos Poetas não substitui a nossa interrogação do ser, mas a sustenta e encoraja. Diz que, destruindo justamente as nossas certezas consolidadas, chamando-nos a considerar as coisas de um ponto de vista inusitado, convidando-nos ao choque com o concreto, ao impacto de um individual em que se pulveriza o frágil pilar dos nossos universais, através desta contínua reinvenção da linguagem, os Poetas nos convidam a retomar a cada instante o trabalho da interrogação e da reconstrução do Mundo, do horizonte dos entes em que acreditávamos viver de forma contínua e tranquila, sem ânsias, sem reservas, sem que nos aparecessem (como teria dito Peirce) mais fatos curiosos e não reconduzíveis às leis conhecidas.

Em tal caso a experiência da arte não é algo radicalmente diverso da experiência de falar Algo, na filosofia, na ciência, no discurso quotidiano. É, ao mesmo tempo, um momento e uma correção permanente. Como tal repete que não há divórcio entre *Seiende* e *Sein*. Estamos sempre ali, falando de Algo, perguntando-nos como falamos, e se pode haver um momento em que o discurso pode parar. A resposta implícita é "não", porque nenhum discurso para apenas pelo fato de que dizemos "és belo". Antes, é justamente naquele ponto que aquele discurso nos pede para ser retomado no trabalho da interpretação.

1.8. Um modelo de conhecimento do mundo

Partamos novamente da firme admissão de que o ser se diz de muitos modos. Não em quatro, reconduzíveis ao parâmetro da substância, não por analogia, mas em modos radicalmente diversos. O ser é tal que dele podemos dar diversas interpretações.

Mas quem fala do ser? Nós, e com frequência como se o ser estivesse fora de nós. Mas evidentemente, se há Algo, fazemos parte dele. Tanto é verdade que nos abrindo ao ser abrimo-nos também a nós mesmos. Categorizamos o ente, e ao mesmo tempo realizamo-nos no Eu penso. Ao dizermos como podemos pensar o ser já somos vítimas, por razões linguísticas — ao menos nas línguas indo-europeias —, de um dualismo perigoso: um sujeito pensa um objeto (como se o sujeito não fizesse parte do objeto que pensa). Mas se o risco está implícito na língua, corramos esse risco. Faremos, depois, as devidas correções.

Façamos, então, uma experiência mental. Construamos um modelo elementar que contenha um Mundo e uma Mente que o conhece e nomeia. O Mundo é um conjunto composto de elementos (por comodidade chamemo-los átomos, sem nenhuma referência ao sentido científico do termo, mas de preferência ao sentido de *stoicheia*) estruturados segundo relações recíprocas. Quanto à Mente, não é necessário concebê-la como humana, como cérebro, como uma *res cogitans* qualquer: ela é simplesmente um dispositivo apto a organizar proposições que valham como descrições do mundo. Este dispositivo é dotado de elementos (poderemos chamá-los neurônios ou *bytes*, ou *stoicheia* também, mas para comodidade chamemo-los *símbolos*).

Uma advertência fundamental para garantir-nos contra o esquematismo do modelo. Se o Mundo fosse um *continuum* e não uma série de estados discretos (e assim segmentável mas não segmentado), não poderíamos falar de *stoicheia*. Se por acaso fosse a Mente que, por limitação própria, não pudesse pensar no *continuum* senão segmentando-o em *stoicheia* — para torná-lo homólogo à natureza discreta do seu sistema de símbolos. Digamos, então, que os *stoicheia*, mais que estados reais do Mundo, são possibilidades, tendências do Mundo a ser representado através de sequências discretas de símbolos. Mas em todo o caso, veremos que esta rigidez do modelo já será automaticamente questionada pela segunda hipótese.

Por Mundo compreendamos o Universo, na sua versão "máxima": ele compreende seja aquilo que pensamos ser o universo atual, seja a infinidade dos universos possíveis — não sabemos se não realizados, ou realizados além do último confim das galáxias por nós conhecidas, no espaço bruniano de uma infinidade dos mundos, mesmo que todos estejam presentes ao mesmo tempo em diversas dimensões —, o conjunto que compreende tanto entes físicos como entidades ou leis ideais, do teorema de Pitágoras a Odim e a Policino. Pelo que foi dito sobre a precedência da experiência do ser na pergunta a respeito de sua origem, nosso Universo pode portanto também compreender Deus, ou qualquer outro princípio original.

Numa versão reduzida da experiência, poderemos pensar ainda no simples universo material, como conhecem os físicos, os historiadores, os arqueólogos, os paleontólogos; as coisas que existem agora, mais a sua história. Se preferimos compreender o modelo máximo é para fugir da impressão dualista que ele pode fornecer. Na experiência, tanto os átomos como os símbolos podem ser concebidos como entidades ontologicamente homólogas, *stoicheia* feitos da mesma massa, como se para representar três esferas, átomos do mundo, uma mente estivesse apta a dispor uma sequência de três cubos, que por sua vez são justamente átomos do mesmo Mundo.

A Mente é apenas um dispositivo que (a pedido, ou por atividade espontânea) confere um símbolo a cada átomo, de maneira que cada sequência de símbolos possa valer (não importa aos olhos de quem) como um procedimento de interpretação do Mundo. Em tal sentido supera a objeção de que na nossa experiência oponhamos uma Mente a um Mundo, como se uma Mente, seja o que for, não pudesse também pertencer ao Mundo. Podemos conceber um Mundo capaz de interpretar a si mesmo, que delega uma parte de si a este propósito, de maneira que entre os seus infinitos ou indefinidos átomos alguns valham como símbolos que representam todos os outros átomos, exatamente no sentido em que nós, seres humanos, quando falamos de fonologia ou de fonética, delegamos alguns sons (que emitimos como fonações realizadas) para falar de todas as fonações realizáveis. Para tornar mais visível a situação, e eliminar a imagem desviante de uma Mente que dispõe de símbolos que não são átomos do mundo, podemos pensar numa Mente que, diante de uma série de dez lâmpadas, queira explicar-nos quais são todas as possíveis combinações entre elas. Esta Mente só tem que acender em série sequências de lâmpadas, as ativações das lâmpadas valem como símbolos daquelas combinações reais ou possíveis que as lâmpadas como átomos poderiam realizar.

O sistema seria, então, como teria dito Hjelmslev, monoplanar: operações realizadas no *continuum* do universo, ativando digitalmente alguns estados, seriam ao mesmo tempo uma operação "linguística" que descreve possíveis estados do *continuum* (ativar estados seria o mesmo que "dizer" que aqueles estados são possíveis).

Dito de outra forma, o ser é algo que, na própria periferia (ou no próprio centro, ou aqui e ali entre as suas malhas), segrega uma parte de si que tende a autointerpretá-lo. Segundo nossas inveteradas crenças isto é tarefa ou função dos seres humanos, mas trata-se de presunção. O ser poderia autointerpretar-se também em outros modos, certamente através de organismos animais, mas talvez também vegetais e (por que não?) minerais, na epifania silícica do computador.[13]

Num modelo mais complexo a Mente deveria então ser representada não como situada *diante* do Mundo, mas *contida* no Mundo, e teria uma tal estrutura que pudesse falar não só do mundo (que se lhe opõe), mas também de si mesma como parte do mundo, e do mesmo processo pelo qual ela, parte do interpretado, pode funcionar como intérprete. Entretanto, neste ponto, não teremos mais um modelo, mas precisamente aquilo que o modelo procura em vão descrever. E, se tivéssemos este saber, seríamos Deus, ou o teríamos ficticiamente construído. Em todo o caso, mesmo que conseguíssemos elaborar tal modelo, seria didaticamente menos eficaz que aquele (ainda dualista) que estamos propondo. Aceitemos, pois, todas as limitações e a aparente natureza dualista do modelo, e prossigamos.

Primeira hipótese. Imaginemos que o Mundo seja composto de três átomos (1, 2, 3) e que a Mente disponha de três símbolos (A, B, C). Os três átomos mundanos poderiam compor-se de seis modos diferentes, mas, se nos limitarmos a considerar o Mundo no seu estado atual (compreendida a sua história), poderemos supor que este seja dotado de uma estrutura estável dada pela sequência 123.

Se o conhecimento fosse especular, e a verdade *adaequatio rei et intellectus*, não haveria problema. A Mente confere (não de forma arbitrária) ao átomo 1 o símbolo A, ao átomo 2 o símbolo B, ao átomo 3 o símbolo C, e, com a tríade ordenada de símbolos, ABC representa a estrutura do Mundo. Notemos que em tal caso não haveria necessidade de dizer que a mente "interpreta" o Mundo: ela o *representaria especularmente*.

Os problemas surgem se a atribuição dos símbolos aos átomos for arbitrária: a Mente poderia também conferir, por exemplo, A a 3, B a 1 e C a 2, e por cálculo combinatório haveria seis possibilidades de representar fielmente a mesma estrutura 123. Seria como se a Mente dispusesse de seis línguas diferentes para descrever sempre o mesmo Mundo, de modo que diferentes tríades de símbolos anunciassem sempre a mesma proposição. Se admitimos as possibilidades da sinonímia sem resíduos, as seis descrições seriam ainda seis representações especulares. Mas já a metáfora de seis diferentes imagens especulares do mesmo objeto leva a pensar que ou o objeto ou o espelho se afastam a cada vez, fornecendo seis ângulos diferentes. Neste ponto seria melhor voltar a falar de seis interpretações.

Segunda hipótese. Os símbolos usados pela Mente são em número menor que os átomos do Mundo. Os símbolos usados pela Mente são sempre três, mas os átomos do Mundo são dez (1, 2, 3, ... 10). Se o Mundo se estruturasse sempre por tríades de átomos, por cálculo fatorial esse poderia reagrupar os seus dez átomos em 720 estruturas ternárias diferentes. A Mente teria, então, seis tríades de símbolos (ABC, BCA, CAB, ACB, BAC, CBA) para prestar contas de 720 tríades de átomos. Diferentes eventos mundanos, com diferentes perspectivas, poderiam ser interpretados pelos mesmos símbolos. Quer dizer que, por exemplo, seremos sempre obrigados a utilizar a tríade de símbolos ABC para representar seja 123, seja 345, seja 547. Teremos uma incômoda superabundância de *homonímias*, e nos encontraremos exatamente na situação descrita por Aristóteles: de um lado apenas um conceito abstrato como "homem" serviria para nomear a multiplicidade dos indivíduos, de outro lado o ser seria dito de muitos modos porque o mesmo símbolo serviria quer para o *é* de "um homem é um animal" (ser segundo a substância), quer para aquele de "aquele homem está sentado" (ser segundo um acidente).

O problema não mudaria — exceto complicando-se posteriormente — se o Mundo não fosse ordenado de modo estável, mas caótico (e fosse obstinado, evolutivo, pretendendo reestruturar-se no tempo). Mudando continuamente as estruturas das tríades, a linguagem da Mente deveria continuamente adaptar-se, sempre por excesso de homonímias, às diferentes situações. O que aconteceria do mesmo modo se o mundo fosse um *continuum* infinitamente segmentável, uma epifania do Fractal. A Mente, mais que se adaptar às mudanças do mundo, mudaria de forma contínua a imagem, cada vez mais enrijecendo-o em sistemas de *stoicheia* diferentes, conforme projeta (como molde ou esquema) as suas tríades de símbolos.

Mas seria pior se o Mundo fosse hiperestruturado, isto é, se fosse organizado conforme uma estrutura única fornecida por uma sequência particular de dez átomos. Por cálculo combinatório, o Mundo poderia organizar-se em 3.628.800 combinações ou décuplos diferentes (não pensamos nem mesmo num mundo que se reordena por hiperestruturações sucessivas, isto é, que mudasse o arranjo das sequências a cada instante, ou a cada dez mil anos). Mesmo no caso em que o Mundo tivesse estrutura fixa (isto é, fosse organizado numa única décupla), a Mente teria sempre apenas seis tríades de símbolos para descrevê-lo. Poderia tentar descrever apenas uma parte a cada vez, como se o observasse pelo buraco da fechadura, e não teria nunca a possibilidade de descrevê-lo por completo. O que parece muito semelhante àquilo que acontece e que aconteceu no curso dos milênios.

Terceira hipótese. A Mente tem mais elementos que o Mundo. A mente dispõe de dez símbolos (A, B, C, D, E, F, G, H, I, J) e o Mundo de apenas três átomos (1, 2, 3). Não só, mas a Mente pode combinar estes dez símbolos em duplas, trincas, quadras, e assim por diante. Quer dizer que a estrutura cerebral teria mais neurônios e mais possibilidades de combinação entre neurônios do que o número dos átomos e das suas combinações identificáveis no Mundo. É evidente que esta hipótese deveria ser logo abandonada, porque contrasta com a admissão inicial de que a Mente seja parte do Mundo. Uma Mente tão complexa, que fizesse parte do Mundo, deveria considerar também seus dez símbolos como *stoicheia* mundanos. Para permitir a hipótese, a Mente deveria sair do Mundo: seria um tipo de divindade muito pensante que deve prestar contas de um mundo paupérrimo, que além de tudo não conhece, porque fora arranjado por um Demiurgo isento de fantasia. Mas poderemos também pensar num Mundo que de um certo modo segrega mais *res cogitans* que *res extensa*, isto é, que tenha produzido um número bastante reduzido de estruturas materiais, usando poucos átomos, e que tem outros de reserva para usá-los apenas como símbolos da Mente. Em todo o caso, vale a pena manter esta terceira hipótese porque serve para jogar uma certa luz sobre a quarta hipótese.

Resultaria que a Mente teria um número astronômico de combinações de símbolos para representar uma estrutura mundana 123 (ou no máximo as suas possíveis combinações), sempre de um ponto de vista diferente. A Mente poderia, por exemplo, representar 123 mediante 3.628.800 décuplos, cada um dos quais não pretendendo apenas prestar contas de 123 mas também da hora e do dia em que fosse representado, do estado interno da própria Mente naquele momento, das intenções e dos fins segundo os quais a Mente o representa (admitindo que esta Mente tão rica tivesse também intenções e fins). Haveria um excesso de pensamento com relação à simplicidade do mundo, teríamos uma abundância de *sinônimos*, ou a reserva de representações possíveis excederia o número das possíveis estruturas existentes. E talvez aconteça assim, visto que podemos mentir e construir mundos fantásticos, imaginar e prever estados de coisas alternativos. Neste caso, a Mente poderia muito bem representar os vários modos em que ela está no Mundo. Tal Mente poderia ainda escrever a *Divina comédia* se não existisse no Mundo a estrutura afunilada do Inferno, ou construir geometrias que não têm comparação na ordem material do Mundo. Poderia até questionar o problema da definição do ser, duplicar entes e ser, formular a pergunta por que há algo de preferência a nada — visto que este algo poderia falar em muitos modos — sem nunca estar segura de dizê-lo de forma correta.

Quarta hipótese. A Mente tem dez símbolos, tantos quantos são os átomos do mundo, e tanto a Mente quanto o Mundo podem combinar os seus elementos, como na terceira hipótese, em duplas, trincas, quadras... décuplas. A Mente teria, então, um número astronômico de enunciados à sua disposição para descrever um número astronômico de estruturas mundanas, com todas as possibilidades sinonímicas que dela derivam. Não só, mas a Mente poderia também (dada a abundância de combinações mundanas ainda não realizadas) projetar modificações do Mundo, assim como poderia ser continuamente surpreendida por combinações mundanas que ainda não previra; além disso, teria muito que fazer para explicar em diferentes modos como ela funciona.

Haveria não um excesso de pensamento com relação à simplicidade do mundo, como na terceira hipótese, mas um tipo de desafio contínuo entre lutadores que combatem com armas potencialmente iguais, mas de fato trocando de armas a cada ataque, atrapalhando o adversário. A Mente enfrentaria o Mundo com um excesso de perspectivas, o Mundo iludiria as armadilhas da Mente trocando sempre as cartas na mesa (dentre as quais estão aquelas da própria Mente).

Ainda mais uma vez, tudo isto parece muito semelhante a algo que aconteceu e que acontece conosco.

1.9. De um possível desaparecimento do ser

Abandonemos agora o nosso modelo, visto que ele se transformou no retrato (realístico) do nosso ser lançado no ser, e confirmou que o ser não pode ser senão aquilo que dizemos de muitos modos. Compreendemos que, como quer que estejam as coisas (mas talvez a própria ideia de que as coisas estejam de qualquer forma poderia ser posta em dúvida), cada enunciado sobre aquilo que é, e sobre aquilo que poderia ser, implica uma escolha, uma perspectiva, um ângulo. Cada tentativa de dizer algo sobre aquilo que é estaria sujeito a revisão, a novas conjeturas sobre a conveniência de usar uma ou outra imagem, ou esquema. Muitas das nossas supostas representações seriam talvez incompatíveis entre si, mas poderiam todas dizer uma única verdade.

Não podemos dizer que não temos algum conhecimento verdadeiro, se por acaso sustentássemos que temos conhecimentos verdadeiros *em excesso*. Alguns estão prontos para objetar que não há qualquer diferença entre dizer que não há alguma verdade e dizer que existem muitas (antes fosse apenas uma simples dupla verdade). Mas poderíamos igualmente objetar que este excesso de verdade é transitório, é efeito do nosso procedimento às cegas, indica um limite entre tentativas e erros além do qual estas perspectivas diferentes (todas parcialmente verdadeiras) poderiam um dia compor-se em sistema; e que no fundo o renovamento contínuo da nossa pergunta sobre a verdade depende mesmo deste excesso...

Pode acontecer que na nossa linguagem existam seres em superabundância. Talvez quando o cientista diz que as hipóteses não foram verificadas mas antes falsificadas, queira dizer que para conhecer é preciso podar o excesso de ser que a linguagem pode afirmar.

Em todo o caso, seria bastante aceitável a ideia de que as descrições que fornecemos do mundo sejam sempre perspectivas, ligadas ao modo pelo qual estamos biológica, étnica, psicológica e culturalmente arraigados no horizonte do ser. Estas características não impediriam os nossos discursos de adaptar o mundo, ao menos de uma certa perspectiva, sem que por isso nos sintamos saciados com aquela cota de adaptações obtida, a fim de sermos levados a não pensar senão nas nossas respostas; mesmo quando parecem completamente "boas", devem ser tidas como definitivas.

Mas o problema não é como chegar ao fato de que podemos falar do ser em muitos modos. Isso porque, uma vez caracterizado o mecanismo profundo da pluralidade das respostas, chegamos à questão final, que se tornou central no mundo chamado pós-moderno; se infinitas, ou ao menos astronomicamente indefinidas, são as perspectivas sobre o ser, significa que uma vale pela outra, que todas são igualmente boas, que cada afirmação sobre aquilo que é diz algo verdadeiro, ou que — como disse Feyerabend para as teorias científicas — *anything goes?*

Isto queria dizer que a verdade final está além dos limites do modelo logocêntrico ocidental, foge aos princípios de identidade, de não contradição e do terceiro excluído, que o ser coincide justamente com o caleidoscópio de verdade que formulamos procurando chamá-lo, que não há significado transcendental, que o ser é o mesmo processo de desconstrução contínua quando ao falar dele nós o tornamos sempre mais fluido, maleável, fugidio ou — como disse uma vez Gianni Vattimo com eficaz expressão piemontesa — "traçado", isto é, carcomido e friável; ou rizomático, nó de articulações que podem ser novamente percorridas conforme as diferentes opções até o infinito, labirinto.

Mas não é preciso chegar a Feyerabend, ou à perda do significado transcendental, ou ao pensamento fraco. Escutemos Nietzsche, com menos de trinta anos, em *Sobre a verdade e a mentira em sentido extramoral* (Nietzsche 1873: 355-372). Visto que a natureza jogou fora a chave, o intelecto brinca com ficções que chama de verdades, ou sistema dos conceitos, baseado na legislação da linguagem. A primeira reação de Nietzsche é quase, direi, humiana, a segunda mais decididamente céptica (por que designamos as coisas segundo seleções arbitrárias de propriedade?), a terceira anuncia a hipótese Sapir-Whorf (línguas diversas organizam a experiência de modo diverso), a quarta kantiana (a coisa em si é incompreensível da parte de quem constrói a linguagem): acreditamos falar sobre (e conhecer) árvores, cores, neve e flores, mas são metáforas que não correspondem às essências originais. Cada palavra torna-se conceito desbotando na sua pálida universalidade as diferenças entre coisas fundamentalmente desiguais: assim pensamos que perante a multiplicidade das folhas individuais existe uma "folha" primordial "sobre cujo modelo todas as folhas seriam tecidas, desenhadas, circunscritas, coloridas, frisadas, pintadas — mas por mãos inábeis —, de tal modo que nenhum exemplar estaria correto e seria apreciável enquanto cópia fiel da forma original" (ib.: 360). Custa-nos muito admitir que o pássaro ou o inseto percebem o mundo num modo diferente do nosso, e não tem sentido nem sequer dizer qual percepção seja a mais justa, porque ocorreria aquele critério de "percepção exata" que não existe (ib.: 365), porque "a natureza não conhece nenhuma forma e nenhum conceito, e portanto nenhum gênero, mas apenas um x, para nós inatingível e indefinível" (ib.: 361). Assim um kantismo, mas sem fundação transcendental e sem crítica do juízo. No máximo, após ter confirmado que a nossa antítese entre indivíduo e gênero é apenas efeito antropomórfico e não brota da essência das coisas, a correção, mais céptica do que o cepticismo que tenta corrigir, diz: "Não ousemos dizer que tal antítese corresponde a tal essência. Esta seria, de fato, uma afirmação dogmática, e como tal tão indemonstrável quanto a sua contrária" (ib.: 361).

Devemos, então, decidir o que é a verdade. E o dizemos, metaforicamente, por certo, mas mesmo da parte de quem está dizendo que conhece algo apenas por livre e inventiva metáfora. A verdade é precisamente "um exército móvel de metáforas, metonímias, antropomorfismos" elaborados poeticamente, e que depois se enrijeceram em saber, "ilusões de que a natureza ilusória se esqueceu", moedas cuja imagem consumiu e que são levadas em consideração apenas como metal, de maneira que nos acostumamos a mentir segundo convenções, num estilo vinculatório para todos, colocando a nossa ação sob o controle das abstrações, diminuindo as metáforas em *esquemas* e *conceitos*. E daí uma ordem piramidal de castas e graus, leis e delimitações, inteiramente construída pela linguagem, um imenso "columbário romano", cemitério das intuições.

Que este seja um ótimo retrato de como o edifício da linguagem disciplina a paisagem dos entes, ou talvez um ser que recusa ser enrijecido em sistemas categoriais, é inegável. Mas permanecem ausentes, mesmo dos trechos que seguem, duas perguntas: se se adaptando aos constrangimentos deste columbário conseguimos de algum modo prestar contas ao mundo (que não seria observação de nada); e se não acontece que de vez em quando o múndo nos obrigue a reestruturar o columbário, ou então a escolher uma forma alternativa para o columbário (que é portanto o problema da revolução dos paradigmas cognitivos). Nietzsche, que no fundo nos fornece a imagem de *um* dos modos de prestar contas do mundo que eu delimitara no parágrafo anterior, não parece se perguntar se existem muitas formas possíveis do mundo. O seu é o retrato de um sistema holístico onde nenhum novo julgamento fatual pode intervir para colocar em crise o sistema.

Ou seja, para dizer a verdade (textual), ele nota a existência de constrangimentos naturais e conhece um modo de transformação. Os constrangimentos aparecem como "forças terríveis" que fazem pressão sobre nós, contrapondo às verdades "científicas" outras verdades de natureza diversa; mas evidentemente recusa conhecê-las conceituando-as por sua vez, visto que foi para evitá-las que construímos, como defesa, a armadura conceitual. A transformação é possível, porém não como reestruturação, mas como revolução poética permanente: "Se cada um de nós, por si, tivesse uma sensação diferente, se nós mesmos pudéssemos perceber ora como pássaros, ora como vermes, ora como plantas, ou se um de nós visse o mesmo estímulo como vermelho e um outro o visse como azul, se um terceiro ouvisse tal estímulo como som, ninguém poderia falar de uma tal regularidade da natureza" (ib.: 366-367). Bela coincidência, estas linhas foram escritas dois anos depois que Rimbaud, na carta a Demeny, proclamara que "le Poète se fait *voyant* par un long, immense et raisonné *dérèglement* de *tous les sens*", e no mesmo período via "A noir, corset velu de mouches éclatantes" e "O suprême Clairon plein des strideurs étranges".

Assim, de fato, para Nietzsche a arte (e com ela o mito) "confunde continuamente as rubricas e os compartimentos dos conceitos, apresentando novas transposições, metáforas, metonímias; continuamente manifesta o desejo de dar ao mundo subsistente do homem desperto uma figura tão variada, irregular, isenta de consequências, excitante e eternamente nova, como é fornecida pelo mundo do sonho" (ib.: 369). Um sonho feito de árvores que escondem ninfas, e de deuses em forma de touro que arrastam virgens.

Mas aqui falta a decisão final. Ou aceitamos que aquilo que nos rodeia, e o modo em que procuramos ordená-lo, não seja digno de ser vivido, e o recusamos, escolhendo o sonho como fuga da realidade, e citamos Pascal, para quem bastaria sonhar verdadeiramente *todas as noites* ser rei, para ser feliz, mas é o próprio Nietzsche que admite (ib.: 370) que se trata de engano, mesmo se sumamente agradável, e que não causa prejuízo; e seria o domínio da arte sobre a vida. Ou então, e é o que a posteridade nietzschiana escutou como verdadeira lição, a arte pode dizer o que diz porque é o próprio ser, na sua lânguida fraqueza e generosidade, que aceita até esta definição, e desfruta ao ver-se como mutável, sonhador, extenuadamente vigoroso e vitoriosamente fraco. Mas, ao mesmo tempo, não mais como "plenitude, presença, fundamento, em suma, angústia e dor" (Vattimo 1980: 84). O ser, então, pode ser dito apenas enquanto está em declínio, não se impõe mas desaparece. Estamos, assim, numa "ontologia erigida por categorias 'fracas'" (Vattimo 1980: 9). O anúncio nietzschiano da morte de Deus não será senão a afirmação do fim da estrutura estável do ser (Vattimo 1983: 21). O ser se dará apenas "como suspensão e como subtração" (Vattimo 1994:18).

Em outras palavras: uma vez aceito o princípio de que falamos do ser apenas em muitos modos, o que nos impede de acreditar que todas as perspectivas sejam boas, e que, assim, não somente o ser aparece como efeito de linguagem mas seja radicalmente e não outra coisa além da linguagem, e justamente daquela forma de linguagem à qual podemos conceder os maiores desregramentos, a linguagem do mito ou da poesia? O ser, então, além de "traçado", maleável, fraco, seria puro *flatus vocis*. Neste ponto seria obra dos Poetas, considerados sonhadores, mentirosos, imitadores do nada, capazes de pôr irresponsavelmente uma cabeça equina num corpo humano, e fazer de cada ser uma Quimera.

Decisão nada confortante, visto que, uma vez que as contas foram acertadas com o ser, deveremos prestar contas ao sujeito que emite este *flatus vocis* (que é, pois, o limite de cada idealismo mágico). Não só. Se é princípio hermenêutico que não existem fatos, mas apenas interpretações, isto não exclui que possamos perguntar se não existem por acaso interpretações "ruins". Porque dizer que não existem fatos mas apenas interpretações significa, por certo, dizer que aqueles que nos aparecem como fatos são efeito de interpretação, mas não que cada interpretação possível produza algo que, à luz de sucessivas interpretações, somos obrigados a considerar como se fosse um fato. Dizer que cada carta vencedora do pôquer é construída por uma escolha (talvez encorajada pelo acaso) do jogador não significa dizer que cada carta proposta pelo jogador seja vencedora. Bastaria que o outro opusesse uma escala real à minha trinca de ases, e a minha aposta tornar-se-ia falsa. Existem na nossa partida com o ser momentos em que Algo responde com uma escala real à nossa trinca de ases?

O verdadeiro problema de cada argumento "desconstrutivo" do conceito clássico de verdade não é demonstrar que o paradigma de base sobre o qual pensamos poderia ser falso. Parece que todos estão de acordo sobre isto. O mundo como o representamos é um efeito de interpretação. O problema é como estão as garantias que nos autorizam a tentar um novo paradigma que os outros não devem reconhecer como delírio, pura imaginação do impossível. Como é o critério que nos permite distinguir entre sonho, invenção poética, *trip* de ácido lisérgico (porque também existem pessoas que depois de tê-lo tomado jogam-se da janela convencidos de que podem voar, e se esborracham no chão — e prestemos atenção, contra os próprios propósitos e esperanças), e afirmações aceitáveis sobre coisas do mundo físico ou histórico que nos circunda?

Estabeleçamos também, com Vattimo (1994: 100), uma diferença entre epistemologia, que é "a construção de corpos de saber rigorosos e a solução de problemas à luz de paradigmas que despertam as regras para a verificação das proposições" (e isto parece corresponder ao retrato que Nietzsche dá do universo conceitual de uma certa cultura), e hermenêutica como "a atividade que se desenvolve no encontro com horizontes paradigmáticos diferentes, que não deixam avaliar na base uma conformidade qualquer (a regra ou, por último, as coisas), mas são dadas como propostas 'poéticas' de outros mundos, de instituição de novas regras". Que nova regra a Comunidade deve preferir, e que outra condenar como loucura? Existem sempre, e cada vez mais, aqueles que desejam demonstrar que a Terra é quadrada, ou que vivemos não fora, mas dentro da sua crosta, ou que as estátuas choram, ou que podemos curvar garfos pela televisão, ou que o macaco descende do homem — e para sermos flexivelmente honestos e não dogmáticos é preciso ainda encontrar um critério público com o qual julgar se as suas ideias são de algum modo aceitáveis.

Num debate em 1990 (agora em Eco 1992), a propósito da existência ou não de critérios de interpretação textuais, Richard Rorty — ampliando o discurso em critérios de interpretação de coisas que existem no mundo — contestava que a utilização que fazemos de uma chave de fenda para atarraxar os parafusos seja imposta pelo próprio objeto, enquanto sua utilização para abrir um pacote seja imposta pela nossa subjetividade (ele estava discutindo minha distinção entre *interpretação* e *utilização* de um texto, cf. Eco 1979).

No debate oral Rorty aludia até ao direito que temos de interpretar uma chave de fenda como algo útil para coçar o ouvido. Isto explica a minha resposta, que permaneceu também na versão impressa do debate, sem que eu soubesse que na intervenção concedida por Rorty ao editor a alusão à ação de coçar o ouvido desaparecera. Evidentemente Rorty entendera-a como simples *boutade*, inserida a mão durante a intervenção oral, e portanto abstenho-me de atribuir-lhe este exemplo não mais documentado. Mas se não ele, qualquer outra pessoa poderia usá-lo (com o correr dos tempos) e então a minha contra objeção permanece válida. Antes, confirmo-a de novo à luz daquela noção de pertinência, de *affordances* perceptiva de que falo em 3.4.6. Uma chave de fenda pode servir também para abrir um pacote (visto que é um instrumento com uma ponta cortante, facilmente manobrável, para fazer força contra algo resistente); mas não é aconselhável para apalpar o ouvido, justamente porque é cortante, e muito longa para que a mão possa controlar sua ação numa operação tão delicada; por isso será melhor usar um bastonete flexível com um chumaço de algodão na ponta.

Basta imaginar um mundo possível em que existam apenas uma mão, uma chave de fenda, um ouvido (e, no máximo, um pacote e um parafuso), e eis que o argumento ganha todo o seu valor ontológico: há algo na conformação seja do meu corpo seja da chave de fenda que não me permite interpretar este último à vontade.

Então, e para sair desta confusão: existe um *duro sustentáculo do ser*, de modo que algumas coisas que dizemos sobre ele e para ele não podem e não devem ser consideradas boas (e, se são ditas pelos Poetas, que sejam consideradas boas apenas enquanto referência a um mundo possível mas não ao mundo dos fatos reais)?

1.10. As Resistências do ser

Como de costume, as metáforas são eficazes mas arriscadas. Falando de "duro sustentáculo", não penso em algo costumeiro e tangível, como se fosse um "caroço" que, mordendo o ser, poderemos um dia pôr a nu. Aquilo de que falo não é a Lei das leis. Procuramos mais delinear as *luzes de resistência*, talvez móveis, errantes, que produzem um ajuste do discurso, de maneira que mesmo na ausência de cada regra precedente surja, no discurso, o fantasma, a suspeita de um anacoluto, ou o bloqueio de uma afasia.

Que o ser imponha limites ao discurso mediante o qual nos estabelecemos no seu horizonte não é a negação da atividade hermenêutica: nem é mais a condição. Se assumíssemos que podemos dizer tudo sobre o ser, a aventura da sua interrogação contínua não teria mais sentido. Bastaria falar dela ao acaso. A interrogação contínua parece razoável e humana justamente porque assumimos que existe um Limite.

Não podemos senão consentir com Heidegger: o problema do ser se apresenta apenas a quem foi lançado na Existência, no *Dasein* — do qual a nossa disposição faz parte e advertir que algo existe, e falar sobre ele. E na nossa Existência temos a fundamental experiência de um Limite que a linguagem pode dizer antecipadamente (e então apenas predizer) num único modo, e além do qual se esvai no silêncio: é a experiência da Morte.

Somos levados a postular que o ser, ao menos para nós, impõe limites porque vivemos, além do horizonte dos entes, também no horizonte daquele limite que é o ser-pela-morte. Do ser, ou não falamos, fulminados pela sua presença, ou apenas falamos, e entre as primeiras afirmações que nos acostumamos a considerar como modelo de cada premissa segura está "todos os homens são mortais". Disto os nossos antepassados logo nos informam quando, começando a falar, formularmos os primeiros "por quê".

Assim como falamos do ser sabendo que existe ao menos um limite, não podemos senão prosseguir a nossa interrogação para ver se, por acaso, ainda existem outras. Assim como não confiamos em quem mentiu para nós pelo menos uma vez, não acreditamos na promessa do ilimitado de quem se nos apresentou logo opondo-nos um limite.

E, como prosseguimos o discurso, descobrimos logo outros limites no horizonte dos entes que nomeamos. Aprendemos por experiência que a natureza parece apresentar tendências estáveis. Não é necessário pensar em leis obscuras e complexas, como aquelas da gravitação universal, mas em experiências mais simples e imediatas, como o pôr e o nascer do Sol, a gravidade, a existência objetiva das espécies. Os universais serão também criação e enfermidade do pensamento, mas uma vez identificados como espécie um cão e um gato, aprendemos logo que se unimos um cão a um cão nasce um cão, mas se unimos um cão a um gato não nasce nada — e se nascesse seria incapaz de reproduzir-se. Isto não significa ainda que se colocou em prática uma certa realidade (quero dizer "darwiniana") dos gêneros e das espécies. Quer apenas sugerir que falar por *generalia* será efeito da nossa *penuria nominum*, mas que *algo* resistente nos levou a inventar termos gerais (cuja extensão podemos sempre rever e corrigir). Não vale a objeção de que a biotecnologia um dia possa tornar obsoletas estas linhas de tendências: o fato de que para violá-las ocorra uma tecnologia (que por definição altera os limites naturais) significa que os limites naturais existem.

De uma outra região do ser fazem parte os Mundos Possíveis. No horizonte ambíguo do ser as coisas poderiam ocorrer de outra maneira, e nada exclui que possa existir um mundo em que não existam estes confins entre as espécies, onde os confins sejam outros ou então não existam — isto é, um mundo onde não existam gêneros naturais, e onde possa nascer uma raiz quadrada do cruzamento de um camelo com uma locomotiva. Todavia, se também posso pensar num mundo possível em que apenas as geometrias não euclidianas valham, o único modo que tenho para pensar numa geometria não euclidiana é fixar as suas regras, e portanto os seus limites.

1.11. O sentido do "continuum"

É possível que existam também regiões do ser de que não estamos aptos a falar. Parece estranho, visto que o ser se manifesta sempre e apenas na linguagem, mas admitamo-lo — pois que nada impede que um dia a humanidade possa elaborar linguagens diferentes daquelas conhecidas. Atenhamo-nos, entretanto, àquelas "regiões" do ser de que falamos há instantes, e enfrentemos esta nossa fala à luz não de uma metafísica, mas de uma semiótica, a de Hjelmslev. Usamos signos como expressões para exprimir um conteúdo, e este conteúdo é recortado e organizado em diferentes formas por diferentes culturas (e línguas). Sobre o que e por que coisa é recortado? Por uma massa amorfa, amorfa antes que a linguagem tenha operado as suas dissecações, que chamaremos o *continuum* do conteúdo, todo o exequível, o dizível, o pensável — se quisermos, o horizonte infinito daquilo que é, foi e será, quer por necessidade ou por contingência. Parecerá que, antes que uma cultura o tenha linguisticamente organizado em forma de conteúdo, este *continuum* seja tudo e nada, e fuja, portanto, a cada determinação. Todavia, sempre confundiu estudiosos e tradutores o fato de que Hjelmslev o chamasse em dinamarquês *mening*, que é inevitável traduzir por "sentido" (não necessariamente no sentido de "significado" mas no sentido de "direção", no mesmo sentido em que numa cidade existem sentidos permitidos e sentidos proibidos).

O que significa que exista sentido, antes de qualquer articulação sensata operada pelo conhecimento humano? Hjelmslev, num certo momento, dá a entender que depende do "sentido" o fato de que diferentes expressões, como *chove, il pleut, it rains,* se refiram todas ao mesmo fenômeno. Como se dissesse que no magma do *continuum* existem linhas de resistência e possibilidades de fluxo, como as das nervuras da madeira ou do mármore que tornam mais fácil cortar numa direção que em outra. É como acontece com o boi ou o bezerro: em diferentes civilizações é cortado de diferentes maneiras, por isso o nome de certos pratos não é sempre facilmente traduzível de uma língua a outra. E seria muito difícil conceber um corte que oferecesse no mesmo momento a extremidade do focinho e o rabo.

Se o *continuum* tem linhas de tendência, por mais imprevistas e misteriosas que sejam, não podemos dizer tudo aquilo que queremos. O ser pode não ter um sentido, mas *tem sentidos;* talvez não sentidos obrigados, mas por certo *sentidos proibidos.* Existem coisas que não podemos dizer.

Não importa que estas coisas tenham sido ditas há tempo. Depois, "batemos com a cabeça", por assim dizer, contra alguma evidência que nos convenceu de que não podíamos mais dizer aquilo que disséramos antes.

Há um mal-entendido que devemos evitar. Quando falamos da experiência de algo que nos obriga a reconhecer linhas de tendência e de resistência, e formular leis, não pretendemos, de fato, dizer que estas leis representem adequadamente as linhas de resistência. Como se disséssemos que, se ao longo do caminho que percorro no bosque, encontro um penhasco que obstrui a minha passagem, por certo deverei voltar à direita ou à esquerda (ou decidir-me a voltar atrás), mas isto não me garante que realmente a decisão que tomei me ajude a conhecer melhor o bosque. Simplesmente o episódio interrompe um projeto e me leva a pensar num outro. Afirmar que existam linhas de resistência não significa ainda dizer, com Peirce, que existam leis universais operativas ao natural. A hipótese das leis universais (ou a hipótese de uma lei específica) é apenas um dos modos como reagimos ao surgir uma resistência. Mas Habermas, ao procurar o nó da crítica de Peirce na coisa em si kantiana, demonstra que o problema peirciano não é dizer que algo (escondido por trás das aparências que deveriam refleti-lo) tem, como o espelho, um lado posterior que evita o reflexo, a fim de que consigamos contornar a figura que vemos: é que a realidade impõe restrições ao nosso conhecimento apenas enquanto recusa falsas interpretações (Habermas 1995: 251).

Afirmar que existam linhas de resistência quer dizer apenas que, mesmo que apareça como efeito de linguagem, o ser não o é no sentido em que a linguagem livremente o constrói. Mesmo quem afirmasse que o ser é puro Caos, e portanto suscetível a qualquer discurso, deveria ao menos excluir que este seja Ordem firme. A linguagem não constrói o ser *ex novo*: interroga-o, encontrando sempre e de algum modo algo *já dado* (mesmo que já ser dado não signifique já estar acabado e completo). Ainda que o ser estivesse carcomido, existiria sempre um tecido cuja trama e urdidura, confundidas pelos infinitos buracos que corroeram, subsistem de algum modo obstinado.

Este *já dado* é precisamente as linhas de resistência. A aparição destas Resistências é a coisa mais próxima que podemos encontrar, antes de qualquer Filosofia Primeira ou Teologia, da ideia de Deus ou de Lei. Por certo é um Deus que se apresenta (se e quando se apresenta) como pura Negatividade, puro Limite, puro "Não", aquilo de que a linguagem não deve ou não pode falar. Neste sentido é algo muito diferente do Deus das religiões reveladas, ou dele assume apenas os traços mais severos, de exclusivo Senhor da Proibição, incapaz até de dizer "crescei e multiplicai-vos", mas apenas pretendendo repetir "não comerás desta árvore".

Por outro lado algo resiste até ao Deus das religiões reveladas. Talvez Deus prescreva limites a si mesmo. Recordemos a *Quaestio Quodlibetalis* em que São Tomás pergunta-se *utrum Deus possit reparare virginis ruinam*, isto é, se Deus pode remediar o fato de que uma virgem tenha perdido a própria virgindade. A resposta de Tomás é clara: se a pergunta diz respeito a questões espirituais, Deus pode com certeza reparar o pecado cometido e restituir à pecadora o estado de graça; se diz respeito a questões físicas, Deus pode com um milagre reconstruir a integridade física da moça; mas se a questão é lógica e cosmológica, bem, nem mesmo Deus pode fazer com que aquilo que aconteceu não aconteça. Deixemos para decidir se esta necessidade foi livremente colocada por Deus ou faz parte da mesma natureza divina. Em todo o caso, desde que existe, também o Deus de Tomás é limitado.

1.12. Conclusões práticas

Após ter dito que o nada e a negação são puro efeito de linguagem, e que o ser se apresenta sempre prático, poderíamos perguntar se não é contraditório falar por isso de limites e capacidades de opor recusas. Corrijamos, então, uma outra metáfora, que pareceu tão cômoda por razões retóricas, para "colocar aos nossos olhos" aquilo que queríamos sugerir. O ser nos opõe o "não" da mesma maneira em que lhe opomos uma tartaruga à qual pedimos para voar. Não é que a tartaruga perceba que *não pode* voar. É o pássaro que voa, por natureza própria sabe voar, e não admite que não possa voar. A tartaruga segue o seu caminho terrestre, positivo, e não conhece a condição de não ser tartaruga.

Por certo, também o animal encontra obstáculos que sente como limite, e parece cansar-se de removê-los; pensemos no cão que, latindo, arranha a porta fechada, mordendo a sua maçaneta. Mas, nestes casos, o animal já está se aproximando de uma condição semelhante à nossa, manifesta desejos e propósitos, e é com relação a ele que o limite se impõe como tal. Uma porta fechada em si não é um "não", antes poderia ser um "sim" para quem procura, no interior, reserva e proteção. Torna-se um "não" apenas para o cão que projeta ultrapassar a sua soleira.

Somos nós, visto que a Mente pode ainda fornecer interpretações imaginárias de mundos impossíveis, que pedimos às coisas para serem aquilo que não são e, quando continuam a ser o que são, pensamos que nos respondem com um não, e opomos-lhes um limite. Somos nós que pensamos que a nossa perna (articulando-se sobre o joelho) pode desenhar alguns ângulos, de 180 a 45 graus, mas *não pode* desenhar um ângulo de 360 graus. A perna — por aquele tanto que uma perna "sabe" — não sente limites, sente apenas possibilidades. A própria morte aparece como limite para nós, que caprichosamente ainda queremos viver, mas chega através do organismo quando as coisas andam exatamente como devem.

O ser não nos diz nunca "não", senão por metáfora nossa. Simplesmente, diante de uma nossa pergunta exigente, não dá a resposta que desejáramos. Mas o limite está no nosso desejo, na nossa tendência a uma liberdade absoluta.[14]

Por certo que, em face destas resistências, a linguagem dos Poetas parece situar-se numa zona franca. Mentirosos por vocação, mais que aqueles que dizem como o ser é, parecem ser aqueles que não só celebram a sua necessidade, mas com frequência admitem para si (e para nós) negar as resistências — porque para eles as tartarugas podem voar, e talvez possam aparecer como seres que se subtraem à morte. Mas o seu discurso, dizendo-nos algumas vezes que as *impossibilia* também são possíveis, coloca-nos diante do excesso do nosso desejo, e ao fazer-nos entrever aquilo que poderia existir além do limite, por um lado nos consolam pela nossa perfeição, por outro nos recordam quão frequentemente somos uma "paixão inútil". Mesmo quando recusam aceitar as resistências do ser, ao negá-las recordam-nas para nós. Mesmo quando sofrem por descobri-las, deixam-nos pensar que talvez as tenhamos delineado (e tornado hipostáticas em leis) muito cedo — que talvez poderiam ser ainda contornadas.

Na verdade, aquilo que eles nos dizem é que é preciso ir ao encontro do ser com alegria (e pode ser "gaia ciência" também aquela de Leopardi), interrogá-lo, provar as suas resistências, alcançar as suas aberturas, os acenos jamais demasiadamente explícitos.

O resto é conjetura.

2.
Kant, Peirce e o ornitorrinco

2.1. Marco Polo e o unicórnio

Com frequência, diante do fenômeno desconhecido, reagimos por aproximação, procuramos aquele recorte de conteúdo, já presente na nossa enciclopédia, que bem ou mal parece prestar contas do novo fato. Encontramos um exemplo clássico deste procedimento em Marco Polo, que vê em Java (compreendemos agora) rinocerontes. Mas trata-se de animais que ele nunca viu, exceto que, por analogia com outros animais conhecidos, distingue o seu corpo, as quatro patas e o chifre. Assim como a sua cultura colocava à sua disposição a noção de unicórnio, precisamente como quadrúpede com um chifre em cima do nariz, ele designa aqueles animais como unicórnios. Depois, como é cronista honesto e obstinado, apressa-se por dizer-nos que, no entanto, estes unicórnios são muito estranhos, queremos dizer pouco específicos, visto que não são brancos e ágeis mas têm "pelo de búfalos e pés de elefantes", o chifre é negro e desgracioso, a língua espinhosa, a cabeça semelhante àquela de um javali: "É uma besta muito feia de se ver. Não é, como se diz por aqui, que ela se deixe pegar como uma donzela, mas acontece o contrário" (*Milione* 143).

Marco Polo parece tomar uma decisão: em vez de segmentar novamente o conteúdo, acrescentando um novo animal ao universo dos seres vivos, corrige a descrição vigente dos unicórnios que, se existem, são por certo como ele os viu e não como a lenda conta. Modifica a intenção, deixando a extensão sem juízo. Ou ao menos assim parece que desejasse fazer — ou que de fato ele faça, sem muitas preocupações taxionômicas.[1]

Mas o que teria sucedido se Polo, em vez da China, tivesse chegado à Austrália, e ao longo de um curso de água tivesse visto um ornitorrinco?

O ornitorrinco é um estranho animal, que parece concebido para desafiar qualquer classificação, quer científica quer popular: tendo em média uns cinquenta centímetros, cerca de dois quilos, o corpo chato coberto por uma pelugem marrom-escura, sem pescoço, e com uma cauda de castor, bico de pato, de cor azulada por cima e rosa ou matizada por baixo, sem pavilhões auditivos, as quatro patas terminam com cinco dedos espalmados, mas com garras; fica bastante tempo debaixo d'água (e ali come) para ser considerado um peixe ou um anfíbio, a fêmea põe ovos, mas amamenta os próprios filhotes, mesmo se não vemos nenhuma teta (além disso, não vemos no macho sequer os testículos, que são internos).

Não estamos perguntando se Marco Polo teria reconhecido o animal como um mamífero ou um anfíbio, mas por certo deveria ter-se perguntado se aquilo que via (posto que fosse um animal e não uma ilusão dos sentidos, ou uma criatura dos infernos) era um castor, um pato, um peixe, e, em todo o caso, se era um pássaro, animal marinho ou terrestre. Um empecilho, de que não podia tirá-lo a noção de unicórnio, e, no máximo, teria recorrido à ideia de Quimera.

No mesmo empecilho encontraram-se os primeiros colonos australianos que viram um ornitorrinco: haviam-no julgado como uma toupeira, e, de fato, chamaram-no *watermole*, mas aquela toupeira tinha um bico, e assim não era uma toupeira. Algo perceptível fora do "modelo" fornecido pela ideia de toupeira não se adequava ao modelo — mesmo se para reconhecer um bico é necessário presumir que tivessem um "modelo" para o bico.

2.2. Peirce e a tinta preta

Mas Peirce também teria problemas com o ornitorrinco, visto que o tivesse encontrado pela primeira vez, muito mais dos que lhe foram apresentados pelo lítio ou pelo bolo de mel.

Se podemos sustentar que processos semiósicos intervêm no reconhecimento do conhecido, porque se trata, justamente, de citar dados sensíveis a um modelo (conceitual e semântico), o problema, longamente discutido, é o quanto um processo semiósico intervém na compreensão do fenômeno desconhecido. Um dogma, ou quase, da semiótica de inspiração peirciana é que a semiose esconde-se nos processos perceptivos, e não tanto porque devemos perceber que muita tradição filosófica psicológica fala de "significado" perceptivo, mas porque o processo perceptivo apresenta-se para Peirce como inferência. Uma vez mais só devemos citar "Some consequence for four incapacities" e a sua polêmica contra o intuicionismo cartesiano: não temos nenhum poder nem de introspeção nem de intuição, mas cada conhecimento deriva por raciocínio hipotético do conhecimento de fatos externos e dos conhecimentos precedentes (WR 2: 213).

A proposta peirciana parece quase descrever as tentativas aparentemente desajeitadas de Marco Polo diante do rinoceronte, que não possui intuição "platônica" do animal desconhecido nem tenta construir a sua imagem e a noção *ex novo*, mas faz *bricolage* de noções precedentes, chegando a descrever uma nova entidade a partir do que já sabia de entidades já conhecidas. No fundo, o reconhecimento do rinoceronte aparece como uma sequência abdutiva bem mais complexa do que as canônicas: primeiro, diante do resultado curioso e inexplicável, arrisca-se que poderia constituir o caso de uma regra, isto é, que o animal seja um unicórnio; depois, com base em sucessivas experiências, procede-se a uma reformulação da regra (muda-se a lista de propriedades que caracterizam os unicórnios). Falarei de uma *abdução despedaçada*.

O que *viu* Marco Polo antes de *dizer* que vira unicórnios? Viu algo que devia ser ainda um animal? Note-se que estamos opondo um "ver" primário a um "dizer". Naturalmente, "ver" é figura retórica, serve para qualquer outra resposta tátil, térmica, auditiva. Mas o problema é que, por um lado, parece que a plenitude da percepção (como atribuição de significado ao desconhecido) tenha sido alcançada por um esboço, um diagrama esquelético, um perfil, digamos, talvez, uma "ideia"; por outro lado, após ter colocado em jogo a ideia do unicórnio, Marco Polo teve de admitir que aquele unicórnio não era branco, mas negro. Isto obrigou-o a corrigir a sua primeira hipótese. O que aconteceu quando Marco Polo disse *este é negro*? E disse-o antes ou depois de supor que fosse um unicórnio? E se o disse antes, por que insistiu em manter a hipótese de que fosse um unicórnio? E quando percebeu que o animal não se conciliava com a sua ideia de unicórnio, simplesmente admitiu que aquilo que via não era um unicórnio, ou corrigiu a sua ideia dos unicórnios, decidindo que também existem no mundo unicórnios negros e desgraciosos?

Marco Polo não era um filósofo. Por isso voltamos a Peirce. Na passagem do contato com o Objeto Dinâmico, através do *representamen*, na formação de um Objeto Imediato (que depois será o ponto de partida para a cadeia dos interpretantes), Peirce coloca o Ground como uma instância que parece constituir o momento inicial do processo cognitivo. As primeiras aparições do Ground estão nos escritos da juventude, onde o interesse é eminentemente lógico.[2] Entre o conceito de *substância* (o presente em geral, sujeito ainda sem intenção, a quem mais tarde serão atribuídas as propriedades, puro Algo em que se fixa nossa atenção, um "it" ainda indeterminado) e o conceito de *ser* (pura conjunção entre sujeito e predicado) estão (como acidentes) a referência ao Ground, a referência a um correlato e a referência a um interpretante.

O Ground, enquanto Qualidade, é um predicado. E enquanto a referência ao correlato é da ordem da denotação e da extensão, a referência ao Ground é da ordem da compreensão e da conotação (no sentido lógico do termo): o Ground tem a ver com qualidades "internas", propriedades do objeto. Em *a tinta é preta* a qualidade "preta" ou a negrura, encarnada na tinta, é abstrata, através de um procedimento de abstração, ou de separação (*prescision*). Contudo, mesmo de um ponto de vista lógico, o Ground não é a totalidade das marcas que compõem a intenção de um termo (essa totalidade pode ser idealmente realizada apenas no processo de interpretação): ao re-cortar dá-se atenção a um elemento, negligenciando-se um outro. No Ground o objeto é visto *numa certa relação*, a atenção isola um caráter respectivo. Em termos puramente lógicos, é evidente que se predico a negrura da tinta não predico a sua liquidez. Mas se permanecêssemos firmes no valor lógico do Ground não lucraríamos muito. E, no máximo, encontrar-nos-íamos, entre exemplos que parecem querer confundir as ideias ao invés de esclarecê-las, prisioneiros da compulsiva tríade peirciana.[3] Além disso, a própria escolha de um termo como *Ground* não é muito feliz: ela sugere um fundo sobre o qual cortamos algo, enquanto para Peirce seria antes algo que cortamos sobre um fundo ainda indistinto. Se aceitamos a sua tradução italiana corrente como "base" (cf. Peirce 1980), não seria tanto uma base do Objeto Dinâmico, quanto uma base, um ponto de partida para o conhecimento que tentamos possuir. E deveríamos aceitar esta leitura se o entendêssemos não como categoria metafísica mas lógica. Mas será realmente assim?

Não é preciso, no entanto, subestimar o fato de que estes escritos juvenis se coloquem explicitamente sob o signo de Kant. Neles Peirce quer, no fundo, explicar como nossos conceitos servem para unificar a multiplicidade das impressões sensíveis. Peirce explica que as primeiras impressões sobre os nossos sentidos não são representações de certas coisas desconhecidas em si mesmas, mas são elas mesmas, as primeiras impressões, algo desconhecido até que a mente chega a circundar-se de seus predicados. Como se prepara para ser pós-kantiano, Peirce dirá mais tarde que este processo de conceitualização procede apenas *por inferências hipotéticas*: assim acontece não só no processo de conceitualização, mas até no reconhecimento das sensações. Num certo sentido (antes, em todos) Peirce não explica de modo satisfatório como passamos da impressão ao conceito, visto que como exemplo para ambos propõe a intensa atividade hipotética de quem reconhece, por uma série de sons, uma sonata de Beethoven e a reconhece como bela. Mas, definitivamente, ele distingue os dois momentos: ambos se identificam com o *dar um nome* àquilo que experimentamos, e dar um nome é sempre estabelecer uma hipótese (pensamos no esforço hipotético de Marco Polo); todavia, os nomes dados para reconhecer as sensações (como uma sensação de vermelho) são, num certo sentido, casuais, não verdadeiramente motivadas, servindo apenas para distinguir (como sobrepondo-lhe uma etiqueta) aquela sensação de outros: digo que o sinto como vermelho para excluir outras sensações cromáticas possíveis, mas a sensação ainda é subjetiva, provisória e contingente, e o nome é-lhe atribuído como um significante cujo significado ainda ignoramos. Ao contrário, com o conceito passamos ao significado.

Poderíamos dizer que Peirce tem aqui presente a distinção kantiana entre julgamentos perceptivos e juízos de experiência (veja-se mais adiante, 2.4), mesmo se, como Kant, não consegue dar uma definição precisa dos primeiros. De fato, a mesma nomeação da qualidade "preto" não caracteriza mais o momento de uma impressão, de outra forma o Ground não seria uma categoria, e Peirce insiste que a negrura predicada já é pura *species* ou abstração.

Contudo, ele entende o nome dado ao Ground como um termo, não como uma proposição ou como um argumento. O termo encontra-se ainda do lado de cá de qualquer asserção de existência ou de verdade, e refere-se, ainda antes de um algo, a um aspecto do algo que começamos inferencialmente a identificar.

Com isso passamos da problemática lógica àquela gnosiológica. O Ground é Firstness não por força de simetria triádica, mas porque se coloca como origem da compreensão conceitual. É um modo "inicial" de considerar o objeto numa certa relação. Poderia considerar a tinta como líquido, mas no exemplo proposto considero-a imediatamente *sob o perfil* da negrura. Como se dissesse: não sei ainda que aquele algo diante de mim é tinta, mas percebo-o como algo preto, com relação à negrura.

Se usamos a palavra "perfil" não é apenas por metáfora. Enquanto Qualidade o Ground é uma Firstness e, portanto, um Ícone ou uma Likeness, ou semelhança.

Depois disso parece que Peirce abandona a ideia do Ground por cerca de trinta anos, e veremos em 2.8 como a retoma. De fato, até trinta anos depois ainda fala sobre isso como "um tipo de ideia", no sentido "platônico" em que dizemos que alguém toma a ideia de um outro, no sentido em que, recordando aquilo que pensávamos antes, lembramos a própria ideia (CP 2.228). Nesse meio tempo, entretanto, elaborara melhor aquilo que entendia por julgamento perceptivo, que em 1903 (CP 5.54) é definido como "um juízo que afirma de forma proposicional qual é o caráter de um percepto diretamente presente na mente. O percepto naturalmente não é ele mesmo um juízo, nem um juízo pode assemelhar-se de modo algum a um percepto. É diferente dele como as palavras impressas num livro em que descrevemos uma madona de Murillo diferente do quadro".

O juízo perceptivo já aparece como uma inferência, uma hipótese a partir daqueles dados da sensação que parecem ser os "perceptos", e já pertence àquela Thirdness, ao menos como premissa de uma cadeia sucessiva de interpretações (CP 5.116). Onde deveria estar neste ponto o Ground? Ao lado daquele percepto que ainda não é juízo?

Por um lado, Peirce nos diz que o juízo perceptivo contém ou já prefigura elementos gerais, que "as proposições universais são deduzíveis dos juízos perceptivos", que a inferência abdutiva se esvai no juízo perceptivo, sem uma nítida linha de demarcação entre entes, de modo que, como observa Proni (1990: 331), os princípios lógicos são compreendidos na própria mistura do conhecimento perceptivo. Por outro lado, e no mesmo texto, nos diz que "os juízos perceptivos devem ser considerados casos extremos de inferências abdutivas, das quais diferem enquanto situadas fora de qualquer possibilidade crítica" (CP 5.181). O que significa (como vemos em CP 5.116) que, enquanto primeiras premissas de todos os nossos raciocínios, "os juízos perceptivos não podem ser questionados".

Curiosa posição. Se há inferência na própria percepção, então é falibilidade; tanto assim que Peirce se ocupa também das ilusões perceptivas (CP 5.183); não obstante pareça que ao mesmo tempo estas inferências perceptivas não sejam hipotéticas mas "irrefutáveis". Bela e explícita afirmação de realismo, se não fosse pronunciada por quem nunca deixou de dizer que até a percepção é semiose e, portanto, já é abdução. E, por fim, se o juízo perceptivo não pudesse ser questionado, teríamos uma intuição do particular, ideia contra a qual Peirce sempre se rebelou, desde os seus escritos anticartesianos. E se, depois, aquilo que não pode ser questionado, e é particular, fosse o "percepto" (e o percepto tivesse de identificar-se com o Ground), ele não poderia dar andamento a processos inferenciais que têm a ver apenas com termos gerais (CP 5.298). Se na percepção há momento abstrato, há interpretação, mesmo que rápida e inconsciente (cf. Proni 1990: 1.5.2.4), e, se há interpretação, há "possível crítica".

Se esquecêssemos estas sutilezas (e as inevitáveis contradições que se verificam nos escritos de diversas épocas), poderíamos cortar neste modo: de acordo, se fazemos uma mistura não clara naquele espaço que está entre a Firstness (Ground ou não Ground) e a Thirdness plenamente realizada, há um primeiro momento de reação dos sentidos que é indiscutível, no momento em que a qualidade se me apresenta como qualidade de algo (Secondness) este algo torna-se premissa de qualquer outra inferência no sentido em que sei que em todo o caso há um Objeto Dinâmico que desencadeia as minhas respostas; neste ponto começa o trabalho da interpretação e, no momento em que o juízo perceptivo se instala, e toma forma, ele se resolve na formação do Objeto Imediato.

Convergem para o Objeto Imediato alguns aspectos do Ground (ele tem a natureza do ícone, da Likeness) e todos os aspectos do juízo perceptivo (este se apresenta como o ponto de partida de cada interpretação sucessiva). No máximo, podemos dizer que são dados também Objetos Imediatos de algo que não conhecemos através de percepção (certamente devem existir dois Objetos Imediatos que correspondem aos termos *presidente* ou *Alpha Centauri*). Mas isto não deve nos perturbar muito se pensamos que um ícone não é necessariamente uma imagem no sentido visível do termo, porque também a melodia que assobio baixinho, talvez desafinando, pode ser um ícone da *Quinta* de Beethoven; e porque até um diagrama — que não exibe similaridade morfológica com a situação representada — tem natureza de ícone.

Poderemos, então, tomar fôlego reconhecendo que, se permanecem obscuras a noção de Ground e a própria natureza do juízo perceptivo, não podemos dizer o mesmo da noção de Objeto Imediato. Este é o objeto como é representado (CP 8.343), na relação em que é imaginado (CP 5.286), é o *type* de que o Objeto Dinâmico que desencadeou a sequência de resposta era o *token* (Proni 1990: 265).[4] Este, de algum modo, foge da individualidade da percepção, porque enquanto interpretável já é público, intersubjetivo: ele não nos diz tudo sobre o objeto, mas é apenas quando chegamos a ele que finalmente sei e posso dizer algo sobre o objeto.

Ora, neste processo e no momento da sua primeira instalação, parece-me que se apresenta um problema que Peirce já encontrava em Kant. Peirce procura reformular, sem deduzir transcendentalmente, a noção kantiana de *esquema*.

Peirce pensa de fato no esquematismo kantiano? É procurando distinguir as categorias (mas quais, as suas ou as de Kant?) do esquema e estas da multiplicidade da intuição sensível que criamos um nó aparentemente insolúvel entre Ground e Objeto Imediato?

Peirce volta sempre quase parenteticamente à noção kantiana de esquema. Em CP 2.385 diz, sem hesitação, que o esquema kantiano é um *diagrama*; mas fala de um modo abstrato com relação aos postulados do pensamento empírico em geral, num quadro de lógica modal. Mas em 1885 diz que a doutrina dos esquemas pode vir à mente de Kant apenas com atraso, quando o sistema da primeira *Crítica* já se havia delineado: "for if the *schemata* had been considered early enough they would have overgrown his whole work" (WR 5: 258-259). Parece um programa de pesquisa, a individuação de uma brecha através da qual deveríamos chegar a um kantismo não transcendental. Mas o que percebera Peirce do esquematismo, de que até Kant, com veremos, percebera algo apenas passo a passo?

2.3 Kant, as árvores, as pedras e os cavalos

Há uma razão pela qual Peirce, futuro teórico da semiótica, começa lendo e relendo Kant, considerando a sua tábua dos juízos e das categorias como se tivesse sido produzida no Sinai.[5]

Fora reprovada em Kant uma radical desatenção nos confrontos do problema semiótico. Mas, como nota Kelemen (1991), desde os tempos de Hamann e de Herder ela fora atribuída ao fato de que Kant considerasse como implícita uma ligação muito estreita entre linguagem e pensamento, e arriscou-se a hipótese de que esta ligação se apresenta justamente na doutrina do esquematismo, a ponto de sugerir que o esquema fosse conceito-palavra (*Wortbegriff*). Por outro lado, não podemos negar que exista uma semiótica implícita na distinção entre juízos analíticos e sintéticos, que exista uma explícita discussão da teoria dos signos na *Antropologia*,[6] e que seja possível ler toda a *Lógica* em termos semióticos (cf. Apel 1972). Além disso, marcou-se repetidas vezes a ligação entre saber e comunicar, de que Kant fala em várias passagens, mesmo se não se detém muito, como se considerasse óbvia a questão (Kelemen 1991: 37). Para terminar, e voltaremos a isto, existem as páginas semióticas da terceira *Crítica*.

Basta, portanto, considerar, tanto para Kant quanto para Aristóteles, a origem puramente verbal do seu aparato categórico e retomar uma feliz observação de Heidegger (1973: 33-34): "Os seres dotados de capacidade intuitiva devem poder sempre associar-se na intuição do ente. Mas, terminada a intuição, enquanto intuição, ela permanece sempre em primeiro lugar apoiada no particular intuído de vez em quando. O ente intuído é conhecido apenas se cada um puder torná-lo compreensível a si e aos outros, e chegando, assim, a comunicá-lo." Falar daquilo que é quer dizer tornar comunicável o que conhecemos: mas conhecê-lo, e comunicá-lo, implica uma recorrência ao genérico, que já é um efeito de semiose, e depende de uma segmentação do conteúdo cujo sistema kantiano das categorias, apoiado numa venerável tradição filosófica, é um produto cultural já ajustado, culturalmente radicado, e linguisticamente apoiado. Quando a multiplicidade da intuição é citada pela unidade do conceito, os *percipienda* já são percebidos como a cultura nos ensinou a falar deles.

Entretanto, que um fundamento semiósico seja envolvido pelo quadro geral da doutrina kantiana é uma coisa, mas outra coisa é se Kant jamais elaborou uma teoria de como damos nomes às coisas que percebemos, sejam essas árvores, cães, pedras ou cavalos.

Tendo em vista a pergunta "como damos nome às coisas?", assim como Kant recebera a problemática de uma teoria do conhecimento, as respostas eram duas, em suma. Uma era aquela da tradição que chamaremos escolástica (mas que parte de Platão e de Aristóteles): as coisas se apresentam no mundo já ontologicamente definidas na sua essência, matéria bruta modelada por uma forma. Não importa decidir se esta forma (universal) seja *ante rem* ou *in re*: ela se nos oferece, brilha na substância individual, é recebida pelo intelecto, é pensada e definida (então *chamada*) como essência. A nossa mente não trabalha, senão por aquele tanto que *faz* o intelecto agente, que (onde quer que ele trabalhe) o faz num abrir e fechar de olhos.

A segunda resposta era aquela do empirismo britânico. Não conhecemos as substâncias, e se existissem não nos revelariam nada. Aquilo que temos, para Locke, são sensações, que nos propõem ideias simples, quer primárias quer secundárias, mas ainda desconexas: uma rapsódia de pesos, medidas, grandezas, e depois cores, sons, sabores, revérberos mutáveis com as horas do dia e as condições do sujeito. Aqui o intelecto faz, no sentido que *trabalha*: combina, correlaciona, abstrai, num modo que por certo lhe é espontâneo e natural, mas apenas assim coordena as ideias simples naquelas ideias compostas às quais damos o nome de homem, cavalo, árvore, e depois ainda, de triângulo, beleza, causa e efeito. Conhecer é dar nomes a estas composições de ideias simples. Para Hume, o trabalho, enquanto diz respeito ao reconhecimento das coisas, é ainda mais simples (trabalhamos diretamente com impressões cujas ideias são imagens desfalecidas): o problema surge por acaso ao fazer relações entre ideias de coisas, como acontece nas afirmações de causalidade; e aqui diremos que há trabalho, mas realizado de forma doce, por força de hábitos e disposição natural na crença, mesmo se nos for pedido para considerar a contiguidade, a prioridade ou a constância na sucessão das nossas impressões.

Kant não pensa, decerto, que possamos repropor a solução escolástica; antes, se há um aspecto verdadeiramente copernicano da sua revolução, ele está no fato de que suspende todo juízo na forma *in re* e assinala uma função sintético-produtiva, e não simplesmente abstrata, ao velho intelecto agente. Quanto aos empiristas ingleses, ele procura uma fundação transcendental daquele processo que eles, no fundo, aceitavam como um modo racional de mover-se no mundo, cuja legalidade se afirmava pelo próprio fato de que, no final, funcionava.

Mas, ao fazer isto, Kant desloca sensivelmente o foco dos interesses de uma teoria do conhecimento. É arriscado dizer, como fez Heidegger, que a *Crítica da razão pura* não tem nada a ver com uma teoria do conhecimento, mas é mais uma interrogação da ontologia sobre a sua intrínseca possibilidade; no entanto, é também verdade que, sempre para utilizar as palavras de Heidegger, tem pouco a ver com uma teoria do conhecimento ôntico, isto é, da experiência (1973: 24).

Mesmo Kant acreditava na evidência dos fenômenos, acreditava que as nossas intuições sensíveis viessem de qualquer parte, preocupava-se em articular uma confutação do idealismo. Mas parece que foi Hume que o acordou do seu sono dogmático, tornando problemática a relação causal entre as coisas, e não Locke, que também mostrara o problema de uma atividade do intelecto na denominação das coisas.

Dizer por que, estando impressionado com algo, decido que se trata de uma árvore ou de uma pedra era problema fundamental para os empiristas, mas parece que se torna problema secundário para Kant, muito preocupado em garantir o nosso conhecimento da mecânica celeste.

É que a primeira *Crítica* não constrói tanto uma gnosiologia quanto uma epistemologia. Como Rorty (1979) sintetizou com eficácia, Kant não estava interessado no *knowledge of* mas no *knowledge that*, em outras palavras, não nas condições de conhecimento (e portanto de denominação) dos objetos, mas na possibilidade de fundamentar a verdade das nossas proposições sobre objetos. A tal ponto que poderíamos dizer com certeza que ele não estava interessado no problema do conhecimento se, em termos filosóficos correntes em italiano, tendemos a chamar "conhecimento" o *knowledge of* e "saber" o *knowledge that*.[7] O seu interesse primário é como são possíveis uma matemática e uma física pura ou como é possível fazer da matemática e da física dois conhecimentos teoréticos que devem determinar *a priori* os seus objetos. O núcleo da primeira *Crítica* concerne à procura da garantia de uma legislação do intelecto a propósito daquelas *proposições* que têm o seu modelo nas leis de Newton — e que por necessidade de exemplo são algumas vezes exemplificadas em proposições mais compreensíveis e veneráveis como *todos os corpos são pesados*. Kant preocupa-se em garantir o conhecimento daquelas leis que estão na base da natureza entendida como *o conjunto dos objetos da experiência*, Kant não duvida nunca que estes objetos da experiência sejam também aqueles de cujo conhecimento os empiristas tanto se ocupavam, cães, cavalos, pedras, árvores ou casas; mas (pelo menos até a *Crítica do julgamento*) ele parece extraordinariamente desinteressado em esclarecer como nós conhecemos os objetos da experiência quotidiana, ao menos aqueles objetos que hoje costumam chamar *natural kinds*, tipos naturais, como camelo, faia, coleóptero. Percebia isto, e com evidente desapontamento, um filósofo interessado no *knowledge of* como Husserl;[8] mas o desapontamento se converte em satisfação para quem, ao contrário, julga que o problema do conhecimento (ou do saber) possa ser resolvido apenas em termos internos da linguagem, isto é, em termos de coerência entre proposições.

Rorty (1979: 3.3) polemiza contra a ideia de que o conhecimento deva ser "espelho da natureza", e pergunta-se até como seria possível para Kant afirmar que a intuição nos oferece a multiplicidade, quando conhecemos esta multiplicidade apenas depois que já foi unificada na síntese do intelecto. Nesse sentido, Kant teria dado um passo à frente com relação à tradição gnosiológica que vai desde Aristóteles até Locke, tradição pela qual se procurava modelar o conhecimento sobre a percepção: Kant teria liquidado o problema da percepção afirmando que o conhecimento versa sobre proposições e não sobre objetos. A satisfação de Rorty tem razões evidentes: apesar de ele se propor a colocar em crise o próprio paradigma da filosofia analítica, é por ele que começa, também em termos de história pessoal, e portanto Kant se lhe apresenta como aquele que primeiro sugeriu à tradição analítica que não ocorre tanto perguntar-se o que seja um cão mas antes se a proposição *os cães são animais* é verdadeira ou falsa.

Isto não elimina os problemas de Rorty, nem mesmo se ele quisesse reduzir o conhecimento a puro problema linguístico, porque impede de enfrentar o problema das relações entre percepção, linguagem e conhecimento. Isto é, se a oposição está (para retomar com Rorty uma oposição de Sellars) entre "saber como é X" e "saber que tipo de coisa seja X", ficaria sempre a perguntar-se se para responder à segunda pergunta não seria necessário também ter respondido à primeira.[9]

Todavia, isto elimina ainda menos os problemas de Kant, que parece não só desinteressado em explicar como sucede que nós compreendamos *como seja X*, mas também é incapaz de explicar como decidimos *que tipo de coisa seja X*. Em outras palavras, falta à primeira *Crítica* não só o problema de como se percebe que um cão é um cão, mas ainda como somos capazes de dizer que um cão é um mamífero. E a coisa não deve parecer extraordinária se refletimos sobre a situação cultural em que Kant escrevia. Ele, como exemplo de conhecimento rigoroso fundamentado *a priori*, tinha à sua disposição a ciência matemática e a ciência física como já estabelecidas há séculos, sabia muito bem como definir peso, extensão, força, massa, triângulo ou círculo. Ao contrário, não havia uma ciência dos cães como não havia uma ciência das faias ou das tílias, ou dos coleópteros. Não nos esqueçamos de que quando ele escreve a primeira *Crítica* passaram-se pouco mais de vinte anos desde que foi publicada a edição definitiva do *Sistema natural* de Lineu, primeira tentativa monumental de estabelecer uma classificação universal como aquelas de Dalgarno ou de Wilkins (século XVII), que colocavam em ação taxionomias que hoje definiremos aproximativas.[10] E entendemos por que Kant pudesse definir o conceito de cão como empírico; e não podemos nunca conhecer todas as notas sobre os conceitos empíricos, repetirá outras vezes. Por isso, a primeira *Crítica* abre-se (Introdução vii) com a declaração de que na filosofia transcendental não devem aparecer conceitos que contenham em si algo empírico: o objeto da síntese *a priori* não pode ser a natureza das coisas, que é "inesgotável" em si.

Portanto, ainda se estivesse consciente ao reduzir o conhecimento a conhecimento de proposições (e, então, a conhecimento linguístico), Kant não poderia se questionar, enquanto Peirce, ao contrário, se questionará, sobre uma natureza não exclusivamente linguística mas *semiósica* do conhecimento. É verdade que, se não sabe fazê-lo na primeira *Crítica*, irá nesta direção na terceira, mas para poder tomar este caminho deverá prestar contas com as dificuldades que encontra na primeira *Crítica*, colocando em cena a noção de esquema, de que falaremos em 2.5.

Segundo um exemplo kantiano (P § 23)[11] eu posso passar de uma sucessão desordenada de fenômenos (há uma pedra, é tocada pela luz solar, a pedra está fria — e, como veremos, isto é exemplificado como julgamento perceptivo) à proposição *o sol esquenta a pedra*. Digamos que o sol seja A, a pedra B, o ser quente C, e podemos dizer que A é a causa pela qual B é C.

Segundo a tábua das categorias, dos esquemas transcendentais, dos princípios do intelecto puro[12] (veja Figura 2.1), os axiomas da intuição dizem-me que todas as intuições são quantidades extensivas e, através do esquema do número, aplico a categoria da singularidade a A e a B; pelas antecipações da percepção, aplicando o esquema do Grau, afirmo a realidade (em sentido existencial, *Realität*) do fenômeno a mim fornecido na intuição. Pelas analogias da experiência vejo A e B como substâncias, permanentes no tempo, das quais fazem parte acidentes; e estabeleço que o acidente C de B é causado por A. Enfim, decido que aquilo que está ligado às condições materiais da experiência é real (realidade em sentido modal, *Wirklichkeit*) e, pelo esquema da existência num determinado tempo, afirmo que o fenômeno está sendo efetivamente verificado. Do mesmo modo, se a proposição fosse *pela lei da natureza acontece sempre e necessariamente que a luz do sol esquenta (todas) as pedras*, deverei aplicar em primeira instância a categoria da unidade e em última instância aquela da necessidade. Considerando boa a fundação transcendental dos julgamentos sintéticos *a priori* (mas não é esta a matéria da disputa), o aparato teórico kantiano teria explicado por que posso dizer com certeza que A causa necessariamente o fato de que B seja C.

FIGURA 2.1 – JUÍZOS, CATEGORIAS, ESQUEMAS E PRINCÍPIOS DO INTELECTO PURO

	OS JUÍZOS	AS CATEGORIAS	OS ESQUEMAS	OS PRINCÍPIOS
QUANTIDADE	Universais Particulares Singulares	Unidade Pluralidade Totalidade	Número	Axiomas da intuição: tidas as intuições são quantidades extensivas
QUALIDADE	Afirmativos Negativos Infinitos	Realidade Negação Limitação	Grau	Antecipações da percepção: em todas as aparências, o real possui uma quantidade intensiva, um grau
RELAÇÃO	Categóricos	Subsistência e inerência (substância/ acidente)	Permanência do real no tempo	Analogias da experiência: Permanência da substância
	Hipotéticos	Casualidade (causa/efeito)	Sucessão da multiplicidade	Sucessão temporal segundo a casualidade
	Disjuntivos	Comunhão (ação recíproca)	Simultaneidade das determinações	Simultaneidade segundo a lei recíproca
MODALIDADE	Problemáticos	Possibilidade/ impossibilidade	Acordo entre a síntese de diversas representações	Postulados do pensamento empírico em geral: aquilo que se concilia com as condições formais da experiência é possível
	Assertivos	Existência/não existência	Existência num determinado tempo é real	Aquilo que está ligado às condições materiais da experiência
	Irrefutáveis	Necessidade/ contingência	Existência em todo o tempo	Aquilo cuja ligação com o real é determinado por condições universais da experiência existe necessariamente.

Mas neste ponto Kant ainda não disse como pode estabelecer as variáveis: por que percebo A como Sol e B como pedra? Como os conceitos do intelecto puro intervêm para fazer-me compreender uma pedra como tal, distinta das outras pedras do montão de pedras, da luz solar que a esquenta, do resto do Universo? Estes conceitos do intelecto puro, que são as categorias, são muito vastos, generalíssimos, para poder permitir que eu reconheça a pedra, o Sol, o calor. E não basta que Kant prometa (CRP/B: 94) que uma vez designada uma lista dos conceitos puros primitivos poderiam "facilmente" acrescentar aqueles derivados e subalternos, exceto que, assim como neste lugar ele deve ocupar-se não da totalidade do sistema mas dos seus princípios, reservará esta integração a um outro trabalho; e que, em todo o caso, basta consultar os manuais de ontologia, subordinando assim agilmente à categoria de causalidade os predicados de força, ação ou paixão, ou àquela da modalidade os predicados do nascimento, morte ou mudança. Também neste caso, estaremos ainda num nível de abstração tal que não nos permitiria dizer *este B é uma pedra*.

E assim a tábua das categorias não nos permite dizer como percebemos uma pedra enquanto tal. Os conceitos do intelecto puro são apenas funções lógicas, não conceitos de objetos (P §39). Mas, se não estão prontos para dizer não apenas que este A é o Sol e este B é uma pedra, mas ainda que este B é pelo menos um corpo, todas as leis universais e necessárias que eles me garantem de nada valem, porque poderiam referir-se a qualquer dado da experiência. Talvez eu pudesse dizer que existe um A que esquenta tudo, qualquer conceito empírico poderia ser atribuído a B, mas não saberia o que é esta entidade que esquenta, porque não teria atribuído nenhum conceito empírico a A. Os conceitos do intelecto puro não só necessitam da intuição sensível, mas também dos conceitos de objetos aos quais se apliquem.

Aqueles de Sol, pedra, água, ar (e Kant é claro sobre isto) são *conceitos empíricos*, e neste sentido não são muito diferentes daqueles que os empiristas chamavam "ideias", de gêneros e de espécies. Às vezes Kant fala de conceitos genéricos, que são conceitos, mas não no sentido em que ele chama com frequência conceitos as categorias, que são conceitos, mas do intelecto puro. As categorias — já o vimos — são conceitos muito abstratos, como unidade, realidade, causalidade, possibilidade ou necessidade. Através da aplicação dos conceitos puros do intelecto não determinamos o conceito de cavalo. O conceito de cavalo é um conceito empírico. Um conceito empírico deriva da sensação, por comparação com objetos da experiência.

Qual ciência estuda a formação dos conceitos empíricos? Não a lógica geral que não deve indagar "a *fonte* dos conceitos, ou seja, o modo em que os conceitos têm *origem*, enquanto representações..." (L I §5); mas algumas vezes parece que não deva fazê-lo nem mesmo a filosofia crítica: "Não examinamos como a experiência se desenvolve, mas o que a experiência contém. A primeira tarefa pertence à psicologia empírica" (P § 21). O que seria admissível se nós chegássemos à formulação de conceitos empíricos em modos que não têm nada a ver com a atividade legisladora do intelecto que tira a matéria da intuição da própria cegueira. Mas então deveremos conhecer cavalos e casas ou através da essência manifestada (como acontecia com a linha aristotélico-escolástica), ou por um simples trabalho de combinação, correlação e abstração, como acontecia com Locke.

Há uma passagem da *Lógica* que poderia nos confirmar nesta interpretação: "para formar conceitos a partir de representações é necessário estar pronto para *comparar, refletir* e *abstrair*; estas três operações lógicas do intelecto, de fato, são as condições essenciais e universais para a produção de qualquer conceito em geral. Vejo, por exemplo, um salgueiro e uma tília. Confrontando estes objetos entre si, antes de mais nada, noto que são diferentes um do outro com relação ao tronco, aos ramos, às folhas etc.; mas depois, refletindo apenas sobre aquilo que eles têm em comum entre si: o tronco, os ramos e as próprias folhas, e abstraindo-me da sua grandeza, da sua figura etc., obtenho um conceito de árvore" (L I § 6). Estamos de fato, e ainda, com Locke? A passagem seria lockiana se palavras como "intelecto" mantivessem o significado completamente fraco de "Humane Understanding": aquilo que não podia acontecer para Kant maduro, que já havia publicado as três críticas. Qualquer trabalho que faça o intelecto entender que um salgueiro e uma tília são uma árvore não encontra esta "arborescência" na intuição sensível. E, em todo o caso, Kant não nos disse por que possuindo uma certa intuição compreendi que é a intuição de uma tília.

Por outro lado, também "abstrair" em Kant não significa tomar de, fazer surgir de (que seria ainda a perspectiva escolástica), e nem mesmo construir mediante (que seria a posição empirista): é puro considerar separadamente, é condição negativa, é suprema manobra do intelecto que sabe que o contrário da abstração seria o *conceptus omnimode determinatus*, o conceito de um indivíduo, que é impossível no seu sistema: a intuição sensível deve ser trabalhada pelo intelecto e iluminada por determinações gerais ou genéricas.

E, de fato, o trecho respondia talvez a exigências de simplificação didática — num texto que recebe e certamente reelabora apontamentos tomados de outros no curso das suas lições, porque está em claro contraste com o que é dito duas páginas antes (I, 3): "o conceito empírico deriva dos sentidos por comparação com os objetos da experiência e recebe, graças ao intelecto, apenas a forma da universalidade."

"Apenas"?

2.4. Os juízos perceptivos

Quando, depois, Kant se ocupara de psicologia empírica, no decênio anterior à primeira *Crítica* (e também aqui nos referimos a lições um pouco forçadas e transcritas por outros),[13] já sabia que os conhecimentos dos sentidos não são suficientes, porque é necessário que o intelecto reflita sobre o que os sentidos lhe propuseram. O fato de que acreditamos conhecer as coisas com base apenas no testemunho dos sentidos depende de um *vitium subreptionis*: assim, estamos habituados desde a infância a perceber as coisas como se elas já aparecessem fornecidas pela intuição, cujo papel desenvolvido pelo intelecto neste processo nunca argumentamos. Não perceber que o intelecto está em ação não significa que ele não esteja trabalhando: e assim na *Lógica* (Intr. I) dá sinais de muitos automatismos do gênero, como aquele por que falamos mostrando conhecer as regras da linguagem, mas se alguém nos perguntasse quais são não saberíamos dizer, e talvez não soubéssemos nem mesmo dizer que existem.

Hoje diremos que, para obter um conceito empírico, devemos estar aptos a produzir um juízo perceptivo. Mas entendemos por percepção um ato complexo, uma interpretação dos dados sensíveis em que memória e cultura intervêm e que se conclui na compreensão da natureza do objeto. Ao contrário, Kant fala da *perceptio* ou *Wahrnehmung* apenas como uma "representação com consciência". Tais percepções podem se distinguir em sensações, que simplesmente modificam o estado do sujeito e formas de conhecimento objetivo. Assim podem ser intuições empíricas, que através da sensação referem-se ao objeto particular, e são ainda aparências, sem conceito, cegas. Ou são acometidas pelo conceito, através de um sinal distintivo comum a muitas coisas, uma *nota* (CRP/B: 249).

O que será, então, para Kant um juízo perceptivo (*Wahrnehmungsurteil*) e como se distingue de um juízo de experiência (*Erfahrungsurteil*)? Os juízos perceptivos são atividade lógica inferior (L I § 57) que cria o mundo subjetivo do conhecimento pessoal, são juízos como *quando o Sol ilumina uma pedra ela esquenta*, podem ainda estar errados e, em todo o caso, são contingentes (P § 20, § 23). Os juízos de experiência, ao contrário, estabelecem uma conexão necessária (por exemplo, afirmam precisamente que *o Sol esquenta a pedra*).[14] Portanto, parece que o categorial intervém apenas nos juízos de experiência.

Mas por que então os juízos perceptivos são "juízos"? O juízo é o conhecimento não imediato mas mediato de um objeto e em todo juízo encontra-se um conceito que vale por uma pluralidade de representações (CRP/B: 85). Não podemos negar que ter a representação da pedra e do seu aquecimento já represente uma unificação atuada na multiplicidade do sensível: unificar representações na consciência já é "pensar" e "julgar" (P § 22) e os juízos são regras *a priori* (P § 23). Se não estivéssemos satisfeitos, "a síntese em que se fundamenta a possibilidade até da percepção está, em todo o caso, sujeita às categorias" (CRP/B: 125). Não pode acontecer que (como se diz nos *Prolegômenos* § 21) os princípios *a priori* da possibilidade de cada experiência sejam proposições (*Sätze*) que subordinam cada percepção a conceitos do intelecto (*Verstandeshegriffe*). Um *Wahrnehmungsurteil* já está entremeado, penetrado por *Verstandbegriffe*. Não há nada a fazer, reconhecer uma pedra como tal já é juízo perceptivo, um juízo perceptivo é um juízo, e portanto ele também depende da legislação do intelecto. A multiplicidade é fornecida na intuição sensível, mas a conjugação de uma multiplicidade em geral não pode entrar em nós senão por um ato de síntese do intelecto.[15]

Em suma, Kant postula uma noção de conceito empírico e de julgamento perceptivo (problema crucial para os empiristas), e entretanto não consegue subtrair ambos de um pântano, de um terreno lamacento entre intuição sensível e intervenção legisladora do intelecto. Mas, pela sua teoria crítica, esta terra de ninguém *não pode* existir.

As várias fases do conhecimento, em Kant, poderiam ser representadas por uma série de verbalizações nesta sequência:

1. Esta pedra.
2. Esta é uma pedra (*ou* Aqui há uma pedra).
3a. Esta pedra é branca.
3b. Esta pedra é dura.
4. Esta pedra é um mineral e um corpo.
5. Se jogo esta pedra, ela cairá no chão.
6. Todas as pedras (enquanto minerais e, portanto, corpos) são pesadas.

A primeira *Crítica* por certo se ocupa de proposições como (5) e (6), é discutível se se ocupe verdadeiramente de proposições como (4), e decerto deixa na incerteza a legitimidade de proposições como aquelas de (1) a (3b). É lícito perguntar-se se (1) e (2) exprimem atos locutórios diferentes. Exceto que, na linguagem holofrástica infantil, não conseguimos conceber alguém que diante de uma pedra emita (1) — se por acaso este sintagma pudesse ocorrer apenas em (3a) ou (3b). Mas ninguém nunca disse que verbalizações devam corresponder a cada fase do conhecimento, e nem mesmo atos de autoconsciência. Alguém pode andar ao longo de um caminho cujas margens estão amontoadas de pedras, sem dar-lhe atenção; mas depois, se lhe perguntassem o que havia ao longo do caminho, pode muito bem responder que havia somente pedras.[16] Assim, se a plenitude da percepção já é de fato um juízo perceptivo — e querendo a sua verbalização a qualquer custo teríamos (1), que não é uma proposição e portanto não implica juízo — quando se chega à verbalização estamos logo em (2).

Assim, alguém que viu uma pedra, interrogado sobre o que vira ou está vendo, ou responderia (2) ou não haveria garantia de que tenha percebido algo. Quanto a (3a e 3b), o sujeito pode ter todas as possíveis sensações de brancura ou de dureza, mas, no momento em que prega a brancura ou a dureza, já entrou no categorial, e a qualidade que prega aplica-se a uma substância, justamente para determiná-la ao menos sob um certo aspecto. Pode acontecer que parta de algo exprimível como *esta coisa branca*, ou *esta coisa dura*, mas mesmo assim já teria entrado no trabalho da hipótese — e vale a pena observar que esta seria a situação típica de quem vê pela primeira vez um ornitorrinco, uma coisa que nada com bico e com pelo.

Resta decidir o que acontece quando o nosso sujeito disser que aquela pedra é um mineral e um corpo. Para Peirce já estaremos no momento da interpretação, para Kant teremos construído um conceito genérico (mas vimos que ele é muito vago a esse respeito). O verdadeiro problema kantiano, no entanto, concerne (1-3).

Há uma diferença entre (3a) e (3b). Para Locke, enquanto a primeira exprime uma ideia simples secundária (cor), a segunda exprime uma ideia simples primária. Primário e secundário são qualificações na ordem da objetividade, não da certeza da percepção. Um problema não irrelevante é se, vendo uma maçã vermelha ou uma pedra branca, também posso compreender que a maçã por dentro é branca e suculenta, e que a pedra é dura e pesada por dentro. Diremos que a diferença reside no fato de que o objeto percebido já é efeito de uma segmentação do *continuum* ou se é um objeto desconhecido. Se vemos uma pedra "sabemos", no próprio ato de compreender que se trata de uma pedra, como ela é por dentro. Quem viu pela primeira vez um fóssil de origem coralina (em forma de pedra, mas de cor avermelhada) ainda não sabia como ele era por dentro.

Mas também no caso de objeto conhecido, o que quer dizer que "sabemos" que a pedra, branca por fora, é dura por dentro? Se alguém nos fizesse uma pergunta tão irritante, responderíamos: "Eu imagino, em geral as pedras são assim."

Parece curioso colocar uma imagem como fundamento de um conceito genérico. O que quer dizer "imaginar"? Há diferença entre "imaginar$_1$" no sentido de evocar uma imagem (estamos na fantasia, no delinear de mundos possíveis, como quando represento no meu desejo que gostaria de encontrar uma pedra para quebrar uma noz — e neste processo a experiência dos sentidos não é exigida) e "imaginar$_2$" no sentido em que, vendo uma pedra como tal, justamente por causa e em concomitância com as impressões sensíveis que os meus órgãos visuais solicitaram, *sei* (mas não *vejo*) que é dura. O que nos interessa é "imaginar" neste segundo sentido. Deixemos o primeiro sentido, diria Kant, para a psicologia empírica; mas o segundo sentido é crucial numa teoria do entendimento, da percepção de coisas, ou — kantianamente — na construção de conceitos empíricos (entre outros, também é possível imaginar no primeiro sentido, desejar uma pedra para utilizá-la como quebra-nozes, porque, quando imagino$_1$ uma pedra, imagino$_2$ que seja dura).

Wilfrid Sellars (1978) supõe, a esse propósito, utilizar o termo *imagining* para imaginar₁ e *imaging* para imaginar₂. Por razões que dentro em pouco serão esclarecidas, proponho traduzir *imaging* como "representar" (seja no sentido de construir uma figura, de traçar um plano estrutural, seja no sentido em que dizemos, ao ver uma pedra, "represento" que seja dura por dentro).

Neste ato de representar algumas propriedades da pedra, realiza-se uma escolha, representamo-la sob um certo aspecto; se, ao ver ou representar a pedra, não quisesse quebrar uma noz, mas enxotar um animal importuno, veria a pedra também, nas suas possibilidades dinâmicas, como objeto que pode ser projetado e que, enquanto pesada, tem a propriedade de cair no alvo, mais que se alçar no ar.

Este representar para compreender e compreender representando é crucial no sistema kantiano: demonstra-se essencial quer para fundamentar transcendentalmente até os conceitos empíricos, quer para permitir juízos perceptivos (implícitos e não verbalizados) como *esta pedra*.

2.5. O esquema

Na teoria kantiana ocorre explicar por que as categorias que são tão astralmente abstratas podem aplicar-se à solidez da intuição sensível. Vejo o Sol e a pedra e devo poder pensar *aquele* astro (num juízo particular) ou *todas* as pedras (num juízo universal, ainda mais complexo, porque, de fato, vi apenas uma ou poucas pedras aquecidas pelo sol). Ora "as leis particulares, visto que dizem respeito às aparências empiricamente determinadas, não podem ser derivadas por completo das categorias... Devemos acrescentar a experiência" (CRP/B: 127); mas, visto que os conceitos puros do intelecto são heterogêneos com relação às intuições sensíveis, "em toda subsunção de um objeto sob conceito" (CRP/B: 133, mas na realidade deveríamos dizer "em cada subsunção da matéria da intuição sob conceito, de modo que possa surgir um objeto"), é necessário um terceiro elemento mediador que, por assim dizer, torne a intuição envolvida pelo conceito, e o conceito aplicável à intuição. Dessa forma, surge a exigência do *esquema transcendental*.

O esquema transcendental é um produto da imaginação. Abandonamos a diferença existente entre a primeira e a segunda edição da *Crítica da razão pura*, na qual na primeira a Imaginação é uma das três faculdades do espírito, junto com o Sentido (que empiricamente representa as aparências na percepção) e com a Percepção, enquanto que na segunda ela se torna apenas uma capacidade do Intelecto, um efeito que o intelecto produz na sensibilidade. Para muitos intérpretes, entre os quais encontra-se Heidegger, esta transformação é imensamente relevante, a tal ponto que obriga a voltar à primeira edição, negligenciando as reflexões da segunda. Do nosso ponto de vista é secundária. Admitamos, portanto, que a imaginação, qualquer tipo de faculdade ou atividade que seja, provê um esquema para o intelecto, onde possa aplicá-lo à intuição. A imaginação é capacidade de representar um objeto mesmo sem a sua presença na intuição (mas em tal sentido é "reprodutiva", no sentido em que chamamos imaginar$_1$) ou é *synthesis speciosa*, imaginação "produtiva", capacidade de representar.

Esta síntese especiosa é aquela pela qual o conceito empírico de prato pode ser pensado mediante o conceito geométrico puro de círculo, "porque a rotundidade, que é imaginada no primeiro, pode ser intuída no segundo" (CRP/B: 134). Apesar deste exemplo, o esquema, entretanto, não é uma imagem; e, assim, aqui torna-se claro por que preferi "representar" em vez de "imaginar". Por exemplo, o esquema do número não é uma imagem quantitativa, como se eu imaginasse o número 5 na forma de cinco pontos, um depois do outro, assim: ●●●●●. É evidente que, deste modo, não poderia nunca imaginar o número 1.000, para não falar de cifras mais altas. O esquema do número é "a representação de um método para representar uma imagem conforme a um certo conceito" (CRP/B: 135), tanto que poderiam ser entendidos como elementos de um esquema pela representação dos números os cinco axiomas de Peano: zero é um número; o sucessor de cada número é um número; não existem números com o mesmo sucessor; zero não é o sucessor de nenhum número; cada propriedade de que o zero usufrui, e o sucessor de cada número que usufrui daquela propriedade, pertence a todos os números — de modo que qualquer série x0, x1, x2, x3... xn, que seja infinita, não contém repetições, tem um início e não contém termos inatingíveis partindo do primeiro, num número finito de passagens, seja uma série de números.

No prefácio da segunda edição da primeira *Crítica* cita-se Tales, que da figura de um triângulo isósceles, para descobrir as propriedades de cada triângulo isósceles, não segue passo a passo aquilo que vê, mas deve produzir, *construir* o triângulo isósceles em geral.

O esquema não é uma imagem porque a imagem é um produto da imaginação reprodutiva, enquanto o esquema de conceitos sensíveis (mesmo de figuras no espaço) é um produto da capacidade pura *a priori* de imaginar "por assim dizer um monograma" (CRP/B: 136). Por acaso deveríamos dizer que o esquema kantiano, mais que a isto que comumente entendemos como "imagem mental" (que evoca a ideia de uma fotografia), é semelhante ao *Bild* wittgensteiniano, proposição que a mesma forma do fato que representa, no mesmo sentido em que falamos de relação "icônica" para uma fórmula algébrica, ou de "modelo" em sentido técnico-científico.

Talvez, para entender melhor o conceito de esquema, ocorra recomeçarmos por aquilo que, quando devemos fazer com que um computador funcione, nos é proposto como *flow chart* ou diagrama de fluxo. A máquina é capaz de "pensar" em termos de *IF... THEN GO TO*, mas trata-se de um dispositivo lógico muito abstrato, visto que pode nos servir tanto para fazer um cálculo quanto para desenhar uma figura geométrica. O diagrama de fluxo esclarece-nos os passos que a máquina deve realizar e que devemos ordenar para que os realize: dada uma operação, numa certa articulação do processo produzimos uma alternativa possível, dada a resposta, que verificamos, ocorre fazer uma escolha, dada a nova resposta ocorre retornarmos a uma articulação superior do diagrama, ou prosseguirmos, e assim por diante. O diagrama tem algo que pode ser intuído em temos espaciais mas ao mesmo tempo é substancialmente baseado num espaço temporal (o fluxo), precisamente no sentido em que Kant lembra que os esquemas baseiam-se sobretudo no tempo.

Esta ideia de diagrama de fluxo parece explicar muito bem como Kant entende a regra esquemática que preside à construção conceitual de figuras geométricas; nenhuma imagem de um triângulo, que encontro na experiência, como, por exemplo, a face de uma pirâmide, não pode nunca adequar-se ao conceito de triângulo em geral, que deve valer para qualquer triângulo, seja ele retângulo, isósceles ou escaleno (CRP/B: 136, 1-10). O esquema é proposto como uma regra para construir em cada situação uma figura que tenha as propriedades gerais dos triângulos (digamos, mesmo sem falar em termos matemáticos rigorosos, que um dos passos que me prescreve é que, se coloquei três palitos de dentes sobre a mesa, não devo procurar um quarto mas devo no entanto fechar a figura com os três palitos de dentes disponíveis).[17]

Kant lembra-nos que não podemos pensar numa linha sem traçá-la no pensamento, não podemos pensar num círculo sem descrevê-lo (penso que para descrevê-lo devo ter uma regra que me diz que todos os pontos da linha que o círculo descreve devem estar equidistantes do centro). Não podemos representar as três dimensões do espaço sem colocar três linhas perpendiculares entre si, não podemos nem mesmo representar o tempo senão traçando uma linha reta (CRP/B: 121, 20 segs.). Notemos que neste ponto modificou-se radicalmente aquela que no início definíamos como a semiótica implícita de Kant, porque pensar não é só aplicar conceitos puros que derivam de uma verbalização anterior, mas ainda manter representações diagramáticas.

Além do tempo, a memória intervém na construção destas representações diagramáticas: diz-se na primeira edição da *Crítica* (CRP/A: 78-79) que ao contar esqueço que as unidades ora presentes nos meus sentidos foram acrescentadas de forma gradual, não posso conhecer a produção de pluralidade através da adição sucessiva, e portanto não posso conhecer nem mesmo o número. Se eu traçasse uma linha com o pensamento, ou se quisesse pensar no tempo que corre entre a metade de um dia e a outra, mas no processo de adição perdesse sempre as representações precedentes (as primeiras partes da linha, as partes precedentes de tempo), não teria nunca uma representação completa.

Vejamos como trabalha o esquematismo, por exemplo, nas antecipações da percepção, princípio verdadeiramente fundamental por que compreende que a realidade experimentável seja um *continuum* digno de segmentação. De que modo podemos antecipar aquilo que ainda não intuímos sensivelmente? Devemos trabalhar como se na experiência possam ser introduzidos graus (como se pudéssemos digitar o contínuo) sem que por isso a nossa digitação exclua infinitos outros graus intermediários. Como diz Cassirer, "se admitíssemos que no instante a um corpo se apresenta no estado x e no instante b se apresenta no estado x' sem ter percorrido os valores intermediários entre estes dois, concluiremos então que não se trata mais do 'mesmo' corpo: afirmaremos que o corpo que estava no estado x no instante a desapareceu, e que no instante b apareceu um outro corpo no estado x'. Ocorre que o assunto da continuidade das mudanças físicas não é um resultado particular da observação, mas um pressuposto do conhecimento da natureza em geral", e, portanto, é um daqueles princípios que presidem à construção dos esquemas (Cassirer 1918: 215).

2.6. E o cão?

Isto no que se refere aos esquemas dos conceitos puros do intelecto. Mas acontece que, justamente no capítulo sobre o esquematismo, Kant introduz exemplos que concernem aos conceitos empíricos. Não se trata apenas de ver como o esquema nos permite homogeneizar a multiplicidade da intuição com os conceitos de unidade e realidade, inerência e subsistência, possibilidade, e assim por diante. Existe também o esquema do cão: "o conceito de cão indica uma regra, segundo a qual a minha capacidade de imaginação pode universalmente traçar a figura de um animal quadrúpede, sem estar restrita a uma única figura particular, fornecida pela experiência, ou a qualquer imagem possível, desde que eu esteja apto a representar *de forma concreta*" (CRP/B: 136).

Não será um caso se mesmo depois deste exemplo, poucas linhas depois, Kant escreve a famosíssima frase em que este esquematismo do nosso intelecto, que se refere também à simples *forma* das aparências, é uma arte escondida nas profundezas do espírito humano. É uma arte, um procedimento, um trabalho, uma *construção*, mas sabemos muito pouco sobre o mundo em que funciona. Pois está claro que aquela bela analogia com o diagrama de fluxo, que podia servir para entender como procede a construção esquemática do triângulo, não funciona tanto para o cão.

É certo que um computador sabe construir a imagem de um cão, se lhe derem os algoritmos convenientes: mas não é que, examinando o diagrama de fluxo para a construção do cão, quem nunca viu cães possa ter a sua imagem mental (qualquer coisa é uma imagem mental). Nós nos encontraremos ainda diante de uma falta de homogeneização entre a categoria e a intuição, e o fato de que o esquema do cão possa ser verbalizado como "animal quadrúpede" leva-nos apenas à extrema abstração de cada predicação por gênero e diferença específica, mas não nos permite distinguir um cão de um cavalo.

Deleuze (1963: 73) lembra que "o esquema não consiste numa imagem, mas *em relações espaço-temporais que personificam ou realizam relações puramente conceituais*", e isto parece exato no que concerne aos esquemas dos conceitos do intelecto puro. Mas não parece que baste aos conceitos empíricos, visto que Kant é o primeiro a nos dizer que para pensar no prato devo recorrer à imagem do círculo. Mesmo que o esquema do círculo não seja uma imagem, mas uma regra para eventualmente construir a imagem, no conceito empírico de prato, contudo, de algum modo deveria existir a qualidade de construção da sua *forma*, e precisamente em sentido visível.

Devemos concluir que quando Kant pensa no esquema do cão está pensando em algo muito afim àquilo que, no âmbito das atuais ciências cognitivas, David Marr e Nishishara (1978) chamaram um "3D Model", e que representam como na Figura 2.2.

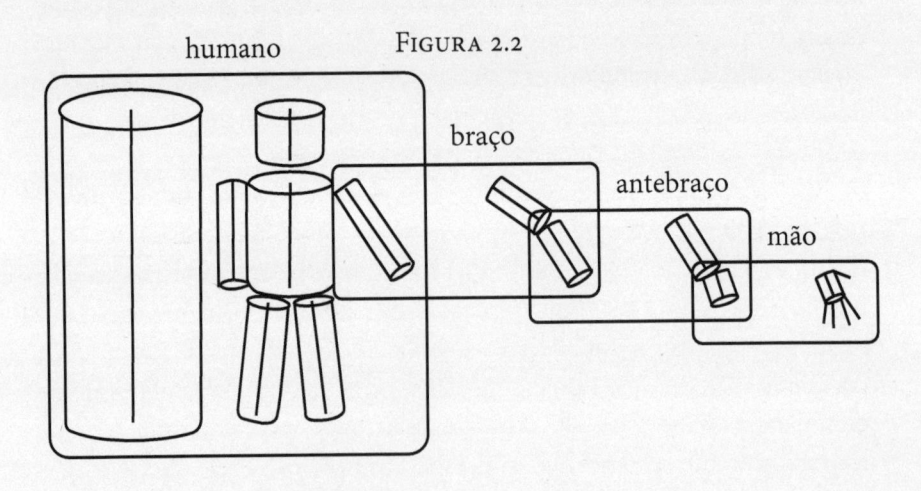

FIGURA 2.2

No juízo perceptivo aplicamos o modelo 3D à multiplicidade da experiência, e distinguimos um x como homem, e não como cão. O que mostraria como um juízo perceptivo não se resolve necessariamente numa asserção verbal. De fato, isso baseia-se na aplicação de um diagrama estrutural na multiplicidade das sensações. Se depois ocorrem outros juízos para determinar o conceito de homem em todas as suas propriedades possíveis (e como acontece para todos os conceitos empíricos a tarefa parece ser infinita, nunca plenamente realizada), é outra coisa. Com um modelo 3D poderei até confundir um homem com um primata e vice-versa — mas é exatamente aquilo que algumas vezes pode acontecer, enquanto é difícil que o confunda com uma serpente. O fato é que de alguma forma partimos de um esquema do gênero, antes mesmo de saber ou de afirmar que o homem possui uma alma, que fala, e até que possui um polegar ao contrário.

Poderíamos dizer, neste ponto, que o esquema do conceito empírico chega a coincidir com o conceito do objeto: antes, poderíamos dizer que ao redor do esquema chega a ser construído um tipo de trindade, cujas três "pessoas" são, em última análise, uma e apenas uma (mesmo que pudessem ser consideradas de três pontos de vista): aqui estão sendo identificados *esquema, conceito* e *significado*. Produzir o esquema do cão significa ter, pelo menos, um primeiro conceito essencial sobre ele. Um modelo 3D do homem corresponde a um conceito de "homem"? É claro que não no que concerne à definição clássica (animal racional mortal), mas no que concerne à possibilidade de reconhecer um ser humano, e de poder depois acrescentar-lhe as determinações que derivam desta primeira identificação, por certo que sim. E isto explica por que Kant na *Lógica* (II, 103) advertia que a síntese dos conceitos empíricos não poderá nunca ser realizada, porque no curso da experiência será possível identificar outras notas do objeto cão ou homem. A menos que, com expressão muito forte, Kant dissesse que assim os conceitos empíricos "não podem sequer ser definidos". Não podem ser definidos de uma vez por todas como os conceitos matemáticos, mas admitem um primeiro núcleo ao redor do qual depois as sucessivas definições se coagularão (ou se reordenarão de forma harmônica).

Podemos dizer que este primeiro núcleo conceitual também é o significado que corresponde ao termo com que o exprimimos? Kant não utiliza muito a palavra significado (*Bedeutung*) mas, considerando o caso, utiliza-a quando fala do esquema:[18] os conceitos são completamente impossíveis, e não podem ter significado algum, quando não for dado um objeto, ou a ele mesmo, ou pelo menos aos elementos em que consistem

(CP/B: 135). Kant sugere, de modo menos explícito, aquela coincidência de *significado linguístico* e *significado perceptivo* que será depois energicamente afirmada por Husserl: é numa "unidade de ato" que o objeto vermelho é reconhecido como vermelho e denominado como *vermelho*. "No fim das contas, *denominar como vermelho* — no sentido da denominação atual, que pressupõe a intuição inferior do denominado — e *reconhecer como vermelho* são expressões de significado idêntico" (*Pesquisas Lógicas* vi, 7: 327).

Assim sendo, não só a noção de conceito empírico, mas também aquela de significado de termos que remetem a objetos perceptíveis (por exemplo, nomes de gêneros naturais), dão início a um novo problema. É que o primeiro núcleo de significado, aquele que se identifica com o esquema conceitual, não pode ser reduzido a simples informação classificadora: o cão não é entendido e identificado (e reconhecido) porque é um animal mamífero, mas porque tem uma certa *forma* (e por enquanto omitamos também a este termo todas as suas conotações aristotélicas, porque são muito perigosas neste contexto).

Acabamos de ver que ao conceito de prato deve também corresponder a forma da circunferência, e Kant disse-nos também que faz parte do esquema do cão o fato de ele ter patas e que estas são quatro. Um homem (no sentido em que pertence ao gênero humano) é sempre algo que se move segundo as articulações previstas pelo modelo 3D.

De onde vem este esquema? Se pelo esquema das figuras geométricas bastava uma reflexão sobre a intuição pura do espaço, e assim o esquema podia ser tirado da própria constituição do nosso intelecto, isto certamente não acontece para o esquema (e portanto para o conceito) de cão. De outra forma teríamos um repertório, se não de ideias inatas, de esquemas inatos, e com o esquema da cachorrice aquele da cavalada, e assim por diante até esgotar por completo o mobiliamento do Universo: e neste caso deveremos ter inato também o esquema do ornitorrinco, mesmo antes de tê-lo visto, senão, ao vê-lo, não poderemos pensá-lo. É mais que evidente que Kant não podia aderir a um platonismo deste tipo (e é discutível se Platão aderisse).

Então, os empiristas teriam dito que o esquema é tirado da experiência, o esquema do cão não seria senão a *ideia* lockiana do cão. Mas para Kant isto é inaceitável, visto que temos experiência justamente aplicando os esquemas. Não posso afastar o esquema do cão dos dados da intuição, porque estes tornam-se *imagináveis* mesmo em conclusão à aplicação do esquema. E assim estamos num círculo vicioso do qual (parece que podemos afirmar com tranquilidade) a primeira *Crítica* não faz nada para afastar-se.

Restaria apenas uma solução: refletindo sobre dados da intuição sensível, comparando-os, apreciando-os, por natural e secretíssima arte escondida nas profundezas do espírito humano (e, portanto, do nosso próprio aparato transcendental), nós não afastamos, mas *construímos* os esquemas. Que o esquema do cão se origine da educação, e que não percebamos nem sequer como aplicá-lo, visto que por *vitium subreptionis* somos levados a deixar de ver um cão porque recebemos das sensações, destes acidentes do modo quase inconsciente com que iniciamos o aparato transcendental, Kant (já o vimos) fez justiça.

Que o esquematismo kantiano implique — no sentido em que não pode não levar a pensar — um construtivismo, não é ideia original, sobretudo naquele tipo de retorno a Kant que se releva em muitas ciências cognitivas contemporâneas. Mas quanto o esquema pode ou deve ser uma construção, não deveria emergir tanto do fato de que se apliquem esquemas já construídos (como aquele do cão); o verdadeiro problema é *o que acontece quando devemos construir o esquema de um objeto ainda desconhecido?*

2.7. O ornitorrinco

Se escolhemos o ornitorrinco como exemplo de objeto desconhecido não foi por puro capricho. O ornitorrinco foi descoberto na Austrália em fins do Setecentos e foi, primeiramente, chamado como *watermole, duck-mole*, ou *duckhilled platypus*. Em 1799 foi examinado na Inglaterra um exemplar empalhado e a comunidade dos naturalistas não acreditou nos próprios olhos, tanto que alguém insinuou que se tratava de brincadeira de um taxidermista. Direi em 4.5.1 como chegamos a estudá-lo e defini-lo. De fato, acontece que, quando o ornitorrinco aparece no Ocidente, Kant já havia escrito as suas obras (a última obra publicada, a *Antropologia de um ponto de vista pragmático*, é de 1798). Quando começamos a discutir sobre o ornitorrinco, Kant já entrara na sua fase de obnubilação mental; pode suceder que alguém tenha lhe dado sinais, mas teriam sempre sido notícias imprecisas. Quando finalmente decidimos que o ornitorrinco é um mamífero que põe ovos, Kant já estava morto havia oitenta anos. Assim, estamos livres de terminar o nosso experimento mental e decidir (nós) o que Kant teria feito diante do ornitorrinco.

Teria tratado de imaginar o seu esquema, partindo de impressões sensíveis, mas estas impressões sensíveis não se adaptavam a algum esquema precedente (como poderíamos colocar junto o bico e as patas espalmadas com o pelo e a cauda de castor, ou a ideia de castor com aquela de um animal ovíparo, como poderíamos ver um pássaro lá onde aparecia um quadrúpede, e um quadrúpede onde aparecia um pássaro?). Kant se encontraria na mesma situação de Aristóteles quando, traçando cada regra possível para distinguir os ruminantes dos outros animais, não conseguia nunca colocar o camelo, que fugia a qualquer definição por gênero e diferença, não obstante se movesse, e, se adequava alguma regra a ele, expulsava daquele mesmo espaço definidor o boi, que também rumina.[19]

Alguém seria tentado a dizer que para Aristóteles a situação teria sido mais embaraçosa ainda, visto que está convencido de que o ornitorrinco também deveria ter uma essência, independentemente do nosso intelecto, e deveria perturbá-lo ainda mais a impossibilidade de encontrar para ele uma definição. O fato é que também Kant, confutador do idealismo, saberia muito bem que o ornitorrinco, se a intuição sensível lhe oferecesse isso, *existia*, e que portanto devia poder ser pensado; e de qualquer lugar que chegasse a forma que lhe havia conferido, deveria ser possível construí-la.

A que problema Kant pensaria estar se comparando diante do ornitorrinco? Os termos do problema lhe são esclarecidos na *Crítica do juízo* (ou da capacidade ou faculdade de julgar, como já preferimos traduzir). O juízo é a faculdade de pensar o particular como contido no geral, e, se o geral (a regra, a lei) já for dado, o juízo é *determinante*. Mas se *for dado apenas o particular e devemos encontrar o geral*, o juízo, então, é *refletidor*.

Introduzindo o esquematismo na primeira versão do sistema, como sugerira Peirce, Kant encontra-se nas mãos de um conceito explosivo que o obriga a andar adiante: justamente em direção à *Crítica do juízo*. Mas, podemos dizer, uma vez que chegamos do esquema ao juízo refletidor, que entra em crise a própria natureza dos juízos determinantes. Porque a capacidade de juízo determinante (aprendemos finalmente em letras claras no capítulo da *Crítica do juízo* sobre a dialética da capacidade de juízo teleológica) "não tem em si princípios que fundamentem *conceitos de objetos*"; limita-se a subsumir objetos sob leis ou conceitos dados como princípios. "Assim a capacidade de juízo transcendental, que continha as condições para subsumir categorias, não era em si *nomotética*, mas simplesmente indicava as condições da intuição sensível sob as quais pode dar realidade (aplicação) a um determinado conceito." Por conseguinte, cada conceito de objeto, para ser fundamentado, deve ser estabelecido pelo juízo refletidor, que "deve subsumir uma lei que ainda não foi dada" (CG § 69).

Para Kant, a natureza está diante dos olhos, e o seu realismo nativo o impede de pensar que os objetos de natureza não estejam ali, funcionando num certo modo, visto que estão diante de si, e uma árvore produz uma outra árvore — da mesma espécie — e ao mesmo tempo cresce e, portanto, também produz a si mesmo como indivíduo; e o botão de uma folha de árvore enxertado no ramo de uma outra ainda produz uma vez mais um vegetal da mesma espécie; a árvore vive como um todo para o qual convergem as partes, visto que as folhas são produtos da árvore, mas o desfolhamento incidira sobre o crescimento do tronco. Assim, a árvore vive e cresce seguindo uma lei interna própria e orgânica (CG § 64).

Mas não podemos saber qual é esta lei através da árvore, visto que os fenômenos não nos dizem nada sobre a realidade inteligível. E muito menos as formas *a priori* do intelecto puro, porque os entes de natureza respondem a leis particulares e múltiplas. Assim deveriam ser consideradas como necessárias segundo um princípio da unidade da multiplicidade que contudo nos é desconhecido.

Estes objetos da natureza são (além das leis muito gerais que tornam imagináveis os fenômenos da física) justamente os cães, as pedras, os cavalos — e os ornitorrincos. A propósito destes objetos devemos poder dizer como se organizam em gêneros e espécies, mas — atenção — gêneros e espécies não são apenas um nosso arbítrio classificador: "na natureza há uma subordinação de gêneros e espécies que nós podemos perceber; os gêneros aproximam-se, por sua vez, um do outro, segundo um princípio comum, para que seja possível uma passagem de um ao outro e, com isto, a um gênero superior" (CG Intr. V).

E assim procuramos construir o conceito da árvore (assumimos isso) *como se* as árvores fossem como nós podemos pensá-las. Imaginamos algo como possível conforme ao conceito (tentamos o acordo da forma com a possibilidade da própria coisa, mesmo se não temos nenhum conceito) e pensamo-lo como organismo que obedece a finalidades.

Interpretar algo *como se* fosse num certo modo significa apresentar uma hipótese, porque o juízo refletidor deve subsumir uma lei que ainda não foi dada "e então de fato não é senão um princípio da reflexão de objetos pelos quais objetivamente falta uma lei ou um conceito do objeto que bastasse para os casos que se apresentam" (CG § 69). E deve ser um tipo de hipótese muito arriscado, porque do particular (de um Resultado) ocorre inferir uma Regra que ainda não conhecemos; e para encontrar em qualquer parte uma Regra ocorre supor que aquele Resultado seja um Caso daquela Regra a ser construída. Kant, decerto, não se expressou nestes termos, mas assim o fez o kantiano Peirce: é claro que o juízo refletidor não é senão uma *abdução*.

Neste processo abdutivo, dissemos, os gêneros e as espécies não são puro arbítrio classificador — e se assim fossem poderiam apenas ajustar--se à abdução futura, a uma fase avançada da elaboração conceitual. À luz da terceira *Crítica* devemos admitir que o juízo refletidor, enquanto teleológico, já confere um caráter de "animalidade" (ou de "ser vivente") à construção esquemática. Reflitamos sobre o que teria acontecido com Kant se tivesse visto um ornitorrinco. Teria a intuição de uma multiplicidade de traços que o obrigavam a construir o esquema de um ser autônomo, não movido por forças externas, que exibia uma coordenação nos próprios movimentos, uma relação orgânica e funcional entre bico (que lhe permite pegar comida), patas (que lhe permitem nadar), cabeça, tronco e cauda. A animalidade do objeto lhe seria proposta como elemento constituinte do esquema perceptivo, não como atribuição abstrata sucessiva (que teria apenas de ratificar conceitualmente aquilo que o esquema já continha).[20]

Se Kant pudesse ter observado o ornitorrinco (morfologia, hábitos e costumes), como se fez cada vez mais nos dois séculos sucessivos, provavelmente teria chegado à conclusão a que chegou Gould (1991: 277): este animal, que já aparecera na era Mesozoica, antes dos outros mamíferos do Terciário, e nunca desenvolvidos, não representa uma tentativa desajeitada da natureza para produzir algo melhor, mas é uma obra-prima de *design*, um exemplo de adaptação ambiental, que permitiu a um mamífero sobreviver e prosperar nos rios. O seu pelo parece ter sido feito para protegê-lo da água fria, ele sabe regular a própria temperatura corporal, toda a sua morfologia torna-o apto a mergulhar na água e a encontrar comida mantendo os olhos e os ouvidos tapados, os membros anteriores tornam-no apto a nadar, os posteriores e a cauda agem como timão, os famosos esporões posteriores o tornam apto a competir com outros machos na estação do amor. Em suma, o ornitorrinco tem uma estrutura muito original, perfeitamente desenhada para os fins a que foi destinada. Mas, provavelmente, Gould não poderia ter feito esta leitura "teleológica" do ornitorrinco se Kant não tivesse sugerido que "um produto organizado da natureza é aquele em que tudo é fim e, por sua vez, também meio" (CG § 66) e que os produtos da natureza se apresentam (diferente das máquinas, movidas por uma mera força motriz, *bewegende Kraft*) como organismos agitados interiormente por uma *bildende Kraft*, uma capacidade, uma força formadora.

Além disso, Gould, para definir esta *bildende Kraft*, não encontrou nada melhor senão voltar à metáfora do *design*, que é uma forma de modelar entes não naturais. Não acredito que Kant pudesse dar-lhe razão, mesmo se ao fazer isso se encontrasse em feliz contradição. É que a Capacidade de Juízo, uma vez que entrou em cena como refletidora e teleológica, subverte e domina todo o universo do cognoscível, e investe cada objeto imaginável, até uma cadeira. É verdade que uma cadeira, como objeto de arte, poderia ser considerada apenas bonita, puro exemplo de finalidade sem fim e universalidade sem conceito, fonte de prazer sem interesse, resultado de um jogo livre da imaginação e do intelecto. Mas neste ponto falta pouco para acrescentar uma regra e um fim onde procuramos afastá-lo, e a cadeira será vista segundo a intenção de quem a concebeu como objeto funcional, finalizada pela própria função, organicamente estruturada de modo que cada parte sua sustente o conjunto.

É Kant passando muito desenvoltamente de juízos teleológicos, que concernem entes de natureza, a juízos teleológicos, que concernem produtos de artifício. "Se alguém, num país que não lhe parece habitado, percebesse uma figura geométrica, desenhada na areia, imaginemos um hexágono regular, eis que a sua reflexão, elaborando um conceito de tal figura, perceberia através da razão, mesmo que de forma obscura, a unidade do princípio de geração deste hexágono, e assim, conforme à razão, julgaria que nem a areia, nem o mar próximo, nem os ventos, e nem sequer os animais com as suas marcas, que ele conhece, nem qualquer outra causa isenta de razão são o fundamento da possibilidade de tal figura: porque uma coincidência com tal conceito, que só é possível na razão, parecer-lhe-ia tão infinitamente contingente que julgaria que não existe nenhuma lei natural a esse respeito; e, por conseguinte, pareceria que não existe nem mesmo uma causa na natureza (que produz efeitos de forma puramente mecânica) que pudesse conter a causalidade para tal efeito, mas que o possa somente o conceito de tal objeto, como conceito que só a razão pode dar e com o qual pode confrontar o objeto, e que, por conseguinte, aquele objeto possa, sem dúvida, ser considerado como fim, mas não como fim natural: portanto, como produto da arte (*vestigium hominis video*)" (CG § 64).

Com certeza Kant está entre aqueles que convenceram os filósofos a convir que é lícito construir, sem um ponto fixo, um período que conta vinte e duas linhas na edição da Academia, mas contou-nos bem como se desenvolve uma abdução digna de Robinson Crusoé. E se alguém observasse que neste caso a arte sempre imitou uma figura regular, que não foi inventada pela arte, mas que é produto de intuições matemáticas puras, bastaria um exemplo que por pouco precede aquele citado; onde, a exemplo de finalidade empírica (contraposta àquela pura do círculo, que parece ser concebido com o intuito de ressaltar todas as demonstrações que podem ser deduzidas a seu respeito) propõe-se um belo jardim, e por certo um belo jardim à francesa, onde a arte prevalece sobre a natureza, com os seus canteiros e as suas alamedas bem ordenadas; e falamos de finalidade, empírica, decerto, e real, enquanto sabemos bem que o jardim foi disposto segundo um fim e uma função. Podemos dizer que ver o jardim ou a cadeira como organismo finalizado exige uma hipótese menos arriscada, porque já sei que os objetos artificiais obedecem à intenção do artífice, enquanto que para a natureza o juízo postula o fim (e, indiretamente, uma formação artificial, um tipo de *natura naturans*) como única possibilidade para entendê-la. Mas em cada caso ainda o objeto artificial não pode não ser investido pelo juízo refletidor.

Seria otimista dizer que esta versão teleológica do esquema se desenvolve com absoluta clareza também na terceira *Crítica*. Vejamos, por exemplo, o celebrado § 59 que fez rios de tinta versarem sobre quem procurou encontrar de novo em Kant os elementos de uma filosofia da linguagem. Antes de mais nada, ali se delineia uma diferença entre *esquemas*, próprios dos conceitos puros do intelecto, e *exemplos* (*Beispiele*) que valem para os conceitos empíricos. A ideia em si não estaria isenta de fascínio: no esquema do cão ou da árvore entram em jogo ideias "prototípicas", como se pela *exposição* de um cão (ou da imagem de um só cão) pudessem ser representados todos os cães. Todavia, restaria decidir como esta imagem, que deve interpor-se entre a multiplicidade da intuição e o conceito, já não pode estar cheia de conceitos — para ser a imagem de um cão *em geral* e não *daquele cão*. E, uma vez mais, aquele "exemplo" de cão se interporia entre intuição e conceito, visto que para os conceitos empíricos parece apropriado que o esquema coincida justamente com a possibilidade de representar um conceito genérico?

Logo depois diz-se que a exibição sensível de algo ("hipótese") pode ser *esquemática* quando se fornece a intuição correspondente a um conceito recebido pelo intelecto (e isto vale para o esquema do círculo, indispensável para compreender o conceito de "prato"); mas é *simbólica* quando se provê uma intuição através de analogia correspondente a um conceito que apenas a Razão pode pensar, não havendo intuição correspondente: como aconteceria quando quisesse representar o estado monárquico como um corpo humano. Aqui, por certo, Kant fala não só de símbolos no sentido lógico-formal (que para ele são meros "caracteres") mas de fenômenos como a metáfora ou a alegoria.

Portanto, há um hiato entre esquemas e símbolos. Se para o ornitorrinco ainda posso dizer que o primeiro impacto foi metafórico ("toupeira aquática"), não podemos dizer o mesmo do cão.

Há um hiato, que acredito que Kant procure cobrir no *Opus Postumum*. Por isso, sem penetrar nos seus intrincados labirintos, podemos certamente dizer que Kant procura determinar ainda mais as várias leis particulares da física que não podem ser extraídas apenas das categorias. Kant, para poder fundamentar a física, deve postular o éter como matéria que, difundida por todo o espaço cósmico, se encontra em todos os corpos e neles penetra.

As percepções externas, como material para uma experiência possível, às quais falta apenas a forma da sua conexão, são o efeito de forças agitadoras (ou motrizes) da matéria. Ora, para mediar a aplicação destas forças motrizes às relações que se apresentam na experiência, ocorre caracterizar leis empíricas. Essas não são fornecidas a priori, necessitam de conceitos *construídos* por nós (*selbstgemachte*). Estes não são conceitos fornecidos pela razão ou pela experiência mas conceitos *factícios*. São *problemáticos* (e recordamos que um juízo problemático depende do Postulado do Pensamento Empírico em Geral pelo qual é possível aquilo que se harmoniza com as condições formais da experiência).

Tais conceitos devem ser pensados como fundamento da investigação natural. Devemos, assim, postular (no caso do conceito factício de éter) um conjunto absoluto subsistente na matéria.

Kant repete várias vezes que este conceito não é uma hipótese mas um postulado da razão, porém a sua desconfiança para com o termo *hipótese* tem raízes newtonianas: de fato, um conceito (construído, por assim dizer, sobre o nada) que torna possível a totalidade da experiência é uma abdução que recorre, para explicar alguns Resultados, a uma Regra construída *ex novo*.[21] Não nos deixemos distrair pelo fato de que o postulado do éter seja depois demonstrado como errôneo: funcionou muito bem por muito tempo e as abduções (pensemos na teoria dos epiciclos e dos deferentes) demonstram-se boas quando aguentam por muito tempo, até que entre em cena uma abdução mais adequada, econômica e poderosa.

Como nota Vittorio Mathieu a respeito do último Kant, "o intelecto faz a experiência projetando a estrutura segundo a qual as forças motrizes do objeto podem agir". O juízo refletidor, mais que observar (e produzir esquemas), produz esquemas para poder observar, e experimentar. E "tal doutrina vai além daquela *Crítica*, pela liberdade que atribui ao plano intelectual do objeto".[22]

Com este tardio esquematismo o intelecto não constrói a simples determinação de um objeto possível, mas *faz* o objeto, *constrói*, e nesta atividade (por si problemática) procede por tentativas.[23]

A noção de tentativa torna-se crucial neste ponto. Se o esquema dos conceitos empíricos é uma construção que procura tornar imagináveis os objetos de natureza, e se não podemos fornecer um resumo mais completo dos conceitos empíricos, porque na experiência podem ser descobertas sempre novas notas do conceito (L I § 103), então os próprios esquemas só poderiam ser dignos de revisão, falíveis, destinados a evoluir no tempo. Se os conceitos puros do intelecto podiam constituir um tipo de repertório atemporal, os conceitos empíricos só podem se tornar "históricos", ou culturais se assim o desejarem. Ou, como diz Paci (1957: 185), são fundamentados não sobre a necessidade, mas sobre a *possibilidade*: "a síntese é impossível sem o tempo e, portanto, sem o esquema, sem a imagem que é sempre algo a mais que a simples projeção, algo novo ou, como diremos, figurante, aberto ao futuro, ao possível."

Kant não "disse" isto, mas parece difícil não dizê-lo se levamos a doutrina do esquematismo às suas últimas consequências. Por certo, Peirce entendeu-o neste sentido, que com certeza colocou todo o processo cognitivo sob o signo da inferência hipotética, pela qual as sensações aparecem como interpretações de estímulos; as percepções como interpretações de sensações; os juízos perceptivos como interpretações de percepções; as proposições particulares e gerais como interpretações de juízos perceptivos; as teorias científicas como interpretações de série de proposições (cf. Bonfantini e Grazia 1976: 13).

Diante da infinita segmentação do *continuum* tanto os esquemas perceptivos quanto as próprias proposições sobre as leis de natureza (como é um rinoceronte, se o golfinho é um peixe, se é possível pensar no éter cósmico) retalham entidades ou relações que — mesmo com diversidade de grau — permanecem sempre hipotéticas e submetidas à possibilidade da falibilidade.

Naturalmente, neste ponto até o transcendentalismo sofrerá a sua revolução copernicana. A garantia de que as nossas hipóteses estão "corretas" (ou, pelo menos, são aceitáveis como tais até prova contrária) não será mais procurada no *a priori* do intelecto puro (mesmo que dele se salvem as formas lógicas mais abstratas) mas no consenso, histórico, progressivo, ainda temporal da Comunidade.[24] O transcendental também se torna histórico diante do risco da falibilidade, transforma-se num acúmulo de interpretações aceitas, e aceitas depois de um processo de discussão, seleção, repúdio.[25] Instável fundação é aquela baseada no pseudotranscendental da Comunidade (ideia optativa mais que categoria sociológica): e é o Consenso da Comunidade que hoje nos faz pender para a abdução kepleriana mais que para aquela de Tycho Brahe. Naturalmente, a Comunidade forneceu aquelas que são chamadas de provas, mas não é a respeitabilidade da prova em si mesma o que nos convence, ou não nos deixa falsificá-la: é, de preferência, a dificuldade de questionar uma prova sem perturbar todo o sistema, o paradigma que a sustenta.

Encontramos esta des-transcendentalização da consciência, por causa da explícita influência peirciana, na noção de Dewey de "asserção justificada", ou, como preferimos dizer hoje em dia, de *afirmação garantida*, e está presente nas várias concessões holísticas do saber. Mas, apesar de o conceito de verdade aceitável depender da pressão estrutural de um corpo de conhecimentos interdependentes neste sentido, no interior deste corpo emergem sempre fatos, que se apresentam cada vez mais, e que aparecem como "recalcitrantes para a experiência". E eis que assim reaparece no interior de um paradigma unitário e solidário o que para Peirce era sempre um dos problemas fundamentais (e tarefas) da Comunidade: como reconhecer — após ter longa e coletivamente teimado com "não", com resistências e recusas — as *linhas de tendência* do *continuum*. Mas voltarei a este ponto em 2.9.

2.8. Releitura de Peirce

Dissemos em 2.2 que provavelmente Peirce, ao procurar se esclarecer entre Ground, juízo perceptivo e Objeto Imediato, procurava resolver, do ponto de vista de uma visão conclusiva do conhecimento, o problema do esquematismo. Não acredito que, no curso das várias retomadas do tema que percorrem toda a sua obra, Peirce nos tenha dado uma resposta única e definitiva. Tentava dar muitas delas. Necessitava de um conceito de esquema, mas não podia encontrar as modalidades já fundamentadas e não podia deduzi-las. Devia descobri-las "em ação", no âmago uma atividade incessante de interpretação. Para isto não basta, acredito, entregar-se à filologia, ou ao menos não tenho intenções de fazê-lo neste campo. Tentarei, de preferência, dizer como acredito que Peirce é lido (se quiser, reconstruído), ou fazê-lo dizer o que desejaria que tivesse dito, porque só assim conseguirei entender o que desejava dizer.

Fumagalli (1995: 3) coloca em evidência como a partir de 1885 verificamos uma reviravolta no pensamento de Peirce. A partir desta época, as categorias da "New list" juvenil não são mais deduzidas de uma análise da proporção mas dizem respeito a três âmbitos da experiência. Há uma espécie de passagem, direi, da lógica à gnosiologia: o Ground, por exemplo, não é mais um predicado mas uma sensação. Igualmente o segundo momento, aquele da indicalidade, torna-se um tipo de experiência que tem a forma do *shock*, é um impacto com um indivíduo, com uma *haecceitas* que "golpeará" o sujeito sem ser ainda uma representação. Fumagalli observa que, se é assim, temos um retorno kantiano ao imediatismo da intuição, anterior a cada atividade inferencial. Contudo, assim como esta intuição, como veremos, permanece como o puro sentimento de que algo está diante de mim, ainda estaria isenta de todo conteúdo intelectual e portanto (parece-me) poderia resistir à polêmica anticartesiana do jovem Peirce.

O Ground é uma Firstness. Já o vimos, o termo pode significar "fundo" (e seria interpretação enganadora) ou "base" ou "fundamento". Assim é no sentido do processo cognitivo, não metafísico, de outra forma o Ground seria a substância, algo que se candidata obscuramente a se tornar *subjectum* de predicações. Ao contrário, ele mesmo aparece como predicado possível, mais como um "é vermelho" que como "*isto* é vermelho". Ainda estamos antes do encontro com algo que nos resiste, estamos prestes a entrar na Secondness, mas ainda não chegamos lá. Num certo ponto, Peirce nos diz que é "pura *species*", mas não acredito que possamos entender o termo no seu sentido escolástico: é entendido no seu sentido corrente, como aparência, semelhança (Fabbrichesi 1981: 471). Por que Peirce chama-o de ícone, e semelhança (*likeness*), e diz que tem a natureza de uma ideia? Acredito que isso ocorre porque Peirce cresce na tradição greco-ocidental, para quem o conhecimento passa sempre através de uma visão. Se Peirce tivesse se formado na cultura hebraica, talvez tivesse falado de um som, de uma voz.

2.8.1. O Ground, os "qualia" e o iconismo primário

E, de fato, o que tem de visível a imediata sensação de calor, que é Firstness com o próprio título de uma sensação de vermelho? Em ambos os casos ainda temos algo inexpugnável, tanto que Peirce, com expressão muito "terna", diz que a ideia de First é "so tender that you cannot touch it without spoiling it" (CP 1.358).

Mas é visto como tal em Ground tanto do ponto de vista do realismo de Peirce como do ponto de vista da sua teoria do ícone. Do ponto de vista do realismo peirciano, a Firstness é uma presença "such as it is", nada mais que um caráter positivo (CP 5.44).[26] É uma "quality of feeling", como uma cor púrpura percebida sem nenhum senso de início ou de fim da experiência, sem nenhuma autoconsciência distinta do sentimento de cor, não é um objeto nem é inicialmente inerente a nenhum objeto reconhecível, não tem nenhuma generalidade (CP 7.530). Ele *é*, e nos leva a passar à Secondness, seja para percebermos a coexistência de mais qualidades, que já se opõem mutuamente antes de opor-se *a nós* (7.533), seja porque neste ponto também devemos dizer que algo existe. A partir deste momento a interpretação já pode se desencadear, mas para a frente, não para trás. Entretanto, tendo aparecido, ele ainda é "mere may-be" (CP 1.304), potencialidade sem existência (CP 1.328), simples possibilidade (CP 8.329), em todo o caso possibilidade de um processo perceptivo, "not rational, yet capable of rationalisation" (CP 5.119). "Não pode ser pensado de forma articulada; confirmem-no, e já terão perdido a sua característica inocência; porque a confirmação implica sempre a negação de algo mais... Lembrem apenas que cada descrição pode ser falsa" (CP 1.357).[27]

Aqui Peirce não é kantiano: não se preocupa de fato em descobrir uma multiplicidade na intuição. Se há intuição primária, ela é absolutamente simples. Imagino que outros atributos, depois do primeiro vermelho, do primeiro calor, do primeiro sentido de dureza, podem ser acrescentados depois, no processo inferencial que consegue; mas o início é absolutamente pontual. Acredito que, quando Peirce diz que o Ground é uma qualidade, queira dizer aquilo que a filosofia ainda hoje define como o fenômeno dos *qualia* (cf. Dennett 1991).

O Ground exibe todas as antinomias do dramático problema dos *qualia*: como pode ser pura possibilidade, anterior a qualquer conceitualização, e tornar-se predicado, um *geral* predicativo de vários objetos diferentes — quer dizer, como pode ser uma sensação de branco um puro *branco* que precede até o reconhecimento do objeto a que é inerente, e entretanto ser não apenas nominativo, mas predicativo como *brancura* de diferentes objetos? E, último problema para Peirce, como é possível que tal pura qualidade e possibilidade puras (como mostramos em 2.2) não pode ser nem criticada nem questionada?

Comecemos pelo último problema. Peirce ainda não fala do juízo perceptivo a propósito de uma qualidade, mas de um simples "tom" da consciência, e é este tom que ele define como resistente a qualquer crítica possível. Peirce não nos diz que uma sensação de vermelho é "infalível", mas que, uma vez que existiu, mesmo se depois percebermos que estávamos errados, é indiscutível que tenha existido (cf. Proni 1992, 3.16.1). Há um exemplo em CP 5.142 em que se fala de algo que, em primeira instância, pareceu-me de um branco perfeito e depois, numa série de comparações sucessivas, pareceu-me um branco sujo. Peirce poderia ter desenvolvido o exemplo e falar-me de uma doméstica que, num primeiro momento, vê muito branco o lençol que acabara de ser lavado, mas depois, comparando-o com um outro, admite que o segundo é mais branco que o primeiro. Não acreditemos que seja casual ou maliciosa a referência ao esquema canônico para a publicidade televisiva dos detergentes: Peirce pretendia falar justamente deste problema.

Diante da publicidade do detergente, Peirce nos teria dito que a doméstica inicialmente percebeu a brancura do primeiro lençol (puro "tom" da consciência); depois, uma vez que passou ao reconhecimento do objeto (Secondness) e iniciou uma comparação alimentada por inferências (Thirdness), descobrindo que a brancura se apresenta através de *graus*, pode afirmar que o segundo lençol é mais branco que o primeiro, mas ao mesmo tempo não pode apagar a impressão anterior, que como pura qualidade *existiu*: e, portanto, diz "acreditava (*antes*) que o meu lençol fosse branco, mas *agora* que vi o seu etc.".

Mas — e voltemos ao primeiro problema — no curso deste processo a doméstica, ao comparar diversas gradações daquele *branco* que inicialmente era pura possibilidade de consciência, ou reagindo ao *branco* de pelo menos dois lençóis diferentes, passou ao predicado da *brancura*, isto é, a um *geral*, que pode ser denominado e pelo qual existe um Objeto Imediato. Poderemos dizer que uma coisa é sentir um objeto como vermelho, sem nem sequer ter tido consciência disso ainda, e outra coisa é operar a abstração pela qual pregamos a qualidade de aquele objeto ser vermelho.

Mas com isto não teríamos ainda respondido a uma série de perguntas. Teremos esclarecido de *que coisa* Peirce pretendia falar, mas não *como* ele explicasse o processo de que falava. Como ocorre que uma pura qualidade (Firstness), que deveria ser o ponto de partida imediato e desconexo de cada percepção sucessiva, pode funcionar como predicado, e, portanto, já ser denominado, se a signidade se instaura apenas na Thirdness? E como ocorre se, cada conhecimento sendo uma inferência, temos um ponto de partida que não pode ser conclusivo, visto que se manifesta imediatamente sem nem mesmo poder ser discutido ou negado?

Por exemplo, o Ground não deveria ser nem sequer um ícone, se o ícone é semelhança, porque não pode ter relações de semelhança com nada, a não ser consigo mesmo. Aqui Peirce oscila entre duas noções: por um lado, já o vimos, o Ground é uma ideia, um diagrama esquelético, mas se é assim já é Objeto Imediato, plena realização da Thirdness; por outro lado é uma Likeness que não se assemelha a nada. Isso me diz apenas que a sensação que experimento de algum modo emana do Objeto Dinâmico.

Neste caso devemos libertar (e mesmo contra Peirce, que todo o tempo, mudando de termo, perturba as nossas ideias) o conceito de semelhança daquele de comparação. A comparação se dá nas relações de *similitude*, quando na base de uma dada proporção nós dizemos, por exemplo de um diagrama, que exprime certas relações que devemos supor no objeto. A similitude (já cheia de leis) explica como funcionam os hipoícones, como os diagramas, os desenhos, os quadros, as partituras musicais, as fórmulas algébricas. Mas o ícone não é explicado dizendo que é uma similitude, e nem mesmo dizendo que é uma semelhança. O ícone é o fenômeno que fundamenta cada possível juízo de semelhança, mas não pode ser fundamentado.

Assim, seria ilusório pensar o ícone como uma "imagem" mental que reproduz as qualidades do objeto, porque neste caso seria fácil subtrair de muitas imagens particulares uma imagem geral, como, de algum modo, de tantos pássaros ou de tantas árvores subtraímos (não obstante isso aconteça) uma ideia de pássaro ou de árvore em geral. Não quero dizer que não devamos admitir imagens mentais ou que em certos momentos Peirce tenha pensado no ícone em termos de imagem mental. Digo que é preciso abandonar até a noção de imagem mental para conceber o conceito de iconismo primário, o que se instaura no momento do Ground.[28]

Tentemos eliminar os fatos mentais, e façamos de preferência uma experiência mental. Acabo de acordar e, ainda adormecido, coloco a cafeteira no fogo. Provavelmente acendi o gás muito alto, ou não coloquei a cafeteira no lugar certo, mas o fato é que o cabo também esquentou muito, e quando pego a cafeteira para entornar o café eu me queimo. Deixo de citar as imprecações de hábito, protejo os meus dedos, e entorno o café. Fim da história. Mas, na manhã seguinte, cometo o mesmo erro. Se tivesse de verbalizar a segunda experiência, diria que coloquei a *mesma* cafeteira no fogo e que tive a *mesma* sensação dolorosa. De fato, os dois tipos de reconhecimento são diferentes. Estabelecer que a cafeteira seja a *mesma* é efeito de um complexo sistema de inferências (plena Thirdness): poderei ter (como tenho) duas cafeteiras do mesmo tipo, uma mais nova e outra mais velha, e estabelecer qual das duas eu pegara implica uma série de reconhecimentos e conjeturas sobre algumas características morfológicas do objeto, e até a lembrança de onde a coloquei no dia anterior.

Mas "sentir" que aquilo que experimento hoje é o *mesmo* (com desprezíveis variações de intensidade térmica) que experimentei ontem é um outro assunto. Estou muito seguro de ter a *mesma* sensação térmica dolorosa que de algum modo *reconheço* como *semelhante* àquela do dia anterior.

Não acredito que ocorram muitas inferências para atuar este reconhecimento. A solução mais cômoda seria que a experiência anterior deixou nos meus circuitos neurais um "traço". Entretanto, já há o risco de considerar este traço como um esquema, um protótipo da sensação, uma regra para reconhecer sensações semelhantes. Aceitemos, também, uma ideia que circula nos ambientes do neoconexionismo, para o qual não é necessário que a rede neural construa para si um protótipo da categoria, e não haja distinção entre regra e dados (isto é, memória do estímulo e memória da regra teriam a mesma configuração, o mesmo *pattern* neural). De forma ainda mais modesta, podemos assumir que, no momento em que experimentei a sensação de dor, tenha sido ativado no meu aparato nervoso um ponto que é o mesmo que fora ativado no dia anterior e que este ponto, quando se ativou, de algum modo fez-me sentir, junto com a sensação térmica, uma sensação de "de novo". Não estou certo de que não devamos nem sequer pressupor uma memória, a não ser no sentido em que, se algum dia sofremos um trauma numa parte do corpo, o corpo conservou "memória" da lesão e reage a um novo trauma de modo diferente como se uma parte ainda virgem fosse atingida. É como se na primeira vez eu tivesse experimentado uma sensação de "$quente_1$", e na segunda uma sensação de "$quente_2$".

Gibson (1966: 278), que também sente muito motivada e completamente cômoda a ideia de que a sensação deixa um traço, e que o *input* presente deva de alguma forma reativar o traço depositado da experiência anterior, observa, contudo, que uma explicação alternativa seria que o juízo de semelhança entre estímulos reflete um acordo do sistema perceptivo às invariantes do estímulo informativo. Nenhum traço, nenhum "esquema" preventivo, simplesmente algo que não podemos deixar de chamar *adequação*.

Não é que tenhamos recaído numa teoria do conhecimento (ou pelo menos do seu vestíbulo sensorial) como *adaequatio*. Trata-se de simples adequação entre estímulo e resposta, e portanto não devemos afrontar todos os paradoxos de uma teoria da adequação a níveis cognitivos superiores, por isso, quando vemos um cão nós o achamos adequado ao nosso esquema do cão, devemos perguntar-nos sobre que bases o julgamento de adequação se fundamenta, e ao procurar o modelo de adequação entramos na espiral do Terceiro Homem. Não, esta identidade, esta correspondência estatística entre estímulo e resposta nos diz que a resposta é exatamente aquela provocada pelo estímulo.

O que significa adequação neste caso? Suponhamos que alguém consiga registrar o processo que se desenvolve no nosso sistema nervoso a cada vez que recebemos o mesmo estímulo, e que o registro tenha sempre a configuração x. Diremos, então, que x corresponde adequadamente ao estímulo e é o seu ícone. Portanto, dizemos que o ícone exibe uma *semelhança* com o estímulo.

Esta adequação que decidimos chamar semelhança (ainda) não tem nada a ver com uma "imagem" que corresponda ponto por ponto às características do objeto ou do campo estimulante. Como lembra Maturana (1970: 10), dois estados de atividade numa determinada célula nervosa podem ser considerados como *o mesmo* (ou como *equivalentes*) se "pertencem à mesma classe" e são definidos pelo mesmo *pattern* de atividade, sem que tenham a natureza de um mapa com correspondências ponto por ponto. Tomemos por exemplo como boa a lei de Fechner, para quem a intensidade de uma sensação é proporcional ao logaritmo do instigador físico. Se assim fosse, e se a proporção fosse constante, a intensidade da excitação seria o ícone do instigador (na fórmula $S = K \log R$ o sinal de igualdade exprimiria a relação de semelhança icônica).

Acredito que o iconismo primário, para Peirce, esteja nesta correspondência pela qual o estímulo é *adequadamente* "representado" por aquela sensação, e não por uma outra. Esta adequação não é explicada, é apenas reconhecida. Eis como neste sentido o ícone é que se torna parâmetro da semelhança e não vice-versa. Se, desde aquele instante, pretendemos falar de outras e mais complexas relações de semelhança, ou de calculadas relações de similitude, é sobre o modelo daquela semelhança primária, que é o ícone, que estabelecemos o que quer dizer, evidentemente num sentido menos imediato, rápido e indiscutível, ser *semelhante a*.[29]

Em 6.11 veremos que uma relação desse tipo, não mediata, indiscutível (sempre que elementos capazes de "enganar" os sentidos não intervenham), é verificada com a imagem especular. Mas neste ponto prefiro evitar a nota a uma imagem de qualquer natureza exatamente para liberar a noção de iconismo da sua ligação histórica com as imagens visuais.

2.8.2. A soleira inferior do iconismo primário

Se é possível definir o iconismo primário em termos não mentais é porque dentro do pensamento peirciano cruzam-se duas perspectivas, diferentes mas mutuamente dependentes; aquela metafísico-cosmológica e a cognitiva. É certo que, se não a lemos num registro semiótico, a metafísica e a cosmologia de Peirce permanecem incompreensíveis; mas deveríamos dizer o mesmo da sua semiótica com relação à sua cosmologia. Categorias como Firstness, Secondness, Thirdness, e o próprio conceito de interpretação, não definem apenas *modi significandi*, isto é, modalidades de conhecimento do mundo: são também *modi essendi*, modos como o mundo *se comporta*, procedimentos mediante os quais o mundo, no curso da evolução, interpreta a si mesmo.[30]

Do ponto de vista cognitivo o ícone, visto na sua natureza de pura qualidade, estado de consciência, absolutamente desconexa, é uma Likeness, porque é igual (adequada) àquilo que estimulou o seu surgimento (e também o é se ainda não foi comparada ao próprio modelo, mesmo se ainda não for vista em ligação com algum objeto externo aos sentidos). Do ponto de vista cosmológico o ícone é a disponibilidade natural de algo *que se encaixará* com outra coisa. Se Peirce tivesse conhecido a teoria do código genético, por certo teria julgado icônica a relação que permite a cadeias de base azotadas produzir sucessões de aminoácidos, ou a tríades de DNA serem substituídas por tríades de RNA.

Falo daquela que no *Tratado* (0.7) defini como "soleira inferior da semiótica, excluindo-a de uma discussão em que procurávamos elaborar uma semiótica das relações culturais, a única que tivesse um sentido se considerássemos o Objeto Dinâmico como *terminus ad quem* dos processos de significação e referência. Mas agora estamos considerando aqui o Objeto Dinâmico como *terminus a quo*, e, portanto, esta semiose natural (*a parte objecti*) deve ser levada em consideração.

Com todas as cautelas do caso: de fato, não estou repudiando a distinção (que permanece basilar) entre sinal e signo, entre processos diádicos de estímulo-resposta e processos triádicos de interpretação, de modo que apenas na plena expansão da triadicidade emergem fenômenos como significado, intencionalidade, interpretação (como quer que os consideremos). Entretanto, admito com Prodi (1977) que para compreender os fenômenos culturais superiores, que evidentemente não surgem do nada, ocorre assumir que existem "bases materiais da significação", e que tais bases estão justamente nesta disposição no encontro e na interação que podemos ver como a primeira aparição (ainda não cognitiva e por certo não mental) do iconismo primário.

Neste sentido a condição elementar da semiose seria um estado físico para o qual uma estrutura está disposta a interagir com uma outra (Prodi teria dito: "está disposta a ser *lida* por"). Num debate desenvolvido entre imunologistas e semióticos, no qual os imunologistas sustentavam que em nível celular aconteciam fenômenos de "comunicação" (Sercarz et al. 1988), decidiu-se colocar em jogo se alguns fenômenos de "reconhecimento" por parte de linfócitos no sistema imunitário podiam ser tratados em termos de "signo", "significado", "interpretação" (contudo, vemos o mesmo problema em Edelman 1992, III, 8). Permaneço sempre atento ao estender para além da soleira inferior da semiose termos que indicam fenômenos cognitivos superiores; mas é certo que preciso postular aquilo que agora chama iconismo primário para explicar por que e como "os linfócitos T possuem a capacidade de distinguir os macrófagos infectados por aqueles normais porque *reconhecem* como sinais de anormalidade pequenos fragmentos de bactérias na superfície do macrófago" (Eichmann

1988: 163). Eliminemos também deste contexto a palavra "signos", reconheçamos a termos como "reconhecer" um valor metafórico (recusando que um linfócito reconheça algo como nós reconhecemos o rosto dos nossos pais), abstenhamo-nos de comentar o fato de que para muitos imunologistas o linfócito também realiza "escolhas" com relação a situações alternativas: resta o fato de que, na situação citada, dois *algo* encontram-se porque são *adequados* um ao outro, *como o parafuso é adequado à porca*.

Prodi (1988: 55) comentava durante aquele mesmo debate: "Uma enzima... seleciona o próprio substrato entre um número de moléculas insignificantes com que pode colidir: reage e forma um complexo só com os próprios *partners* moleculares. Este substrato é um *signo* para a enzima (para *a sua* enzima). A enzima explora a realidade e encontra aquilo que corresponde à própria forma: é uma fechadura que procura e encontra a própria chave. Em termos filosóficos, uma enzima é um leitor que 'categoriza' a realidade determinando o conjunto de todas as moléculas que podem casualmente reagir com ela... Esta semiótica (ou protossemiótica) é a característica base de toda a organização biológica (síntese proteica, metabolismo, atividade hormonal, transmissão de impulsos nervosos, e assim por diante)". Uma vez mais, deixarei de usar termos como "signo", mas é indubitável que diante desta fechadura que procura a própria chave estejamos diante de uma protossemiótica, e é a esta disposição protossemiótica que tenderei a chamar de iconismo primário natural.

A toda hora perguntava-me como teria organizado o *Tratado* se tivesse de reescrevê-lo, agora dizia-me que teria começado pelo fim, isto é, colocando no início a parte sobre os modos de produção sígnica. Era um modo de decidir que teria sido interessante começar partindo daquilo que ocorre quando, submetidos à pressão do Objeto Dinâmico, decidimos considerá-lo *terminus a quo*. Se tivesse de começar pelo fim, encontrar-me-ia diante daquele desenvolvimento em que (tomando os movimentos de Volli 1972) distinguia entre as primeiras modalidades de produção (e reconhecimento) sígnica as *congruências*, isto é, os desenhos (Eco 1975, 3.6.9).

Interessava-me naquele ponto como, partindo de um desenho, onde a cada ponto no espaço físico da expressão corresponde um ponto no espaço físico de um impressor, "transformando para trás", poderíamos concluir a natureza do impressor. Partia do exemplo da máscara mortuária porque estava interessado no objeto como *terminus ad quem* de um processo já consciente de interpretação, de reconhecimento de um sinal. Estava interessado a tal ponto na relação de construção de um *conteúdo* possível do sinal que estava disposto a considerar também casos de interpretação de uma máscara que não fosse mortuária, mas a simulação de um impressor inexistente. Ora, basta retomar o exemplo e focalizar a atenção não no momento em que "lemos" o desenho, mas naquele em que ele se produz (e se produz sozinho, sem a ação de um ser consciente que pretende produzir um sinal destinado à interpretação, uma expressão que depois deverá ser correlata a um conteúdo).

Estaremos então num início, ainda pré-semiótico, onde uma coisa faz pressão sobre outra. Somente em linha teórica, quem encontrasse aquele *côncavo* que algo *convexo* produzira poderia projetar para trás, procurando concluir por aquilo que agora existe aquilo que podia ter existido antes, por isso o que agora existe pode ser tomado como marca, e portanto como ícone. Mas neste ponto surgiria uma objeção.

Se isso tivesse de ser considerado como o iconismo primário, como poderíamos definir o momento da Firstness através da metáfora do desenho ou da marca, que prevê um agente impressor, e assim um contato originário, um confronto, uma adequação *de facto*, entre dois elementos? Por isso mesmo já estaremos na Secondness. Pensemos no processo de transmissão do patrimônio genético, de que falávamos há pouco: aqui acontecem precisamente fenômenos *estéricos*, substituições por encaixe, e portanto teríamos uma relação estímulo-resposta que, do ponto de vista peirciano, já tem a ver com a Secondness. Mas provavelmente Peirce teria sido o primeiro a concordar: ele repetiu várias vezes que a Firstness pode ser *abstraída* (logicamente) da Secondness mas não pode *ocorrer* na sua ausência (cf. Ransdell 1979: 59). Assim falando do iconismo primário como desenho não estamos falando de encaixes ocorridos, mas de *predisposição por encaixes*, de "semelhança" por complementaridade de um elemento com relação a um elemento *porvir*. O iconismo primário natural seria a própria qualidade de marcas que ainda não encontraram (necessariamente) o seu impressor, mas estão prontas para "reconhecê-lo". Mas se soubéssemos que aquela marca está pronta para receber o próprio impressor, e conhecêssemos as modalidades da impressão a se realizar (a lei natural pela qual apenas aquele parafuso pode enroscar-se naquela porca), eis que poderíamos (mesmo que aquela marca fosse teoricamente vista como signo) concluir pela marca a forma do impressor. Justamente do mesmo modo em que (como diremos mais adiante) no decorrer do processo perceptivo daquela sensação desconexa, alhures chamada Ground, podemos construir o Objeto Imediato de algo que também deveria possuir, entre outras, aquela qualidade.

Pode parecer paradoxal falar do ícone, que para Peirce é momento primeiro de uma evidência absoluta, como de pura disposição a, de algum modo de pura ausência, imagem de algo que ainda não existe. Pareceria que este ícone primário fosse algo como um buraco, uma entidade sobre a qual discutimos recentemente, visto que é algo de que temos experiência quotidiana e que, todavia, custamos a definir, e que pode ser reconhecido apenas como falta dentro de algo que por sua vez está presente (cf. Casati e Varzi 1994). E é justamente deste não ser que podemos concluir o formato do "tampão" que poderia tapá-lo. Mas, visto que ao falarmos de buracos já entramos na metafísica (e dissemos que não podemos entender o iconismo primário senão em termos inicialmente metafísicos), desejaria lembrar uma outra página de metafísica, o texto em que Leibniz falava do um e do zero (*De organo sive arte magna cogitandi*) e caracterizava dois conceitos fundamentais: "O próprio Deus, e além disso o nada, ou seja, a privação; o que é demonstrado por uma admirável similitude." A similitude era o cálculo binário em que "com admirável método todos os números se exprimem de tal modo mediante a Unidade e o Nada".

É singular que, ao discutir o que seja o ícone (incorporado desde sempre no exército do analógico), devemos recorrer ao texto constitutivo do futuro cálculo digital, e voltarmos a traduzir o conceito de ícone em termos boolianos. Mas em termos de dialética entre presença e ausência a possibilidade de cada fenômeno estérico pode ser definida, compreendendo a admirável adequação entre um buraco e o seu tampão. Encontrando, ao definir a menos "estruturada" das experiências, a primariedade icônica, o princípio estrutural pelo qual "cada elemento vale enquanto não é o outro que, ao evocar, exclui" (cf. Eco 1968, 2ª. ed.: xii).

Naturalmente, uma vez aceito este pressuposto, podem ser confrontadas aquelas situações a meio caminho entre iconismo natural primitivo e sistemas cognitivos não humanos, como os casos de reconhecimento e de camuflagem entre animais, cavalo de batalha (e nunca uma metáfora foi tão adequada) dos estudiosos de zoossemiótica.[31] Todos estes fenômenos, que pessoalmente relutava em considerar semiósicos porque me parecem colocar-se mais do lado da reação *diádica* (estímulo-resposta) que daquela *triádica* (estímulo-cadeia das interpretações-eventual interpretante lógico final), ganham agora todo o seu relevo no momento em que se trata (vendo o Objeto Dinâmico como *terminus a quo*) de encontrar uma base (e uma pré-história) naquele momento icônico inicial do processo cognitivo de que Peirce nos fala.

De outro modo não poderíamos nem sequer explicar em que sentido este iconismo primário se liga, para Peirce, à objetidade daquela multiplicidade da intuição kantiana que constitui o "duro sustentáculo" do processo cognitivo; nem explicaríamos a firme confiança que levava Kant a confirmar a sua "confutação do idealismo".

2.8.3. O juízo perceptivo

Uma vez reconhecido o iconismo primário, devemos nos perguntar como, para Peirce, na passagem do Ground ao Objeto Imediato, ele é reelaborado e transformado em níveis cognitivos superiores. Tendo passado ao universo do simbólico, o que era o irrefutável "realismo" de base é questionado, isto é, submetido à atividade da interpretação.

O momento icônico estabelece que tudo parte de uma evidência, mesmo que vaga, de que precisa prestar contas; e esta evidência é pura Qualidade que, de algum modo, promana do objeto. Mas o fato de promanar do objeto não fornece nenhuma garantia da sua "verdade". Não é, enquanto ícone, nem verdadeira nem falsa: a "tocha da verdade" deverá ainda passar por muitas mãos. É a condição por que nos pomos a caminho para dizer algo.

No curso da marcha, e desde os seus primeiros instantes, aquele iconismo primário também pode estar sujeito a escrutínio, porque poderia ter recebido o estímulo em condições tais (externas ou internas) para "enganar" os meus terminais nervosos. Mas aqui já estamos numa fase superior da elaboração, não temos mais que responder a apenas um Ground, nem temos muitos para colocarmos juntos, e portanto interpretar um à luz do outro.

É que este iconismo primário, para Peirce, mais que uma prova realística da existência do objeto, permanece como um postulado do seu fundamental realismo. Visto que ele nega cada poder à intuição e afirma que cada conhecimento nasce de um conhecimento anterior, nem mesmo uma sensação desconexa, térmica, tátil ou visual que seja pode ser reconhecida senão já colocando em jogo um processo inferencial que, enquanto instantâneo e inconsciente, verifica a sua credibilidade. É por isto que tal ponto de partida, que precede até aquela que para Kant teria sido a intuição da multiplicidade, pode ser definido em termos lógicos e não nitidamente identificado em termos gnosiológicos.

A certeza fornecida pelo Ground não é nem sequer a prova de que algo real esteja diante de nós (porque ainda é puro *may-be*), mas nos diz em que condição poderíamos aceitar a hipótese que encontramos diante de algo real, e que este algo seja assim e assim (cf. Oehler 1979:69). De fato, já na *New List* dizia-se que "the ground is the self abstracted from the concreteness which implies the possibility of an other" (WR 2: 55), e cada um traduza o péssimo inglês de Peirce como melhor lhe parecer, mas reflita sobre este ponto. A Firstness adverte que *é possível* que algo exista. Para dizer que existe, que algo me resiste, é necessário já ter entrado na Secondness. É na Secondness que *nos encontramos* realmente com algo. Enfim, passando à Thirdness, que implica generalização, recorre ao Objeto Imediato. Mas, visto que ele me abriu o caminho do universal, não me garante mais que o algo exista, ou que não seja uma construção minha.[32] Assim permanecerá no Objeto Imediato (cujo aspecto icônico Peirce sublinha em várias retomadas) como uma "memória" daquela segurança fornecida pelo iconismo primário — que é depois concessão ainda kantiana, salvo que com Peirce a segurança, permitida por algo que precede a intuição da multiplicidade, é garantida apenas pela inferência perceptiva.

Assim, numa zona vaga e lamacenta entre Firstness, Secondness e Thirdness, inicia o processo perceptivo. Digo *processo* (algo em movimento), não julgamento, que sugere conclusão e repouso. Enquanto processo, não poderemos mais nos contentarmos, para dar-lhe razão, com um esquema estímulo-resposta. Ocorrerá fazer entrar em jogo aqueles fatos mentais que excluíra da tentativa de definir de algum modo o iconismo primário. Se depois, para Peirce, estes podem ser fatos "quase mentais", no sentido em que uma teoria da interpretação pode ser estabelecida de modo formal, sem perceber uma mente em que aconteça, é um outro discurso. Neste ponto o "fingimento" de algo que funcione como uma mente torna-se indispensável. O que nos explica o processo perceptivo é o fato de que, quando chegar a me acalmar, a parar por um momento, o processo, tendo apurado que aquele algo que tenho diante de mim é um prato quente (branco ou circular), já terei pronunciado um juízo perceptivo.

Há uma série de textos do primeiro Novecentos em que Peirce confirma o que entendia por juízo perceptivo (CP 7.615-688). O Feeling, pura Firstness, é a consciência num momento de absoluta e atemporal singularidade; mas já desde esse primeiro momento entramos na Secondness, atribuímos o primeiro ícone a um objeto (ou, pelo menos, a algo que está diante de nós), e temos a sensação, momento intermediário entre primariedade e secundariedade, entre ícone e índice. O primeiro estímulo, que estou "trabalhando" para integrá-lo a um juízo perceptivo, é índice do fato que existe algo para ser percebido. Talvez tenha voltado os olhos para algo, sem que nenhuma intenção me movesse, e algo se impôs à minha atenção. Vejo uma cadeira amarela com uma almofada verde: note-se, já estou além da Primariedade, estou opondo duas qualidades, estou passando a um momento de maior concretude. Delineia-se para mim o que Peirce chama um *percepto* e que ainda não é uma percepção completa. Peirce adverte que poderíamos chamar aquilo que vejo de "imagem", mas seria desviante, porque a palavra me faria pensar num signo que existe para algo mais, enquanto o percepto existe por si mesmo, simplesmente "bate à porta da minha alma e está à sua soleira" (CP 7.619).

Sou "forçado" a admitir que algo aparece, mas este algo ainda é, precisamente, obtusa aparência, não leva nenhum apelo à razão. É pura individualidade, "estúpida" em si.

Apenas neste ponto entra em jogo o juízo perceptivo, e estamos na terciariedade.[33] Quando digo *aquela é uma cadeira amarela* já construí através de hipóteses um juízo sobre o percepto presente. Este juízo não "representa" o percepto, assim como o percepto não era nem sequer a sua premissa, porque não era nem mesmo uma proposição. Cada afirmação sobre o caráter do percepto já é responsabilidade do juízo perceptivo, é o julgamento que garante o percepto e não vice-versa. O juízo perceptivo não é uma cópia do percepto (no máximo, diz Peirce, é um sintoma, um *índice*); o juízo perceptivo não se move mais naquela soleira em que primariedade e secundariedade se confundem, já está afirmando que aquilo que vejo é verdadeiro. O juízo perceptivo tem uma liberdade conclusiva que o percepto, estúpido e inane, não possui.

Entretanto, há mais. É evidente que para Peirce o juízo perceptivo, ao afirmar que a cadeira é amarela, preserva um traço da iconografia primária. E a *dessingulariza*: "O juízo perceptivo diz sem qualquer cuidado que aquela cadeira é amarela. Não considera qual fosse o seu matiz particular, tinta, pureza de amarelo. O percepto, por sua vez, é tão escrupulosamente específico que torna aquela cadeira independente de qualquer outra no mundo; ou, pelo menos, assim faria, se pudesse ser indulgente em comparações" (CP 7.633).

É dramático ver como já no juízo perceptivo o iconismo primário (pelo qual o amarelo era *aquele* amarelo) se desvaneça numa igualdade genérica (*aquele* amarelo é como *todos* os outros amarelos que vi). A sensação individual já se transformou em classe de sensações "similares" (mas a semelhança destas sensações não é mais da mesma qualidade da semelhança entre estímulo e Ground). Agora, se podemos dizer que o predicado "amarelo" assemelha-se à sensação é apenas porque um novo juízo pregaria o mesmo predicado do mesmo percepto. E aqui Peirce parece não estar particularmente interessado em dizer por que e como isto acontece: parece aderir à interpretação que dei sobre o Ground em 2.8.2: dois estímulos são respectivamente o ícone (a Likeness) um do outro porque são ambos o ícone do meu *pattern* de resposta.

E de fato Peirce diz que o mesmo percepto desperta na mente uma "imaginação" que subverte "elementos dos sentidos". Portanto "está claro que o juízo perceptivo não é uma cópia, ícone, ou diagrama do percepto, embora grosseiro" (CP 7.367).

Isto é embaraçoso. Porque estaremos tentados a dizer que este juízo perceptivo tão impregnado de Thirdness identifica-se com o Objeto Imediato. E Peirce sublinhou várias vezes o caráter icônico do Objeto Imediato. Mas por certo o iconismo do Objeto Imediato não pode ser aquele primário do Feeling, já é dominado por cálculos de semelhança, por relações de proporção, já é diagramático ou *hipoicônico*.

Portanto quando Peirce fala de Objeto Imediato não fala de juízo perceptivo, e quando fala de juízo perceptivo não fala de Objeto Imediato? Mas está claro também que o segundo não deveria ser senão o completo ajuste do primeiro.

Acredito que devamos distinguir a função do Objeto Imediato, e as suas relações com o juízo perceptivo, conforme for construído por assim dizer *ex novo* (mas não na ausência de conhecimentos anteriores) diante de uma experiência inédita (o ornitorrinco, por exemplo) ou no processo de reconhecimento de algo já conhecido (por exemplo, o prato). No primeiro caso, o Objeto Imediato ainda será imperfeito, tentativa, *in fieri*, coincidirá como primeiro e hipotético juízo perceptivo (talvez esta coisa seja assim e assim). No segundo caso, recorro a um Objeto Imediato, já depositado na minha memória, como a um esquema pré-formado que orienta a formação do juízo perceptivo, e é ao mesmo tempo o seu parâmetro. Ter percebido o prato quer dizer então tê-lo reconhecido como ocorrência de um tipo já conhecido, e neste ponto o Objeto Imediato desenvolveria a mesma função que — no processo cognitivo — desenvolve o esquema kantiano. A tal ponto que naquela fase não saberia apenas que aquilo que percebi é um prato branco, mas saberei ainda (e antes de tê-lo tocado) que deveria ter um certo peso, porque o esquema já formado também continha aquelas informações.

O processo perceptivo era tentativa, ainda privada, enquanto o Objeto Imediato, sendo interpretável (e portanto transmissível), prepara-se para tornar-se *público*. Pode até, como esquema cognitivo já confiado a mim pela comunidade, intervir não para favorecer, mas para bloquear o processo de percepção de algo novo (e era o caso de Marco Polo com o rinoceronte). E, de fato, este também deve ser submetido a exame contínuo, revisão e reconstrução.[34]

Eis por que pudemos sustentar (cf. exemplo de Eco 1979, 2.3.) que, de um certo ponto de vista, Ground, Objeto Imediato e *Meaning* são a mesma coisa: do ponto de vista do conhecimento que provisoriamente se acalmou num primeiro esboço, os elementos icônicos de partida, as informações que eu já possuía, as primeiras tentativas conclusivas formaram-se num único esquema. Mas, por sua vez, é certo que se considerarmos a *escanção temporal* do processo perceptivo (embora algumas vezes quase instantânea — mas também para Kant a temporalidade constituía o esquema), Ground e Objeto Imediato são um a estação de partida e o outro a primeira parada de uma viagem que poderá continuar depois por muito tempo, e ao longo dos trilhos da interpretação potencialmente infinita.

Apenas neste sentido podemos considerar o Ground, no momento em que é conscientemente inserido no processo da interpretação, como "filtro", seletor por parte do sinal perceptivo daquelas propriedades do Objeto Dinâmico destinadas a se manterem pertinentes ao Objeto Imediato. E neste sentido o Ground ainda não interpretado representa o momento pré-semiósico, pura possibilidade de segmentação que se desenha no *continuum* ainda não segmentado.[35]

Nesta fase poderíamos ainda reintroduzir no Objeto Imediato os ícones, como fenômeno de adequação visual. No fundo Kant também dizia que para perceber o prato devo fazer entrar em jogo o conceito do círculo. Mas, desejarei manter esta leitura peirciana fora do debate, vivíssimo nas ciências cognitivas hodiernas, entre *iconófilos* e *iconófobos* (Dennett 1978, 10). Poderíamos sempre dizer que aquele esquema que é o Objeto Imediato não deve ser necessariamente uma "foto na cabeça", que poderia assemelhar-se mais à descrição de uma cena que a uma "representação" (cf. por exemplo Pylyshyn 1973). Sem envolver Peirce no debate sobre uma teoria "computacional" do conhecimento, poderíamos sempre dizer que o círculo, através do qual conseguimos conceber o prato, não é uma forma geométrica visível, mas o *preceito*, a regra para designar o círculo. No que concerne ao cão, visto que para distinguir as suas características morfológicas (pelo, quatro patas, forma do focinho) não disponho de conceitos geométricos puros, mas (como dissemos) de um modelo 3D, é difícil pensar no seu Objeto Imediato sem ter de supor imagens mentais. Não estou certo de como Peirce interviria nos debates atuais das ciências cognitivas.

Mesmo porque pode haver um Objeto Imediato que corresponda a um termo que não pretende prestar contas de um objeto perceptível, como por exemplo *primo* ou *raiz quadrada*.

Por exemplo, quando Peirce concebe um diagrama (que diz ser "puro ícone") não para objetos mas para proposições — visto que como Kant pensa num esquema que meça também entre categorias e dados sensíveis para julgamentos de experiência que assumam forma proposicional, e também para proposições que afirmem algo sobre objetos não conhecidos por meio perceptivo — ele assume o aspecto de um "programa" que apenas ocasionalmente é representado visualmente. Penso em geral na teoria dos diagramas, e em particular num diagrama que aparece na *Grand Logic*, em que ele se pergunta como "pôr na forma" a proposição *Every mother loves some child of hers*.[36] Acho surpreendente as analogias entre este "programa" e algumas representações hodiernas dos processos cognitivos e, mesmo sem seguir a longa e minúscula leitura que Peirce fornece, parece-me suficiente reproduzi-lo (Figura 2.3):

FIGURA 2.3

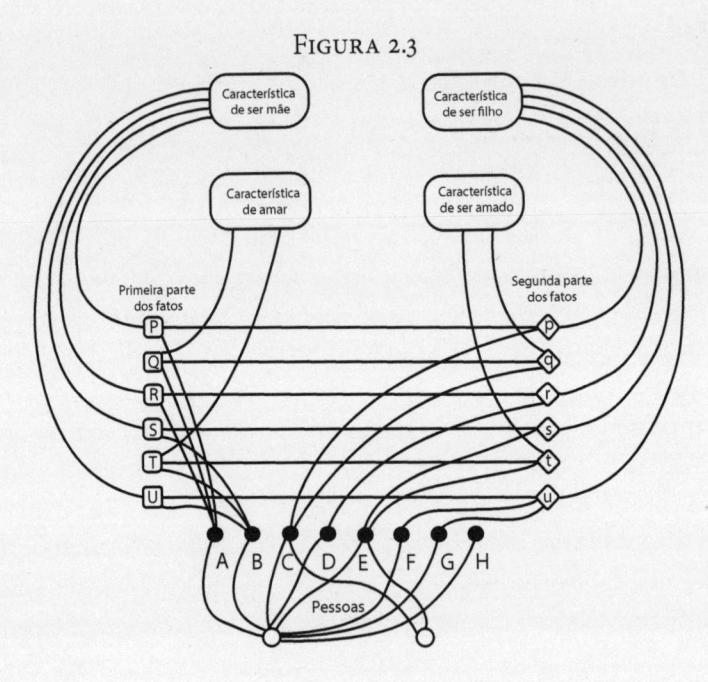

Peirce põe às claras que, mesmo sendo puro ícone, o diagrama exibe um estado de coisas, e nada além disso: ele não afirma de modo claro aquilo que é entendido pela proposição, mas limita-se a mostrar relações de inerência. É um esquema, precisamente, preludia sucessivas interpretações. Mas é claro que este esquema poderia ser hoje fornecido por uma máquina como instrução expressa em linguagem não visível, e as relações que ele exprime seriam mantidas. Independentemente do fato de que, como seu contentor ou produtor ativo, presumimos uma mente.

Este esquema, abundante em elementos simbólicos (e portanto conceituais) — e que não tende a dar razão de nenhuma experiência perceptiva —, é o Objeto Imediato que preside à compreensão da situação em objeto. E é também um esquema do seu significado.

Por conseguinte, de um iconismo primário, através de um processo perceptivo já entremeado de inferências, chegamos a uma identidade (se não final, pelo menos provisoriamente estabelecida) entre juízo perceptivo e Objeto Imediato, e entre Objeto Imediato e primeiro núcleo de significado associado a um *representamen*. E o significado completo, o "meaning" como conjunto global de marcas, definições e interpretantes? Desaparece, num certo sentido, e podemos concordar com Nesher (1984) que ele não é digno de ser colocado num dos estados do processo cognitivo, mas que se distribui a cada fase (compreendidas as mais avançadas, mas por certo iniciando as mais elementares) do processo.

Neste caso, o Objeto Imediato é algo a mais que o esquema kantiano: é menos "vazio", não está entre conceito e intuição, mas é mesmo aquele primeiro núcleo conceitual e ao mesmo tempo (enquanto confirmamos sempre a sua natureza icônica) não coloca apenas na forma, não traduz, mas reelabora conservando, e num certo sentido "captura" e "memoriza" algo das sensações de onde partiu. Ou, pelo menos, quando é Objeto Imediato que presta contas de situações perceptivas, e não de termos abstratos. Diferentemente do esquema — ou, pelo menos, da versão que dele nos fornece a primeira *Crítica* — é tentativa, revisável, pronto para crescer pela virtude de interpretação. E todavia representa por certo o modo em que Peirce resolve em registro não transcendental a hereditariedade do esquematismo.

Por outro lado, Peirce dissera: se Kant tivesse de tirar as consequências da entrada em cena do esquema, o seu sistema teria sido perturbado.

2.9. As linhas de tendência

É chegado o momento, ao concluir esta dupla releitura de Kant e Peirce, de dizer como e por que ela está ligada a reflexões que desenvolvi em 1.10. Farei isso continuando por hora a utilizar ainda o conceito de esquema, que mesmo no fim desta releitura ficou vago. Mas convém deixá-lo flutuar assim, entre o Objeto Imediato e um "modelo cognitivo" cuja fisionomia procurarei fixar melhor em 3.3.

Embora os esquemas cognitivos sejam construídos, cheios de "como se", que para Kant partem de uma matéria da intuição ainda cega, e para Peirce de uma primeira mostra icônica que ainda não nos dá nenhuma garantia de "objetividade", deveria haver algo no ornitorrinco que impediu o explorador de defini-lo como uma codorniz ou um castor. Isto não nos garante que fosse justo classificá-lo entre os monotremados. Amanhã mesmo uma nova taxionomia poderia mudar radicalmente as cartas na mesa. E contudo desde o início, para construir um esquema do ornitorrinco, procuramos respeitar as linhas de tendência exibidas por aquela manifestação do *continuum* ainda não segmentado.

Mesmo admitindo que o esquema seja uma construção, não poderemos nunca assumir que a segmentação de que é efeito seja totalmente arbitrária, porque (tanto em Kant como em Peirce) ela procura dar razão a algo que *está lá*, a forças que também agem externamente sobre o nosso aparato sensorial exibindo, no mínimo, resistências.

Existiria então uma "verdade" do esquema, mesmo que perspectiva, mesmo que ele fosse um perfil, uma *Abschattung* que nos mostra sempre algo sob um certo aspecto. O modelo 3D do ser humano depende sempre do fato de que não podemos interpretar o homem como quadrúpede, e por quantas articulações que o seu corpo possa mostrar, aquelas em que o braço se articula no cotovelo e a perna no joelho exibirão sempre uma pertinência dificilmente revogável (poderemos abstraí-la, não poderemos negá-la).

Havia uma verdade também no esquema que representava a baleia como um peixe (ou com os traços esquemáticos próprios do peixe). Estava errado (agora nós o dizemos) do ponto de vista da construção de um estereótipo. Mas em todo o caso *nunca poderíamos* esquematizar a baleia como um pássaro.

Mesmo que o esquema fosse uma construção em perpétua transformação inferencial, deveria prestar contas da experiência, e permitir retornar a ela agindo segundo costumes. Isto não nos exime de supor que talvez existissem modos melhores de organizar a experiência (de outra forma não teria sentido o princípio da falibilidade) mas deve, ao mesmo tempo, garantir-nos que, segundo ele, de algum modo possam fazer as contas com a experiência. Não podemos construir de forma arbitrária o esquema de algo mesmo que diversas representações esquemáticas de uma mesma coisa sejam possíveis. Para Kant, o juízo perceptivo me diz que, quando surge o sol, que ilumina a pedra, a pedra aos poucos vai se aquecendo; a intuição pura me diz que do surgimento do sol até o aquecimento da pedra corre um lapso de tempo; o completo desenvolvimento do aparato categorial me diz que o sol é a causa do calor da pedra. Tudo depende da atividade legislativa do intelecto. Mas que não ocorra *antes* vir o calor da pedra e *depois* o surgimento do sol, depende da própria matéria da intuição sensível. Não posso pensar no nexo causal que do sol chegue à pedra aquecida sem as formas do intelecto, mas nenhuma forma do intelecto jamais poderá permitir-me estabelecer que é o aquecimento da pedra que causa o surgimento do sol.

Os esquemas também poderão ser considerados como pouquíssimo naturais, no sentido em que não preexistem na natureza, mas isto não os exime de serem *motivados*.[37] Nesta suspeita de motivação revelam-se as linhas de tendência do *continuum*.

3.
Tipos cognitivos e conteúdo nuclear

3.1. De Kant ao cognitivismo

Se Kant tivesse levado primeiro em consideração o problema do esquematismo, dizia Peirce, o seu sistema teria entrado em crise. Como vimos, Kant efetivamente, e felizmente, entrou em crise com a terceira *Crítica*. Mas poderemos dizer mais: se levássemos de novo em consideração o problema do esquematismo kantiano, grande parte da semântica deste século, da propriamente funcional até a estrutural, entraria em crise. E isso aconteceu naquela área que costumamos genericamente indicar como "estudos cognitivos".

De fato, um traço do esquematismo kantiano (ligado a uma ideia construtivista da consciência) está presente em várias formas nas ciências cognitivas contemporâneas, mesmo que algumas vezes ignorem esta filiação.[1] Contudo, quando hoje encontramos noções como esquema, protótipo, modelo, estereótipo, por certo não se equiparam àquela kantiana (por exemplo, não implicam transcendentalismo), nem estes termos podem ser entendidos como sinônimos.

Além disso, estes "esquemas" cognitivos com frequência tencionam prestar contas de fenômenos como percepção e reconhecimento de objetos ou situações, enquanto vimos que o esquematismo kantiano, criado para explicar como são possíveis juízos como *todos os corpos são pesados*, resultava carente justo quando devia explicar como conseguimos ter conceitos empíricos. O cognitivismo trouxe à luz os conceitos empíricos e recomeçou a perguntar-se o que se perguntava Locke (mas que, no fundo, também Husserl se perguntava),[2] o que ocorre quando falamos de cães, gatos, maçãs e cadeiras.

Mas dizer que o cognitivismo se interroga sobre os gatos e sobre as cadeiras não quer dizer que as conclusões a que chegou (que são muitas e divergentes) já sejam satisfatórias. O fantasma do esquematismo reside em muitas pesquisas contemporâneas, mas o mistério desta arte secreta ainda não foi revelado.

Não pretendo revelá-lo nestas poucas páginas, mesmo porque, como veremos, não desejarei meter o nariz na caixa-preta dos nossos processos mentais ou cerebrais. Farei apenas algumas perguntas sobre relações entre um possível neoesquematismo e as noções semióticas de significado, dicionário e enciclopédia, de interpretação.[3]

Tendo em vista a natureza errática que desejarei dar a estas reflexões, não tentarei identificar sempre posições, teorias, pesquisas, correntes do cognitivismo contemporâneo. Escreverei, de preferência, como veremos, muitas "histórias" (experiências mentais em forma narrativa) que exemplificam alguns problemas.

As minhas histórias dirão respeito, em grande parte, a algo *bastante similar* àqueles que para Kant eram os conceitos empíricos: quero dizer que pretendo falar do modo como falamos (i) de objetos ou situações de que tivemos ou poderemos ter experiência direta (como cão, cadeira, caminhar, ir ao restaurante, escalar uma montanha); (ii) de objetos e situações de que não tivemos experiência, mas poderemos ter (como tatu, ou operar a apendicite); (iii) de objetos e situações de que certamente alguém teve experiência, mas nós não poderemos mais tê-la, e sobre as quais, contudo, a Comunidade nos dá instruções suficientes para falar sobre elas como se tivéssemos tido uma experiência (como dinossauro ou australopiteco).

Colocar-se diante de tais fenômenos elementares de um ponto de vista semiótico, antes de mais nada, supõe um problema preliminar: se há sentido em falar de semiose perceptiva.

3.2. Percepção e semiose

O problema da semiose perceptiva já havia entrado em cena em 2. Por certo quem não se move numa perspectiva peirciana pode achar este conceito difícil (e quase "imperialista"), porque, se aceitamos que existe semiose na própria percepção, torna-se embaraçoso diferenciar percepção de significação.[4] Vimos que também para Husserl perceber algo como vermelho e nomear algo de *vermelho* deveria ser o mesmo processo, mas este processo poderia ter diferentes fases. Entre perceber um gato como um gato, nomeá-lo *gato* ou indicá-lo como signo ostensivo a todos os gatos, não haverá um salto, uma separação (no mínimo aquela passagem do *terminus a quo* ao *terminus ad quem*)?

Podemos libertar o fenômeno da semiose da ideia de signo? É certo que, quando dizemos que a fumaça é sinal de fogo, aquela fumaça que percebemos ainda não é um signo; mesmo aceitando-se a perspectiva estoica, a fumaça torna-se sinal do fogo não no momento em que a percebemos, mas no momento em que decidimos que *está para* algo mais, e para passar a este momento devemos sair da proximidade da percepção e traduzir a nossa experiência em termos proposicionais, fazendo com que ela se torne o antecedente de uma inferência semiósica: (i) há fumaça, (ii) se há fumaça, (iii) então há fogo. A passagem de (ii) a (iii) é matéria de inferência expressa proposicionalmente; enquanto (i) é matéria de percepção.

A semiose perceptiva, ao contrário, não se desenvolve quando *algo está para algo mais*, mas quando de algo chegamos por processo inferencial a pronunciar um juízo perceptivo *sobre aquele algo*, e não sobre outra coisa.[5]

Contudo, supomos que alguém, com quase nenhum conhecimento do inglês, mas acostumado a ver títulos, nomes ou frases em inglês em capas de discos, postais ou caixas variadas, receba um fax que, como acontece com frequência, exiba linhas sobrepostas ou deformadas, e letras ilegíveis. Suponhamos (transcrevendo como X as letras ilegíveis) que tente ler *Xappy neX Xear*. Mesmo sem conhecer o significado das palavras, lembra-se de ter visto expressões como *happy, new* e *year*, e supõe que sejam aquelas que o fax queria transmitir. Então, terá feito inferências sobre a forma gráfica dos termos, sobre aquilo que havia na folha (plano da expressão), e não sobre aquilo por que as palavras estavam (razão por que deverá depois recorrer a um dicionário).

Portanto, qualquer fenômeno, para poder ser entendido como signo de algo mais, e de um certo ponto de vista, deve ser antes de mais nada percebido. O fato de que a percepção possa ter sucesso justamente porque somos orientados pela hipótese de que o fenômeno pode ser entendido como signo (de outro modo não prestaríamos atenção num determinado campo de estímulos) não elimina o problema de como o percebemos.[6]

Quando a tradição fenomenológica fala de "significado perceptivo" compreende algo que, em termos de direito, precede a constituição do significado como conteúdo de uma expressão; no entanto (vejamos o *Tratado* 3.3), se na escuridão diviso uma forma animal imprecisa, ao sucesso da percepção (para o julgamento *aquilo é um cão*) preside um esquema cognitivo, algo do cão que já conheço, e que pode ser legitimamente considerado como parte do conteúdo que com frequência dou à palavra *cão*. Neste caso terei realizado uma *inferência*: terei suposto que a forma imprecisa que divisava na escuridão era uma *ocorrência* do tipo *cão*.

No exemplo do fax as letras -*ear* estão, no processo inferencial, para o *y* que permitem supor. O sujeito do nosso exemplo possui o conhecimento (puramente gráfico) de, pelo menos, uma palavra em inglês que poderia terminar com aquelas letras e arrisca, então, que -*ear* seja uma *ocorrência* (incompleta) do *tipo* lexical *year*. Se depois tivesse um bom conhecimento do inglês teria também o direito de supor que a letra que falta poderia ser escolhida entre *b, d, g, f, h, n, p, r, t* (com cada uma destas formamos uma palavra em inglês dotada de sentido), sem poder supor *c, i, o, q, u*. Mas se estende a inferência a todo o sintagma *Xappy neX Xear*, percebe que uma solução é mais provável que a outra, porque assume que toda a linha não é senão uma ocorrência (incompleta em três pontos) do tipo *happy new year* (frase feita, expressão de augúrio fortemente codificada).

Poderemos ainda dizer que também num processo tão elementar a ocorrência *está para* o tipo a que remete. Mas o que acontece na percepção de objetos desconhecidos (vejamos o caso do ornitorrinco)? O processo é decerto mais feliz, aquele *estar para* é ajustado através de processos de prova e erro, mas a relação de mútua remissão de tipo a ocorrência se estabelece num juízo perceptivo arranjado.[7]

Se (como insistimos em Eco 1984, 1) a característica basilar da semiose é a inferência, enquanto a equivalência estabelecida por um código (a = b) é apenas uma forma esclerotizada de semiose, que verificamos por completo apenas nos signos substitutivos (isto é, nas equivalências entre expressão e expressão, como ocorre no código Morse), eis que podemos considerar a inferência perceptiva como um processo de *semiose primária*.[8]

Naturalmente poderíamos decidir que a questão é toda nominalística. Se estabelecemos que temos semiose apenas quando aparecem funções sígnicas institucionalizadas, então falar de semiose no caso da percepção seria pura metáfora — e deveríamos dizer em tal caso que a chamada semiose primária é apenas uma precondição da semiose. Se com isto podem ser eliminadas discussões inúteis, não tenho dificuldade em falar de pré-semiose perceptiva.[9] Mas as coisas não mudariam muito porque, como veremos na história que segue, a relação entre esta fase primária e o desenvolvimento sucessivo da semiose plenamente explicada não apresenta fraturas evidentes, mas antes constitui uma sequência de fases em que a precedente determina a sucessiva.

3.3. Montezuma e os cavalos

Os primeiros astecas percebidos na costa assistiram ao desembarque dos *conquistadores*.[10] Apesar de restarem pouquíssimos traços das suas primeiras reações, e o melhor que sabemos depende das relações dos espanhóis e das crônicas indígenas escritas posteriormente, sabemos com certeza que várias coisas devem ter-lhes maravilhado muito: os navios, as medonhas e majestosas barbas dos espanhóis, as armaduras de ferro que tornavam terríveis aqueles "estranhos" catafractários, de pele de um branco que era inatural, as espingardas e os canhões; e, por fim, monstros nunca vistos, além de cães muito raivosos, cavalos, em terrífica simbiose com os seus cavaleiros.

Os cavalos não devem ter sido menos perceptivelmente embaraçosos que um ornitorrinco. Primeiro (talvez porque ainda não distinguiam os animais dos penachos e das armaduras que os encobriam), os astecas pensam que os invasores montam cervos (e, portanto, comportam-se como Marco Polo). Assim, orientados por um sistema de conhecimentos precedentes, mas procurando coordená-lo com o que viam, devem ter logo elaborado um juízo perceptivo (há diante de nós um animal assim assim, que parece mas não é um cervo). Do mesmo modo não devem ter percebido que cada espanhol montava um animal de espécie diferente, até que os cavalos levados pelos homens de Cortés têm pelo variado. Devem, então, ter feito uma certa ideia daquele animal, que primeiro indicaram como *maçatl*, que é a palavra que usavam não só para os cervos, mas para cada animal quadrúpede em geral. Mais tarde, visto que adotavam e adaptavam o nome estrangeiro para os objetos levados pelos invasores, a sua língua nahuatl transformou o espanhol *caballo* em *cauayo* ou *kawayo*.

Num certo ponto eles decidiram enviar mensageiros a Montezuma para anunciar-lhe o desembarque, e os terríveis prodígios a que assistiam. Temos testemunhas posteriores da primeira mensagem que enviam ao seu senhor: um escriba representou as notícias através de pictogramas, e explicou que os invasores montavam cervos (*maçaoa*, plural de *maçatl*) altos como os tetos das casas.

Não sei se Montezuma, diante de informações tão incríveis (homens vestidos de ferro com armas de ferro, talvez de origem divina, dotados de instrumentos prodigiosos que lançavam bolas de pedra capazes de destruir qualquer coisa), tenha entendido o que eram aqueles "cervos". Imagino que os mensageiros (preocupados com o fato de que naquele ambiente, se uma notícia não agradasse, tinha-se o costume de punir os seus portadores) tomaram coragem e completaram o relatório escrito não só com palavras, pois parece que Montezuma pedisse frequentemente aos seus informantes todas as expressões possíveis para uma única e mesma coisa. E assim indicaram com o corpo o movimento do *maçatl*, imitando o seu relincho, procurando mostrar como possuía uma longa cabeleira no pescoço, acrescentando que era muito assustador e feroz, capaz de, num encontro armado, pôr em debandada quem tentasse impedir o seu ataque.

Montezuma recebe descrições, segundo as quais tenta fazer uma ideia daquele animal ainda desconhecido, e quem sabe como o imaginava. Depende da habilidade dos mensageiros e da sua agudeza de espírito. Mas, por certo, percebe que se trata de um animal, e de um animal preocupante. Tanto é verdade que, sempre segundo uma crônica, no início Montezuma não faz outras perguntas, mas fecha-se num preocupante mutismo, permanecendo cabisbaixo, com ar dolente e absorvido.

Por fim, acontece o encontro entre Montezuma e os espanhóis, e direi que, por mais que os mensageiros estivessem confusos na sua descrição, Montezuma deveria ter facilmente reconhecido aquelas coisas chamadas *maçaoa*. Simplesmente, diante da experiência direta do *maçatl*, reconsiderou a ideia que teria concebido por meio de tentativas. Ora, tanto ele quanto os seus homens, a cada vez que tivessem visto um *maçatl*, teriam-no reconhecido como tal, e a cada vez que ouvisse falar de *maçaoa* teria entendido de que falavam os seus interlocutores.

Depois, à medida que frequentasse os espanhóis, teria aprendido muitas outras coisas sobre os cavalos, teria começado a chamá-los de *cauayo*, teria aprendido onde se encontram, como se reproduzem, de que se alimentam, como criá-los e amestrá-los, a que outros usos podem ser destinados, e teria logo percebido, por mérito próprio, que utilidade poderiam revelar durante uma batalha. Antes, ouvindo as crônicas, teria nutrido suspeitas sobre a origem divina dos invasores, porque teriam dito que os seus homens conseguiram matar dois cavalos.

Num certo ponto do processo de aprendizagem, através do qual Montezuma estava aos poucos enriquecendo o seu conhecimento sobre os cavalos, parará, mas não porque não pudesse aprender mais, mas porque o matarão. E assim deixo de ocupar-me dele (e dos muitíssimos homens com ele massacrados para ter tido a revelação da Cavalície) para, antes, revelar que nesta história muitos e diferentes fenômenos semióticos estão em jogo.

3.3.1. Tipo Cognitivo (TC)

Ao terminar o seu primeiro processo perceptivo, os astecas elaboraram aquilo que chamarei um Tipo Cognitivo (TC) do cavalo. Se tivessem vivido num universo kantiano diremos que este TC era o *esquema* que lhes permitia interpor-se entre o conceito e a multiplicidade da intuição. Mas onde estava, para um asteca, o conceito de cavalo, visto que não o possuía antes do desembarque dos espanhóis? Decerto, depois de terem visto alguns cavalos, os astecas devem ter construído um esquema morfológico não muito diferente de um modelo 3D, e é sobre esta base que deveria ter se estabelecido a constância dos seus atos perceptivos. Mas ao falar de TC não entendo apenas um tipo de imagem, uma série de traços morfológicos ou de características motoras (o animal trota, galopa, se empina); perceberam o relincho característico do cavalo, talvez o odor. Além disso, deve ter sido logo atribuída uma característica de "animalidade" à aparição, pois logo o termo *maçatl* é usado, e por certo uma capacidade de incutir terror, não só a característica funcional de ser "cavalgável", pois que com frequência viam-no montado por seres humanos. Em suma, dizemos também que o TC do cavalo teve logo caráter *multimedial*.

3.3.1.1. O reconhecimento das ocorrências

Com base num TC tão elaborado, os astecas devem imediatamente ter sido capazes de reconhecer como cavalos ainda outros exemplares que não viram antes (e prescindindo de variações de cor, dimensão, e ponto de vista). É justamente o fenômeno do reconhecimento que nos leva a falar de *tipo*, precisamente, como parâmetro para confrontar ocorrências. Este tipo não teria nada a ver com uma "essência" de molde aristotélico-escolástico, e não nos interessa saber o que os astecas perceberam do cavalo (mesmo que fossem traços completamente superficiais, que não o diferenciassem ainda de uma mula ou de um asno). Mas é certo que, ao falar de tipo neste sentido, evocamos o fantasma das "ideias gerais" de tipo lockiano, e alguém poderia objetar que não precisamos delas para explicar o fenômeno do reconhecimento.[11] Bastaria dizer que os astecas aplicam o mesmo nome a diferentes indivíduos porque os acham seme-lhantes entre si. Mas esta noção de similaridade entre indivíduos não é menos embaraçosa que aquela de similaridade entre uma ocorrência e um tipo. Até para exprimir o juízo segundo o qual uma ocorrência X é semelhante a uma ocorrência Y, ocorre ter elaborado critérios de simila-ridade (duas coisas são semelhantes por certos aspectos e disformes por outros) e, portanto, eis que aflora novamente o fantasma de um tipo a que se referir como parâmetro.

Por outro lado, algumas teorias cognitivas contemporâneas nos dizem que o reconhecimento acontece segundo os *protótipos*, por isso deposita-mos na memória um objeto eleito por paradigma, e depois os outros são reconhecidos com relação ao protótipo. Mas para dizer que uma águia é um pássaro porque é semelhante ao protótipo da gralha significa extrair da gralha alguns traços mais pertinentes que os outros (por exemplo, ten-do por prejuízo as suas dimensões). E eis que, se as coisas fossem assim, o nosso protótipo tornar-se-ia um tipo.

Se quiséssemos reutilizar aqui a noção kantiana de esquema, o TC poderia ser, mais que um tipo de imagem multimedial, uma regra, um procedimento para construir a imagem do cavalo. Em todo o caso, o que quer que seja este TC é aquele algo que consente o reconhecimento. Por outro lado, neste ponto, postulando a existência (de qualquer parte) deste tipo (esquema ou imagem multimedial que seja), desimpedimos o campo de uma venerável entidade, que por certo ainda residia no universo kantiano: se postulamos um TC não temos mais necessidade de colocar em cena os *conceitos*. Sobretudo para os nossos astecas, o TC não se interpõe entre conceito de cavalo (que não podiam ter em lugar algum, a menos que não professassem um platonismo muito, mas muito transcultural) e a multiplicidade da intuição. O TC é aquilo que lhes permite unificar a multiplicidade da intuição e se isto lhes basta deveria bastar também para nós.

3.3.1.2. Nomear e referir-se felizmente

Se depois alguém disser que o conceito de cavalo é muito mais que aquele que os astecas sabiam, isto não prova nada. Existem pessoas à nossa volta que não têm um TC do cavalo mais elaborado do que aquele dos astecas, e isto não lhes impede de dizer que saibam o que sejam os cavalos, visto que sabem reconhecê-los. Nesta fase da nossa história muitas são as coisas que os astecas ainda não sabem sobre o cavalo (de onde vem, como se alimenta, como se reproduz, como nutre os seus filhotes, quantas raças existem no mundo, nem sequer se é uma besta ou um ser racional): mas segundo o que sabem conseguem não só reconhecê-lo mas ainda se colocam de acordo ao dar-lhe um nome, e, ao fazer isso, percebem que cada um deles reage ao nome aplicando-o aos próprios animais a que os outros aplicam. A nomeação é o primeiro ato social que os convence de que todos juntos reconhecem diversos indivíduos, em diferentes momentos, como ocorrências do mesmo tipo.

Não era necessário nomear o objeto-cavalo para reconhecê-lo, como eu posso um dia ter uma sensação interna desagradável, mas indefinível, e reconhecer apenas que é a mesma que experimentei no dia anterior. Entretanto, já "aquela coisa que sentia ontem" é um nome para a sensação que experimento, e seria muito mais se tivesse de dar sinais dessa sensação, embora muito primitiva, aos outros. A passagem a um termo genérico nasce de uma exigência social, para poder libertar o nome do *hic et nunc* da situação, e apoiá-lo justamente no tipo.

Mas como faziam os astecas para saber se aplicavam o nome *maçatl* para o mesmo TC? Um observador espanhol (chamemo-lo José Gavagai) poderia ter-se perguntado se, quando um asteca indicava um ponto genérico do espaço-tempo dizendo *maçatl*, entendesse por aquele nome o animal que cada espanhol reconhecia; ou se a unidade ainda inseparável de cavalo-cavaleiro, os arreios resplandecentes do animal, o fato de que algo conhecido avançava contra ele, ou quisesse exprimir a proposição "eis que vêm do mar aqueles seres divinos prometidos pelos nossos profetas e que um dia Gulliver chamará Huyhnhnm!".

Estamos seguros de que todos conservam um TC comum, correspondente ao nome, apenas no caso de *referência feliz* (ou de referência coroada de sucesso). Direi em 5 o quanto é problemática a noção de referência, mas a experiência nos diz que existem casos em que nós nos referimos a algo e os outros mostraram que entenderam muito bem a que desejávamos nos referir: por exemplo, quando pedimos a alguém para trazer-nos o livro que está sobre a mesa e este alguém nos traz o livro, e não uma caneta. Visto que os espanhóis rapidamente aliaram-se a algumas populações locais, se alguém pedisse a um nativo para levar-lhe um cavalo, e ele voltasse trazendo um cavalo (e não um cesto, uma flor, um pássaro, ou uma porção de cavalo), teriam a prova de que com aquele nome ambos identificavam ocorrências do mesmo TC.

É possível supor a existência de TC sobre estas bases, sem sermos obrigados a nos perguntar o que são e onde estão. Se em tempos de inflamado antimentalismo era até mesmo proibido apresentar uma hipótese da existência de qualquer evento mental, num período em que florescem os estudos sobre o conhecimento é lícito perguntarmos se o TC do cavalo, na "mente" dos astecas, era feito de imagens mentais, diagramas, descrições definidas expressas proposicionalmente, ou consistia num conjunto de marcas semânticas e relações abstratas que constituía o alfabeto de sinais discretos em puros termos boolianos. Todos os problemas do grande momento no âmbito das ciências cognitivas mas, na minha opinião, completamente irrelevantes do ponto de vista de uma *folk psychology* ou, para ressuscitar um venerável conceito filosófico que considero ainda da maior utilidade, refletindo do ponto de vista do *senso comum*. É com base no senso comum que observamos a evidência dos dois fenômenos do reconhecimento e da *referência feliz*.[12]

3.3.1.3. TC e caixa-preta

O que acontece na nossa "caixa-preta" quando percebemos algo é problema que as ciências cognitivas debatem — discutindo, por exemplo, (i) se o ambiente nos dá toda a informação necessária sem intervenção construtiva por parte do nosso aparato mental ou neural, ou se, ao contrário, existe seleção, interpretação e reorganização do campo estimulante, (ii) se na caixa-preta há algo designável como "mente" ou puros processos neurais, ou se podemos afirmar, como acontece no campo do neoconexionismo, uma identidade entre regra e dados; (iii) onde estão (se existem) os tipos ou esquemas cognitivos de qualquer gênero; (iv) como se configuram mentalmente ou cerebralmente. Todos estes são problemas dos quais *não* pretendo ocupar-me.

Os TCs podem estar na mente, no cérebro, no fígado, na glândula pineal (se já não estivesse ocupada, por hora, com a melatonina); poderiam até pertencer a um depósito impessoal, amontoados em algum intelecto agente universal, de onde uma divindade avarenta os tira e me empresta, por ocasionalismo, cada vez que me servem (e os estudiosos da cognição, que passam a vida interrogando os sujeitos que não sabem distinguir um copo de um prato, deverão decidir por que algumas das suas áreas cerebrais não estão mais sintonizadas no comprimento da onda divina). Mas devemos partir do princípio de que, se existem atos de referência feliz é porque, tanto ao reconhecer pela segunda vez algo percebido antes, quanto ao decidir que tanto o objeto A como o objeto B podem preencher o requisito de ser um copo, um cavalo, um edifício, ou que duas formas são definíveis como triângulos retângulos, são comparadas *ocorrências* a um *tipo* (seja um fenômeno psíquico, um protótipo fisicamente existente, ou uma daquelas entidades do Terceiro Mundo de que a filosofia procura sempre prestar contas, desde Platão a Frege, de Peirce a Popper).

Postular os TCs não nos obriga nem mesmo a decidir preliminarmente se eles assumem, em parte ou no conjunto, a configuração de uma imagem mental, ou se são simplesmente computáveis e processáveis em termos de símbolos discretos. É notório como este debate entre *iconófilos* e *iconófobos* é hoje central para os psicólogos cognitivos. Poderemos limitar-nos a reassumir a polêmica Kosslyn/Pylyshyn:[13] por um lado, formas de representação mental de tipo icônico parecem indispensáveis para explicar toda uma série de processos cognitivos com relação à qual a explicação proposicional torna-se insuficiente, e a hipótese pareceria confirmada também por simulações no computador; por outro lado, a imaginação mental seria um simples *epifenômeno*, explicável como elaboração de informação acessível apenas em termos digitais. As imagens mentais não seriam, portanto, incorporadas ao nosso *hardware*, mas seriam apenas *outputs* secundários.

Ora, poderíamos dizer que em nível neural o amor não existe, e que apaixonar-se é, no fundo, um epifenômeno baseado em complexas interações fisiológicas, exprimíveis um dia através de um algoritmo. Isto não impede que o epifenômeno "paixão" seja central para a nossa vida pessoal e social para a arte, literatura, moral e até com frequência para a política. Assim uma semiótica das paixões não se pergunta o que acontece no nosso *hardware* quando sentimos ódio ou medo, cólera ou amor (mesmo que decerto aconteça algo investigável), mas como acontece que os reconheçamos, exprimamos e interpretemos — de modo que compreendemos muito bem o que significa dizer que Orlando é furioso em vez de apaixonado.

A experiência semiósica nos diz que temos a impressão de conservar imagens mentais (mesmo se não existisse uma mente), e sobretudo que nós publicamente e intersubjetivamente interpretamos muitos termos através de representações visíveis. Por isso até o componente icônico do conhecimento deve ser postulado a título mesmo da existência de TCs, para prestar contas daquilo que o senso comum nos propõe. As imagens constituem sistemas de instruções tanto quanto os dispositivos verbais, e se devo ensinar a alguém como se chega à Piazza Garibaldi posso tanto prolongar-me em indicações verbais sobre as ruas em que deve entrar, quanto mostrar-lhe um mapa (que não é uma imagem da Piazza Garibaldi, mas um processo diagramático para poder encontrar a Piazza Garibaldi). Qual dos dois procedimentos é melhor depende das capacidades e das disposições do interlocutor.[14]

Recusar-se a colocar o nariz na caixa-preta poderia ser entendido como a confissão de que a filosofia (e, no caso, a semiótica geral como filosofia) constitui uma forma de conhecimento "inferior" com relação à ciência. Mas não é assim. Podemos postular os TCs na caixa-preta justamente porque podemos ter um controle intersubjetivo daquilo que constitui o seu *output*. Temos os instrumentos para falar deste *output* — e isto talvez seja a contribuição que a semiótica pode dar às pesquisas cognitivas, ou o aspecto semiótico dos processos cognitivos.

3.3.2. TC x Conteúdo Nuclear (CN)

Desde que começaram a indicar os mesmos animais pronunciando todos o nome *maçatl*, os astecas, se antes podiam duvidar que o seu TC fosse particular, perceberam que, ao contrário, ele estabelecia uma área de consenso. Inicialmente, a área de consenso era apenas postulável para explicar o fato de que eles se entendiam usando a mesma palavra. Mas aos poucos devem ter avançado em *interpretações coletivas* sobre o que entendiam por aquela palavra. Associaram um "conteúdo" à expressão *maçatl*. Estas interpretações eram o que podemos imaginar de mais semelhante a uma definição, mas não podemos, por certo, pensar que os nossos astecas tenham dito um ao outro que entendiam por *maçatl* um "mamífero perissodáctilo dos equídeos, herbívoro não ruminante, com o dedo médio do pé muito desenvolvido e recoberto por uma unha (casco)" (definição da Enciclopédia Zanichelli 1995).

No início, este acordo deve ter ocorrido como troca desordenada de experiências (quem notava que o animal tinha cabelos no pescoço, quem notava que aqueles cabelos esvoaçavam ao vento quando os animais galopavam, quem primeiro percebeu que os arreios eram algo estranho ao seu corpo, e assim por diante). Em suma, os astecas, aos poucos, interpretaram os traços do seu TC, para homologá-lo o mais possível. Se o seu (ou os seus) TC podia ser particular, estas interpretações eram *públicas*: se as tivessem deixado por escrito, ou em forma de pictogramas, ou se alguém tivesse gravado em fita o que diziam, teríamos uma série controlável de *interpretantes*. De fato nós os temos, na medida em que restaram testemunhas indígenas, e se não sabemos com exatidão o que se passou na cabeça dos primeiros astecas quando viram os cavalos é apenas porque temos razão em suspeitar que as testemunhas são muito tardias, interpretações das interpretações que os conquistadores forneceram dos seus primeiros comportamentos. Mas, visto que estes interpretantes estivessem à disposição de modo integral, como ocorre para os relatórios dos cientistas que viram pela primeira vez um ornitorrinco, eles não só esclareceriam qual fosse o seu TC, mas abrangeriam até o significado que asseguravam à expressão *maçatl*.

Chamaremos Conteúdo Nuclear (CN) este conjunto de interpretantes.

Prefiro falar de Conteúdo em vez de Significado Nuclear porque por antiga tradição tendemos a associar ao significado uma experiência mental. Em algumas línguas a confusão é mais forte que em outras, e pensemos no substantivo inglês *meaning*, que pode significar "aquilo que existe na mente", mas também um propósito, aquilo que se entende ser, aquilo que é indicado ou compreendido, o sentido, a significação etc. E não podemos esquecer que *meaning* pode aparecer também como forma do verbo *to mean*, que significa tanto ter em mente quanto entender, exprimir, querer dizer, e apenas em alguns casos vem a indicar uma sinonímia registrada socialmente (o exemplo do Webster é "The German word 'ja' *means* 'yes'"). Além disso, as próprias variações de sentido encontram-se no alemão *meinen*. No que diz respeito ao italiano, mesmo que o termo *significado* seja frequentemente entendido como "conceito expresso por um signo", a dupla *significado* e *significar* pode ser usada pela expressão de pensamentos ou sentimentos, pelo efeito emotivo que provoca uma expressão, pela importância ou pelo valor que algo assume para nós etc.

Ao contrário, o termo *conteúdo* — no sentido hjelmsleviano, como correlato a uma expressão — está menos comprometido e consente ser usado, como farei, em sentido público e não mental. Uma vez que isto esteja esclarecido, quando as exigências de discussão com alguma teoria corrente encorajam-me a fazê-lo, utilizarei a palavra *significado*, mas sempre e apenas como sinônimo de *conteúdo*.

Em certos casos TC e CN podem praticamente coincidir, no sentido em que o TC determina totalmente os interpretantes expressos pelo CN, e o CN permite conceber um TC adequado. Contudo desejo esclarecer mais uma vez que *o TC é particular enquanto que o CN é público*. Não estamos falando do mesmo fenômeno (que alguém chamaria genericamente "a competência que os astecas tinham sobre os cavalos"): por um lado estamos falando de um fenômeno de semiose perceptiva (TC) e, por outro, de um fenômeno de acordo comunicativo (CN). O TC — que não vemos e não tocamos — é *postulável* apenas com base nos fenômenos do reconhecimento, da identificação e da referência feliz; o CN, por sua vez, representa o modo em que intersubjetivamente procuramos algo em forma de interpretantes, *vemos e tocamos* — e esta não é apenas uma metáfora, visto que entre os interpretantes do termo *cavalo* estão também diversos cavalos esculpidos em bronze ou em pedra.

Se Montezuma tivesse recolhido todos os pictogramas desenhados pelos mensageiros, filmado os seus gestos, gravado em fita as suas palavras e tivesse guardado todas estas testemunhas *materiais* num cofre, depois matasse todos os mensageiros e cometesse suicídio, o que ficasse naquele cofre seria o conteúdo da expressão *maçatl* para os astecas. Restaria, então, ao arqueólogo que encontrasse aquele cofre conseguir interpretar, por sua vez, aqueles interpretantes, e apenas através da interpretação daquele conteúdo o arqueólogo seria capaz, depois, de conjeturar qual foi o TC do cavalo para os astecas.

Um TC não provém necessariamente de uma experiência perceptiva, mas pode ser transmitido culturalmente (como CN) e levar ao sucesso de uma experiência perceptiva que venha a ocorrer. É o CN de *maçatl* que os mensageiros comunicam a Montezuma através de imagens, gestos, sons e palavras. Com base nestas interpretações Montezuma teria procurado fazer uma "ideia" dos cavalos. Esta "ideia" é o núcleo do TC que ele construiu provisoriamente com base no CN recebido em forma de interpretações.[15]

O modo como os CNs são expressos também ajuda a desenredar o nó sobre a questão se temos imagens mentais ou não.[16] Um CN é algumas vezes expresso por palavras, outras por gestos, outras por imagens ou diagramas. No fundo, o desenho do modelo 3D de Marr, enquanto público, é um elemento do CN que interpreta uma modalidade processual do nosso TC. O que corresponde no nosso cérebro àquela presumida imagem? Digamos, ativações neuroniais. Ora, mesmo que o *pattern* destas ativações não correspondessem àquilo que intuitivamente chamamos imagem, aqueles fenômenos cerebrais representariam a causa ou o equivalente à nossa habilidade quer para conceber quer para interpretar o nosso tipo do cavalo. Postulamos um TC como disposição a produzir CNs e tratamos os CNs como prova de que em algum lugar existe um TC.

3.3.2.1. Instruções para a identificação

O CN do termo fornece ainda critérios ou instruções para a identificação de uma das ocorrências do tipo (ou, como se costuma dizer, para a identificação do referente).[17] Utilizo "identificação" em vez de "reconhecimento" porque desejarei reservar o segundo termo para fenômenos cognitivos estritamente dependentes de uma experiência perceptiva precedente, e o primeiro para a capacidade de identificar perceptivamente algo que ainda não experimentamos. Identifiquei um crocodilo, na primeira vez em que o vi ao longo do Mississippi, com base nas instruções que me foram antes fornecidas mediante palavras e imagens, isto é, comunicando-me o CN da palavra *crocodilo*.

Fornecendo instruções para identificar as ocorrências do tipo, o CN orienta na formação de um TC experimentado. Se os mensageiros forneceram boas interpretações a Montezuma, o seu TC experimentado teria sido tão rico e preciso que permitiu uma identificação imediata e poucas reparações com base na percepção direta. Outras vezes as instruções fornecidas pelo CN são insuficientes. Os mensageiros poderiam ter insistido a tal ponto na analogia com os cervos que induziriam Montezuma a construir um TC experimentado tão imperfeito que não identificaria facilmente os cavalos no primeiro encontro, e os confundiria com os bois de um rebanho seguindo as tropas.[18]

3.3.2.2. Instruções para o achado

Há uma outra possibilidade: que os mensageiros não conseguissem exprimir para Montezuma as propriedades do cavalo. Neste caso poderiam limitar-se a dizer-lhe que no dia anterior apareceram animais estranhos e terríveis num ponto da costa, e que se ele fosse àquele lugar poderia identificar homens brancos ataviados de ferro, movendo-se sentados de pernas abertas sobre algo; e este algo seria aquilo a que estavam se referindo. Deste modo teriam fornecido a Montezuma instruções não para identificar, mas para *encontrar* o objeto.

Os dois casos que citarei dizem respeito a TCs de indivíduos, aos quais deverei retornar em 3.7.6, mas em todo o caso servem para distinguir identificação de achado. *Primeiro caso.* Deparo-me todas as manhãs com um fulano no bar, todas as vezes eu o reconheço, mas não sei como se chama, e se devesse correlacionar ao nome genérico *fulano* um CN seria simplesmente a descrição "aquele que vejo todas as manhãs no bar". Um dia vejo que aquele fulano realiza um assalto ao banco em frente. Interrogado pela polícia, através de interpretações verbais ajudo o desenhista especializado a traçar um retrato falado bem parecido com ele. Forneci instruções para a identificação do fulano, e os policiais podem elaborar um TC (mesmo que vago — tanto que se arriscam a identificar algum outro por erro). *Segundo caso.* Reconheço todas as manhãs um fulano no bar, mesmo que nunca o tenha observado bem, mas um dia eu o ouvi dizer ao telefone que se chama Giorgio Rossi e que reside na Via Roma 15. Um dia ele briga com o dono do bar, mata-o, quebrando uma garrafa na sua cabeça, e depois foge. A polícia interroga-me como testemunha, sou absolutamente incapaz de fornecer instruções ao desenhista do retrato falado (consigo, no máximo, dizer que o fulano é alto, tem um rosto comum, um olhar antipático), mas posso dar nome e endereço do fulano. Com base num meu TC particular não sei dar instruções para a sua identificação; mas com base no CN que associava ao nome Giorgio Rossi (um ser de sexo masculino que reside na Via Roma 15) estou apto a fornecer à polícia instruções para encontrá-lo.

3.3.3. Conteúdo Molar (CM)

Quando, depois de ter visto os cavalos ao vivo, e ter falado com os espanhóis, Montezuma adquire outras informações sobre eles, pode chegar a saber o que um espanhol sabia (mesmo que não seja exatamente aquilo que um zoólogo sabe hoje em dia). Então teria tido um conhecimento *complexo* sobre os cavalos. Notemos que não falo de conhecimento "enciclopédico" no sentido de uma diferença entre Dicionário e Enciclopédia (ao que retornarei em 4.1), mas no sentido de "conhecimento ampliado", que compreende ainda noções não indispensáveis ao reconhecimento perceptivo (por exemplo: que os cavalos são criados de tal modo ou que são mamíferos). Falarei, para esta competência ampliada, de Conteúdo Molar (CM). O formato do CM de Montezuma poderia ser diferente daquele dos seus primeiros mensageiros, ou dos seus sacerdotes, e estaria em contínua expansão. Não sabemos bem como poderia ter evoluído — e pensemos apenas no fato que nos nossos dias faz parte do CM de *cavalo* (mas por certo não fazia parte nos tempos de Montezuma) a informação de que este animal prospera no continente americano. Não o identificarei com um conhecimento que pode ser exprimido exclusivamente em forma proposicional, porque poderia compreender imagens de cavalos de várias raças ou de diversas idades.

Um zoólogo possui um CM de *cavalo*, e por certo uma criança também possui dele um CM, mesmo que as duas áreas de competência não sejam coextensivas. É ao nível do CM que ocorre aquela divisão do trabalho linguístico de que fala Putnam, e que preferirei definir como divisão do trabalho cultural. Ao nível do CN deveria haver consenso generalizado, mesmo com alguma divisão e zona de sombra (cf. 3.5.2). E, assim como é esta área de consenso que constitui o núcleo do presente discurso, tenderei a não levar em consideração o CM, que pode assumir formatos diversos conforme os sujeitos, e representa porções de competência setorial. Digamos que a soma dos CMs identifica-se com a Enciclopédia como ideia reguladora e postulado semiótico de que falávamos em Eco 1984, 5.2.

3.3.4. CNs, CMs e conceitos

Alguém, enquanto lia a primeira versão destas páginas, perguntou-me qual era a diferença entre CN, CM e conceito. Não saberei responder à pergunta antes de resolver dois casos: (i) qual é a diferença entre o tipo cognitivo do ornitorrinco construído pelo seu primeiro descobridor e o conceito do ornitorrinco que obviamente ele não poderia ter antes, nem mesmo no caso de universo platônico superpovoado? (ii) qual é a diferença entre o conceito que os primeiros astecas possuíam do cavalo e aquele que teve o zoólogo?

Quanto à primeira pergunta, parece-me evidente que, desde a ideia kantiana de um esquema para os conceitos empíricos, era evidente que, se existisse um conceito, deveria ser mediado pelo esquema, mas se introduzimos o esquema não há mais necessidade de conceito — prova disso é a possibilidade de construir esquemas para conceitos que não temos, como aquele do ornitorrinco. Portanto, a ideia de conceito torna-se um resíduo embaraçoso.

Quanto à segunda pergunta, se por "conceito" entendemos uma concepção mental, como quer a etimologia, as respostas são duas: ou o conceito preside ao reconhecimento perceptivo, e assim identifica-se com o TC e é expresso não pela clássica definição, mas pelo CN; ou é uma definição rigorosa e científica do objeto, e portanto identifica-se com um CM setorial particular.

Parece ultrajante dizer isto, mas, do ponto de vista de que dou a palavra a mim mesmo, *conceito* passa a significar apenas aquilo que alguém tem na cabeça. Para o propósito de não guardar na caixa-preta, não posso dizer o que seja. Antes, pergunto-me se aqueles que nos guardam na caixa-preta perguntam isso. Mas isto é outro assunto.

3.3.5. Referência

Em toda a história que examinamos, os astecas atribuem um CN à expressão *maçatl*, mas quando falam entre eles sobre o que viram *referem-se* a cavalos individuais. Falarei em 5 daquele fenômeno muito complexo que é a referência. Agora ocorre não só descolar o conteúdo da referência, mas as instruções para a individuação do *referente* dos atos concretos de *referência*. Alguém pode ter recebido instruções para identificar um tatu, entretanto em toda a sua vida nunca se referiu a um tatu (isto é, nunca disse *isto é um tatu*, ou *há um tatu na cozinha*).

O TC fornece instruções para identificar o referente, e estas constituem-se, sem dúvida alguma, numa forma de competência. Referir-se a Algo é, por sua vez, uma forma de execução (*performance*). Baseia-se certamente na competência referencial, mas, como veremos em 5, não só nela. O referente da palavra *cavalo* é algo. Referir-se aos cavalos é um ato, não uma coisa.

Montezuma, depois de ouvir a narração dos mensageiros, possuía um embrião de competência mas se, como vimos, se fechou por algum tempo em obstinado mutismo, não realizou logo nenhum trabalho de referência aos cavalos. Os seus mensageiros referiam-se aos cavalos mesmo antes de dar-lhe instruções para identificá-los como Coisas que não ousavam descrever. Montezuma, rompendo o seu silêncio, poderia ter se referido a estas Coisas ainda desconhecidas, por exemplo, perguntando o que e como eram, mesmo antes de possuir instruções para a sua identificação. Deste modo teria demonstrado que podemos compreender a referência a entes, e podemos nos referir a esses, mesmo sem possuir um TC, e nem sequer um CN. Montezuma entendia que os mensageiros realizavam um ato de referência, e contudo não era capaz de entender qual fosse o referente daquele ato.

3.4. Primitivos semiósicos

3.4.1. Primitivos semiósicos e interpretação

Pensamos num ser colocado num ambiente elementar, antes mesmo de entrar em contato com outros semelhantes. Este ser deveria adquirir, não obstante decida nomeá-las, algumas "noções" fundamentais (mesmo que depois decida organizá-las em sistema de categorias, ou ainda de unidades de conteúdo): deveria ter uma noção de alto e de baixo (essencial para o seu equilíbrio corporal), de estar de pé ou deitado, de algumas operações fisiológicas como ingurgitar ou expelir, caminhar, dormir, ver, ouvir, ter sensações térmicas, olfativas ou gustativas, sentir dor ou alívio, bater as mãos, penetrar com o dedo numa matéria mole, bater, recolher, esfregar, coçar-se, e assim por diante.[19] Logo que entrou em contato com outros seres, ou em geral com o ambiente que o circunda, deveria ter noções que concerniam à presença de algo que se opõe ao seu corpo, o abraço, a luta, a posse ou a perda de um objeto de desejo, provavelmente a interrupção da vida... Embora consiga dar nomes a estas experiências fundamentais, por certo elas são originárias.

Vale dizer que, no momento em que "entramos na linguagem", existem algumas disposições no significado que são de caráter pré-linguístico, ou que existem "algumas classes de significados a que os seres humanos se conciliam de modo inato".[20] Deste tipo seria, por exemplo, a atribuição de animalidade a um determinado objeto. Pode acontecer que depois tal atribuição se demonstre errada, como ocorreria para uma mentalidade arcaica que visse as nuvens como animais, mas por certo um dos primeiros modos como reagimos àquilo que vem ao nosso encontro no ambiente é uma atribuição de animalidade ou de vitalidade a um objeto que nos enfrenta, e isto ainda não tem nada a ver com "categorias" como Animal: a animalidade de que falo é por certo pré-categorial.

Direi em 3.4.2 por que considero impróprio este uso dos termos *categoria, categorial* e *pré-categorial*; em todo o caso noções como Animal, Mineral, Artefato (que em muitas semânticas composicionais são considerados como primitivos semânticos, provavelmente inatos, ulteriormente não analisáveis, algumas vezes constituem-se em sistemas hierárquicos e finitos de hipônimos e hiperônimos) podem ter um sentido como elementos de um CM. Foi discutido em Eco (1984, 2) se são primitivos, não analisáveis e hierárquicos, e o que podemos conceber um inventário finito. Por certo não dependem da experiência perceptiva, mas de uma segmentação e organização do *continuum* do conteúdo que pressupõe um sistema coordenado de admissões. Não são desta natureza os primitivos semiósicos de que falo, que dependem da percepção pré-classificatória de algo como vivente e animado, ou como isento de vida.

Quando sentimos a presença de um corpo estranho no braço ou na mão, por menor que seja, algumas vezes sem sequer olhar (e às vezes o intervalo entre hipótese perceptiva e resposta motora é infinitesimal), com a outra mão ou batemos para esmagar algo, ou movemos o indicador com um golpe do polegar para fazer algo saltar. Com frequência esmagamos quando supomos (ainda antes de ter decidido, porque a nossa salvação depende da velocidade do reflexo) que se trata de um mosquito ou de qualquer outro inseto molesto, e fazemos o corpo saltar quando decidimos que se trata de uma escória vegetal ou mineral. Se decidimos que devemos "matar" é porque percebemos um traço de "animalidade" no corpo estranho. É um reconhecimento primário, pré-conceitual (em todo o caso pré-científico), que tem a ver com a percepção e não com o conhecimento categorial (se por acaso a orienta, se oferece como motivo de interpretação em níveis cognitivos superiores).

3.4.2. Esclarecimentos sobre as categorias

A psicologia cognitiva fala com frequência da nossa capacidade de pensamento como fundamentada sobre a possibilidade de uma organização categorial. A ideia é que o mundo de que temos experiência é composto de uma tal quantidade de objetos e eventos que, se tivéssemos de caracterizá--los todos e nomear cada um deles, seríamos subjugados pela complexidade do ambiente; por isso, o único modo de não nos tornarmos "escravos do particular" reside na nossa capacidade de "categorizar", isto é, de tornar várias coisas equivalentes, reagrupando objetos e eventos em classes (por ex., Bruner et al. 1956).

A ideia em si é incontestável. Antes, para não dizer a todo o custo que os antigos já haviam pensado em tudo, mas se substituímos por "categorização" o termo "conceitualização" percebemos que estamos falando uma vez mais do problema de como a linguagem (e com isso o nosso aparato cognitivo) nos leva a falar e a pensar por *generalia*, ou que reunimos indivíduos em conjuntos.

Reagrupar ocorrências múltiplas num único tipo é o modo como funciona a linguagem (acometido, como dizíamos na Idade Média, de *penuria nominum*). Mas uma coisa é dizer que diante de vários indivíduos não conseguimos pensar em todos eles como "gato", e outra coisa é dizer que conseguimos pensar em todos os gatos como animais (ou felinos). Como vemos, os dois problemas são diferentes. Saber que um gato é um felino parece pertencer mais à competência registrada como CM que àquela registrada como CN, enquanto a percepção quase imediata do gato pareceu-nos fenômeno pré-categorial.

O fato é que na literatura contemporânea em assunto o termo "categoria" é usado de modo bastante diferente daquele como era usado tanto por Aristóteles quanto por Kant, mesmo que aconteça ver muitos autores, quando enfrentamos o problema, se restabelecerem — sem citações específicas, e quase retoricamente a legitimar as suas admissões — à hereditariedade clássica.

Para Aristóteles as categorias eram dez, a Substância e os nove predicados que podiam predicar, isto é, que algo existia num certo tempo, num certo lugar, que possuía certas qualidades, que sofria algo ou que fazia algo mais etc. O que fosse um certo sujeito (um homem, um cão, uma árvore) não era um problema para Aristóteles. Percebíamos uma substância e entendíamos qual era a sua essência (isto é, Aristóteles pensava que, logo que víssemos a ocorrência de um homem, havíamos de reconduzi-la ao tipo "homem"). No sentido aristotélico, aplicar as categorias não vai muito além de dizer que estamos percebendo um gato, que é branco, que corre no Liceu etc. Do ponto de vista da psicologia cognitiva contemporânea tudo isto pertenceria ao pré-categorial, ou colocaria em jogo apenas aquelas que são chamadas "categorias de base", como "gato", mais uma atividade mal definida que consistiria em reconhecer num determinado objeto propriedades ativas ou passivas.

Para Kant, as categorias são algo muito mais abstrato que as categorias aristotélicas (são unidade, pluralidade, realidade, negação, substância e acidente, causalidade, e assim por diante), e vimos em 2.3 como era difícil dizer o que têm a ver com conceitos empíricos como aqueles de cão, cadeira, andorinha ou pardal.

Mas voltemos a Aristóteles. Que ao ver um gato que corre no Liceu, percebendo um gato que corre no Liceu, era para ele um fato natural e espontâneo. Naturalmente, depois, tratávamos de *definir* o que era a substância "gato". Ocorrendo a definição por gênero e diferença, a tradição aristotélica devia identificar os *predicáveis*. Os predicáveis são o que existe de mais semelhante às categorias como as entendem as taxinomias modernas: são instrumentos para a definição (gato é animal irracional mortal, para a tradição aristotélica, e admito que é pouco, e para as taxinomias modernas é da espécie *Felis catus*, do gênero *Felis*, da subordem dos Fissípedes, e assim, até que chegamos à classe dos Mamíferos).

Este tipo de classificação — e poderemos falar de categorização se entendemos os predicáveis aristotélicos como subcategorias — é essencial para o reconhecimento de algo? De modo algum. Por certo não para Aristóteles, que falhou ao definir de forma satisfatória o camelo (cf. Eco 1983, 4.2.1.1) sem, no entanto, deixar de identificá-lo e nomeá-lo de modo correto; e nem sequer para a psicologia cognitiva, visto que ninguém nunca negou que uma pessoa seja capaz de perceber e reconhecer um ornitorrinco sem por isto saber se é Mamífero, Pássaro ou Anfíbio.

Num certo sentido, nesta história, o embaraço seria maior para Aristóteles que para Kant ou para os cognitivistas contemporâneos. Os cognitivistas se sairiam, no máximo, assumindo que existe o pré-categorial na percepção; Kant conseguiu deslocar cães e gatos entre os conceitos empíricos e a sua classificação em gêneros e espécies no território do julgamento refletidor; mas Aristóteles nos diz que, diante de uma substância indivisa, compreendemos qual é a sua essência (homem ou gato), teria admitido com prazer que é possível a um escravo reconhecer um gato, mesmo se não soubesse exprimir a sua definição, e quando deve dizer o que é a substância não pode fazê-lo senão em termos de definição, recorrendo ao gênero e à diferença. É como se Aristóteles admitisse que de algum modo possuímos TCs mas que não podemos interpretá-los senão em termos de CM (visto que o conhecimento das classificações pertence ao CM).

A menos que quisesse dizer exatamente o que dizemos: que perceber (aplicando categorias — as suas) é exatamente mover-se naquilo que hoje chama-se pré-categorial, e que pré-categoriais são as atribuições de vida, animalidade e até de racionalidade. Pelo menos no sentido em que procurou explicar-nos Tomás:[21] nós não percebemos, de fato, diferenças como a racionalidade, mas as deduzimos por acidentes perceptíveis; por isso deduzimos que o homem seja racional através de manifestações exteriores; por exemplo, o fato de falar ou ser bípede. E então seria a imediata percepção destes acidentes que faria parte da experiência perceptiva, e o resto seria elaboração recebida.

Aquelas que o cognitivismo contemporâneo chama de categorias (e que para Aristóteles teriam sido predicáveis) são mais aquilo que nas ciências naturais são chamados de *taxa*, que se ajustam de espécie a gênero (ou de ordem a classes, ou de classes a reinos). Aquelas que o cognitivismo chama categorias de base são, por certo, TCs, enquanto que aqueles que chama de categorias superordenadas (como Instrumento com relação à categoria de base do martelo) são *taxa*, pertencem a uma fase de elaboração cultural mais complexa e estão armazenadas no CM de alguns falantes particularmente dotados (dependem de um sistema coerente de proposições, ou de um determinado paradigma cultural).

Noto rapidamente que a distinção já estava bastante clara em John Stuart Mill, enquanto examinava as várias classificações naturalísticas que no seu tempo ainda eram matéria de duro debate:

Há [...] uma classificação das coisas, que é inseparável do ato de dar-lhes um nome geral. Cada nome que conota um atributo, por este simples fato divide cada coisa em duas classes, aquelas que possuem o atributo e aquelas que não o possuem... A Classificação que devemos discutir como um ato separado da mente é, por sua vez, diferente. Na primeira, a acomodação dos objetos em grupos, e a sua distribuição em compartimentos, é um mero efeito incidental que consegue pelo uso dos nomes dados para outro propósito, como aquele de exprimir simplesmente algumas das suas qualidades. Na outra, a acomodação e a distribuição são o propósito principal e a nomeação é secundária, e se conforma a esta operação principal, mais que governá-la (*A System of Logic*, IV, vii).

Assim como não podemos lutar contra as inércias da linguagem, passarei também a chamar de categorias estas vozes classificatórias, mas que fique claro que elas não contribuem imediatamente para dizer-nos o que seja algo, mas como ela é hierarquicamente ordenada num sistema de conceitos de base e conceitos superordenados e subordinados.[22]

Uma outra observação é que se as categorias (no sentido moderno do termo) são *taxa*, de fato não têm nada a ver com aqueles primitivos elaborados ou caracterizados pelas semânticas "em intervalos" — e que por acaso possuem o mesmo nome de muitas categorias ou *taxa* aqueles que comumente são registrados em letras maiúsculas, como ANIMAL, HUMANO, VIVENTE, ADULTO etc. Podemos discutir se estes primitivos são em número finito, se funcionam por conjunção ou por interseção, mas nem sempre são hierarquizados como os *taxa*, mesmo que em alguns autores eles se organizem por relações de hipo/hiperonímia (cf. a propósito Violi 1997, 2.1 e 4.1). Antes, com frequência tais primitivos semânticos são assimiláveis àqueles que chamei primitivos semiósicos (e que precisamente alguns definiriam como pré-categoriais).

Se são primitivos semiósicos notar que algo é um corpo, que voa no céu, que é um animal, que pesa, eis que por acaso os *taxa* nascem como elaborações de tais experiências pré-categoriais — pelo menos no sentido em que me resignei a respeitar.

3.4.3. Primitivos semiósicos e verbalização

Wierzbicka (1996), apoiando as próprias hipóteses num vasto reconhecimento de diferentes línguas, sustenta persuasivamente que existem *primes* comuns a todas as culturas. Seriam noções como Eu, Alguém, Algo, Este, o Outro, Um, Dois, Muitos, Muito, Penso, Desejo, Sinto, Digo, Fazer, Acontecer, Bom, Ruim, Pequeno, Grande, Quando, Antes, Depois, Onde,

Sob, Não, Algum, Vivente, Longe, Perto, Se e Então (o meu elenco sintetizador está incompleto). O aspecto interessante desta proposta é que tende a resolver em termos destes primitivos cada outra possível definição.

Contudo, antes de começar a utilizar algumas sugestões de Wierzbicka, desejo esclarecer que assumo estes *primes* com todas as cautelas do caso. Dizer que estas noções são *originárias* não significa necessariamente admitir (i) que elas sejam primitivas filogeneticamente e, portanto, inatas: podem ser primitivas apenas para um indivíduo, enquanto que outros indivíduos partem de outras e diferentes experiências (por exemplo, ver não será uma experiência primitiva para um cego de nascimento); (ii) que sejam universais (mesmo se não vejo nenhuma razão evidente para negá-lo, mas é necessário distinguir a hipótese teórica da sua universalidade da averiguação empírica que existem termos precisos para elas em todas as línguas conhecidas); (iii) que, pelo fato de serem primitivos, não sejam interpretáveis.

O ponto (iii) representa uma fraqueza da argumentação de Wierzbicka. Este engano surge do fato de que foram tradicionalmente assumidos como não interpretáveis os primitivos semânticos que indicava no parágrafo anterior, aqueles assumidos como HUMANO ou ADULTO que nas semânticas "em intervalos" deveriam constituir os átomos não ulteriormente cortados do significado. Mas aqueles que Wierzbicka chama de *primes* não são de tal natureza — mesmo que a autora tenda algumas vezes a tratá-los como se o fossem. Não são postulados de significado, são elementos de uma experiência primordial. Dizer que a criança tem uma experiência primordial do leite (por isso presumimos que ao crescer saiba com exatidão o que seja) não quer realmente dizer que a criança, a pedidos, não possa interpretar o conteúdo de *leite* (vejamos em 3.7.2 o que faz uma criança a quem fora pedido para interpretar a palavra *água*). Pode acontecer que aquelas expressas pelas palavras *ver* e *ouvir* sejam experiências primordiais de tal espécie, mas uma criança também é capaz de interpretá-las (com referência a diversos órgãos).

É não admitindo isto que Wierzbicka reage com ênfase à opinião de Goodman (1951: 57), segundo a qual "não é porque um termo seja indefinível que será escolhido como primitivo; mas é porque um termo foi escolhido como primitivo por um sistema que será indefinível... Em geral, os termos adotados como primitivos num certo sistema são facilmente definíveis em algum outro sistema. Não existem primitivos absolutos". Já Wilkins nos mostrava como era possível, através de um esquema cognitivo espacial e não proposicional, interpretar e definir tanto o alto quanto o baixo, *para*, *sob* ou *dentro* (cf. Eco 1993, 2.8.3).[23]

Esclarecida esta reserva, Wierzbicka parte de uma crítica compartilhável tanto com as chamadas definições de dicionário quanto com aquelas enciclopédicas. Tomemos o exemplo do rato (1996: 340 segs.). Se a definição do termo *rato* deve também permitir-nos identificar o referente, ou todavia representarmos mentalmente um rato (assim como Montezuma devia imaginar como era um cavalo), é evidente que uma definição estritamente dicionarista como "mamífero, murídeo, roedor" (que se restabelece aos *taxa* das classificações naturalistas) não é suficiente. Mas eis que também parece insuficiente a definição proposta pela Enciclopédia Britânica, que parte de uma classificação zoológica, especifica as áreas em que o rato prospera, difunde-se em seus processos reprodutivos, na sua vida social, nas suas relações com o homem e o ambiente doméstico, e assim por diante. Quem nunca viu um rato nunca será capaz de identificá-lo com base nesta vastíssima e organizada coleção de dados.

Wierzbicka opõe a estas duas definições a própria definição *folk*, que contém exclusivamente termos primitivos. A definição ocupa duas páginas e compõe-se de *itens* deste tipo:

As pessoas chamam-nos Ratos — As pessoas acreditam que são todos do mesmo tipo — Porque vêm de criaturas do mesmo tipo — As pessoas pensam que vivem em lugares onde as pessoas vivem — Porque desejam comer as coisas que as pessoas têm para comer — As pessoas não querem que eles vivam ali [...].

Uma pessoa poderia segurar um deles em sua mão — (muitos não desejam segurá-los na mão). São cinzentos ou acastanhados — São vistos com facilidade — (algumas criaturas deste tipo são brancas) [...].

Possuem pernas pequenas — Por isso quando se movem não vemos as suas pernas se movendo e parece que todo o corpo toca o chão [...].

Parece que a sua cabeça não é separada do corpo — Todo o corpo parece uma coisa pequena com uma longa cauda delicada e sem pelos — A ponta da cabeça é adelgaçada — E possui poucos pelos duros que surgem de ambos os lados — Possuem duas orelhas redondas na extremidade da cabeça — Possuem pequenos dentes afiados com os quais mordem.

Esta definição *folk* lembra a ideia kantiana de que o esquema para o cão deva conter as instruções para imaginar a figura de um cão. Se fizéssemos um daqueles jogos de grupo em que alguém descreve verbalmente um desenho, e uma outra pessoa deve conseguir reproduzi-lo (medindo ao mesmo tempo as capacidades verbais do primeiro sujeito e aquelas de visualização do segundo), o jogo poderia ter êxito e provavelmente o segundo sujeito poderia responder à descrição-estímulo proposta por Wierzbicka desenhando uma imagem como aquela da Figura 3.1.

FIGURA 3.1

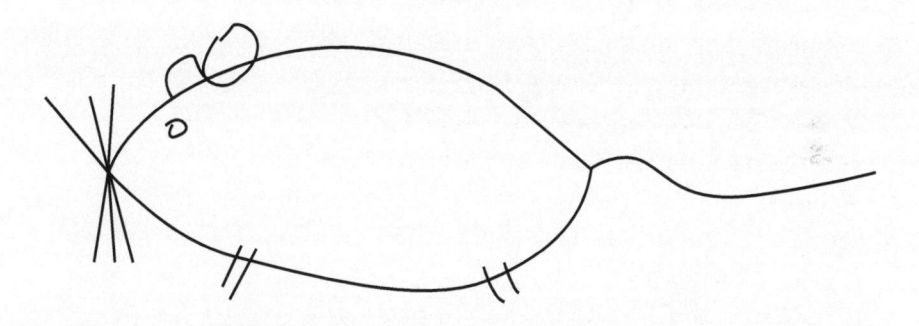

Mas a imagem é apenas o *output* interpretativo da definição verbal, ou é seu elemento primário e constitutivo? Dito de outra forma, este esquema morfológico também faz parte do nosso CN do rato? Uma boa enciclopédia deveria inserir, na longa e satisfatória definição científica do rato, ainda o desenho ou a foto de um rato. Wierzbicka não se preocupa em dizer-nos se a enciclopédia que consultou a contém, nem se por acaso é ruim que não a forneça. Esta distração não é casual: temos a sua explicação em 6.13, onde sustenta-se que a linguagem não pode refletir a representação neural da cor, porque esta última é particular, enquanto que a linguagem "reflete a conceitualização". Portanto, eis que, enquanto procuramos tocar de perto a noção de primitivos semiósicos que deveriam preceder os próprios processos de categorização, acabamos por reconhecê-los apenas enquanto são exprimíveis em termos verbais (gerais), de modo que o primitivo semiósico de "algo" não é graficamente registrado por acaso como ALGO, isto é, como se fosse um primitivo semântico estritamente apoiado no uso da linguagem verbal.[24]

3.4.4. "Qualia" e interpretação

Se existissem *primes* não interpretáveis deveríamos voltar ao problema dos *qualia*, que acreditava ter posto de lado no capítulo anterior, retomando Peirce. Coloquemos o problema na sua forma mais dura e provocativa: temos TCs para os *qualia*? Se respondemos que não, então os *qualia* são "tijolos" para a construção dos TCs, mas neste caso não conseguimos dizer nem por que os pregamos (esta coisa é vermelha ou fervente) nem por que frequentemente concordamos com eles, mesmo que a preço de alguma negociação, sobre tais predicações. Peirce dissera: a primeira sensação que tenho de algo branco é pura possibilidade, mas quando procedo à comparação de duas qualidades de branco e posso começar uma série de inferências, e, portanto, de interpretações; o julgamento perceptivo *tira o caráter singular* da qualidade (CP 7.633). Esta passagem à Thirdness já é uma passagem ao universal.

Discutimos até o infinito se a minha sensação de vermelho é igual àquela que experimenta o meu interlocutor mas, exceto em caso de daltonismo, ao dizer a alguém para pegar a caneta vermelha, com frequência temos um caso de referência feliz, e não recebo a caneta preta. Assim como a referência foi admitida como prova de que existem (na caixa-preta) TCs, eis que também existem TCs dos *qualia*.

Mais uma vez limito-me a dizer que *devem* existir, e não me permito dizer como se constituem. Mas uma boa prova de que exista um TC é que este possa ser interpretado. Podemos interpretar os *qualia*? Podemos, no sentido em que posso definir o vermelho não só em termos do comprimento de onda correspondente, mas posso dizer que é a cor das cerejas, dos casacos dos Guardas a Cavalo canadenses, de muitas bandeiras nacionais; posso, através de várias comparações, interpretar diversas qualidades de vermelho; as experiências sobre a percepção categorial (cf. Petitot 1983) dizem-nos que existem "pontos de catástrofe" ao lado dos quais os sujeitos percebem o vermelho e além do qual percebem uma outra cor — e mesmo se o ponto de catástrofe variasse em função da exposição ao estímulo, ele varia de forma constante para todos os sujeitos.

Uma sensação de doce ou de amargo é um evento particular, contudo os enólogos usam persuasivas metáforas para discernir o sabor e a consistência dos vinhos, e se não soubessem reconhecer os *qualia* com base no TC sequer poderiam distinguir um Pinot de um Tocai, nem saberiam identificar a sua safra.[25]

Uma das provas costumeiras contra a capacidade de interpretação das cores é que elas não podem ser interpretadas pelos que não podem ver. Basta estar de acordo sobre aquilo que entendemos por interpretação: em termos peircianos um interpretante é aquilo que me leva a saber *algo mais* sobre o objeto expresso pelo nome, mas não necessariamente aquilo que me leva a saber *tudo* o que me dizem outros interpretantes. É óbvio que um cego de nascimento não pode ter nenhuma percepção do vermelho, um primitivo semiósico que pode ser adquirido apenas através da experiência perceptiva. Contudo, suponhamos (e a experiência não é completamente fictícia, cf. Dennett 1991, 11.4) que o cego seja dotado de uma câmara inserida nos óculos, capaz de caracterizar cores e de comunicá-las sob forma de impulsos a qualquer parte do corpo: diante de um semáforo o cego, treinado para reconhecer diversos impulsos, saberia se ele está vermelho ou verde. Nós o teríamos dotado de uma *extensão* capaz de fornecer-lhe uma informação que lhe permitiria suprir a sensação que falta. Não estou dizendo que ele "veria" ou não no seu cérebro algo semelhante ao vermelho, mas que o seu cérebro registraria uma *interpretação* do vermelho. Para caracterizar uma interpretação como tal não é necessário que esta pareça perfeita, antes toda interpretação é sempre parcial. Dizer ao cego que o vermelho é a cor das substâncias incandescentes representa uma interpretação imprecisa, mas não é menos satisfatória que dizer a alguém que o enfarte é aquela coisa que talvez tenhamos quando sentimos fortes dores no peito e no braço esquerdo. Ao sentir dores no peito temos tantas razões de dizer *isto talvez seja um enfarte* quantas tem o cego de nascimento, ao ter uma sensação de calor intenso, de dizer *esta substância talvez seja vermelha*. Simplesmente o cego de nascimento sentiria o vermelho como uma "qualidade oculta", tanto quanto nós sentimos como qualidade oculta algo que se manifesta através de um sintoma.[26]

3.4.5. Os TCs e a imagem como "esquema"

Se achamos algo interessante na noção kantiana de esquema não foi quando o esquema pareceu-nos algo extremamente abstrato como "número", "grau" ou "permanência da multiplicidade", mas justamente quando (e aí a primeira *Crítica* entrava em crise) devia permitir a formação de um conceito empírico como aquele de cão (e de rato). Nesse momento vimos que devíamos de algum modo introduzir no processo perceptivo *instruções para produzir uma figura*. A imagem do rato da Figura 3.1 não deve ser vista como a imagem de *um* rato (nem mesmo se fosse uma fotografia, que não poderia ser senão de um rato particular). E, de fato, quando vemos imagens do tipo numa enciclopédia não pensamos realmente que devam fornecer-nos instruções visuais para identificar um animal "exatamente" igual àquele representado. Antes, nós as assumimos como imagens do rato em geral.

Como fazemos para partir de uma "pintura" (fatalmente sempre representação de um indivíduo, mesmo quando fosse a imagem de um triângulo, que pode ser apenas a imagem de um determinado triângulo) e usá-la como esquema geral para caracterizar ou reconhecer ocorrências de um tipo? Entendendo-a justamente como sugestão esquemática (2D ou 3D) para construir imagens semelhantes, apesar de vistosas diferenças nos particulares. Entendendo-a justamente como o esquema kantiano, para o qual nunca há imagem (esquemática) do cão, mas sistema de instruções para construir uma imagem do cão. O rato da Figura 3.1 não é a imagem de um certo rato, e não representa nem mesmo a qualidade de ser rato. Ele é como o borrão, o esboço que nos diz quais traços salientes deveremos reconhecer em qualquer coisa que possamos definir como rato, assim como a imagem esquemática de uma coluna dórica (num manual sobre disposições arquitetônicas) deveria levar-nos a reconhecer como dóricas colunas que não são nem jônicas nem coríntias, independentemente dos seus particulares e das suas dimensões.

O próprio fato de que sejamos levados, em termos de linguagem ordinária, a definir "esquemática" a imagem da Figura 3.1 nos diz que ela pode ser tratada como interpretante e mentalmente conservada como "modelo" para ratos de diferentes cores, dimensões e (se fôssemos capazes de discriminá-los) traços fisionômicos individuais. E reparemos que isto ocorreria mesmo se, em vez do desenho esquemático, houvesse uma fotografia na Enciclopédia: partiremos dela operando como um processo de solarização ou de arranhadura da retina, que é uma forma de privação e redução dos traços individuais, para chegar a conservar uma regra para a construção da imagem de qualquer rato. E o mesmo ocorreria se, para fatos psicológicos que têm a ver com os mistérios da caixa-preta, reagíssemos à palavra *rato* evocando a imagem *daquele* rato que vimos pela primeira vez. A representação mental daquele indivíduo nos serviria de molde, modelo (esquema, precisamente), e estaríamos aptos a transformar a experiência de um único rato numa regra geral para reconhecer ou construir ratos.

Entretanto, podemos reconhecer ou identificar não só objetos naturais ou artificiais, mas ainda ocorrências de entidades geométricas como o triângulo, e sobretudo de ações e situações (de caminhar a ir ao restaurante). Se para o tipo triângulo podemos pensar em protótipos ou em regras para a construção e identificação da figura (não diferentemente daquilo que pode acontecer para os traços morfológicos do rato ou do copo), e se até noções como quarto ou restaurante podem pressupor uma estrutura visual de base, sobre o modelo dos *frames* de Minsky, reconhecer e identificar ações como ir ao restaurante, lutar, repreender, ou até situações como uma batalha campal, um comício, uma missa cantada, requerem verdadeiras *encenações* (no sentido dos *scripts* propostos na Inteligência Artificial, ou das representações para Casos e Actantes, ou sequências narrativas mais complexas como, por exemplo, o esquema greimasiano para a cólera).[27]

Não só. Julgo que duplas de oposições façam parte do TC: não é apenas difícil interpretar *marido* senão tendo a noção de que coisa seja uma *mulher* (mas falaremos depois sobre os tipos cognitivos para gêneros funcionais), mas de qualquer modo faz parte da nossa ideia de cão o fato de que este animal ladre ou rosne, e não mie ou ronrone (traços suficientes para decidir de noite, no escuro, que animal esteja arranhando a porta).

Em tais casos, sem dúvida, possuímos TCs que não levam particularmente ou necessariamente em consideração traços morfológicos. Do mesmo modo podemos ter TCs que percebam sequências temporais, ou relações lógicas que, para serem exprimíveis em forma diagramática (que assume ao nível da expressão aquele de uma configuração visível), não concernem por isso às experiências visíveis.

Se há um elemento "forte" na teoria peirciana do interpretante é que a série das interpretações de um signo também pode assumir formas "icônicas". Mas "icônico" não significa necessariamente "visível". Algumas vezes o TC compreende primitivos perceptivos ou até *qualia* (não facilmente interpretáveis) mas de que deve prestar contas: do TC da doninha — mesmo para quem nunca a viu — deveria fazer parte o fortíssimo odor que emana, e no seu CN deveria aparecer a instrução que a doninha é identificável principalmente por causa do próprio odor (se existisse um esquema kantiano para a doninha, como Kant pressupunha para o cão, deveria ter o formato de um diagrama de fluxo que prevê, logo nos nós superiores, a instrução para proceder a uma averiguação olfativa).

Estamos seguros de que o nosso TC do mosquito seja fundamentalmente composto de traços morfológicos e não (eminentemente) dos efeitos urticantes que ele possa ter na nossa epiderme? Sabemos muito pouco da forma do mosquito (se não o observamos no microscópio, ou vimos na enciclopédia), mas percebemo-lo sobretudo auditivamente como animal voador que se aproxima produzindo um zumbido característico, e portanto o reconhecemos também no escuro — tanto é verdade que é fazendo referência a estes traços que nós daremos a alguém as instruções para a identificação dos mosquitos.

Penso ainda que os elementos "tímicos" façam parte do TC (e do CN) do rato (cf. Greimas-Courtés 1979: 369). Já vimos como é fundamental senti-lo como pequeno animal (frequentemente) repugnante. Por outro lado também faz parte do TC do rato, além das suas características morfológicas, um *frame*, uma sequência de ações: exceto para quem tenha sempre e apenas visto ratos enjaulados, a ideia de rato (e a capacidade de reconhecer um rato) baseia-se no fato de que ele nos parece usualmente como uma forma indistinta que passa muito veloz de um lado para o outro de um lugar, saindo de um ponto coberto para enfiar-se num outro.

Isto torna particularmente convincente a ideia de Bruner (1986, 1990) de que usamos esquemas narrativos para organizar a nossa experiência. Acredito que também pertença ao nosso TC (e ao nosso CN) da árvore a sequência (narrativa) de que ela cresce a partir de uma semente, passa por fases de desenvolvimento, modifica-se através das estações etc. Uma criança aprende logo que as cadeiras não são semeadas mas construídas, e que uma flor não é construída mas semeada. Faz parte do nosso tipo cognitivo do tigre não só que seja um grande gato amarelo de pelo listrado, mas ainda que se encontrássemos um tigre na floresta ele se comportaria de um certo modo diante de nós (cf. a propósito também Eco 1990, 4.3.3).

Podemos realmente dizer que temos apenas CN de expressões como *ontem* e *amanhã* exprimíveis proporcionalmente e não um tipo de diagrama com apontadores vetoriais para os quais (mesmo que a disposição varie segundo as culturas) num caso simbolizamos um tipo de imagem mental de "pontaria para trás" e no segundo de "pontaria para a frente"?

Adapto de forma livre uma bela experiência mental de Bickerton (1981). Suponhamos que eu me encontre interagindo há um ano com uma tribo muito, mas muito primitiva, cuja língua conheço de uma forma muito grosseira (nomes de objetos e ações elementares, verbos no infinitivo, nomes próprios sem pronomes etc.). Acompanho Og e Ug à caça: eles feriram levemente um urso, que se refugiara, sangrando, na sua caverna. Ug quer perseguir o urso no covil para matá-lo. Mas eu lembro que alguns meses antes Ig havia ferido um urso, seguira-o afoito no seu covil e o urso ainda teve forças suficientes para devorá-lo. Desejaria recordar a Ug aquele precedente, mas para fazê-lo deveria poder dizer que lembro um fato passado, e não sei exprimir tempos verbais nem operadores doxásticos como *lembro que*. Assim, limito-me a dizer *Umberto vê urso*. Ug e Og, obviamente, acreditam que eu tenha visto um outro urso e se espantam. Procuro tranquilizá-los: *Urso não aqui*. Mas os dois pensam apenas que faço brincadeiras de péssimo gosto no momento menos apropriado. Insisto: *Urso mata Ig*. Mas os outros respondem: *Não, Ig morto!* Em suma, deverei desistir, e Ug estaria perdido. Recorro, então, a interpretantes não linguísticos. Quando digo *Ig* e *urso* bato com o dedo na cabeça, ou no coração, ou no ventre (conforme presuma onde eles situem a memória). Depois desenho no chão duas figuras, e indico-as como *Ig* e *urso*, nas costas de Ig desenho imagens de fases lunares, esperando que entendam que desejo dizer "há muitas luas", e por fim desenho novamente o urso matando Ig. Se experimento é porque presumo que os meus interlocutores tenham as noções da lembrança, e sobretudo algum TC (interpretável não proposicionalmente mas diagramaticamente) para as atividades de "extensão" para pontos temporais diferentes do presente. Isto é, parto do princípio que, se sou capaz de entender um enunciado em que me dizem que algo aconteceu ontem ou acontecerá amanhã, deverei ter um TC para estas entidades temporais. Na minha experiência procurarei *interpretar* visualmente (vetorialmente) o meu TC, e pode acontecer que a minha interpretação seja incompreensível aos nativos. Mas a dificuldade da operação não exclui que devamos postulá-la como possível.

Por certo possuímos tipos cognitivos de sequências sonoras, se sabemos frequentemente distinguir o timbre e o ritmo da campainha do telefone daqueles da campainha de casa, o toque militar de recolher daquele de alvorada, e muitas vezes as melodias de duas canções que conhecemos bem.

Se admitimos que existem primitivos semiósicos, decerto são as experiências motoras elementares como caminhar, saltar ou correr. Quando saltamos percebemos (ou poderíamos perceber se prestássemos atenção àquilo que fazemos) se usamos duas vezes o pé direito e duas vezes o pé esquerdo ou sempre o mesmo pé. Assim, dá-se o caso de estas duas últimas operações terem dois termos distintos em inglês mas não em italiano, o que se torna evidente nesta tabela proposta por Nida (1975: 75), Figura 3.2, para distinguir o conteúdo de alguns termos ingleses para atividades motoras.

FIGURA 3.2

	run (correr)	walk (andar)	hop (saltar)	skip (saltitar)	jump (pular)	dance (dançar)	crawl (rastejar)
Um ou mais atos em contato *versus* nenhum ato em contato	–	+	–	–	–	+/–	+
Ordem de contato	1,2,1,2	1,2,1,2	1,1,1,1	1,1,2,2	não conta	variável rítmico	1,3,2,4
Número de artes envolvidas	2	2	1	2	2	2	4

Quem quer que deseje traduzir do inglês para o italiano um texto que descreve estas operações deve interpretar os termos segundo esta tabela que — mesmo que expressa em termos linguísticos — fornece instruções de tipo motor (poderíamos muito bem pensar na sua tradução num filme, ou numa série de diagramas que utilize signos impropriamente chamados "icônicos").[28]

3.4.6. "Affordances"

Deveriam fazer parte do TC aquelas condições para a percepção que Gibson chama "affordances" (e que Prieto chamaria *pertinências*):[29] são reconhecidas as várias ocorrências do tipo "cadeira" porque se trata de objetos que permitem sentar, do tipo "garrafa" porque se trata de objetos que permitem conter e verter substâncias líquidas. É instintivo reconhecer como possível assento um tronco de árvore e não uma coluna (exceto para um estilita) por causa do comprimento das nossas pernas e pelo fato de que achamos cômodo sentar apoiando os pés no chão. Por sua vez, para categorizar uma faca, uma colher e um garfo entre os Talheres, ou uma cadeira e um armário entre a Mobília, devemos prescindir destas pertinências morfológicas e nos restabelecermos a funções mais genéricas, como a manipulação da comida ou a criação de um ambiente habitável.

A nossa capacidade de reconhecer *affordances* imprime-se, por assim dizer, nos próprios usos linguísticos. Violi (1991: 73) pergunta-se por que diante de uma mesa sobre a qual está um vaso somos levados a interpretar verbalmente o que vemos como *o vaso está em cima da mesa* e não como *a mesa está embaixo do vaso*. Tendo esclarecido que tanto *embaixo* quanto *em cima* são termos homônimos que podem receber, em diferentes contextos, diferentes representações semânticas (há uma relação embaixo/em cima que implica o contato, e uma outra, ao contrário, que implica relações espaciais que chamaremos arquitetônicas, e neste caso uma mesa pode estar embaixo do pórtico), notemos que, mesmo sem a cena, julgaremos linguisticamente incorreta a segunda expressão. Violi sugere que "a seleção das expressões linguísticas parece regulada por configurações complexas das relações intencionais que passam entre o sujeito que se move no espaço e os objetos que o circundam". Mas isto também equivale a dizer que faz parte do nosso TC do vaso comum (excluamos o tipo do vaso de jardim) ainda a sequência de ações que ele permite, para a qual um vaso é algo facilmente deslocável que com frequência é colocado sobre algo. Ao contrário, fazem parte do TC da mesa não só os seus traços morfológicos mas também a noção (direi nuclear) que é usada para colocá-lo sobre algo (nunca para inseri-lo sobre algo).[30]

Por outro lado, Arnheim (1969, 13) nos sugere que a linguagem pode bloquear o nosso reconhecimento de pertinências: citando uma observação de Braque, admite que uma colherinha de café adquire saliências perceptivas diferentes conforme seja colocada ao lado de uma pequena xícara, ou inserida entre o sapato e o calcanhar como calçadeira. Mas com frequência é o nome com que indicamos o objeto que traz à luz uma pertinência com prejuízo de outras.

Em conclusão, ainda temos ideias imprecisas sobre os modos muito variados em que se organizam os nossos TCs — e como se exprimem em CN. Seguirei a proposta de Johnson-Laird (1983, 7), para quem diferentes tipos de representações se oferecem cada vez mais como opções para codificar diversos tipos de informação, e em geral nos movemos entre imagens verdadeiras, com "modelos" mentais (do gênero da representação 3D de Marr) e com proposições verdadeiras.[31] Mais que falar, como costumamos fazer nestes casos, de uma "dupla codificação", acredito que devamos falar de uma *codificação múltipla*, da nossa capacidade de manobrar o mesmo TC em diferentes ocasiões, acentuando tanto o componente icônico quanto aquele proposicional, e aquele narrativo da nossa capacidade de pôr em prática, no âmbito de uma situação complexa, conteúdos nucleares e informações mais complexas.[32]

Tudo isto nos leva a rever, direi com indulgência, aquelas representações semânticas bem enrijecidas (modelos para definição, modelos componenciais, modelos casuais, modelos para seleções contextuais e circunstanciais, vejamos *Tratado* 2.10—2.12) que parecem postas em crise por esta releitura do modo complexo (por certo não linear, *de rede*) em que se organizam os nossos tipos cognitivos e como os interpretamos para conteúdos nucleares. Aqueles modelos esqueléticos são naturalmente das formas estenográficas que prestam contas dos nossos CNs num certo perfil, conforme o que desejemos colocar em evidência no quadro de um determinado discurso teórico, ou conforme desejemos indicar os caminhos seguidos para uma certa desambiguação contextual dos termos. Com tais modelos a toda hora interpretamos aquele tanto de CNs que nos serve. Eles são interpretações metalinguísticas (ou metassemióticas) de interpretações consolidadas na experiência perceptiva.

3.5. Casos empíricos e casos culturais

Até agora ocupei-me de TCs que dizem respeito aos "gêneros naturais" como ratos, gatos, árvores. Mas dissemos que, com certeza, existem TCs também para ações como caminhar, sair, saltitar. A expressão "gêneros naturais" é insuficiente: por certo existem TCs também para gêneros artificiais, como cadeira, barco ou casa. Dizemos então que são considerados TCs para todos os objetos ou eventos que possamos conhecer através de experiência perceptiva. Não consigo descobrir um termo apropriado para indicar vários objetos de experiência perceptiva e escolho a expressão "casos empíricos" (sobre o modelo dos conceitos empíricos kantianos): no sentido em que *se dá o caso de* eu perceber ou reconhecer um gato, uma cadeira, o fato de alguém dormir ou caminhar, ou ainda que um certo lugar seja uma igreja em vez de uma estação ferroviária.

São vários os "casos culturais" em que apresentarei uma série desigual de experiências onde certamente poderemos discutir se *se dá o caso* daquilo que chamo de uma certa forma ser denominado de modo correto, e se reconheço algo que supomos que mesmo os outros reconheçam; e contudo a definição destes "casos", assim como as instruções para o seu reconhecimento, depende de um sistema de admissões culturais. Apresentarei entre os casos culturais os gêneros funcionais (como primo, presidente, arcebispo), uma série de entidades abstratas como a raiz quadrada (que podem objetivamente "existir" em algum Terceiro Mundo platônico mas que, por certo, não são objetos de experiência imediata), eventos, ações, realizações como contrato, engano, enfiteuses, amizade. Todos estes casos têm em comum o fato de que, para serem reconhecidos como tais, exigem uma referência a um quadro de regras culturais.

Esta diferença poderia corresponder àquela, proposta por Quine, entre *enunciados ocasionais observativos* (como *isto é um rato*) e *enunciados ocasionais não observativos* (como *isto é um solteiro*). Poderíamos aceitar isso. Exceto se — como veremos — *isto é um solteiro* não for completamente não observativo.

No caso do solteiro, Lakoff (1987) falaria de Idealized Cognitive Models (ICM): é difícil dizer quando devemos aplicar o termo, mas idealmente tem um sentido. Lakoff tem em mente a última fase do debate sobre os solteiros, que possui uma longa história em que se entrecruzam observações muito sensatas e simples ditos espirituosos.[33] Dissemos que é ambíguo se a definição de "homem adulto não casado" pode abranger verdadeiramente os solteiros, porque homens adultos e não casados são também os sacerdotes católicos, os homossexuais, os eunucos, e até Tarzan (ao menos no romance, onde não encontra Jane), sem que por isto possamos defini-los como solteiros a não ser por brincadeira ou por metáfora. Respondeu-se sensatamente que os solteiros não são apenas definíveis como homens adultos não casados, mas como homens adultos que escolheram não se casar (por um período de limites temporais indefinidos) *mesmo tendo a possibilidade física ou social de fazê-lo*; e, portanto, tais não são os eunucos (desacompanhados como condenação por toda a vida), Tarzan (impossibilitado, em termos, de encontrar uma companheira), o sacerdote (celibatário por obrigação), o homossexual (não casado por impulso natural ou outros conúbios). Numa situação em que os homossexuais podem unir-se legalmente em matrimônio com seres do mesmo sexo, seria possível distinguir homossexuais solteiros, que não vivem com um par, de homossexuais casados. É evidente que, mesmo estabelecendo-se estas especificações, para falar de solteiros ocorrem outras negociações ligadas às circunstâncias; por exemplo, um homossexual *poderia* casar-se com um ser de outro sexo por conveniência social (por exemplo, se fosse um príncipe hereditário) sem por isto deixar de ser homossexual, enquanto que um sacerdote não poderia unir-se em matrimônio sem ser restituído ao estado laical, deixando, assim, de ser sacerdote, por isso — se desejássemos — poderíamos dizer que um homossexual solteiro é mais solteiro que um sacerdote. Assim como um sacerdote não restituído ao estado laical mas suspenso *a divinis* pode contrair matrimônio civil no Reno, um sacerdote suspenso *a divinis* que não se case é *mais* solteiro que um homossexual não convivente? Como vemos, as negociações podem continuar até o infinito, e eis que hoje, com a mudança dos costumes, a palavra *solteiro* quase não é mais empregada (mesmo porque remete a conotações particulares, de vida livre e despreocupada, e evoca a noção complementar, embora desusada, da jovem núbil ou ainda "solteirona"). Portanto os solteiros começaram a fazer parte do impreciso arquipélago dos *single*, que compreende adultos não casados de ambos os sexos, homossexuais ou heterossexuais, casados divorciados, viúvos, casados em crise, casados ainda muito apaixonados pelo seu companheiro mas obrigados a trabalhar em Nova York enquanto que o outro ou a outra encontrou trabalho na Califórnia. A noção de Lakoff de ICM é válida no sentido em que uma definição idealizada de *solteiro*, se não permite dizer sempre e de qualquer maneira se alguém é solteiro, certamente permite dizer que não o é o pai de cinco filhos muito bem casado (e convivente).[34]

Todavia, o fato de que noções deste tipo exijam negociações com base em convenções e comportamentos ligados às culturas não nos permite excluir que os enunciados ocasionais que eles permitem não tenham nenhuma base observativa.

Vejamos a diferença entre homicídio e assassínio. É diretamente perceptível que alguém mate um outro: de algum modo possuímos um TC do homicídio, em forma de encenação bem elementar, com o qual reconhecemos que nos encontramos diante de um homicídio quando alguém fere de alguma forma um outro ser vivente, provocando a sua morte. Acredito que a experiência do homicídio seja comum a diversas culturas. É diferente o caso do assassínio: um homicídio pode ser definido homicídio por legítima defesa ou preterintencional ou culposo, sacrifício ritual, ato bélico reconhecido por convenções internacionais, ou, por fim, assassínio, dependendo apenas das leis e dos costumes de uma determinada cultura.

O que incomoda nesta diferença entre caso empírico e caso cultural é que certamente no primeiro caso nós nos baseamos no testemunho dos sentidos, mas não é que no segundo caso o dado de experiência não tenha valor. Tanto que, para começar, não podemos reconhecer um ato como assassínio se não tivemos experiência (direta ou mediata) do que é um homicídio.

Entretanto, admitindo-se uma diferença entre casos empíricos e casos culturais, visto que existem TCs para casos empíricos, também possuímos TCs para casos culturais?

Bastaria evitar esta questão embaraçosa dizendo que os TCs concernem aos objetos de experiência perceptiva, e basta. Para outros conceitos expressos por termos linguísticos não existem TCs, mas apenas CNs. O que equivaleria a dizer que algumas coisas nos são conhecidas com base na experiência perceptiva e conhecemos outras apenas através de definições, devidamente ajustadas no âmbito de uma cultura. Com isto ainda estaremos na distinção russelliana entre palavras-objeto e palavras de dicionário (cf. Russell 1940), exceto se ampliarmos o conceito de palavra-objeto, até incluirmos, além dos gêneros naturais e dos *qualia*, experiências de outro gênero.

Mas, visto que definimos como TC algo que "está na nossa cabeça", que nos permite reconhecer algo e nomeá-lo como tal, mesmo que ainda não tenha sido publicamente interpretado em termos de CN, podemos talvez dizer que quando pronunciamos a palavra *primo* ou *presidente* não temos nada na cabeça, e muito menos algo pouco semelhante ao esquema de memória kantiana? Observemos que a pergunta ainda permanece se admitimos que não pensamos por imagens, mas apenas processando símbolos abstratos. Neste segundo caso a pergunta seria simplesmente reformulada desta maneira: é possível que quando afirmamos que algo é um gato processemos algo "na nossa cabeça", enquanto que quando afirmamos que X é o primo de Y não processamos nada?

Quando compreendo o significado de *primo* ou *presidente* de algum modo recordo um esquema parental ou um esquema de organização, um diagrama peirciano. O que acontece quando compreendo que, correspondendo ao termo italiano *nipote*, existem duas posições diferentes no esquema parental, que em francês são expressas por *neveu* e *grand fils*? É verdade que também posso exprimir a diferença verbalmente (e estamos no CN) porque há um *nipote* que é filho dos tios e um *nipote* que é filho do filho/a, mas a pergunta — à qual não respondo, em virtude do propósito de não colocar o nariz na caixa-preta — é se este CN expresso verbalmente é tudo aquilo em que se resolve o meu conhecimento da diferença, ou não constitui de preferência a interpretação verbal de uma diferença cultivada e compreendida por meios diagramáticos.

Um defensor da natureza eminentemente visual do pensamento como Arnheim parece entregar as armas diante de um exemplo de Bühler: convidados a responder ao problema "Deveria ser lícito ou não desposar a irmã da própria viúva?", os sujeitos afirmavam ter chegado a denunciar a sua insensatez sem o auxílio de imagens (1969, 6). Por certo, e sobretudo para uma pessoa mentalmente treinada, a resposta ao problema pode chegar por meio proposicional. Mas, ao repetir a experiência, encontrei ainda alguém (e por mais anormal que fosse ainda é um ser humano) que chegou a reconhecer a contrariedade do problema, imaginando uma viúva que chora, com a irmã a seu lado, sobre a tumba do próprio marido (e por intuitiva evidência um marido na tumba não pode contrair matrimônio).

O mesmo vale para *presidente* e, ainda mais, quando devo decidir como traduzirei a expressão aparentemente sinônima *president* (em inglês). De fato, não só (em termos constitucionais) o President americano não é a mesma coisa que o Presidente italiano (as suas relações de poder são expressas por dois organogramas diferentes), mas também em termos administrativos o que chamamos de Presidente de uma sociedade é em inglês mais o Chairman of the Board e o President de uma empresa americana é algo muito mais similar a um Diretor Geral. Ainda neste caso a diferença torna-se evidente, considerando a posição do President num organograma administrativo. Naturalmente o organograma pode ser interpretado verbalmente, dizendo que o President é aquele que comanda X ou Y mas não K (que o comanda), porém isto equivaleria a dizer que expressões como *em cima* ou *embaixo* sejam interpretáveis apenas verbalmente (em termos de CN), enquanto que sabemos muito bem que as traduzimos mentalmente em termos de TC. E pode ser deduzido por experiência perceptiva que alguém seja o *chefe* de um grupo de homens que vemos em ação. Existe, portanto, um TC para *chefe* ao passo que não existe um para *presidente*?

Muitas pessoas seriam incapazes de interpretar em palavras ou com outros signos o CN da palavra *assassínio*, mesmo vendo que alguém quebra a cabeça de uma idosa para roubar a sua bolsa, e que foge depois, reconheceriam que se encontram diante de um caso de assassínio. Não existe, então, um TC (um *frame*, uma sequência narrativa) para o assassínio?

Seria embaraçoso dizer que para reconhecer um triângulo ou uma hipotenusa, ou o fato de que os presentes são dois de preferência a três, nós nos baseamos na experiência perceptiva (e, assim, existe um TC para estes casos empíricos), enquanto que não é com base num TC que reconhecemos que 5.677 é um número ímpar. Caracterizar um número como ímpar, mesmo que muito alto, depende de uma regra, esta regra é por certo um esquema instrutivo. Se existe um sistema de instruções para reconhecer um cão, por que não deve existir um para reconhecer a disparidade de 5.677?

Mas se existe um sistema de instruções para reconhecer a disparidade de 5.677, por que não deve existir um sistema de instruções para reconhecer se um determinado acordo é um contrato? Existe um TC do contrato?

Concordo que as instruções para reconhecer a disparidade de um número sejam de gênero diferente daquelas que guardamos para reconhecer um cão. Mas no discurso sobre o esquematismo que fizemos em 2.5 reconhecemos que não é necessário que as instruções sejam de tipo morfológico para caracterizar o esquema como sistema de instruções. Já desistimos de entender os TCs exclusivamente como imagens visuais, e decidimos que também podem corresponder a encenações ou a diagramas de fluxo para reconhecer uma sequência de ações.

A qualidade de solteiro não parece ser reconhecida com base na experiência; e aquela de árbitro de futebol? Por certo ser árbitro não é pertencer a um gênero natural, tanto que um camelo será sempre um camelo mas um árbitro o será apenas em alguns momentos ou épocas da própria vida. Decerto as funções do árbitro vêm expressas através de interpretações verbais. Mas, suponhamos sermos levados subitamente às arquibancadas de um campo esportivo enquanto se desenrola uma partida de futebol, mesmo que ninguém, incluindo os jogadores, vista uma camisa que permita o seu reconhecimento perceptivo. Pouco depois saberemos dizer, deduzindo do comportamento de cada um, que entre aquelas vinte e três pessoas está o árbitro, assim como somos capazes de reconhecer alguém que salta de alguém que corre.

Por mais ampla que seja a competência exigida para distinguir um árbitro de um porteiro (contudo, não maior do que a exigida para distinguir um ornitorrinco de uma equidna), guardamos instruções para reconhecer o árbitro em ação. Algumas poderiam ser de tipo morfológico (o árbitro veste roupas de um certo tipo — e pelas mesmas razões podemos reconhecer numa cerimônia religiosa quem é o bispo), mas elas não são estritamente necessárias. O bispo num ritual de ordenação e o árbitro numa partida de futebol (mesmo se à paisana) são reconhecidos por aquilo que *fazem*, não por como estão. Este reconhecimento também se baseia em experiências perceptivas.

Contudo, a experiência perceptiva deve ser orientada por um conjunto de instruções culturais; quem não sabe o que é uma partida de futebol vê apenas um senhor que, em vez de dar pontapés numa bola como os outros vinte e dois senhores, está no meio deles realizando ações incompreensíveis. Mas quem viu pela primeira vez um ornitorrinco viu algo incompreensível: como o ignorante de futebol vê homens num campo e não sabe bem o que fazem, ou, ao menos, por que o fazem e segundo que regras, viu um animal dotado de algumas propriedades muito inéditas sem entender o que era, se respirava em cima ou embaixo da água. E como, aos poucos, começou a reconhecer outras ocorrências do ornitorrinco, mesmo sem poder classificá-lo de forma razoável, podemos dizer que o ignorante futebolístico, depois de ser exposto a experiências de algumas partidas, consegue deduzir que se trata de uma atividade provavelmente lúdica, em que os concorrentes procuram colocar uma bola dentro de uma rede, enquanto que o vigésimo terceiro senhor intervém de tempos em tempos para interromper ou regulamentar as suas atividades. E então, se admitíssemos que desde o início o descobridor do ornitorrinco elaborasse um TC do animal nomeado ainda provisoriamente, por que o ignorante futebolístico não pode produzir um TC (Deus sabe qual, mas, enfim, que funcionasse) para reconhecer ocorrências do árbitro?

Assim, parece que um árbitro seja perceptivelmente mais reconhecível que um primo ou um solteiro, e é empiricamente verdade. Mas, para os gêneros naturais, reconhecemos alguns em bases morfológicas (gato ou ornitorrinco), outros com base em definições e na lista dos seus possíveis comportamentos, e pensemos na noção que possuímos de alguns elementos químicos ou de alguns minerais de que nunca tivemos experiência perceptiva. Não é por isso que dizemos possuir um TC para o gato mas não para o urânio: como sugere Marconi (1997), uma simples competência de definição sobre o urânio nos permitiria reconhecer perceptivamente uma amostra de urânio, devendo escolher entre ele, uma borboleta e uma maçã. Não basta dizer que reconheceremos como urânio aquilo que tem a propriedade evidente de não ser uma borboleta e de não ser uma maçã; de fato, a simples informação de que o urânio se apresenta em forma mineral nos permite reconhecer algo de preferência a algo mais.

Não acredito que a diferença entre a competência que possuímos de um gato se distinga daquela que possuímos de um solteiro, com base na diferença que, segundo Greimas-Courtés (1979: 332), existe entre *semas figurativos* (exteroceptivos, que remetem a qualidades sensíveis do mundo) e *semas abstratos* (interceptivos, grandezas de conteúdo que servem para dividir o mundo por categorias). Os semas abstratos são do tipo "objeto *x* processo", não "solteiro *x* casado". Onde estão os solteiros para Greimas? Os seus semas abstratos são categorias muito gerais e entre elas e os semas figurativos existiria sempre aquela mediação que Kant confiava aos esquemas, intermediários entre a abstração do aparato categorial e a consistência da multiplicidade da intuição.

Não acredito sequer que, neste caso, valha a diferença que Marconi (1997) estabelece entre *competência referencial* e *competência inferencial*. Idealisticamente falando, quem sabe o que é um pangolim tem competência inferencial a seu respeito (possui as instruções para caracterizar uma ocorrência), enquanto que quem sabe o que é um solteiro tem apenas competência inferencial (sabe que os solteiros são homens machos adultos não casados). Mas suponhamos instruir de forma correta um computador para compreender o italiano: a sua competência sobre a palavra *pangolim* não seria diferente daquela que tem sobre a palavra *solteiro* e em ambos os casos estaria pronto para fazer inferências do tipo "se é pangolim, então é animal" e "se é solteiro, então não é casado". Eu poderia ter do pangolim apenas a competência inferencial e não referencial, a ponto que se aparecesse um na minha mesa de trabalho enquanto escrevo não reconheceria do que se trata. Mas poderíamos objetar que, em condições ideais, poderia obter todas as instruções que me permitem reconhecer um pangolim. Deverei excluir que, em condições ideais, não me podem ser fornecidas todas as instruções para reconhecer um solteiro? Imaginemos que eu seja um detetive, e que siga dia após dia, a toda hora, os comportamentos de um indivíduo, vendo que à tarde volta para o seu apartamento onde vive sozinho, e que mantém contatos passageiros com pessoas de outro sexo, trocando de companheiro todos os dias. Com certeza poderia tratar-se de um falso solteiro, de um marido que vive separado, ou de um adúltero compulsivo. Mas, pela mesma razão, não poderia enganar-me ao reconhecer como um pangolim um modelo hiper-realístico de plástico ou um pangolim robô, que se comporta exatamente como um pangolim, enrolando-se como uma bola quando é ameaçado, ou que exibe à visão e ao tato as escamas e a língua viscosa do pangolim?

Contraobjeção: um pangolim é desse modo por decreto divino (ou por natureza), enquanto que um solteiro o é por decreto social ou convenção linguística. Concordo, bastaria considerar uma sociedade que não reconhece a instituição do matrimônio para que aqueles que definimos como solteiros não o fossem mais. Mas o que agora está em questão não é se existe uma diferença entre gêneros naturais, gêneros funcionais e quem sabe quantos outros tipos de objetos, ou se não existe uma diferença entre casos empíricos e casos culturais (entre gato e enfiteuse). A questão é se podemos falar de TC como sistemas de instruções que nos permitem reconhecer ocorrências também para os gêneros culturais.

3.5.1. A história do arcanjo Gabriel

A história que segue é inspirada nos Evangelhos canônicos, mas deles se afasta em alguns aspectos. Digamos que é inspirada num evangelho apócrifo que, por ser apócrifo, poderia ter sido escrito por mim mesmo.

O Senhor decide dar rumo ao evento da Encarnação. Já predispôs Maria desde o seu nascimento, por imaculada concepção, a ser a única criatura humana adequada a este fim, e, suponhamos, já providenciou ou está prestes a providenciar o milagre da concepção virginal. Deve, entretanto, informar Maria do acontecimento, e José da tarefa que o espera. Chama, então, o arcanjo Gabriel e lhe dá algumas ordens que poderemos resumir deste modo: "Deves descer à terra, a Nazaré, para encontrar uma jovem chamada Maria, filha de Ana e Joaquim, e dizer-lhe isto. Depois deves identificar um homem virtuoso e casto, chamado José, da estirpe de Davi, e lhe dirás o que deve fazer."

Tudo muito simples, se um anjo fosse um homem. Mas os anjos não falam, porque se entendem entre eles de modo inefável e o que sabem veem na visão beatífica; por outro lado, nesta visão não aprendem tudo o que Deus sabe, senão seriam Deus, mas apenas o que Deus lhes permite saber, segundo a classe nas coortes angelicais. Portanto, o Senhor deve colocar Gabriel a par de realizar a sua missão, transmitindo-lhe algumas atribuições: antes de mais nada a capacidade completamente humana de perceber e reconhecer objetos, depois o conhecimento do aramaico, além de outras noções culturais, sem o que, como veremos, a missão não poderia ter êxito.

Gabriel desce até Nazaré. Identificar Maria não é difícil, pergunta nos arredores onde é a casa de Joaquim, entra numa colunada delicada e simpática, vê aquela que, sem dúvida, é uma jovem, chama-a pelo nome para assegurar-se de não cometer um engano (ela reage olhando-o trêmula), e, no que diz respeito à Anunciação, a coisa foi feita.

Os problemas sérios começam agora. Como identificar José? Trata-se de um ser de sexo masculino e Gabriel é perfeitamente capaz de discernir, pelas roupas e pelos traços fisionômicos, um homem de uma mulher. Mas e quanto ao resto? Depois da feliz experiência da saudação a Maria começa a chamar José em voz alta pela vila, mas mal se lhes apresenta, porque muitos respondem ao seu apelo, e ele percebe que os nomes talvez sejam rígidos designadores em determinadas circunstâncias (leu algo de lógica modal na mente divina), mas são muito pouco rígidos na vida social, onde os José são mais do que precisa.

Naturalmente, Gabriel sabe que José deve ser um homem virtuoso, e é possível que tenha recebido algumas instruções tipológicas sobre como reconhecemos o virtuoso pelo rosto pacato e sereno, pelo comportamento generoso para com os pobres e enfermos, pelos gestos de piedade que realiza no Templo; mas existe mais de um homem adulto de bons costumes em Nazaré.

Deve escolher um destes solteiros virtuosos, e tendo recebido instruções sobre a língua e a sociedade hebraica da época sabe, então, que o seu candidato deve ser um homem adulto, não casado apesar de ter essa possibilidade. Portanto, não vem à mente de Gabriel procurar um homossexual, um eunuco ou o sacerdote de alguma religião que exige o celibato eclesiástico.

Bastaria uma visita à repartição do registro civil de Nazaré. Mas, sabemos todos, César Augusto proclamará o célebre recenseamento apenas nove meses depois, e, na época, os registros públicos não existem ou estão em inenarrável desordem. Para estabelecer se os vários José em que fixou os olhos são solteiros, Gabriel pode inferir a sua condição apenas por alguns comportamentos. Poderia ser solteiro aquele José que vive sozinho atrás da sua oficina de carpinteiro (mas também poderia ser viúvo).

Por fim, Gabriel se lembra de que José deve ser da estirpe de Davi, supõe que no Templo estejam guardados os registros, consulta-os e, depois, confrontando-os com outros testemunhos orais, consegue identificar o José que procura. Fim da missão de Gabriel, que sobe ao céu para receber as sinceras congratulações dos confrades pelo sucesso obtido. Gabriel seria capaz de interpretar e, portanto, de descrever-lhes passo a passo os procedimentos que seguiu para apurar que José era solteiro; assim, forneceria aos confrades um CN da expressão solteiro, que, por certo, compreende ainda a regra cultural que se trata de homem adulto não casado apesar de ter tido essa possibilidade, mas, ao mesmo tempo, ainda este misto de imagens, encenações que dizem respeito aos comportamentos típicos, procedimentos para a pesquisa de dados.[35]

Mas agora compliquemos a nossa história. Lúcifer, por natureza rebelde aos decretos divinos, procurará impedir a Encarnação. Não pode opor-se ao milagre da concepção virginal mas pode agir sobre os acontecimentos — como, no entanto, fará depois, instigando Herodes ao massacre dos inocentes. E, assim, tenta fazer com que o encontro entre José e Maria não tenha êxito, de modo que, se o nascimento deve acontecer, ele pareça ilegítimo aos olhos de toda a Palestina. E, então, encarrega Belfagor (cuja natureza rancorosa e falsa é conhecida) de preceder Gabriel em Nazaré e eliminar José com um golpe de punhal.

Por sorte, o Príncipe das Trevas faz as panelas mas não as tampas. Esquece que Belfagor — que há milênios estava junto às populações selvagens da Terra Desconhecida — acostumara-se aos costumes daquele povo, junto ao qual a virtude se exprimia através de atos de ferocidade guerreira, e era ostentada (ou exaltada) através de tatuagens e cicatrizes que tornavam o rosto repugnante: por isso o nosso pobre-diabo procura caracterizar o virtuoso José e, em vez disso, por erro compreensível, coloca os olhos no pai do futuro Barrabás. Ele não sabe o que é um solteiro, porque vem de uma tribo híspida onde os jovens por decreto se unem em tenra idade a velhos lascivos, para depois passar, logo após o rito de iniciação, à desenfreada, mas legítima, poligamia. Para não falar de Maria, visto que ele ignora o que é para uma jovem ser núbil e casta, pois que, no lugar de onde vem, as mulheres são cedidas ainda meninas aos homens de um outro clã, e procriam por volta dos doze anos. E não sabe o que quer dizer para um solteiro ou para uma núbil viver só ou com os pais, visto que dos seus lados todos habitavam em amplas cabanas que hospedavam famílias inteiras — e viviam isolados apenas aqueles possuídos por um furor divino. Sendo a sociedade de onde Belfagor vem fundamentada sobre o princípio avuncular, o chefe dos diabos não sabe o que significa ser da estirpe de Davi. Por isto, Belfagor não consegue caracterizar José e Maria, e a sua missão falha.

Falha porque Belfagor ignorava algumas coisas que Gabriel, por sua vez, sabia. Mas não ignorava tudo. Como Gabriel, Belfagor sabia distinguir um homem de uma mulher, a noite do dia, o ambiente da pequena Nazaré daquele da grande Jerusalém. Se passou diante da oficina de José terá visto que aplainava madeira em vez de colocar azeitonas num lagar, se cruzou com Maria ter-se-ia dito que se tratava de uma jovem. Em suma, Belfagor e Gabriel teriam em comum tipos cognitivos referentes aos casos empíricos mas não tipos cognitivos dependentes do sistema cultural palestino (de fins) do século I a.C.

À luz desta história seria fácil concluir que (i) existem casos empíricos que conhecemos e reconhecemos através da experiência perceptiva; (ii) pode acontecer que, por objetos de que nunca tivemos percepção direta, recebamos antes por interpretação um CN e apenas com base nisso produzamos um TC, mesmo que tentativo; (iii) portanto, para os casos empíricos vamos do TC, fundamentado sobre a experiência, ao CN, enquanto que para os casos culturais ocorre o contrário.

Mas as coisas não são tão fáceis. Vimos que para reconhecer a ação que em inglês se chama *to hop* daquela que em inglês se chama *to skip* devemos com certeza considerar dados de experiência perceptiva, mas ocorrem ainda conhecimentos que chamarei "coreográficos", sem os quais é realmente impossível ser capaz de contar a ordem de contato das artes com o terreno (e seria impossível reconhecer que um certo movimento agitado de um dançarino é um perfeito *entrechât*). Ao contrário, ser professor é decerto um caso cultural, mas quem quer que entre numa sala (tradicional) distingue imediatamente o docente dos discentes por causa da posição espacial recíproca — e melhor do que as pessoas comuns distinguem uma doninha de um furão e até uma rã de um sapo. Somos capazes de compreender as diversas operações cognitivas que distinguem o reconhecimento de um gato daquele de uma raiz quadrada, mas entre estes dois extremos coloca-se uma variedade de "objetos" cujo estatuto cognitivo é muito flutuante.

Como conclusão, arriscarei dizer que devemos reconhecer a existência de TC também para os casos culturais, e assim, quando for o caso, eu os levarei em consideração, sem discuti-los e sem procurar fazer uma tipologia exaustiva. Na verdade, ocupo-me neste capítulo daquilo que são os tipos cognitivos para os casos empíricos e continuarei a ocupar-me disto diretamente.

Naturalmente esta decisão não elimina um outro problema: isto é, se existem enunciados observativos independentes de um sistema "corporizado" de admissões, ou se a própria diferença entre um homem e uma mulher não é de algum modo possível apenas no interior de um sistema de "asserções seguras". Mas falarei disto em 4.

3.5.2. TC e CN como zonas de competência comum

Com certeza possuo algumas noções sobre um rato e sou capaz de reconhecer um rato no pequeno animal que atravessa subitamente a sala de estar da minha casa de campo. Um zoólogo conhece muitas coisas sobre o rato que eu não conheço, talvez mais que as registradas pela Enciclopédia Britânica. Mas, se o zoólogo está comigo naquela sala de estar no campo, e se eu chamo a sua atenção para aquilo que vejo, em condições normais deveria concordar comigo que há um rato naquele canto.

É como se, tendo em vista o sistema de noções que possuo do rato (CM_1, dentre as quais provavelmente ainda interpretações pessoais, devidas a experiências anteriores, ou muitas noções de ratos na literatura e nas artes, que não fazem parte da competência do zoólogo) e tendo em vista o sistema de noções ou CM_2 do zoólogo, ambos concordamos numa área de conhecimentos que temos em comum (Figura 3.3).

Esta área de conhecimentos coincide com o TC e o CN compartilhado tanto por mim quanto pelo zoólogo, permite a ambos reconhecer um rato, fazer algumas afirmações de senso comum sobre os ratos, provavelmente distingui-lo de uma ratazana (apesar disto ser um dado controvertido), reagir com alguns comportamentos comuns.

FIGURA 3.3

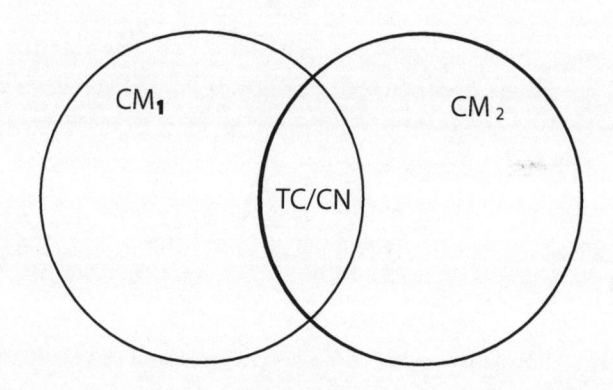

O fato de que o zoólogo tenha reagido não só com a expressão verbal *há um rato!*, mas ainda com interpretantes dinâmicos que eu poderia prever e que, atendendo a pedidos para desenhar o que viu, pode fornecer algo muito semelhante à Figura 3.1, ou que ainda seja capaz de explicar verbalmente a uma criança o que são os ratos usando uma série de descrições não diferentes daquelas propostas por Wierzbicka, tudo isto me diz que, em algum lugar, o zoólogo não deve ter uma noção diferente da minha. Prova disto é que se tanto eu quanto ele devêssemos construir uma armadilha para ratos, nós a faríamos mais ou menos nas mesmas dimensões, estudaríamos a distância entre as barras de modo que um rato de formato *standard* não pudesse fugir dali, e ambos colocaríamos queijo como isca para atraí-lo, de preferência a salada ou goma de mascar. Nenhum dos dois construiria uma gaiola para grilos ou uma imensa gaiola com barras de aço como aquela em que fora trancado Hannibal, o canibal em *O silêncio dos inocentes*.

No momento em que tanto eu quanto o zoólogo concordamos em reconhecer um rato, ambos citamos a ocorrência a nós fornecida pelo campo estimulante a um mesmo TC que o zoólogo também sabe interpretar em termos de CN. Devemos identificar este CN com aquilo que é habitualmente chamado o *significado literal* de uma expressão? Se o significado literal é aquele do dicionário, por certo não, porque vimos que deveriam fazer parte do TC do rato "conotações" tímicas e esquemas de ação. Se por significado literal, por sua vez, entendemos aquilo que a maioria das pessoas é levada a associar à palavra *rato* em circunstâncias comuns, isto é, quando não são suspeitos usos metafóricos ou explícitas acentuações afetivas (como a utilização do diminutivo *ratinho*, ou quando falamos do *mouse* do computador), então podemos responder positivamente. Exceto que este significado literal também é feito de informações que, em geral, são reconhecidas como "enciclopédicas" e se referem à experiência do mundo.

O que nos conforta mais uma vez sobre o fato de que a oposição canônica entre definição de Dicionário e definição de Enciclopédia talvez seja útil a alguns fins teóricos, mas não remete de fato ao mundo em que percebemos e nomeamos as coisas.

Até agora disse que eu e o zoólogo "possuímos" uma zona de competência comum, e identifiquei esta zona com o TC e com o CN que dela elaboramos. Poderia surgir a dúvida, visto que tanto eu quanto o zoólogo possuímos o mesmo TC, de que ele nos seja *fornecido*. Suspeita legítima, pois parece que nasce de experiências perceptivas, tanto minhas (que já vi e sei reconhecer ratos) quanto de quem as transmitiu (quando me ensinou a identificar ratos).

Mas se esta zona nos é fornecida, então é espontâneo perguntarmo-nos se se trata de uma entidade depositada em algum lugar, como as espécies, as essências ou as ideias de memória antiga. Se fosse assim, seria igual para todos (e, no fundo, o próprio problema de Kant era como tornar igual para todos um procedimento esquemático que, ao menos na terceira *Crítica*, se transformava em trabalho conjetural); e, por sua vez, vimos como está ligada às disposições, às experiências e ao saber do sujeito, tanto que coloquei em dúvida se fazia parte desta zona comum a noção de que os ratos são diferentes das ratazanas. Esta competência comum é continuamente *negociada* ou *contratada* (o zoólogo concorda em ignorar algo que sabe do rato, para aceitar apenas aquilo que eu sei, ou contribui para enriquecer o meu TC do rato, fazendo com que eu note algo que me havia escapado). E pode ser negociada porque o TC cognitivo não é uma entidade (mesmo que pareça desenvolver a função que geralmente damos aos conceitos): é um procedimento — no sentido em que o esquema kantiano é um procedimento.

3.6. Do tipo à ocorrência ou vice-versa?

Ao reconhecer ou ao identificar algo como um rato, uma ocorrência é reconduzida a um tipo. Fazendo isso, passamos do particular ao geral. Apenas nestas duas condições posso utilizar a linguagem e falar de um rato. Vimos que na linguagem da psicologia cognitiva hodierna este procedimento é indicado (de modo historicamente discutível) como fenômeno de categorização, e resignei-me *pro bono communicationis* a aderir a esta utilização.

Contudo, quando eu e o zoólogo concordamos em ter visto um rato, estamos nos referindo, mesmo que verbalmente, *àquele* rato. Se, para compreender aquela ocorrência particular tive de apoiá-la no geral, agora apoio de novo o geral no particular. Como Neisser (1976: 65) observou, discutindo isso do ponto de vista psicológico, nesta oscilação por um lado generalizo o objeto e por outro particularizo o *esquema*.[36]

Não sei se é confortante ou desesperador que, assim dizendo, não façamos senão repropor uma disputa iniciada há algum tempo. Tomás de Aquino teria dito que, ao ver um rato, recolhemos, no *phantasma* oferecido pela sensação, uma *quidditas*, e, portanto, não "aquele rato" mas a "raticidade" (naturalmente, como ele fazia, ocorreria reconhecer que a sensação nos oferece logo algo já organizado, como se uma imagem na retina nos oferecesse um objeto todo definido que naturalmente, espontaneamente, remete ao tipo correspondente, sem nenhuma mediação interpretativa). Entretanto, Tomás percebia que fazendo isso não explicamos por que depois podemos continuar a falar *daquele* rato que estamos vendo. E então excogitava a *reflexio ad phantasmata*; não num rato particular, notemos, mas na sua imagem. Solução completamente insatisfatória, sobretudo para um realista. Nem para sair do embaraço (para conseguir capturar de verdade o rato) as propostas de Duns Scoto pareceram definitivamente persuasivas (as *haecceitates* em primeiro lugar — mas então devemos decidir como se forma o conceito universal), ou de Ockham (o indivíduo particular em primeiro lugar, e o conceito como puro signo — que é um modo de dizer que são trazidas dos indivíduos dos TCs, sem explicar como se resolve a dialética universal-particular encontrando outros indivíduos significativos com o mesmo conceito).

No fundo, eram todas maneiras de resolver o problema da caixa-preta. De fora permanece apenas um fato: que algo acontece, nós o generalizamos ao falar do rato, mas, depois de ter caracterizado a ocorrência como ocorrência de um tipo, nós nos detemos de novo na ocorrência: de outro modo não poderíamos dizer que, por exemplo, *aquele* rato tem o rabo cortado, enquanto que nem a raticidade nem o TC do rato o possuem.

Isto nos propõe exatamente o problema kantiano do esquema: se o geral fosse muito geral, conseguiríamos talvez reconduzir a ele a multiplicidade da experiência (que bem por baixo deveria ser aquele rato como *Maus an sich*), mas seria difícil voltar do geral à multiplicidade individual; o esquema, como procedimento para imaginar o rato, serve de medianeiro, e então deve existir alguma correspondência não diremos *uma a uma*, mas, pelo menos, *muitos a muitíssimos* entre os traços do tipo e aqueles encontráveis na ocorrência. Quer dizer que a relação entre tipo e ocorrência não deveria ser aquela que ocorre entre o conceito de mapa geográfico e qualquer outro mapa geográfico, mas aquela que ocorre entre um mapa geográfico particular e o território que esse pretende representar. Peirce teria dito que no momento da Thirdness tudo se generaliza, mas não há Thirdness que não esteja impregnada daquele *hic et nunc* que fornecemos na Firstness e na Secondness.

Em todo o curso da história da filosofia se disse que o indivíduo é *omnimode determinatus*, determinado em todos os aspectos, e, portanto, as suas propriedades são infinitas; assim poderei falar sobre o número de pelos que possui este rato que agora vejo, a posição em que se encontra com relação a Meca, a comida que comeu ontem. Se conhecêssemos sempre e apenas indivíduos, então cada proposição geral deveria derivar de um conhecimento efetivo de todos os indivíduos sob todos os aspectos. Para dizer que os ratos são animais não deverei dizer apenas que, para todos os x, se x é um rato então x é um animal, mas que de fato enumerei todos os x e descobri que todos, sem distinção, exibem uma propriedade que pode ser expressa pelo termo *animal*. Ou deverei dizer que existem alguns x, aqueles que conheci, que têm a propriedade de ser animal (suspendendo o juízo sobre os x de que não tive experiência). Ao passo que, se há uma função do TC e do CN correspondente (para não falar do CM), ele deve valer também para os x que ainda não conheci.

Evitemos mais uma vez cada aposta sobre o que ocorre naquela caixa-preta. O senso comum nos assegura que eu e o zoólogo reconhecemos *um* rato, mas sabemos ter diante de nós *aquele* rato, e, se por acaso o capturássemos e marcássemos as suas costas com um pena, na próxima vez reconheceremos que se trata do mesmo rato — que é, então, o modo como, em virtude de traços característicos bem mais complexos que um sinal de pena, a cada dia reconhecemos os indivíduos com que normalmente devemos lidar (e quando não conseguimos mais isso, o médico fala de doença de Alzheimer). Reconhecemos os indivíduos porque nós os reconduzimos a um tipo, mas somos capazes de formular tipos porque temos experiência de indivíduos. Que sejamos capazes de alguma *reflexio ad phantasmata* (ou *ad res*) é um dado que realmente devemos assumir como matéria de reflexão mesmo se, pessoalmente, não possuo instrumentos para explicá-lo e tomo como emblema a frase com que Saul Kripke (1971) encerrava uma conferência sobre identidade e necessidade: "o próximo argumento a tratar deveria ser a minha solução do problema da mente e do corpo, mas não a conheço".

Entretanto, há algo que podemos dizer, e é que não só temos alguma experiência *deste* homem (ocorrência), mesmo quando o reconhecemos como *um* homem (tipo), mas que damos um nome próprio a alguns indivíduos e os reconhecemos como aqueles determinados indivíduos, e não em geral. Portanto, se assumimos que reconhecemos em virtude do TC, devemos admitir que há um TC para os homens em geral (e também poderia assumir a forma esquematicíssima de um modelo 3D) e existem vários TCs para nosso pai, nossa mulher, nosso marido, nossos filhos, nossos amigos e nossos vizinhos. Falarei disto em 3.7.6, mas, antes de chegar a este ponto, ocorre aventurar-se numa zona lamacenta que se situa entre o geral e o individual.

3.7. O arquipélago dos TCs

3.7.1. Tipos "x" categorias de base

Por certo é diferente referir-se a um TC para reconhecer a ocorrência de um gênero natural como um rato, e para reconhecer individualmente uma pessoa. Neisser (1976: 55) admite que os nossos esquemas podem operar em diferentes níveis de generalidades, de modo que estamos prontos para reconhecer "algo", "um rato", "meu cunhado Giorgio" e até um sorriso de sarcasmo (e não de simpatia) no rosto de Giorgio. Falarei em 3.7.6 daquele fenômeno particular que é a possível existência de tipos individuais (e o oximoro já ordena aprofundar o fato). Mas por hora ocorre falar da diferença entre tipos genéricos e tipos específicos, ou do fato de que estamos dispostos algumas vezes a distinguir um soriano de um siamês, outras vezes apenas um gato de um cão, ou ainda um quadrúpede de um bípede. Trata-se, evidentemente, de postular TCs *em diferentes níveis de generalidades*, mas o problema que logo aparece é se podemos pensar num tipo de "árvore" dos diferentes TCs ou se devemos considerá-los como um arquipélago não organizado hierarquicamente.[37]

O fato sobre o qual discutimos e se discute amplamente é que não exibimos diferentes capacidades de discriminação para gêneros naturais e artificiais diversos. Pessoalmente, sou capaz de distinguir a galinha do peru, a andorinha da águia, o pardal do canarinho (e até um mocho de uma coruja), e, portanto, possuo um seu TC, mas não saberei distinguir carriças, papa-figos, fringilos, abadavinas, picanços, cotovias, pintassilgos, toutinegras, sílvias, estorninhos, tentilhões, maçaricos e alvéolas. Eu os reconhecerei como pássaros e basta. Naturalmente, um caçador ou um ornitólogo possuem uma competência diferente da minha, mas o problema não é este. É que se aquele é um TC da andorinha, o que é aquele do pássaro em geral? Mesmo que aceitássemos a ideia de que conhecemos por organização categorial, esta organização varia segundo as diferentes áreas da experiência, segundo os grupos humanos e segundo os indivíduos.

Se o nosso conhecimento fosse, de fato, estruturado segundo um sistema homogêneo de classes e subclasses, deveríamos nomear e reconhecer os objetos que seguem conforme o diagrama da Figura 3.4.

FIGURA 3.4

Categorias superordenadas	Categorias de base	Categorias subordinadas
MOBÍLIA	Cadeira Mesa	Cadeira de cozinha Cadeira da sala Mesa de cozinha Mesa da sala
ÁRVORES	Bordo Bétula	Bordo prateado Bordo do Canadá Bétula branca, Bétula negra
FRUTA	Maçã Uva	Maçã gala, Maçã red Moscatel, Uva rosada

Quando pressupomos um esquema do tipo, pressupomos igualmente que as *categorias de base* sejam aquelas que foram aprendidas primeiro e que, assim, não só possuem um papel crucial na troca linguística mas presidem os processos de identificação ou reconhecimento. Pedimos, então, aos sujeitos para enumerar traços, propriedades ou atributos para uma série de termos estímulo (como animal, móvel, cadeira, cão, frutas, maçãs e peras) e vemos que para as categorias superordenadas os traços são de medida muito pequena, crescem sensivelmente para as categorias de base, enquanto para aquelas subordinadas a diferença de traços para com aquelas de base é mínima. Por exemplo, apenas dois traços são caracterizados para definir o que é o vestuário (é algo que colocamos sobre nós e que nos mantém aquecidos), muitíssimos traços para as calças (pernas, bolsos, botões, são feitas de tecido, são vestidas num certo modo etc.), enquanto para uma categoria subordinada como aquela dos *jeans* os sujeitos com frequência acrescentam apenas o traço que caracteriza a sua cor (são sempre azuis). Conforme o número destes traços caracterizadores, é óbvio que distinguimos mais facilmente as calças de um casaco do que dois tipos de calças diferentes.[38]

Todas as experiências em questão mostraram que o nosso conhecimento não se adapta a esta classificação. A situação pode variar conforme os sujeitos, mas existem muitos que distinguem uma galinha de um peru, enquanto que reconhecem apenas um pássaro no maçarico e no papa-figos.

Rosch (1978: 169) fala de resultado imprevisto quando, supondo que Árvore e Mobília fossem categorias superordenadas, vimos que os sujeitos distinguiam muito melhor uma cadeira de uma mesa que um carvalho de um bordo, e que estes últimos eram genericamente reconhecidos como árvores. O resultado não me parece de fato imprevisível, levando em conta como Putnam há tempo nos advertiu que não distingue um olmeiro de uma faia (e associo-me a ele), enquanto que imagino que distinga muito bem uma cadeira de uma mesa ou uma banana de uma maçã. Aqui os problemas são dois.

1. Tendemos a elaborar TC com referência a experiências perceptivas, em que a morfologia e a pertinência com relação às nossas exigências corporais contam mais com a função que chamaremos estética e social (e, por isso, remeto a 3.4.6 sobre as *affordances*). Para decidir que uma estante e uma cadeira pertencem ambas à categoria superordenada Mobília ocorre ter uma noção elaborada do que seja uma habitação, do que nós precisamos numa habitação standard, e de onde compramos os objetos que servem para decorar uma habitação standard. Portanto, a categoria Mobília exige capacidade de abstração. Penso que um cão reconheça uma cadeira e um sofá, e talvez uma mesa, como objetos onde pode ir deitar-se, enquanto olha a estante ou um armário (fechado) simplesmente como obstáculos, tanto quanto as paredes do quarto.[39]

Ao contrário, as propriedades para algo ser uma árvore são um daqueles primitivos semiósicos que instintivamente distinguimos no ambiente que nos circunda, por isso discriminamos as árvores dos animais e de outros objetos (e não acredito que um cão se comporte de modo diferente, usando as árvores em geral para as suas necessidades corporais — exceto repugnâncias a algum estímulo olfativo particular). Antes de mais nada, elaboramos um TC da árvore (enquanto a diferença entre faia e tília pertence apenas a um tipo de conhecimento mais elaborado) porque, se não somos homens primitivos na floresta que devem depender do reconhecimento de diferentes espécies de árvores, as árvores parecem uma decoração do ambiente que, com relação às nossas exigências, desenvolvem todas a mesma função (dão sombra, marcam limites, adensam-se nos bosques ou florestas etc.).[40]

Por sua vez, sabemos muito bem distinguir uma banana de uma maçã porque a diferença conta para as nossas exigências e para as nossas preferências alimentares, porque devemos com frequência escolher uma delas, ou porque apresentam diferentes condições de consumo. Assim, parece natural que tenhamos TCs distintos para banana e maçã, e um TC genérico para a árvore.[41]

Estas regras estatísticas sofrem vistosas exceções dependendo da experiência pessoal. Incapaz como sou de distinguir um olmeiro de uma tília, distingo muito bem uma figueira-da-índia dos mangues. São três os motivos: o primeiro é que se trata de árvores sobre as quais se nutriu a minha imaginação infantil de leitor de romances de aventura (especialmente de Salgari; ao menos no que diz respeito à figueira-da-índia); o segundo, que depende do primeiro, é que no curso das minhas viagens, quando ouvi dizer que algo era uma figueira-da-índia e que um tufo de vegetais às costas de uma ilha ou de um canal palustre eram mangues, apressei-me para observá-los com especial atenção e para memorizar os seus traços morfológicos; o terceiro é que tanto a figueira-da-índia quanto os mangues possuem traços muito particulares e incomuns, o primeiro porque o tronco se ramifica em direção às raízes numa série de "lâminas" dispostas em forma de estrela, os outros porque não são chamados em inglês coloquial de *walking trees* por acaso, isto é, de longe parecem insetos que caminham na água.

Naturalmente, sempre por causa de acidentes biográficos, reconhecerei com toda a certeza um ornitorrinco, identifico um iguana e continuo a ter ideias muito vagas a respeito da anaconda. Isto não quer dizer que, obrigado a indicar uma anaconda entre um texugo e uma pega, eu possa caracterizá-la justamente porque sei que é uma serpente, mas esta minha ideia de serpente é "selvagem" e não tem nada a ver com aquela científica de réptil.

3.7.2. História de Joãozinho

Sabemos muito bem que é somente a partir de uma certa idade que as crianças adquirem competência classificadora, o que não lhes impede de reconhecer muito bem vários objetos. O diálogo que segue transcreve uma gravação magnetofônica realizada sem nenhuma intenção científica em 1968, durante uma festa para crianças, e com o único intuito de fazer com que elas brincassem com o gravador, contando histórias ou improvisando diálogos. Pelo que lembro, o sujeito cujas respostas transcrevo, e que chamaremos Joãozinho, tinha entre quatro e cinco anos.

EU — Ouça, Joãozinho, sou um senhor que viveu sempre numa ilha deserta, onde não existiam pássaros, apenas cães, vacas, peixes, mas pássaros, não. Finalmente, venho aqui e peço para você me explicar o que é um pássaro para reconhecê-lo, se por acaso vir um deles.

JOÃOZINHO — Ah, tem um pouco de carne, mas é pequeno no peito, e tem patinhas pequenas e a cabecinha pequena e o peito pequeno, e também tem asas pequenas e um pouco de penas no peito e... e depois voa com estas penas e...

[Como vemos, o menino tem uma ideia própria de pássaro, provavelmente pensa somente nos pássaros que viu na varanda de casa, os pardais, e isto poderá sugerir alguma ideia na discussão, que seguirá, sobre os protótipos; mas, de fato, não pensa em dizer que um pássaro é um bípede que voa.]

EU — Está bem. Agora ouça. Sou um senhor que viveu sempre no topo de uma montanha, onde saciava a minha sede comendo frutas, mas nunca vi a água. Agora você deve me explicar como é a água.

JOÃOZINHO — Do que é feita?

EU — Sim.

JOÃOZINHO — Não sei do que é feita porque nunca me disseram...

EU — Você nunca a viu?

JOÃOZINHO — Sim, quando coloco as mãos debaixo da água...

EU — Mas eu não sei do que é feita a água, como faço para colocar as mãos debaixo dela?

JOÃOZINHO — Mas, debaixo da água que lava... coloque primeiro as mãos debaixo da água, depois pegue o sabonete e esfregue-o e depois enxágue as mãos com a água...

EU — Você me disse o que devo fazer com a água, mas não me disse de que é feita a água. Talvez seja aquela coisa vermelha que queima e que existe nos fogões?

JOÃOZINHO — Não! Podemos lavar a roupa com a água!

EU — Ah, é aquele pó branco que se chama Omo?

JOÃOZINHO — Não! A água é... é...

EU — O que vejo, quando vejo a água? Como faço para perceber que é água?

JOÃOZINHO — Você se lava quando coloca as mãos debaixo da água!

EU — Mas o que significa lavar? Se não sei o que é a água, não sei o que significa lavar...

JOÃOZINHO — É transparente...

EU — Ah, é aquela coisa que há nas janelas, que faz com que alguém veja pelo outro lado?

JOÃOZINHO — Não!

EU — Você disse que é transparente...

JOÃOZINHO — Não, não é o vidro, o vidro não lava!

EU — Mas o que significa lavar?

JOÃOZINHO — Lavar é que... ai ai ai...

(INTERVENÇÃO DE OUTRO ADULTO) — Aquele senhor deveria saber, visto que come sempre fruta naquela montanha...

JOÃOZINHO — É úmida!

EU — Bom. É úmida como a fruta?

JOÃOZINHO — Um pouquinho.

EU — Um pouquinho. E é como a fruta, isto é, redonda...

JOÃOZINHO — Não, a água é como... está em todos os lugares, redondos, quadrados, em todos os lugares...

EU — Toma todas as formas que deseja?

JOÃOZINHO — Ah...

EU — Então, à nossa volta vemos águas quadradas, águas redondas...

JOÃOZINHO — Não, à nossa volta não, apenas nos rios, nos riachos, nas pias, nos lagos.

EU — Então é uma coisa transparente, úmida, que toma a forma de todas as coisas em que está contida?

JOÃOZINHO — Sim.

EU — Portanto, não é uma coisa sólida como o pão...

JOÃOZINHO — Não!

EU — E então, se não é sólida, o que é?

JOÃOZINHO — Bem!

EU — Tudo aquilo que não é sólido, o que é?

JOÃOZINHO — É a água.

EU — Talvez seja líquido?

JOÃOZINHO — É, a água é um líquido transparente que não podemos beber porque aquela normal tem mosquitos e micróbios que não podemos ver...

EU — Muito bem. Um líquido transparente.

[Como vimos, Joãozinho sabe o que é um líquido, e depois de muitas sugestões chega a uma definição que faria a alegria de um semântico de dicionário ("líquido transparente"). Aparentemente, não consegue isso sozinho e a primeira definição que dá é de caráter funcional (para que serve a água: não se apoia tanto nas características "dicionarísticas" ou morfológicas do objeto quanto nas suas affordances). Contudo, lembremos a pergunta; falava de um senhor que saciava sua sede com frutas numa ilha, sem conhecer a água. Joãozinho entendeu que o senhor bebia sucos de fruta, e portanto a ideia de liquidez lhe parecia implícita. Tentou apontar outras características da água com relação a outros líquidos. Este é um caso típico em que a formulação da pergunta pode induzir a respostas que depois consideramos desviantes ou insuficientes.]

EU — Mas agora ouça, eu nunca vi um rádio. Como faço para reconhecê-lo?

JOÃOZINHO — [Gemidos de hesitação]

EU — Faça como fez com a água, que você antes conseguiu me dizer o que tinha de mais importante, que era um líquido transparente.

JOÃOZINHO — Mas com pilhas ou com corrente?

EU — Mas eu não sei o que é um rádio e, assim, não sei o que é melhor.

JOÃOZINHO — Ah, tem a corrente que diz isso tudo... que nas... pilhas se [palavra incompreensível]... e diz tudo o que aconteceu...

EU — E isso é um rádio?

JOÃOZINHO — Coloca-se a corrente como aqui dentro [indica o gravador] e depois funciona.

EU — Mas o que é o rádio, é um animal que funciona se colocarmos corrente?

JOÃOZINHO — Não, é uma caixa corrente que...

EU — Uma caixa corrente?

JOÃOZINHO — Não, é que dentro existem a corrente e as pilhas, com fio... que diz tudo o que aconteceu.

EU — Então, é como aquela caixa que está ali que, se colocarmos um disco dentro dela, diz tudo o que aconteceu.

JOÃOZINHO — Sim.

[Excetuando-se o fato de que até um adulto teria dificuldades para definir cientificamente um rádio, e sendo evidente que Joãozinho sabe muito bem reconhecer um rádio, notaremos que não lhe passou realmente pela cabeça diferenciá-lo da água e do pássaro como gênero artificial ou Artefato, nem mesmo quando lhe sugeri uma oposição com o Animal.]

EU — Agora ouça isto. Sou um senhor que viveu sempre...

JOÃOZINHO — Não foi sempre numa ilha deserta?!

EU — Não, desta vez estou num hospital onde as pessoas estavam doentes e a cada um faltava uma parte, alguns não têm um braço, outros uma perna. Nunca vi um pé. O que é um pé?

JOÃOZINHO — Ah... É isto aqui.

EU — Não, você não deve mostrá-lo, deve explicar-me como é para que eu, quando o vir, possa dizer "ah, isso é um pé".

JOÃOZINHO — É de carne, tem dedos, você não sabe como são os dedos?

EU — Então é uma coisa de carne com dedos... É isto? [mostro a mão]

JOÃOZINHO — Não. Porque o pé tem um ângulo aqui, e a mão, por sua vez, o tem aqui.

EU — Então é uma mão enferma, assim... [imito um membro deformado]

JOÃOZINHO — Não! Tem ângulos e dedos retos e para a frente, assim.

EU — Então a rua onde estamos é um pé: tem ângulos, é reta...

JOÃOZINHO — Não, é menor, e tem uma coisa aqui.

EU — Tente dizer-me onde fica...

JOÃOZINHO — Fica onde os homens caminham... São as coisas que os homens apoiam no chão para caminhar... O que possuem nas extremidades, que começam e vão para baixo, no fim da perna — que é aquilo ali —, é o pé.

EU — Mais outra coisa: de novo o senhor que vivia na ilha deserta. E não sabe o que é uma salsicha.

JOÃOZINHO — É redonda.

EU — Como uma bola?

JOÃOZINHO — Não, é assim, tem pontas assim, é mais comprida que uma bola e é de carne.

EU — Então é uma perna...

JOÃOZINHO — Sem ossos, porque a perna tem ossos.

EU — Como faço para reconhecer uma salsicha? Você me disse que é de carne...

JOÃOZINHO — É redonda, é a metade de uma bola, mas não tem nada nas pontas, e dentro... na metade... por dentro é bem fina e depois é de carne e é rosa.

[Com estas duas últimas perguntas termina a sessão porque Joãozinho dá sinais de cansaço. Como vemos, não lhe ocorreu dizer que um pé é um Membro e que a salsicha é uma Comida. Deve concordar com Neisser (1978: 4): as categorias não podem ser um modo da percepção.]

3.7.3. Avestruzes quadrúpedes

Direi em 4.3 em que sentido devemos distinguir as categorias científicas das categorias "selvagens", mas por hora proponho assumir que, alinhados e sem nenhum encaixe do geral ao particular, temos TC para maçã, banana, árvore, galinha, pardal e pássaro. Como é possível ter dois TCs distintos para o pardal e para a galinha e apenas um para toutinegras, maçaricos e cotovias, todos juntos? É bem possível, tanto que acontece (e, por antiga definição, tudo o que acontece é possível). O TC para pássaros é tão "generoso" (ou impreciso, ou rudimentar) que acolhe todos os animais com asas que voam no céu e pousam nas árvores ou nos fios de luz, tanto que se percebemos um pardal ao longe podemos decidir, naquele momento, considerá-lo como um pássaro e basta. O termo *pássaro* tem uma *extensão* maior que termos como *galinha* ou *pardal*, mas não direi que isto significa que percebemos o TC do pássaro como categoria superordenada com relação àquele da galinha. É um primitivo semiósico o de "animal que voa no céu com asas" (que é, então, a noção ingênua de pássaro). Para alguns animais percebemos apenas aquela propriedade, e reconduzimo-la ao TC rudimentar do pássaro. Para outros, ao reconhecer algumas de suas propriedades adicionais, elaboramos um TC de milho mais sutil.

Reconhecemos um TC do pássaro com base nos traços ou nos procedimentos x, y, reconhecemos um TC do pardal com base nos traços ou procedimentos x, y, z, e um TC da andorinha com base nas propriedades x, y, k, e percebemos que não só existem traços em comum entre pardal e andorinha, mas também entre um pardal e outros animais que reconhecemos como pássaros. Mas, em princípio, isto não deve ter nada a ver com relação ao critério lógico por que registramos o pardal na classe dos pássaros, mesmo que, de fato partindo destas semelhanças, chegássemos depois a elaborar taxionomias. Simplesmente somos capazes de reconhecer pardais, andorinhas e pássaros, e depois se alguém quiser se dedicar à observação dos pássaros em liberdade também terá um TC para o maçarico e um outro para a cotovia. Os TCs são generosos e desordenados, há quem possua um TC para o gato, quem possua um para o soriano e outro para o siamês, e, por certo, os traços do soriano, em sua maioria, serão comuns àqueles do gato. Mas, mesmo que pareça tão evidente, seria com base nisto que depois poderemos afirmar que cada soriano é um gato; insisto em confirmar que, em nível de processo perceptivo, isto é uma suspeita, uma intuição de identidade de propriedade, e ainda não uma inscrição numa árvore categorial.

Se um TC é um procedimento para construir as condições de reconhecimento e identificação de um objeto, vemos a Figura 3.5 onde aparecem diversos modelos 3D.

FIGURA 3.5

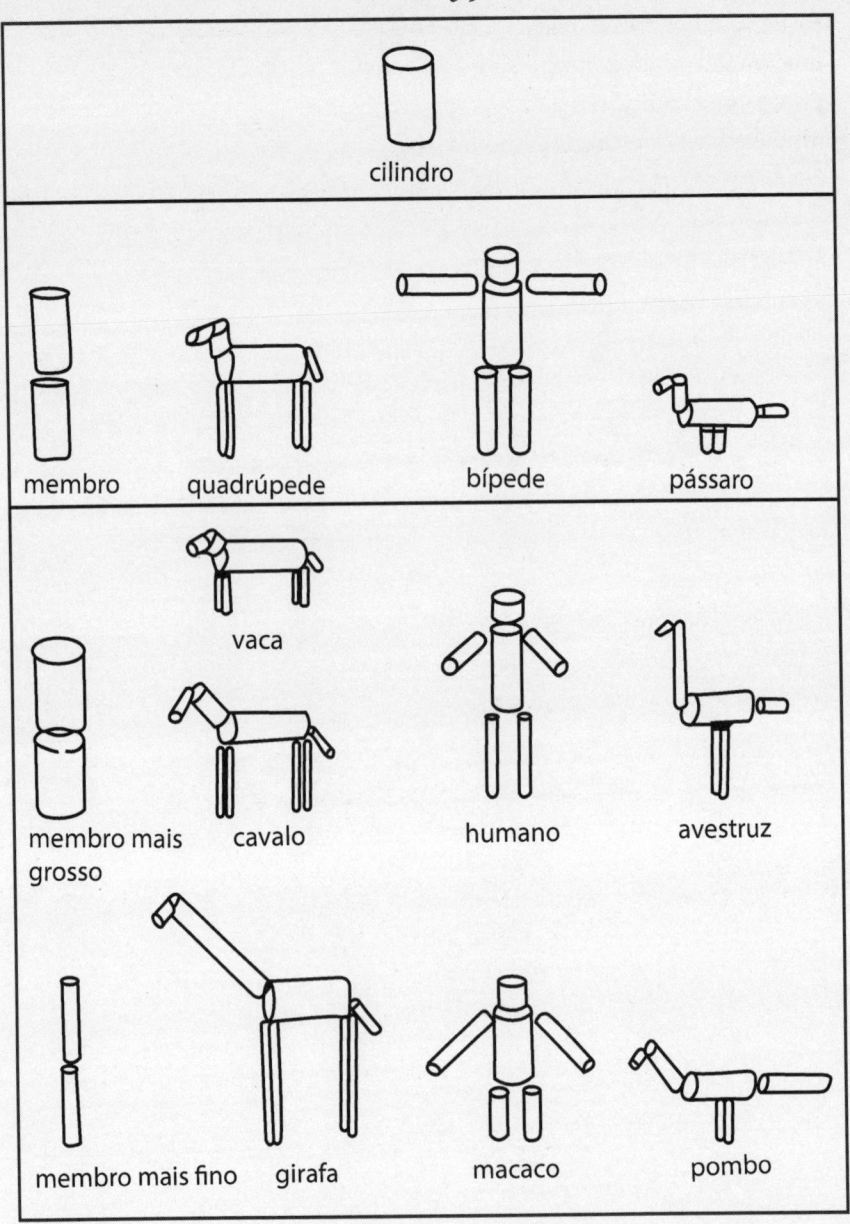

Há um modelo 3D para o cão ou o cavalo. Nada proíbe que, por exigências mais específicas, possamos construir um modelo 3D para o labrador e para o pointer, ou para o murzelo ou para o lipizzano, assim como nada proíbe que Putnam e eu, um dia, indo trabalhar num viveiro, nos tornemos capazes de distinguir os olmeiros das faias. Mas, em princípio, faia, olmeiro e árvore são todos TCs a serem colocados num mesmo nível: e cada um de nós utiliza um ou outro, segundo as próprias relações com o ambiente, ficando mais ou menos satisfeito. Os juízos fatuais *vi um pointer* e *vi um cão* são igualmente úteis e pertinentes conforme as circunstâncias, mesmo antes de decidirmos que a categoria do pointer seja subordinada àquela do cão. Perceptivamente, o TC do cão é mais rudimentar que o do pointer, mas em algumas circunstâncias funciona muito bem, não nos obriga a distinguir alões de maremanos, e não exigimos mais nada.

Portanto, o discurso sobre os TCs ainda não teria nada a ver com o discurso sobre um sistema taxionômico categorial. Os TCs são apenas *tijolos de construção*, para depois erigir sistemas categoriais.

Contudo, existem contraexemplos possíveis. Admito que a experiência que citarei poderia ser utilizada tanto para identificar as categorias com os TCs quanto para negar esta identificação. Humphreys e Riddoch (1995: 34) nos falam de um paciente acometido por lesões cerebrais que, diante de um inseto, o desenha não só com verdadeiro realismo, mas de tal modo que verdadeiramente reconhecemos algo muito similar a um inseto (Figura 3.6). O fato de que o tenha desenhado nos diz que o interpretou, e portanto forneceu indicações para a sua identificação e futuro reconhecimento; em poucas palavras, se não possuía antes um TC, construiu-o depois. Mas, removendo-se o inseto, pedimos para desenhá-lo; o sujeito representa-o como uma espécie de pássaro (Figura 3.7).

FIGURAS 3.6 E 3.7

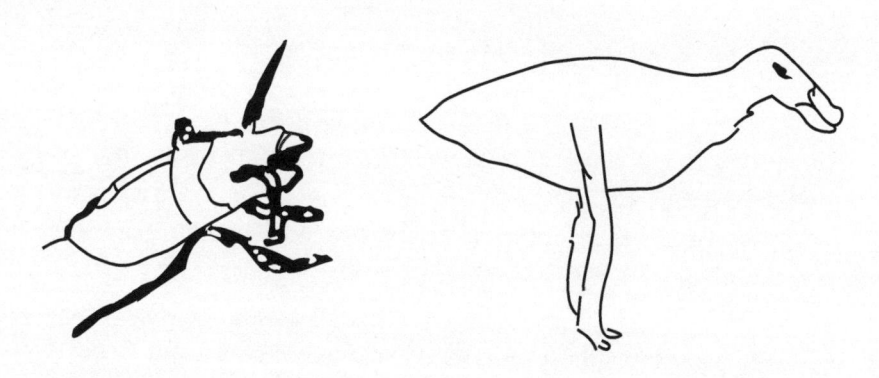

O mesmo paciente, capaz de reconhecer um avestruz como tal, quando (não tendo o modelo) é convidado a desenhá-lo, representa-o com quatro pernas. Os autores observam que devem postular, para a memória visual imediata, conhecimentos mentais depositados, cuja degeneração compromete a reconstrução do objeto lembrado. O caso poderia ser interpretado em termos de distúrbio de uma competência categorial? De fato, o paciente não desenhou uma cadeira no lugar do inseto nem um lápis no lugar do avestruz. Na sua memória ficou um traço de "animalidade", e portanto poderia ter remontado do inseto ou do avestruz à categoria superordenada dos animais, daí voltando para os pássaros e para algum outro animal impreciso. Mas se consideramos a percepção da animalidade como experiência pré-categorial, eis que o paciente, então, conservando apenas um único e incerto atributo do que viu, encontraria um TC qualquer que o contivesse, deslizando de um TC a outro, como se surfasse num arquipélago de TCs, em vez de subir de espécie a gênero.

Não sustento que para construir um TC não intervenham conhecimentos ou suspeitas categoriais precedentes — e o caso de Marco Polo citado em 2.1 confirma isto. Estou apenas supondo que os TCs (i) podem constituir-se independentemente de uma competência categorial organizada e (ii) ainda podem ser estimulados independentemente e até em conflito com tal competência (como veremos ao refazer a história do ornitorrinco em 4.5).

3.7.4. TCs e protótipos

3.7.4.1. Estereótipos e protótipos

Podemos identificar os TCs com aqueles que Putnam (1975: 295) chama de *estereótipos*? Se consideramos a representação putnamiana do conteúdo do termo *água*, podemos dizer que fazem parte do TC tanto as marcas semânticas quanto as informações estereotipadas (enquanto naturalmente a propriedade de ser H_2O faz parte do CM).

MARCAS SINTÁTICAS	MARCAS SEMÂNTICAS	ESTEREÓTIPO	EXTENSÃO
Nome Concreto	Gênero natural Líquido	Incolor Transparente Insípida	H_2O

Em todo o caso, o TC possui a natureza *folk* do estereótipo, e a mistura viva entre elementos dicionarísticos e enciclopédicos.

No entanto, talvez seja mais interessante esclarecer que os estereótipos não são aqueles que a literatura cognitivista chamou *protótipos*.

Um dos modos como entendemos correntemente o protótipo é que ele é um membro de uma categoria, que se transforma num modelo para reconhecer outros membros que como ele compartilham de algumas propriedades consideradas salientes. Neste sentido, quando é convidado a definir um pássaro, Joãozinho tem em mente o protótipo do pardal, pelo simples fato de que é o pássaro que lhe é mais familiar. As experiências conduzidas sobre a identificação de protótipos, se tomadas ao pé da letra, fazem com que pensemos que cada um de nós se comporta frequentemente assim.

Outros se inclinam a considerá-lo mais um esquema, um feixe de traços, e, neste sentido, seria mais afim ao estereótipo. Desta maneira, quando pensamos num cão (a menos que tenhamos um com quem convivemos diariamente), não pensamos num dálmata de preferência a um labrador, mas num tipo *vira-lata*. Quando pensamos num pássaro, idealizamos um bípede alado de dimensões médias (digamos entre um pardal e um pombo) e raramente (se não somos seduzidos pelas *Mil e uma noites*) idealizamos algo como o Pássaro Roq. Esta forma bastarda varia segundo as culturas (imagino que um habitante das ilhas do Pacífico possua um TC do pássaro que acentue a vivacidade da plumagem mais do que nós), mas é próprio na negociação de um espaço de acordo comum que os TCs se alterem de modo feliz.[42] Pensemos num animal como o dinossauro, que não conhecemos por experiência direta, mas através de verdadeiros protótipos oferecidos pela Enciclopédia. Mesmo neste caso, penso que o TC mais difundido seja um cruzamento de dinossauro, brontossauro, *Tyrannosaurus rex* e vários outros grandes répteis extintos: se pudéssemos projetar uma média das imagens mentais que cada um mantém a seu respeito, teríamos um animal do tipo da Disneylândia, mais que algo que vemos reconstruído no museu de história natural.[43]

Uma terceira versão interpretaria os protótipos como algo mais abstrato, um conjunto de requisitos exprimíveis proposicionalmente, necessários para explicitar a sua dependência a uma categoria; e aqui propomos a ambiguidade do termo "categoria", visto que neste último caso já estamos pensando em termos de classificação.

3.7.4.2. Alguns equívocos sobre os protótipos

Os protótipos gozaram, e ainda gozam, de grande popularidade na literatura psicológica, mas a sua história é muito complexa, mesmo porque quem nela trabalhou de forma mais ampla, Eleanor Rosch, mudou sucessivamente de ideia sobre a sua natureza. Quem reconstruiu o acontecimento com maior precisão talvez tenha sido Lakoff (1987) e apoio-me na sua síntese.

A história dos protótipos nasce de uma série de questões, desde Wittgenstein a Rosch, que concernem às semelhanças de família, a centralidade (a ideia de que alguns membros de uma categoria sejam melhores exemplos que outros), a caminhada para a dependência (a galinha é vista por muitos como *menos pássaro* que o pardal), a economia linguística (o fato de que a linguagem utilize palavras mais breves e mais memorizáveis para coisas que pareçam um conjunto orgânico de preferência a um conjunto ou uma classe de objetos morfologicamente diferentes). Mas isto, como vimos nos parágrafos anteriores, testemunha que existem categorias de base que dependem da percepção das formas, dos nossos atos motores, da facilidade de memorização, que, no seu nível, os falantes mais rapidamente denominam como coisas do que manifestam "an integrity of their own", que são "human-sized" (Lakoff 1987: 519).

Entretanto, isto não demonstra que assumam a forma de protótipos. Dizer que as palavras *cat, Katz* ou *chien* são mais cômodas e melhor memorizáveis que as palavras Felídeo ou Mamífero por certo confirma que na experiência cotidiana identificamos mais facilmente algo como gato do que como mamífero, mas não nos diz se existe e qual é o protótipo do gato. Senão, o problema da prototipicidade concerne aos fenômenos como aquele da extensão dos limites categoriais (*extendable boundaries*), por que discutimos se alguns poliedros irregulares muito complexos são poliedros, enquanto não há dúvidas com relação aos poliedros regulares mais conhecidos; ou se os números transfinitos são números ou não, enquanto ninguém duvida que 2 ou 100.000.000 são um número.

Mas a existência das categorias de base é deduzida por comportamentos linguísticos cotidianos espontâneos, enquanto uma experiência como a dos poliedros ou dos números exige que um investigador peça a um sujeito para responder a uma pergunta que já coloca em jogo classificações complexas. Assim, o problema é: a existência de protótipos é deduzida por comportamentos cotidianos (não só linguísticos, mas comportamentais, como o reconhecimento feliz) ou por respostas verbais a perguntas sofisticadas?

Voltando a Eleanor Rosch, numa primeira fase das suas experiências (entre os anos 60 e 70), os protótipos são matéria de saliência perceptiva. Numa segunda fase (antes da metade dos anos 70), os efeitos prototípicos obtidos por experiência forneceriam uma caracterização da estrutura interna da categoria (de onde provém a persuasão de que constituem representações mentais). Numa terceira fase (fins dos anos 70), os efeitos prototípicos subdeterminariam as representações mentais, mas não haveria correspondência direta entre efeitos prototípicos e representações mentais. Eles não refletiriam a estrutura categorial. Portanto, conheceremos juízos de prototipicidade, mas eles não nos dizem nada sobre os nossos processos cognitivos, e os efeitos prototípicos seriam superficiais.[44]

De fato, Rosch (1978: 174 segs.) esclarece que o protótipo não é nem o membro de uma categoria nem uma estrutura mental precisa, quanto mais o resultado de uma experiência que tem em vista recolher e quantificar juízos sobre o grau de prototipicidade. O que significa grau de prototipicidade? Teríamos uma identificação de prototipicidade quando o maior número de atribuições que este possui em comum com os outros membros da categoria é destinado ao membro de uma categoria.

Ora, os sujeitos que atribuíram aos veículos em geral as duas únicas propriedades de se mover e transportar pessoas tendem a identificar um automóvel como o protótipo do veículo (com quase 25 traços característicos) e a colocar em níveis inferiores a bicicleta ou o barco, classificando nos últimos lugares o aeróstato e, por último, o elevador. Vemos atribuídas ao elevador apenas duas propriedades (de mover-se e de transportar pessoas).[45] Se fosse assim, deveria ser justo o elevador representar o protótipo dos Veículos, visto que apresenta justamente as propriedades comuns a qualquer veículo e que, então, permitiria atribuir aos veículos ainda as espécies e ocorrências mais diversas. Em qualquer ordenação categorial, o gênero superordenado deve ter menos traços que a espécie subordinada, e a espécie menos ocorrências individuais que permite reconhecer. Se o TC para o cão fornecesse instruções para "construir" um pequinês e nada mais, dificilmente seria aplicável a um maremano. Se um protótipo (lá onde já ajustamos um sistema classificatório) e um TC tivessem algo em comum, seria que ambos deveriam ter uma extensão máxima e uma intenção mínima. Ao invés disso, o protótipo possui extensão mínima e intenção máxima.

Parece-me que a noção de protótipo tenha um valor para esclarecer quais são as "margens" de uma categoria de base: se decidimos que os traços salientes da categoria superordenada dos pássaros são bico, plumas, asas, duas patas e a capacidade de voar, é natural que haja embaraço para definir plenamente como pássaro a galinha, que não voa, mas que, no máximo, bate as asas (e não a excluímos, porque admitimos que os outros pássaros também não deixem de ser pássaros mesmo quando não voam). Mais discutível parece a identificação do protótipo de forma positiva, porque acredito que dependa de experiências ambientais e que os juízos de prototipicidade tenham mais valor para uma pesquisa de antropologia cultural que para determinar mecanismos cognitivos em geral.[46]

3.7.4.3. Os misteriosos Drybal

Em qualquer experiência sobre a classificação é sempre aquele que experimenta que propõe uma subdivisão em classes inspirada num certo modelo cultural, tendendo não só a eliminar as formas de classificação "selvagem", mas ainda a pressupor uma classificação, em que provavelmente existem apenas acidentes morfológicos isentos de contraparte semântica.

Temos um caso curioso do gênero em Lakoff (1997, 6), em que nos referimos (com base em outras pesquisas) à linguagem Drybal (Austrália), em que cada termo deve ser precedido por uma destas palavras:

Bayi: para homens, cangurus, morcegos, muitas serpentes, muitos peixes, alguns pássaros, muitos insetos, a lua, as tempestades, os arco-íris, o bumerangue, algumas lanças etc.

Balan: para mulheres, cães, ornitorrinco, equidna, algumas serpentes, alguns peixes, muitos pássaros, escorpiões, grilos, cada coisa ligada ao fogo e à água, sol e estrelas, escudos, algumas lanças, algumas árvores etc.

Balam: para todas as frutas comestíveis e plantas onde crescem, tubérculos, maçãs, cigarros, vinho, doces etc.

Bala: para partes do corpo, carne, abelhas, vento, algumas lanças, muitas árvores, erva, lodo, barulhos e linguagem etc.

Lakoff se espanta que tais "categorizações" sejam automaticamente utilizadas por nativos e quase sem ter nenhuma consciência disso, e procura razões semânticas e simbólicas para justificá-las. Acha, por exemplo, que os pássaros seriam classificados com as mulheres porque são considerados espíritos de mulheres mortas, mas não consegue apurar por que o ornitorrinco está com as fêmeas, o fogo e as coisas perigosas — como vemos, não é só para mim que aquele animal é fonte de contínuas preocupações.

No entanto, observa que para os falantes das últimas gerações, que perderam quase toda a língua dos pais, restam apenas *Bayi* para machos e animados não humanos, *Balan* para fêmeas humanas e *Bala* para todo o resto, e de forma razoável liga o fenômeno à influência do sistema pronominal inglês (*He-She-It*). Observação justa, que, entretanto, encorajaria além — isto é, além do inglês. Suponhamos, de fato, que, numa península mediterrânea, viva uma população rara cujos nativos tenham o curioso hábito de antepor a cada nome duas palavras, IL (com a variante LO) e LA, com os seguintes efeitos "categoriais":

IL se aplica a homens, cangurus, morcegos, muitas serpentes (jiboia, pítia, cobra), muitos peixes (robalo, lúcio, peixe-espada, tubarão), muitos insetos (zangão, besouro), sol, temporal, arco-íris, bumerangue, fuzil, metralhadora, dia, ornitorrinco, rinoceronte.

LA se aplica a mulher, tigre, algumas serpentes (víbora, cobra-d'água), alguns peixes (dourado, truta), muitos pássaros (andorinha, toutinegra), insetos (vespa, mosca), água, lua, estrela, couraça, pistola, lança, algumas árvores (carvalho, palmeira), girafa, doninha etc.

Como bem sabemos, o gênero gramatical não tem nada a ver com o gênero sexual, nem mesmo com alguma classificação que ponha conceitualmente a *sentinela* do mesmo lado da *locomotiva* e da *lua*, e o *sol* do lado do *guardião* e do *vagão*. Enfim, poderemos até supor que no norte daquela península, além de um arco montanhoso, viva uma outra população (muito bárbara) que antepõe a cada termo, como os jovens Drybal, três palavras diferentes, DER, DIE e DAS (talvez para pidginização, sob a influência do sistema pronominal inglês), mas que, mesmo assim, o fato de que o sol seja *die* como a mulher, a lua *der* como o leopardo e o tigre, e o ornitorrinco, a orelha e o ouro sejam todos *das*, não tem nenhum valor categorial.

Não me sinto à vontade em dizer que na língua Drybal aconteça algo semelhante àquilo que acontece em italiano, alemão, francês e tantas outras línguas. Apresento apenas a suspeita de que os fenômenos gramaticais sejam com frequência discutidos como fenômenos de classificação — o que joga uma suspeita sobre tantas investigações, em que se pressupõem classificações familiares pelo experimentador, mas que os sujeitos delas não compartilham, ou o experimentador se cansa, em vão, deduzindo classificações em que os sujeitos não classificam nada e seguem apenas automatismos gramaticais.[47]

3.7.5. Outros tipos

Propus limitar-me apenas àqueles casos em que estão em jogo objetos ou eventos de experiência perceptiva realizada ou possível, mais que aprofundar o que acontece quando falamos de *Banco da Itália, governo, sistema majoritário, enfiteuse, fato, adversidade, metonímia, precisão, instinto*, e assim por diante. Mas até que ponto podemos falar de objetos de percepção possível?

A península italiana é perceptível? Hoje sim, tanto quanto a lua, e sem necessidade de observá-la da lua, basta fotografá-la de um satélite. E antes que os satélites existissem, possuíamos um TC da Itália? Por certo, como todos os estudantes italianos o sabiam, tanto quanto todos os estudantes franceses possuíam um TC do Hexágono. Então, ninguém *percebera* estes territórios. Entretanto, por sucessivas aproximações, mapeando as costas quase uma a uma através de escalas, obtínhamos uma imagem (certamente variável no tempo segundo as projeções, ou imperfeição dos relevos, como acontecia nos mapas antigos) que transmitia o CN das expressões geográficas *Itália e França*.

Existem TCs de personagens históricos? Para alguns, que possuem uma iconografia muito rica e popular (como Garibaldi), por certo que sim. Existe um TC para Roger Bacon? Duvido, existe apenas um CN, mas que não é conhecido de todos ("filósofo medieval"), e um CM à disposição dos peritos. Acredito que, além de um certo limite, surjam situações muito complicadas. Decerto, não possuímos um TC para algumas substâncias químicas, mas possuímos um para outras, como o ácido clorídrico, pelo menos temos um para a doninha (cf. Neubauer e Petöfi 1981); e, contudo, um químico poderia ter uma competência mais elaborada sobre ele. Não possuímos um tipo cognitivo do diabetes (é diferente dizer que o médico tem um tipo cognitivo dos sintomas do diabetes), mas temos a impressão de identificar num piscar de olhos quem está resfriado, tanto que podemos fornecer uma representação caricatural ou mímica da pessoa resfriada. O arquipélago dos TCs diz que é uma das experiências mais costumeiras o fato disto ainda ser pouco examinado.

3.7.6. Se um motorista numa noite de inverno

Dirijo, de noite, numa estrada de campo, ainda por cima coberta por uma fina camada de gelo. Num certo ponto vejo diante de mim, ao longe, duas fontes de luz branca que aos poucos vão aumentando de tamanho. Primeiro ocorre a Firstness: duas luzes brancas. Depois, para começar a comparar uma sequência de estímulos distribuídos temporariamente (luz em tempo$_2$ maior que luz em tempo$_1$), já devo ter começado uma inferência perceptiva. Neste ponto, entram em jogo o que Neisser (1976, 4) chama de "schemata", e que seriam formas de expectativa e antecipação, que orientam a seleção de elementos do campo estimulante (sem com isso excluir que o campo estimulante me ofereça saliências, direções preferenciais). Não acredito que poderia ativar um sistema de expectativas se já não possuísse o TC "automóvel", mas o argumento "automóvel, de noite".

O fato de que vejo duas luzes brancas, e não duas luzes vermelhas, me diz que o automóvel não está à minha frente, mas vem ao meu encontro. Se eu fosse uma lebre, ficaria admirado, sem poder interpretar um fenômeno tão singular, e terminaria debaixo do carro. Para dominar a situação devo entender logo que não são dois olhos luminosos que vêm ao meu encontro, mas um corpo que possui algumas propriedades morfológicas, mesmo que não estejam no meu campo estimulante. Apesar de as luzes que vejo serem aquelas luzes (uma ocorrência concreta), no instante em que passo pelo juízo perceptivo já entrei no universal: o que vejo é um carro, e pouco me importa a sua marca ou quem o esteja dirigindo.

De algum modo, isto responde a Gibson e à sua teoria "ecológica", fundamentalmente realista e não construtivista da percepção. Poderíamos concordar com ele, quando afirma que "a função do cérebro não é decodificar sinais, nem interpretar mensagens ou aceitar imagens... Nem sequer é função do cérebro organizar o *input* sensorial ou *processar* dados... Os sistemas perceptivos, incluindo os centros nervosos em vários níveis até o cérebro, são modos de procurar e extrair de um campo flutuante de energia ambiental informação sobre o ambiente" (1966: 5). Admitamos ainda que o mesmo campo estimulante me oferece saliências, que é algo *que está lá*, dando-me informação suficiente para perceber duas fontes luminosas redondas, distinguindo as "margens" que as separam do ambiente circunstante. Imagino também que a lebre veja algo semelhante, e que os seus receptores reajam de preferência à fonte de luz que à escuridão circunstante. Mas apenas chamando, como faz Gibson, "percepção" esta primeira fase do processo, temos razão de dizer que ela é determinada por saliências propostas pelo campo estimulante. Mas, se desejo permanecer fiel às minhas premissas terminológicas, o juízo perceptivo é algo muito mais complexo. O que me difere da lebre é que passo daqueles estímulos, embora determinados pelo objeto, ao juízo perceptivo *aquilo é um carro*, aplicando um TC e, assim, integrando o que me estimula agora ao que já sabia.

Só quando formulei o juízo perceptivo fui capaz de proceder a uma série de inferências ulteriores: antes de mais nada, reconduzo o tipo à ocorrência, a posição dos faróis me diz se o automóvel se mantém corretamente à direita ou se se aproxima de forma perigosa do meio da estrada, se avança em alta ou baixa velocidade; se comecei a ver ao longe duas luminosidades mal perceptíveis, ou se a aparição das luzes foi precedida por uma claridade difusa, compreendo se, no fundo, há uma curva ou uma valeta. Saber que a estrada está coberta de gelo leva-me a seguir outras regras (aprendidas) de prudência. Citando Neisser de novo (1976: 65) nesta oscilação, por um lado generalizo a ocorrência e por outro particularizo o esquema.

Se isso ocorre, sequer tenho necessidade de pensar, com Kant, que por um lado exista uma multiplicidade da sensação e, por outro, exista o aparato abstrato das categorias que espera ser aplicado e o esquema, como elemento mediador. O esquema seria um dispositivo, um sistema de instruções tão flexível para mediar, por assim dizer, continuamente a si mesmo, enriquecer-se e corrigir-se com base na experiência específica que realizo, entremeado como está de primitivos semiósicos (um objeto, uma luminosidade) e de elementos categoriais (um carro, um veículo, um objeto móvel).

Ao avaliar toda a situação também entram em jogo o que Neisser chama de "mapas cognitivos": aplico à situação o que sei sobre as características de *default* de uma estrada de campo (e ainda por cima coberta de gelo), e avalio o tamanho daquela em que avanço, por exemplo, caso contrário não poderei afirmar se o carro ao longe se mantém corretamente no seu próprio lado ou se há a possibilidade de vir ao meu encontro. Pelo modo como o meu carro reage a pequenas e explorativas freadas, avalio se o leito rodoviário suportaria uma freada mais imprevisível e firme (e neste caso não percebo com os olhos, mas com os pés e com as nádegas, interpretando uma quantidade de estímulos que vêm a mim proprioceptivamente).

Em suma, no curso desta experiência ponho em prática variados TCs, de objetos, situações, competências específicas que pertenceriam mais ao CM, esquemas de relações de causa e efeito, inferências de diversos gêneros e complexidades. O que vejo é apenas uma parte daquilo que percebo, e também faz parte daquilo que percebo um sistema de regras rodoviárias, hábitos adquiridos, leis, uma casuística aprendida, porque já sei que no passado a negligência daquelas regras produziu um incidente mortal...

Em todo o caso, está intersubjetivamente apurado que a maior parte destas competências seja pública pelo fato de que, se eu estivesse distraído ou sonolento, alguém ao meu lado seria capaz de advertir-me que um carro vinha ao nosso encontro, e aconselhar-me a virar o volante mais para a direita (notemos que aquele alguém chegou ao mesmo juízo perceptivo que eu, mesmo que recebesse os estímulos segundo uma paralaxe diferente).

Talvez, no curso deste processo, avaliasse apenas epifenômenos. Mas se não levasse a sério estes epifenômenos eu seria uma lebre condenada à morte.

3.7.7. Tipos fisionômicos para indivíduos

Mas retornemos ao recenseamento dos vários TCs do nosso arquipélago ainda abundantemente inexplorado. Um TC também pode dizer respeito a indivíduos. Jackendoff (1987: 198-199) sugere que, embora recorrendo ao mesmo modelo 3D tanto para o reconhecimento de indivíduos quanto de gêneros, temos dois processos distintos. No caso de categorizar Giorgio como ser humano macho, decido que a ocorrência$_i$ é um exemplo do tipo$_k$. No caso em que reconheço Giorgio como Giorgio, decido que uma ocorrência$_i$ é idêntica à ocorrência$_j$. Outros diriam que no primeiro caso reconheço Giorgio como *semelhante* a outras pessoas, no segundo como *a mesma* pessoa. Poderemos dizer que nos indivíduos coincidem tipo e ocorrência. Mas não ocorre o mesmo nos processos de reconhecimento, porque a ocorrência$_i$ (o indivíduo que vejo neste instante) é verdadeiramente uma ocorrência, enquanto que a ocorrência$_j$ é sempre tirada da memória, seja ela imagem mental ou qualquer outra forma de registro, e, portanto, também é um TC, que deveremos definir como "tipo individual", mas que, visto que o termo passa perto do oximoro, indicarei como *tipo fisionômico*.

Se não postulamos tipos fisionômicos, resulta inexplicável como somos capazes de reconhecer sempre a mesma pessoa no curso do tempo. As pessoas mudam a cada ano, o rosto se afina ou engorda, aparecem as rugas, os cabelos encanecem, os ombros se curvam, o andar perde a elasticidade. É admirável que em circunstâncias normais sejamos capazes de reconhecer alguém muitos anos depois de o termos perdido de vista. A tal ponto que, se no início não o reconhecemos, basta depois um tom de voz, um olhar, para levar-nos ao reconhecimento, acompanhado do canônico "como você mudou!".

Isto significa que havíamos construído um tipo fisionômico do sujeito que conserva apenas alguns traços salientes do original, que algumas vezes concernem mais ao modo de mover os olhos que à forma do nariz ou à quantidade e cumprimento dos cabelos. Memorizamos um tipo de *Gestalt* do rosto (ou da postura corporal, algumas vezes do andar) que ainda resiste à mudança de cada propriedade particular.

Quanto ao tipo fisionômico ser esquemático, conhecem-no os apaixonados, que sofrem de dois incidentes aparentemente opostos. Por um lado, têm sempre a impressão de perceber ao longe a pessoa amada, embora depois se convençam de que estavam errados: isto é, que o desejo os levava a aplicar o tipo fisionômico com generosidade, procurando torná-lo aplicável a muitas ocorrências concretas. Por outro lado, quando a pessoa amada está ausente, procuram desesperadamente reconstruir as suas feições na memória, ficando sempre desiludidos pelo fato de que não experimentam a mesma intensa sensação de quando a viam diretamente. Neste caso, percebem como o tipo fisionômico serve para o reconhecimento de ocorrências (são exceções sujeitos dotados de imaginação eidética, como muitos artistas capazes de fazer um retrato, confiando apenas na memória). Ou percebem a notável diferença entre "recognition" e "recall" (cf. Evans 1982, 8).

No entanto, os tipos fisionômicos para indivíduos possuem uma característica que os distingue dos TCs genéricos que, embora possam ser particulares, com frequência podem ser considerados públicos em forma de CN interpretado. Por certo, podemos apresentar o caso de alguém que reconhece facilmente os ratos, mas não é capaz ou nunca teve oportunidade de exprimir os traços morfológicos pelos quais os reconhece e portanto não temos a garantia de que possua um tipo dos ratos semelhante àquele dos outros (por razões idiossincráticas poderia reconhecê-los apenas pelo seu rápido movimento, sem jamais ter uma noção da sua forma). Quando falássemos com ele sobre ratos, ele os definiria, no máximo, como "desagradáveis roedores que se encontram nas casas", e assim como esta noção faz parte do CN comum, teríamos a conclusão errada de que o TC desta pessoa é do formato do nosso, e compartilha do conhecimento de todos os traços morfológicos que fazem parte da zona de conhecimento comum do nosso. Mas as circunstâncias da vida em comum tornam muito improvável um caso deste tipo, e, se atualmente isto pudesse ocorrer com os ratos (que muitíssimas pessoas têm poucas oportunidades de ver), raramente poderia ocorrer com uma vaca e mais raramente com uma cadeira.

Isto não ocorre com os tipos fisionômicos de indivíduos. Notemos que o fenômeno se verifica não apenas para indivíduos humanos, mas com maior razão para animais, vegetais e objetos individuais. Qualquer pessoa concorda ao dizer como é um cão, uma bicicleta, um cachimbo, mas é extremamente difícil explicar a alguém como caracterizar o cão Tom, a minha bicicleta e o meu cachimbo. Para animais e objetos com frequência prevalecem traços genéricos, e no meio de uma grande quantidade de carros da mesma marca no estacionamento algumas vezes hesitamos em reconhecer o nosso carro (se não dá sinais de reconhecimento). Mas o problema adquire um relevo diferente a propósito de indivíduos humanos.

Reconhecerei Gianni entre um milhão de indivíduos, e o mesmo aconteceria com Marco, e as razões por que eu o reconheço podem ser muito diferentes daquelas por que Marco o reconhece. Marco e eu poderemos passar a vida nos referindo a Gianni, reconhecendo-o ambos quando o encontramos, sem nunca ter tido oportunidade de tornar públicos os traços através dos quais o identificamos. Poderemos perceber a diversidade entre os nossos TCs apenas no dia em que ambos devêssemos colaborar para o seu retrato falado: somente então poderei descobrir que Marco nunca prestou atenção na forma do nariz de Gianni, mas nem mesmo sabe se tem muito cabelo ou se mostra sinais de calvície, e talvez o considere franzino, enquanto eu o vejo como uma pessoa robusta. Se depois alguém nos perguntasse quem é Gianni, perceberemos que, ao interpretar o conteúdo do nome, não só as nossas interpretações não coincidiriam, mas os limites entre CN e CM seriam bastante imprecisos. Talvez ambos pudéssemos dizer que é um ser humano, do sexo masculino, professor da matéria tal na universidade tal, mas para mim seria o irmão de Luigi e o autor de um livro muito conhecido sobre o aspecto na língua nahuatl (que era aquela de Montezuma), enquanto que Marco mostraria ignorar estes particulares; e um só destes particulares poderia servir a um terceiro interlocutor para associar ao nome de Gianni numerosíssimas outras propriedades, e até levá-lo a desenterrar da própria memória dados úteis para a sua identificação. Por isso mesmo, Marco poderia ser o único a conhecer a propriedade de Gianni ser o monstro de Scandicci, e ninguém ousará afirmar que se trata de propriedade insignificante — mesmo se me parecer que faça parte do CM e não do CN.

Digamos, então, que verificamos três fenômenos com os indivíduos: (i) a frequente idiossincrasia dos TCs, graças aos quais são reconhecidos, (ii) a dificuldade de interpretar estes TCs publicamente e portanto de fornecer instruções para a sua identificação, (iii) a elasticidade das propriedades exprimíveis em termos de CN. Acredito que esta seja uma das razões que mais facilmente leva muitos teóricos a pensar que os nomes próprios de indivíduos não possuam conteúdo, mas designam diretamente o seu portador. Trata-se, é claro, de uma tomada de partido, porque a nossa vida é gasta em grande parte definindo (para outros) os vários indivíduos que nomeamos, correlacionando ao seu nome uma série às vezes muito ampla de propriedades, expressas através de descrições verbais e representações visuais; mas é certo que exprimem traços que em algumas situações e para alguém são *salientes*, mas não são sempre assim nem para todos, e podem existir diferenças sensíveis entre uma interpretação e outra.[48]

Em 1970, deixei a minha barba crescer. Vinte anos depois cortei-a por alguns meses, e observei que havia amigos que me encontravam e, à primeira vista, não me reconheciam; outros, por sua vez, estabeleciam logo uma interação normal, como se não percebessem a mudança.[49]

Depois entendi que os sujeitos da primeira categoria só me conheceram nos últimos vinte anos, e portanto já com a barba; enquanto que os da segunda categoria conheceram-me antes que deixasse a barba crescer. Cada um de nós constrói um tipo fisionômico das pessoas que encontra (quase sempre baseado na primeira impressão ou, em casos excepcionais, no momento em que a impressão foi mais vívida) e se apoia nisso por todo o resto da sua vida — num certo sentido, aos poucos adaptando as feições da pessoa que revê ao tipo inicial, mais que corrigir o tipo a cada novo encontro.[50]

Isto me leva a pensar que, assim como as caricaturas esclarecem traços que são realmente individuais no rosto caricaturado, e como o estudo da estupidez com frequência serve para melhor compreender o fenômeno da inteligência, assim muitos comportamentos doentios só fazem esclarecer tendências "normais" que frequentemente são controladas por e reabsorvidas em modelos de comportamento mais complexos. Penso nos estudos sobre a prosopagnosia e, em especial, na bela análise de Sacks (1985) sobre o homem que trocou a sua mulher por um chapéu. Visto que nem mesmo Sacks sabe o que aconteceu de verdade na caixa-preta do senhor P., podemos nos contentar de levar em consideração as suas interpretações verbais.

Portanto, P. não reconhece rostos, mas, no resto, não foi apenas acometido de prosopagnosia, mas de agnosia generalizada, e não reconhece paisagens, objetos ou figuras: focaliza a própria atenção em traços particulares, sem conseguir compô-los numa imagem global. Descreve minuciosamente uma rosa, mas não a caracteriza como tal até sentir o seu odor; fornece uma descrição minuciosíssima de uma luva, mas só a reconhece quando a coloca... Sacks diz (com referência a Kant) que era incapaz de juízo, mas direi que não possuía *esquemas* (e, de fato, Sacks, em nota bibliográfica, admite que P. devia possuir um déficit de "tipo Marr", que não dispunha de um *primal sketch* para objetos).

Contudo, existe algo que, no modo como P. cansativamente reconhecia as pessoas, nos parece muito próximo do modo como as reconhecemos — exceto que o comportamento de P. é uma *caricatura* do nosso. Antes de mais nada, P. recolhe detalhes, reconhece a foto de Einstein só por causa dos cabelos e dos bigodes, seu irmão Paul por causa dos grandes dentes. E o mesmo fazia um outro paciente, que Sacks cita no pós-escrito: não reconhecia a mulher e os filhos, mas reconhecia alguns amigos por características relevantes, um tique, uma pinta, a extrema magreza.

Parece-me que, ao elaborar tipos de indivíduos, com frequência agimos assim. Por certo, possuímos a habilidade de construir esquemas, *primal sketches*, sabemos abstrair de infinitos particulares, refreamos a nossa tendência a nos determos em cada mínimo detalhe individual: todavia, aceitamos um desequilíbrio regulado, de preferência apreendemos aspectos salientes e os retemos com maior cuidado na nossa memória. Por isto, o meu tipo individual de Gianni é diferente daquele de Marco, porque ambos (em medida bastante controlada) somos senhores P. No fim das contas, é a contínua interação social que nos constrange a não sermos completamente assim, por isso vemos que para sermos definidos como *normais* basta (tanto no bem quanto no mal) nos atermos às *normas* que a comunidade estabelece — e eventualmente corrige — passo a passo.

3.7.8. TC para indivíduos formais

Gianni é um indivíduo único e sem-par, mas tanto eu quanto Marco podemos reconhecê-lo por diversos motivos. Ora, perguntamo-nos se existe um TC de *Os noivos* e da *Quinta* de Beethoven. Direi que sim, porque quem quer que conheça bem estas duas obras reconhece-as na abertura do livro (ou, pelo menos, na abertura do primeiro capítulo) ou no início da composição. Mas o que são estas obras de engenho (utilizo esta expressão para obras literárias, pictóricas, arquitetônicas, musicais, mas ainda para ensaios filosóficos e científicos)? Tornemos a ver o que foi dito em Eco (1975, 3.4.6-8). Gianni é um indivíduo. O fonema que pronuncio é uma *réplica* do fonema tipo (existem variações de pronúncia, mas os traços pertinentes são conservados, estabelecidos pelo tipo). Uma edição qualquer de *Os noivos* é uma *cópia* de todos os outros livros, com o mesmo título, impressos pelo mesmo editor (no sentido que cada cópia tem, pelo menos em nível molar, todas as propriedades de qualquer outra cópia). Mas, é, ao mesmo tempo, a clonagem de um arquétipo "literário": o tipo editorial concerne à substância da expressão (papel, caracteres, encadernação), enquanto que o arquétipo literário concerne à forma da expressão. Neste caso, a minha cópia de *Os noivos* (excluindo problemas de papel e tipográficos) é uma clonagem do mesmo arquétipo literário de que é clonagem também a primeira cópia da edição dos anos 40. Se do ponto de vista do antiquário (em que se torna pertinente a substância da expressão, o suporte do papel) é mais preciosa uma cópia dos anos 40; do ponto de vista linguístico e literário (forma da expressão) a minha cópia possui todas as propriedades pertinentes ao arquétipo saído das mãos do autor (tanto que um ator poderia declamar alguns trechos, lendo indiferentemente de uma ou outra edição, produzindo a mesma substância da expressão sonora e criando os mesmos efeitos estéticos).

O arquétipo de *Os noivos* não é um tipo genérico, uma forma de legissigno no sentido peirciano: aparenta ser mais individual que Gianni, porque Gianni seria sempre ele mesmo que perdesse os dentes, os cabelos, os braços, enquanto que *Os noivos*, se mudamos o seu início ou fim, ou se substituímos as suas palavras aqui e ali, transforma-se em outra coisa, um falso, um plágio parcial.

Os noivos são igualmente individuais como a *Gioconda*? Sabemos (Goodman 1968: 99) que existe uma diferença entre artes *autográficas*, não suscetíveis de observação e, portanto, não replicáveis (a *Gioconda*) e outras *halográficas*, replicáveis — algumas segundo critérios rigorosos, como um livro, e outras segundo a flexibilidade interpretativa, como a música. Mas, se um dia fosse possível replicar cada matiz de cor, cada traço de pena, cada particular da tela da *Gioconda*, a diferença entre original e cópia teria apenas valor de antiquário (assim como, em bibliofilia, entre duas cópias da mesma edição vale mais aquela autografada pelo autor), mas não valor semiótico.

Em suma, pareça ou não, *Os noivos* é um indivíduo, mesmo que tenha a propriedade de ser reproduzível (mas de tal modo que cada cópia respectiva possui as mesmas delicadíssimas características individuais do arquétipo).[51] Por isso, posso ter um tipo fisionômico não genérico disto. Não sabendo como chamar este estranho tipo de indivíduos, que são as obras do engenho, e levando em conta que a sua individualidade concerne apenas à forma da expressão e do conteúdo, não à substância, arrisco o termo de *indivíduos formais*. Uma vez neste caminho, poderemos caracterizar outros interessantes indivíduos formais, mas no momento limito-me a aplicar a definição às obras do engenho, que são objeto de percepção direta.

Naturalmente, poderia ocorrer-me abrir um livro que já li, e não reconhecê-lo nas primeiras páginas; mas, por outro lado, se vejo Gianni rapidamente, ao longe, de costas, no meio da multidão, poderei ter as mesmas incertezas. Mas é destas incertezas que vale a pena falar, porque poderiam colocar em crise as nossas ideias sobre o reconhecimento e a identificação. Assim como o jogo sobre *Os noivos* ou sobre a *Quinta* parece muito fácil, tentamos uma experiência mental que implica um indivíduo formal mais problemático.

3.7.9. Reconhecer SV2

Todos os instrumentos elétricos de casa estão fora de uso por causa de um *black out*, menos o rádio com o leitor de CD incorporado, que funciona a bateria. Na escuridão mais absoluta, não me resta senão escutar a minha composição preferida, a *Segunda suíte para violoncelo* de Bach na transcrição para flauta doce contralto (que de agora em diante chamarei SV2). Posto que está escuro como breu e não posso ler os títulos dos discos, não me resta senão ouvi-las todas. Para tornar a história mais complicada, visto que tenho um pé engessado e está presente o meu amigo Roberto, amante como eu da SV2, peço-lhe para ir às cegas onde estão o rádio e o CD e fazer o trabalho no meu lugar. Entretanto, digo-lhe: *Por favor, procure para mim a SV2*, como se lhe dissesse para ir receber o nosso amigo comum Johann Sebastian na estação. Pus em prática uma operação de referência que presume, por parte de Roberto, a capacidade de caracterizar o referente, ou o ser designado pelo meu ato linguístico.[52]

No que concerne ao trecho musical, a noção de individualidade parece comprometida pelo fato de que posso ter diversas execuções de uma mesma composição realizadas por diversos intérpretes. Entretanto, neste caso (e para quem é sensível a estas diferenças), o indivíduo não seria SV2, mas aquilo que chamamos SV2/Brüggen, enquanto distinta da SV2/Rampal. Nesta nossa experiência mental nos comportaremos como se existisse uma e somente uma execução da SV2, reproduzida em milhares de discos. Neste caso, reconhecer SV2 será como reconhecer *Os noivos*, folheando vários livros. Entre outras coisas, para a maior parte dos ouvintes acontece isso mesmo, e eles reconhecem sempre SV2 em diversas execuções, apesar das diferenças de interpretação.

Quais são as instruções que Roberto possui para identificar o indivíduo e quanto coincidem com aquelas de que disponho?

Wittgenstein (*Tractatus*, 4.014) diz que "o disco fonográfico, o pensamento musical, a notação musical, as ondas sonoras, estão todos naquela relação interna de representação que subsiste entre linguagem e mundo. A estrutura lógica é comum a todos eles". Deixemos de lado a forte admissão da teoria wittgensteiniana do *Abbildung*, que desejaria as proposições linguísticas como ícones do estado de coisas a que se referem (o segundo Wittgenstein será muito mais prudente a respeito disso). Considerando apenas o exemplo musical, parece-me claro que estamos diante de dois fenômenos diversos.[53]

Por outro lado, temos a relação icônica entre ondas sonoras e sulcos no vinil do disco ou sequências de sinais discretos no CD. Por certo, estamos diante de relações de modelo, de um iconismo primário como aquele de que falamos em 2.8, uma relação que se estabeleceria também na ausência de qualquer mente que a interprete, e que continua a subsistir tanto se as ondas sonoras foram gravadas de forma analógica, quanto se foram traduzidas de forma digital.

É diferente a relação entre o fenômeno físico e, de um lado, a sua transcrição no pentagrama e, de outro, a "ideia musical". A transcrição no pentagrama decerto representa um modo (altamente convencional) de tornar a ideia musical publicamente acessível. Se o procedimento é convencional (altamente codificado), isto não elimina o fato de que a sequência das notas escritas seja motivada pela sequência dos sons imaginados ou ouvidos pelo autor no instrumento. Estamos diante de um dos casos que no *Tratado* definia como *ratio difficilis*, onde a forma da expressão é motivada pela forma do conteúdo.

Mas o problema surge quando desejamos definir a forma do conteúdo, que parece corresponder àquela que Wittgenstein chamava de ideia musical, que é aquele ideal de "boa forma" ao qual o executor procura conferir substância enquanto interpreta as notas no pentagrama. O que entendemos por ideia musical? O que quer que entendamos, por certo é aquela individualidade formal que devo caracterizar para reconhecer SV2 como tal. Mas é também aquela sequência de notas que Bach imaginou, um Objeto Dinâmico que não sabemos mais onde está (ontologicamente falando), tanto quanto não sabemos onde está o Triângulo Retângulo? Deveríamos dizer que o Objeto Imediato deveria ser o tipo fisionômico deste Objeto Dinâmico, senão como poderemos cloná-lo de modo intersubjetivamente aceitável, e reconhecer cada uma das suas clonagens? Todavia, na minha experiência mental, o assunto se complica porque Bach concebeu a suíte *para violoncelo* (não para flauta), e portanto a sua primeira ideia musical compreendia ainda traços de timbre que foram mudados na transcrição. Mas não é por acaso que escolhi uma situação tão terrivelmente complexa. É que alguém que tenha frequentado SV2 apenas na transcrição para flauta, quando a escuta pela primeira vez tocada no violoncelo tem um instante de perplexidade, mas com frequência no fim reconhece, surpreso, que se trata da mesma composição. Por outro lado, reconhecemos uma certa canção tanto se for tocada na guitarra quanto no piano, e, assim, vale a pena apoiarmo-nos num tipo fisionômico tão esquemático que deixe cair o parâmetro de timbre, que também não é pouca coisa.[54]

É claro que, se a relação entre ondas sonoras e sulcos do disco é um caso de iconismo primário — e se a relação entre a execução de Brüggen e as notas da partitura já se substancia em múltiplas inferências interpretativas, escolhas, acentuações de pertinência —, com o tipo fisionômico já chegamos a um processo extremamente complexo do qual parece bastante difícil prestar contas. O que é a ideia musical que tenho? Deve ajustar-se àquela de Brüggen? Decerto não. O meu tipo fisionômico poderia ser diferente daquele de Roberto. Lendo a partitura, sei tocar SV2 na flauta doce, e, se toco de memória, continuo por um minuto ou dois, depois paro e não lembro mais como devo continuar, enquanto Roberto, que também sabe arranhar a flauta doce, ouviu o trecho muitas vezes e sabe reconhecê-lo, mas o tentar tocá-lo não teria êxito.

Portanto Brüggen, eu e Roberto sabemos reconhecer SV2, mas nos referimos a (ou colocamos em jogo) três tipos fisionômicos diferentes (ou, pelo menos, de variada complexidade e sutileza ou definição). Podemos falar de três "imagens acústicas" que, no fim do simples reconhecimento, equivalem umas às outras? Mas o que é uma imagem acústica? Não basta dizer que reconheço Johann Sebastian com base em traços visuais e SV2 com base em traços acústicos. O fato é os traços fisionômicos de Johann Sebastian se me apresentam todos juntos (mesmo se algumas vezes a sua inspeção pode tomar algum tempo), enquanto os traços acústicos da composição musical se me apresentam distribuídos no tempo. Mas o nosso problema, no quarto escuro, não é reconhecer SV2 depois de escutar todo o disco. Seria como poder reconhecer Johann Sebastian somente depois de tê-lo feito andar longamente para a frente e para trás, sorrir, falar, e depois interrogá-lo polidamente sobre seu passado (o que acontece apenas em circunstâncias excepcionais). Roberto, para satisfazer meu pedido, deve reconhecer SV2 em tempo muito breve (talvez com base em poucos levantamentos casuais), e entre outras coisas, isto é um problema com o qual frequentemente nos confrontamos, quando ligamos o rádio e escutamos um trecho que decerto conhecemos, mas que não caracterizamos num primeiro instante. Se Roberto leva todo o tempo da composição para procurar reconhecer SV2, já se perdeu de início, leva-me até o *Cravo bem temperado*, e contentar-me-ei com ele porque tenho gostos simples.

Podemos dizer que o esquema fisionômico de SV2 não é diferente daquele da *Mona Lisa*? Não direi isso. Se sei reconhecer a *Mona Lisa* é porque a vi antes, se a vi saberei interpretá-la verbalmente (uma mulher sorridente, em meio-busto, com uma paisagem ao fundo...) e talvez até, sabendo desenhar muito mal, saberei fazer um seu esboço, bastante grosseiro, mas suficiente para permitir a alguém distingui-la da *Vênus* de Botticelli. Mas posso saber reconhecer SV2 mesmo sem saber indicar suas primeiríssimas notas. E não digamos que isto se deve apenas à minha falta de habilidade ou àquela de Roberto. Todos, se conhecemos a *Traviata*, sabemos muito bem indicar a "Sempre libera degg'io" ou a "Libiam nei lieti calici". Mas podemos amar loucamente o *Don Giovanni* e, contudo, desafio alguém que não seja um profissional a cantarolar "Non si pasce di cibo mortale". E mal a ouvimos, sabemos logo que o Comendador está falando.

Seremos tentados a dizer que reconhecemos um "estilo". Mas, fora a dificuldade que temos em definir o que é um esquema estilístico (um musicólogo sabe dizer-nos muito bem quais características percebemos ao delinear algo como Bach e não como Beethoven, mas o inconveniente é que nós, ao delineá-lo, não sabemos o que delineamos), o nosso problema é como distinguimos a segunda suíte sem confundi-la com a primeira. Aqui acredito que também o musicólogo, tão bom ao analisar as soluções melódicas, rítmicas e harmônicas próprias do estilo de Bach, não saiba senão remeter-nos ao pentagrama: SV2 é aquele indivíduo musical composto destas e daquelas outras notas, e se as notas são diferentes trata-se de uma outra composição.

O que Roberto deveria instintivamente se dispor a procurar, depois que mencionei SV2, é algo cujo tipo cognitivo muito complexo não possui (como aquele de Brüggen), mas um tipo fisionômico parcial, como um motivo que o encoraja à possibilidade, se necessário, de executar uma combinação mais complexa de "pattern-recognition skills" (Ellis 1995: 87), e que curiosamente pode implicar ainda a capacidade de reconhecer traços acústicos de que não tinha consciência no instante em que associava um tipo parcial ao nome.

Ellis (1995: 95 segs.) sugere que memorizemos um simples *pattern* melódico-rítmico, por exemplo as cinco primeiras notas. Não obstante, direi que existem composições que reconhecemos não no início, mas num certo ponto, e então estas cinco (ou vinte) notas cruciais poderiam estar em toda a parte, segundo o tipo fisionômico de cada um. Em todo o caso, tratar-se-ia sempre de um caso de resposta *truncada*: aquelas poucas notas tornam-me "confidente" do fato que, se quisesse, poderia tornar a lembrar do resto da sequência musical, mesmo que não seja verdade.[55]

Mas o que acontece a quem é desafinado? Vejamos: não falo de um desafinado em dimensões clínicas, basta pensar naqueles desafinados "moderados" que sabem reconhecer uma música, mas quando tentam cantarolá-la os ouvintes os convidam a parar. Um desafinado desta espécie teria em mente (ou em qualquer aparato de registro mnemônico que a substitua), de algum modo misterioso, as cinco ou vinte primeiras notas, mesmo que não seja capaz de reproduzi-las (nem com a voz, nem com uma ocarina). O caso não seria muito diferente daquele do apaixonado que, a todo instante, procura evocar a imagem da pessoa amada, nunca se satisfaz com o que evoca, seria absolutamente incapaz de fazer um retrato e, contudo, logo que a encontra, reconhece-a. Diante da voracidade do próprio desejo, todos os apaixonados são imaginativamente desafinados.

O desafinado possui um esquema de reconhecimento mínimo, mais pálido do que permitiria a muitas pessoas desenhar a *silhueta* de um rato, ou o perfil da península italiana, e, entretanto, quando é submetido ao estímulo, reconhece a sua configuração. O desafinado não tem ideia do que seja um intervalo de quinta, nem saberia reproduzi-lo com a voz, mas poderia reconhecê-lo (mesmo sem saber nomeá-lo) como configuração conhecida quando o ouve.

Assim, reconhecemos SV2 por alguns traços, algumas vezes melódicos, outras rítmicos, outras de timbre, e com base num tipo fisionômico "truncado", em que talvez tenham se tornado pertinentes traços completamente ausentes do tipo fisionômico alheio. Enquanto que um conjunto de conhecimentos enciclopédicos riquíssimo (como saber que SV2 é uma composição estruturada de um jeito ou de outro, escrita por Bach no dia tal etc.) pode não ter nada para o reconhecimento, tipos truncados e, com frequência, idiossincráticos podem ser suficientes.

O fato de que frequentemente avançamos por tipos cognitivos truncados remete à máxima pragmática de Peirce: "Para estabelecer o significado de um conceito intelectual, deveríamos considerar quais consequências práticas deveriam resultar de forma concebível necessariamente da verdade daquele conceito; e a soma destas consequências constituirá todo o significado daquele conceito" (CP 5.9). De fato, para saber se consentir com o juízo perceptivo alheio *esta é uma execução de SV2* ou para verificar o meu (imprudentemente pronunciado depois de poucas notas do Prelúdio), deverei conhecer todas as suas remotas consequências ilativas:

compreendendo o fato de que o trecho deverá continuar num certo modo, reconhecível quando ouço as notas. Mas também é possível que sempre tenha ouvido apenas a Allemanda e a Corrente de SV2 e que, assim, não saiba de fato (que nunca saiba) como é a Giga final. Simplesmente, ao reconhecer, arriscamos que com cada probabilidade o fim seja como deve ser. Em suma, manobramos esquemas fisionômicos vagos mas optativos.

Nestes casos, a única garantia é o consenso da Comunidade — e pior se na minha experiência mental a Comunidade era reduzida a apenas dois indivíduos. Quanto ao resto, fornecerá depois a série dos interpretantes; quando a luz voltar, poderemos ambos ler o título do trecho na capa do CD e somente então a Comunidade, para interpretantes publicamente registrados na enciclopédia, nos dirá que não erramos.

3.7.10. Alguns problemas abertos

Admitimos que, embora truncado, possuo um tipo cognitivo de SV2. É idêntico ao conteúdo nuclear? Não direi porque, por mais grosseiro que seja o conteúdo nuclear, deveria poder ser interpretado, enquanto apuramos que alguém pode reconhecer SV2 sem nem mesmo poder indicar uma nota ou escrever os seus primeiros compassos no pentagrama. Portanto, a única interpretação que ele poderia fornecer do nome SV2 seria "composição escrita por Johann Sebastian Bach inicialmente para violoncelo, no dia tal e tal...", e estaremos diante de uma interpretação verbal. Ou poderíamos mostrar a partitura correspondente, e estaríamos diante da interpretação por exposição da interpretação gráfica de um evento sonoro. Assim, os TCs truncados possuem a característica de serem completamente desapegados do conteúdo, seja ele nuclear ou não.[56]

Existem outros "objetos" de conhecimentos para os quais verificamos o mesmo fenômeno de desapego?

Um caso muito afim àquele de SV2 concerne TCs de lugares, particulares, suficientes para o reconhecimento subjetivo, dificilmente interpretáveis em público, totalmente desapegados do CN. Se me transportassem, de olhos vendados, à minha cidade natal, e depois me deixassem no canto de uma estrada, reconheceria logo — ou bem rápido — onde me encontro. Poderia dizer o mesmo se me deixassem em Milão, Bolonha, Paris, Nova

York, Chicago, São Francisco, Londres, Jerusalém, Rio de Janeiro, cidades que reconhecerei ao menos pela *skyline* (cf. Lynch 1966). Este meu conhecimento, eminentemente visual, é particular, porque dificilmente poderei fornecer a alguém a descrição da minha cidade de modo a permitir-lhe reconhecê-la em circunstâncias análogas. O que direi? Que é uma cidade com ruas comumente paralelas, um campanário muito alto em forma de lápis, um rio que a separa de uma Cidadela? Muito pouco, a descrição não bastaria para identificar o local. Estes TCs particulares são algumas vezes muito vívidos, podemos contar a nós mesmos como é a nossa cidade, sem poder contá-lo a outros. Parece que as experiências visuais são mais verbalizáveis que as musicais, mas eis que eu (ou Roberto) poderei sempre interpretar SV2 assobiando as suas primeiras notas, mas não saberei interpretar para outra pessoa a forma (para mim inconfundível) da via Dante para Alexandria (poderiam fazê-lo, mas trabalhando muito, um arquiteto, um pintor, um fotógrafo, porém aí não falaremos mais de TC, mas de CM).

Além disso, o meu tipo cognitivo não teria nada a ver com o CN que faço com que corresponda ao nome da cidade (e que se reduziria a "Alexandria é uma cidade do Piemonte"). Mesmo nos casos em que algum particular curioso faz parte do CN, como o fato de que em Roma existem ruínas de um grande anfiteatro ou que Nova York é uma cidade com muitos arranha-céus, a informação não permitiria distinguir Roma de Nîmes, ou Nova York de Chicago — nem me permitiria reconhecer que estou em Roma, se fosse deixado numa estrada perto da Piazza Navona (o que, por sua vez, posso fazer muito bem).

Poderíamos continuar nesta tipologia de casos duvidosos. Reconheço muito bem Sharon Stone quando a vejo num filme, mas sou incapaz de explicar a outras pessoas como reconhecê-la (exceto dizer que é loura e fascinante, mas isso é pouco), e, contudo, associo ao seu nome um CN (ser humano do sexo feminino, atriz americana, filmou *Instinto selvagem*). Na estrada, distingo muito bem um Lancia de um Volvo, possuo um CN associado aos dois nomes, mas não sei explicar a alguém como distingui--los, a não ser de modo impreciso.

É evidente que no nosso modo de nos aproximar de objetos do mundo (e de falar sobre eles a outras pessoas) nem tudo é claro, nem tudo é sempre simples. Quando não funciona bem, não há problema, simplesmente há alguém que não sabe algo, assim como não sabemos os significados de muitas palavras ou não sabemos reconhecer objetos inéditos. O problema nasce quando *não* deveria funcionar, e de algum modo *funciona*, como no caso do reconhecimento de SV2.

Acredito que devamos nos ater a uma visão bastante liberal: para muitas pessoas das nossas experiências cognitivas, TC e CN coincidem, e para outras não. Não acredito que esta admissão seja uma capitulação. É apenas uma contribuição filosófica para uma discussão em ato. Contentemo-nos por hora com os casos claros (o rato, a cadeira), e inscrevamos os casos ambíguos na lista dos fenômenos sobre os quais sabemos ainda muito pouco.

3.7.11. Do TC público àquele do artista

Um TC é sempre um fato particular, mas torna-se público quando é interpretado como CN, enquanto um CN público pode fornecer instruções para a formação dos TCs. Portanto, num certo sentido, embora os TCs sejam particulares, são continuamente submetidos a um controle público, e a Comunidade nos educa, passo a passo, a adaptar os nossos TCs àqueles alheios. Ocorre com o controle dos TCs o que ocorre com enunciados de ocasião. Se digo que está chovendo, quando a minha epiderme é atingida por imperceptíveis partículas de umidade, mas, de fato, não cai água do céu, os outros se apressarão para dizer-me que o que sinto é orvalho e não chuva, e me instruirão sobre como distinguir a chuva do orvalho, e como aplicar corretamente os dois termos quando verbalizo o meu julgamento perceptivo. Os TCs se tornam públicos porque no curso da educação eles nos são ensinados, revistos, corrigidos, enriquecidos conforme o estado da arte sancionado pela Comunidade. Porque o cão já nos é apresentado fazendo com que notemos que possui quatro patas, e não duas como a galinha, e somos encorajados a achar a sua natureza amigável pertinente, somos convidados a não temê-los, a acariciá-los, e somos advertidos de que gane quando pisamos no seu rabo. Porque somos logo advertidos de que o sol é, na realidade, maior do que o vemos, e do que imaginaríamos que fosse.

Dissemos que os tipos fisionômicos dos indivíduos podem ser muito particulares. E, na interação comunicativa, os tipos fisionômicos, por assim dizer, também são postos em comum através de cadeias de interpretações: é possível que Marco e eu tenhamos um TC diferente de Gianni, mas frequentemente trocamos descrições de Gianni com outros amigos, fazemos observações sobre o seu modo de rir, dizemos que é mais robusto que Roberto, vemos fotografias que julgamos mais ou menos semelhantes... Em suma, são estabelecidos tipos de convenções iconográficas (ao menos no âmbito dos nossos conhecimentos particulares ou para muitos personagens públicos), e o fato de que os reconhecemos mesmo em caricatura (sendo a caricatura a arte de acentuar, ou então de descobrir, os traços típicos mais salientes de um rosto) conta para os personagens públicos.

Tipos muito particulares poderiam pertencer aos artistas. Um pintor possui uma percepção da diferença das cores muito mais aguçada do que a da pessoa comum, e certamente Michelangelo possuía um tipo cognitivo muito mais complexo que um modelo 3D do corpo humano. Mas isto não implica, de fato, que o seu tipo fosse destinado a permanecer particular e idioletal. Ao contrário, um modelo 3D é evidentemente o tipo elementar sobre o qual geralmente concordamos ao perceber um corpo humano, mas a contínua interpretação dos anatomistas, dos pintores, dos escultores ou dos fotógrafos, serve para modificá-lo e enriquecê-lo. Apenas para alguns, obviamente: se existe uma divisão do trabalho cognitivo, como possuímos um do trabalho linguístico e como existem códigos elaborados e códigos restritos, no mesmo sentido em que um químico possui uma noção mais rica da água do que a das pessoas comuns. Como existem sempre transações entre competências mais ou menos restritas ou ampliadas na comunicação linguística, o mesmo ocorre no "comércio" dos TCs.

Por isso dizemos que os artistas enriquecem a nossa capacidade de perceber o ambiente. Um artista (e entendíamos isso com o conceito de estranhamento proposto pelos formalistas russos) tenta continuamente recorrigir os TCs de curso corrente, como se percebesse cada coisa como um objeto até então desconhecido. Cézanne ou Renoir nos prepararam para olhar de modo diferente, em algumas circunstâncias de especial felicidade e frescor perceptivo, folhagens e frutas, ou a cor da pele de uma menina.

Existem linhas de resistência no campo estimulante que se opõem à invenção artística incontrolável (ou impõem ao artista representar não objetos do nosso mundo, mas de um mundo possível). Por isso nem sempre a proposta do artista é completamente absorvida pela Comunidade. É difícil que cheguemos a conceber um TC do corpo feminino inspirado na *Mariée mise à nu* de Duchamp; e, contudo, o trabalho dos artistas procura sempre questionar os nossos esquemas perceptivos, convidando-nos a reconhecer que, em algumas circunstâncias, as coisas poderiam ainda parecer-nos de outro modo, ou que existem possibilidades de esquematização alternativa que, em modo provocadoramente anormal, tornam pertinentes alguns traços do objeto (a esquelética esbelteza dos corpos, para Giacometti, as tendências incontroláveis da carne e do músculo, para Botero).

Lembro uma tarde em que se realizavam jogos de grupo, entre os quais uma variante das "belas estatuetas", em que alguns sujeitos deviam deixar adivinhar a que obra de arte se referia a sua representação mímica. Num certo ponto, algumas moças se apresentaram (num grupo bem composto) desarticulando os seus membros e deformando os traços do rosto. Quase todos reconheceram a remissão às *Demoiselles d'Avignon*. Se o corpo humano pode interpretar a representação fornecida por Picasso, esta representação recebia, assim, algumas possibilidades do corpo humano.

4.
O ornitorrinco entre dicionário e enciclopédia

4.1. Montanhas e MONTANHAS

Como de costume, imaginemos uma situação. Digo a Sandra, que iniciará uma viagem de carro na Austrália, de norte a sul, que não pode deixar de visitar, no centro do continente, Ayers Rock, uma das inumeráveis oitavas maravilhas do mundo. Digo-lhe que se, no trajeto Darwin—Adelaide, passar por Alice Springs e conseguir fazer o que na gíria das agências de turismo chama-se uma "interseção", deve virar a sudoeste e seguir pelo deserto, até ver uma montanha, muito evidente porque surge no meio da planície, como a catedral de Chartres no centro da Beauce: e esta será Ayers Rock, fabulosa configuração orográfica, que troca de cor conforme as horas do dia e parece maravilhosa ao alvorecer.

Forneço-lhe instruções não só para achar, mas ainda para identificar Ayers Rock, e, contudo, sinto um certo mal-estar, como se a enganasse. Então, digo-lhe que não menti, dizendo-lhe que (ia) *Ayers Rock é uma montanha*, mas não minto se, ao mesmo tempo, afirmo que (iia) *Ayers Rock não é uma montanha*. Obviamente Sandra reage, lembrando-me que, segundo toda boa educação propriamente funcional, se (ia) é verdade, então (iia) deve ser falso, e vice-versa.

Assim, reforço-lhe a diferença entre CN e CM (nesta história Sandra já leu este livro, menos este parágrafo), e explico-lhe que Ayers Rock exibe todas as características que atribuímos às montanhas, e, se nos pedissem para dividir os objetos que conhecemos entre montanhas e não montanhas, por certo colocaremos Ayers Rock na primeira categoria: é verdade que estamos acostumados a reconhecer as montanhas como algo que sobe a grande altura depois de ser precedido por um longo declive da colina, cada vez mais inacessível, enquanto que Ayers Rock se projeta isolada e em precipício no meio da planície, mas o fato de que se trata de uma montanha curiosa e atípica não deveria nos preocupar mais do que o fato de que a ema, enquanto pássaro, é igualmente curiosa e atípica, sem por isso deixar de ser percebida como um pássaro. Contudo, do ponto de vista científico, Ayers Rock não é uma montanha, é uma *pedra*: é uma única pedra, ou um monólito adensado no terreno, como se um gigante o tivesse arremessado do céu; Ayers Rock é uma montanha do ponto de vista do TC, mas não o é do ponto de vista do CM, ou de uma competência petrográfica ou litológica, como se quiser.

Sandra percebe muito bem por que não lhe disse para seguir para sudoeste até ver uma pedra — porque, neste caso, ela teria passado adiante, sem olhar para o alto. Mas me diria que, visto que desejo propor-lhe paradoxos lógicos, eu faria melhor escrevendo de novo (ia) e (iia) desta maneira: (ib) *Ayers Rock é uma montanha* e (iib) *Ayers Rock não é uma MONTANHA*. Assim estaria claro que (ib) afirma que Ayers Rock tem propriedades perceptivas de uma montanha e (iib) afirmaria que ela é MONTANHA num sistema categorial. Naturalmente, Sandra marcaria vocalmente, com traços suprassegmentais, a utilização do versalete, só para mostrar que os termos nestes caracteres estão para o que em semântica composicional são chamadas de propriedades dicionarísticas, que para alguns são primitivos semânticos, e que, em todo o caso, implicam uma organização categorial, no sentido em que dissemos no capítulo anterior.

Exceto que naquele ponto faria com que eu percebesse um curioso paradoxo. Os mantenedores de uma representação no dicionário sustentam que ela presta contas de relações que são internas à linguagem, prescindindo de elementos de conhecimento do mundo, enquanto um conhecimento em formato de enciclopédia pressuporia conhecimentos extralinguísticos. Os mantenedores de uma representação no dicionário, para poder explicar de forma rigorosa o funcionamento da linguagem, consideram que devemos recorrer a um pacote de categorias semânticas hierarquicamente organizadas (como OBJETO, ANIMAL x VEGETAL, MAMÍFERO x RÉPTIL) de modo que — mesmo sem nada saber sobre o mundo — podemos fazer diversas inferências do tipo *se é mamífero então é animal; se isto é um mamífero então não é um réptil; é impossível que algo seja ao mesmo tempo um réptil e não seja um animal; se isto é um réptil então não é um vegetal*, e tantos outros agradáveis apotegmas que, segundo os especialistas, habitualmente pronunciaremos quando, por exemplo, percebermos que temos em mãos uma víbora enquanto procurávamos aspargos.

O conhecimento enciclopédico, ao contrário, seria de natureza desordenada, de formato incontrolável, e praticamente deveria fazer parte do conteúdo enciclopédico de *cão* tudo o que sabemos e poderemos saber sobre os cães, até a particularidade por que minha irmã possui uma cadela chamada Best — em suma, um saber incontrolável até para Funes, o Memorável. Naturalmente não é bem assim, porque podemos considerar como conhecimentos enciclopédicos apenas o que a Comunidade de algum modo registrou publicamente (e, além disso, consideramos que a competência enciclopédica seja compartilhada por setores, conforme um tipo de divisão do trabalho linguístico, ou ativada em diversos modos e formatos, segundo os contextos); mas é certo que podemos conhecer sempre novos fatos sobre objetos e eventos deste mundo, para não dizer de outros, e portanto não está errado quem acha o formato enciclopédico difícil de ser manejado.

Contudo, verificamos o curioso acidente por que, visto que os repertórios que registram de modo sucinto as propriedades dos termos são chamados de "dicionários", enquanto os que fornecem descrições complexas são chamados de "enciclopédias", consideramos a competência dicionarística como indispensável à utilização da língua cada um. Por sua vez o episódio de Ayers Rock nos diria que, para reconhecer aquele objeto, e para poder falar sobre ele todos os dias, a característica perceptiva (não linguística) de parecer uma montanha (com base em múltiplas propriedades fatuais) conta muito, enquanto o fato de que não seja uma MONTANHA mas uma PEDRA é um dado reservado apenas a uma *elite* que compartilha um saber enciclopedicamente vasto. Portanto, Sandra faria com que eu notasse que as pessoas, quando falam muito, recorrem à enciclopédia, enquanto apenas os doutos recorrem ao dicionário. E com certeza não estaria errada.

Todo o caso seria ainda confirmado em termos históricos. Se fôssemos ver as enciclopédias helenísticas e medievais, encontraríamos apenas descrições enciclopédicas que nos dizem como algo aparece (para Alexandre Neckham o crocodilo era uma *serpens aquaticus bubalis infestus, magnae quantitatis*) ou como algo pode ser encontrado (instruções para capturar um basilisco). Em geral temos um acúmulo de traços enciclopédicos na maioria das vezes anedóticos, como sucede no Bestiário de Cambridge: "O gato é chamado *musio* porque tradicionalmente é inimigo dos ratos. O mais comum, *catus*, deriva do hábito de *capturar*... porque *capta*, isto é, vê. De fato, é dotado de vista muito aguda para poder penetrar nas trevas da noite com olhos cintilantes."[1] Quando chegamos a dicionários como o da Crusca de 1612, eis a definição de *gata* (admirável a decisão *politically correct* de colocar a voz no feminino, apesar de em seguida utilizar o pronome *ele*): "Animal conhecido, que temos nas casas, pela particular inimizade que ele tem com os ratos, de modo que os mata." Ponto e basta.

Como vemos, há tempos não existiam definições dicionarísticas (exceto para o tradicional "animal mortal racional") e encontramos as primeiras tentativas a esse respeito nos dicionários das línguas perfeitas, como no *Essay toward a Real Character* de John Wilkins (1668), que tenta definir todo o mobiliamento do universo por gênero e diferença específica, baseando-se nas primeiras tentativas de taxionomia científica. Mas, depois de ter elaborado uma tábua de 40 Gêneros maiores, Wilkins (se por exemplo tomamos a classificação das "bestas vivíparas dotadas de patas") consegue distinguir a raposa do cão, mas não o cão do lobo (cf. Eco 1993: 259, fig. 12.2). E se depois desejamos saber o que é um cão e o que faz, é necessário controlar as Diferenças, que não se apresentam como primitivos dicionarísticos, mas são verdadeiras descrições enciclopédicas de propriedades empíricas (por exemplo, as aves de rapina geralmente possuem seis incisivos agudos e dois colmilhos longos, os *dog-kind* possuem a cabeça oblonga e por isso se distinguem dos *cat-kind*, que a possuem redonda, e o cão se diferencia do lobo porque é doméstico e dócil, enquanto o lobo é hostil ao rebanho). O esquema dicionarístico é um instrumento de classificação, não um instrumento de definição; é como o método biblioteconômico Dewey, que nos permite caracterizar um certo livro entre as milhares de estantes de uma biblioteca, e concluir o seu argumento (se conhecemos o código) mas não o seu conteúdo específico.[2]

Assim, visto que as taxionomias se mostram de forma grosseira no século XVII e se estabelecem de modo orgânico só a partir do século XVIII, chegaríamos à conclusão paradoxal de que antes disso (na ausência de estruturas dicionarísticas), desde a aparição do Homo Sapiens até pelo menos o século XVII, não havendo competência dicionarística, ninguém conseguia utilizar decentemente a própria língua (Aristóteles e Platão ou Descartes e Pascal falavam, mas não se entendiam), e ninguém conseguia traduzir de uma língua para outra. Visto que a experiência histórica contraria esta inferência, devemos concluir que, se a falta de uma competência em forma de dicionário não impediu a humanidade de falar e entender-se por milênios, por certo, se não é irrelevante, não é decisiva para fins de competência linguística.

Bastaria talvez afirmar que o CN é composto, na maior parte, de traços de caráter enciclopédico, frequentemente desorganizados, enquanto formas de competência dicionarística estruturada aparecem apenas em representações de CM. Mas a coisa não é tão simples. Talvez, num exame de zoologia, coloquemos na balança os autores dos bestiários medievais, mas não podemos negar que, a seu modo, procurassem constituir categorias quando definiam o crocodilo (em termos de CN) como uma serpente aquática, evidentemente subentendendo que esta categoria se opunha àquela das serpentes terrestres.

Além disso, se existem primitivos semiósicos, distinções pré-categoriais como a de "animal" (no sentido de ser animado), quando decidimos perceber um mosquito como um animal nós o colocamos (de alguma forma confusa) numa ordem categorial, como colocamos juntos um frango e um cogumelo comestível entre as "coisas comestíveis", opondo-os a um rinoceronte e a um cogumelo venenoso (coisas perigosas).

4.2. Arquivos e diretórios

Procuremos, então, comparar os nossos processos cognitivos, desde as primeiras percepções até a constituição de um saber qualquer, não necessariamente científico, com a organização do nosso computador.

Percebemos as coisas como conjuntos de propriedades (um cão é um animal peludo, de quatro patas, com a língua de fora, que late etc.). Construímos, para reconhecer ou identificar as coisas, arquivos (particulares ou públicos: um arquivo pode ser farinha do nosso saco, ou ser-nos comunicado pela Comunidade). À medida que o arquivo se define, julgando sobre similaridades ou diferenças, decidimos inseri-lo (ou a Comunidade no-lo apresenta já inserido) num certo diretório. Algumas vezes, por exigências de consulta, colocamos na tela a árvore dos diretórios e, se temos uma vaga ideia de como o organizamos, sabemos que num certo diretório deveremos encontrar os arquivos de um determinado tipo. Seguindo no trabalho de recolhimento de dados, podemos decidir transferir um arquivo de um diretório para outro. Mas, se o trabalho se complica, ocorre subdividir alguns diretórios em subdiretórios, e num certo ponto podemos decidir reestruturar toda a árvore de diretórios. Uma taxionomia científica não é senão uma árvore de diretórios e subdiretórios, e na passagem entre as taxionomias do século XVII àquelas do século XIX simplesmente (simplesmente?) reestruturamos, e mais de uma vez, a árvore dos diretórios.

Todavia, este exemplo computacional contém uma armadilha. Num computador os arquivos estão cheios (no sentido em que são coleções de informações), enquanto os diretórios estão vazios — ou podem ser coleções de arquivos, mas, se faltam os arquivos, não contêm outras informações. Por sua vez, quando numa taxionomia científica (como já disséramos em Eco 1984: 2.3) inserimos, digamos, os CANÍDEOS entre os MAMÍFEROS, ao dizermos que cão e lobo são mamíferos não queremos dizer apenas que são recebidos no diretório que se chama MAMÍFEROS: o cientista sabe que os MAMÍFEROS, em geral (sejam eles CANÍDEOS OU FELÍDEOS), são caracterizados pelas modalidades reprodutivas comuns. Isto quer dizer que o taxônomo não pode abrir um diretório intitulado, digamos, de CRYPTOTHERIA, reservando-nos de colocar ali, quando for o caso, quaisquer arquivos: deve decidir quais são as características (talvez novíssimas) dos CRYPTOTHERIA, de modo a justificar, com base na presença destas características num certo animal, a inserção do arquivo que lhe concerne naquele diretório. Isto faz com que o taxônomo, quando diz que um determinado animal é um MAMÍFERO, saiba quais características gerais possui, mesmo que ainda não tenha uma forma mais semelhante ao boi ou ao golfinho.

Portanto, deveremos pensar que cada diretório contém uma "etiqueta" com uma série de informações sobre os caracteres comuns dos objetos descritos nos arquivos. Basta pensar, como já acontece em alguns ambientes operativos para os arquivos, que seja possível registrar o nome de um diretório não como simples sigla, mas como *texto*: neste caso, o diretório MAMÍFEROS seria registrado como MAMÍFEROS (POSSUEM TAIS E TAIS PROPRIEDADES REPRODUTIVAS). De fato, termos taxionômicos como MAMÍFEROS, OVÍPAROS, FISSÍPEDES OU UNGULADOS exprimem muitíssimas propriedades. No sistema lineano, nomes como *Poa bulbata* contêm todas as informações que Pitton de Tournefort ainda era obrigado a enumerar como "Gramen Xerampelinum, miliacea, praetenui, ramosaque, sparsa canicula, sive xerampelinum congener, arvense, aestivum, gravem minutissimo semine" (cf. Rossi 1997: 274).

Tal condição não é realmente indispensável para uma semântica de dicionário: de fato, visto que a espécie dos PRISSÍDEOS é colocada no subdiretório da família dos PROSÍDEOS, e os PROSÍDEOS pertencem à ordem dos PROCEIDOS, não é necessário saber que propriedades tenham um proceido ou um prosídeo para poder fazer inferências (verdadeiras) do tipo *se este é um prissídeo, então por certo é um prosídeo, e não é possível que algo seja um prissídeo e não seja um proceido*. Infelizmente isto, se é o modo como pensamos quando fazemos exercícios de lógica (atividade recomendável), e o modo como respondemos a um exame de zoologia para o qual nos preparamos mnemonicamente, sem entender o que estamos falando (atitude criticável), não é o modo como raciocinamos para entender as palavras que usamos e os conceitos que lhes correspondem, de modo que não seria inverossímil que alguém, ouvindo dizer que todos os prissídeos são prosídeos, peça um suplemento de instrução do processo.

Mas se a dialética entre diretório e arquivos puder ser assimilada àquela entre Dicionário e Enciclopédia, ou entre conhecimento categorial e conhecimento por propriedades, esta divisão não será homóloga àquela entre CN e CM. De fato, organizamos diretórios ainda ao nível dos CN (colocando os gatos entre os animais e as pedras entre as coisas inanimadas), exceto que os critérios de organização são menos rigorosos, para o qual está bem, ou pelo menos sempre esteve bem por muito tempo, colocar o arquivo sobre as baleias no diretório dos peixes, e quando reconhecemos que Ayers Rock tem muitas das propriedades das montanhas,

sem perceber colocamo-la no desordenado diretório dos objetos monta-
nhosos, sem sutilizar muito.

Assim, entendo por competência dicionarística algo que se limita a
registrar (seja em termos de CN quanto de CM), para um certa entidade,
a pertença a um certo nó de uma árvore dos diretórios. Por sua vez, a
competência enciclopédica se identifica tanto com o conhecimento dos
nomes dos diretórios e dos arquivos quanto com o conhecimento do seu
conteúdo. A totalidade dos arquivos e dos diretórios (aqueles atualmente
registrados e até os apagados e reorganizados ou reescritos com o passar
do tempo) representa aquela que em várias ocasiões chamei Enciclopédia,
como ideia reguladora — Biblioteca das Bibliotecas, postulado de uma
globalidade do saber irrealizável para um falante único, tesouro em grande parte inexplorado da Comunidade, em perpétuo engrandecimento.

4.3. A categorização selvagem

É ao nível do CN que se organizam e reorganizam continuamente categorias "selvagens", que, em grande parte, nascem a partir do reconhecimento de traços pré-categoriais constantes. Por exemplo, no Ocidente o
frango faz parte dos animais comestíveis, enquanto o cão é excluído desse
grupo no entanto, ele, naturalmente, existe como tal em regiões asiáticas,
onde é mantido ao redor da casa, como fazemos com o peru ou com um
porco, sabendo que num certo momento deveremos comê-lo[3]. Ao contrário, é nos setores especializados do CM que as negociações se tornam
mais caprichosas.

Pensemos nas noções de mineral, vegetal ou de inseto. Muitos falantes,
que hesitariam em reconhecer se um determinado animal (por exemplo, o
boto) é um mamífero, tranquilamente admitiriam que a mosca ou a pulga
são insetos. Poderíamos dizer que se trata de uma categoria zoológica,
inicialmente própria a um CM, que com o passar do tempo foi capturada,
por assim dizer, pelo CN? Não diria: isso ocorre se percebêssemos que a
competência comum aceitou tranquilamente a ideia de que as vacas são
mamíferos (noção que transmitimos por aprendizagem escolástica), mas
é certo que as pessoas reconheciam insetos antes que as taxionomias de-
cidissem chamar assim uma classe de ARTRÓPODES.

O termo MAMÍFEROS, criado em 1791, fora precedido, no *Systema Naturae* de Lineu (1758), por MAMÁLIA (pela primeira vez estendido também aos CETÁCEOS), e depende de um critério funcional que presta contas do sistema reprodutivo. Não acontece o mesmo com *inseto*, que existia em latim como *insectus* (moldado no grego *entoma zoa*) e significava animal "cortado": trata-se da interpretação de um traço morfológico que presta contas da forma típica destes pequenos animais (da sensação instintiva que aqueles corpos pudessem ser cortados e divididos onde se unem no gargalo da garrafa ou nos anéis).[4] A categoria "selvagem" dos insetos ainda possui tanta força que geralmente denominamos insetos muitos animais que os zoólogos não reconhecem como tais, como, por exemplo, as aranhas (que são ARTRÓPODES, porém não INSETOS mas ARACNÍDEOS). De tal modo que, ao nível de CN, no mínimo acharemos esquisito desconhecer que uma aranha seja um inseto, enquanto ao nível de CM a aranha *não* é um INSETO.

Portanto, "inseto" ou é um primitivo semiósico, de caráter pré-categorial, com que a língua comum presenteou os naturalistas (enquanto a de mamífero é uma categoria com que os naturalistas eventualmente presentearam a língua comum), ou, em todo o caso, é uma categoria selvagem. Ao categorizar selvagemente, reagrupamos os objetos por aquilo que nos servem, pela sua relação com a nossa sobrevivência, por analogias formais etc. A nossa indiferença ao julgar um animal como mamífero é devida ao fato de que a categoria científica de MAMÍFERO se estende a cobrir animais não só muito diferentes quando são vistos, mas também de serem tratados (no fim, existem mamíferos que comemos e mamíferos que nos comem), enquanto os insetos parecem-nos mais ou menos morfologicamente parecidos, e todos igualmente cansativos.

Estas categorias selvagens com frequência reassumem para o falante, quase estenograficamente, uma grande quantidade de traços e implicitamente ainda contêm instruções para a sua identificação ou achado. Quando Marconi (1977: 44-45) sugere que, mesmo que não soubéssemos como é e como aparece o urânio, mas se nos dizem que é um mineral, provavelmente saberemos identificá-lo quando nos fosse mostrado junto com uma fruta ou com um animal, ambos desconhecidos; refere-se à categoria selvagem dos minerais, não aos MINERAIS. De fato, se disséssemos a alguém isento de conhecimentos científicos para identificar uma ARTRÓ-

PODE entre uma aranha, uma centopeia e uma prótese ortopédica, não saberia o que fazer. Ao contrário, quando sabemos (aproximadamente) que o urânio é um mineral começamos a procurar minerais no diretório selvagem, como quando nos dizem que Ayers Rock é uma montanha começamos a procurar no diretório selvagem das montanhas (e se nos dissessem que era uma pedra começaríamos a procurá-la num diretório em que não encontraríamos boas instruções para a sua identificação).

Ora, se consideramos a competência categorial (ou dicionarística) referindo-nos ao seu modelo científico, foi dito que uma das suas características é que ela se compõe de traços *não canceláveis*: se sabemos que um boto é um CETÁCEO, um CETÁCEO é um MAMÍFERO, e um MAMÍFERO é um ANIMAL, não podemos dizer que algo é um boto e não é um ANIMAL, e se (para não nos determos sempre nos exemplos canônicos) num certo planeta os botos fossem robôs, o fato de que não sejam ANIMAIS nos impedirá de considerá-los botos: e existirão brinquedos-botos, pseudobotos, botos virtuais, mas não *botos*. Por sua vez, uma competência *folk* nos diz que um boto é semelhante a um golfinho, tem um nariz arredondado, uma barbatana dorsal triangular (e o mesmo para o seu lar, hábitos, inteligência ou comestibilidade dos botos), mas qualquer traço poderia ser, em linha de direito, suprível, porque o tipo cognitivo não organiza os traços de forma hierárquica, e nem sequer fixa de modo estrito o seu número ou a sua precedência: podemos reconhecer botos prognatos e achatados, ou malformados, com barbatana dorsal serrilhada, botos que sairiam vencidos num concurso de beleza por botos, mas que por isso não são menos botos que os seus congêneres.

Os traços de uma taxionomia científica são indeléveis porque são organizados por encaixe de hiperônimos a hipônimos: se uma aranha é um ARACNÍDEO, não pode não ser um ARTRÓPODE, pena o colapso de todo o sistema categorial; mas justamente porque uma aranha é um ARACNÍDEO não pode ser, ao mesmo tempo, um INSETO.

Mesmo ao nível de CN, o nosso saber se organiza em arquivos e diretórios, exceto que a organização não é hierárquica. Vejamos de novo alguns traços da definição do rato examinada em 3.4.4.

As pessoas acreditam que são todos do mesmo tipo
As pessoas pensam que vivem nos lugares onde as pessoas vivem —

Uma pessoa poderia ter um deles na mão — (muitos não desejam ter um deles na mão)

O que significa que o arquivo do rato pode ser colocado tanto no diretório "animais que vivem em casa" (onde já foi colocado o arquivo dos gatos) quanto naquele "animais repugnantes", não só junto com as moscas e com as baratas (que também vivem nas casas), mas ainda com as lagartas e as serpentes. O mesmo arquivo, conforme as ocasiões, pode ser contemporaneamente colocado em vários diretórios, e retirado de um para o outro, conforme os contextos e as ocasiões. E de fato, como bem sabemos, o pensamento selvagem ocorre por *bricolage*, que é uma forma de ajuste que não contempla a organização hierárquica.[5]

Mas, se assim ocorre, o arquivo não implica necessariamente o diretório, como nas taxionomias científicas, ou é muito fácil negar a implicação quando não é conveniente: quem cria graciosíssimos ratinhos brancos não os coloca entre os animais repugnantes. Na Austrália, o coelho é considerado um animal danoso, em alguns mercados chineses são expostos em gaiolas, como alimento prelibado, algumas "coisas" que percebemos como ratiformes e que se aparecessem nos nossos sótãos suscitariam horror. Por outro lado, há milênios os frangos estavam entre os animais de criação, enquanto (se não para nós, ao menos para os nossos descendentes) naquele diretório haverá apenas uma espécie particular de frangos, chamados *caseiros*, enquanto todos os outros serão classificados entre os animais de criação industrial. Ao nível de CM, um frango é um PÁSSARO e não pode deixar de ser, ao passo que ao nível de CN um frango (pássaro até um certo ponto, e com certeza menos que a águia) pode ou não ser classificado entre os animais de criação.

4.4. As propriedades não canceláveis

Todavia, a natureza selvagem das categorizações não científicas impede que existam traços não canceláveis? Não parece, porque se observou justamente (Violi 1997, 2.2.2.3) que alguns traços parecem mais *resistentes* que outros, e que esses traços não canceláveis não sejam apenas etiquetas categoriais como ANIMAL ou OBJETO FÍSICO. Na vida da semiose percebemos que somos avessos a cancelar ainda algumas propriedades "fatuais" que nos parecem mais salientes e caracterizantes que outras. Muitos aceitariam a ideia de que um boto não seja um MAMÍFERO (vimos que não é um traço que pertença ao TC do boto, e por séculos acreditou-se que fosse um peixe), mas (por menos que alguém saiba sobre os botos) dificilmente aceitaria a ideia de que os botos tenham a propriedade de viver nas árvores. Como explicar que algumas negociações pareçam mais resistentes que outras?

Violi (1997, 7.2) faz distinção entre propriedades *essenciais* e *típicas*: é essencial que o gato seja animal, é típico que mie, e a segunda propriedade pode ser cancelada, enquanto a primeira, não. Mas, se assim fosse, estaríamos na velha diferença entre propriedades dicionarísticas e propriedades enciclopédicas. Ao contrário, Violi (1997, 7.3.1.3) não considera canceláveis ainda propriedades funcionais (estritamente ligadas ao TC em virtude de uma *affordance* típica do objeto), por isso é difícil dizer que algo seja uma caixa, negando que possa conter objetos (e se não pudesse, seria uma caixa *falsa*).[6]

Examinemos os seguintes enunciados:

(1) *Os ratos não são MAMÍFEROS.* Trata-se de uma alegação semiótica sobre as convenções dicionarísticas existentes dentro de uma determinada linguagem, ou melhor, uma asserção sobre o paradigma taxionômico vigente. Dentro do paradigma, a asserção certamente é falsa, mas muitos seriam capazes de reconhecer e nomear um rato sem saber que (1) é falsa. Poderia acontecer que (1) possa ser entendida como "afirmo, com base em novas provas fatuais sobre o seu processo reprodutivo, que os ratos não podem mais ser registrados entre os MAMÍFEROS". Como veremos em 4.5, há oitenta anos circularam asserções desse tipo a respeito do ornitorrinco. Neste sentido, a prova da sua verdade estava, em primeira instância, a cargo dos investigadores que empiricamente controlavam a fisiologia e a anatomia do animal. Mas, naturalmente, bastaria trocar o critério taxionômico para afirmar que o ornitorrinco não é um MAMÍFERO. Em todo o caso, não faz parte daquela zona de competência comum de que falei em 3.5.2. Quando muito, faz parte do CM: que os zoólogos decidam o que é mais ou menos cancelável para eles.

(2) *Os ratos não possuem cauda.* Se a asserção fosse entendida como correta por um quantificador universal e referindo-se a todos os ratos

existentes, bastaria fornecer pelo menos um rato com cauda para falsificá--la. Entretanto, acredito que dificilmente na vida quotidiana façamos asserções desse tipo, que pressupõem por parte do falante a inspeção prévia de todos os ratos (milhares), um a um. Este enunciado seria sempre transcrito como "a propriedade de ter uma cauda não faz parte do TC do rato nem do CN de *rato*". Vimos que os CNs são publicamente controláveis, e direi que podemos facilmente contestar a asserção (2). Aquelas coisas que reconhecemos como ratos (em geral) possuem cauda, o estereótipo do rato possui uma e o seu protótipo também possui uma, se existir em algum lugar. Parece difícil que alguém emita (2), mas foi possível, como veremos, que alguém dissesse que o ornitorrinco fêmea não possuía mamas (era um caso em que o TC estava em processo de ajuste). Então, a propriedade de possuir cauda é cancelável ou não? Acredito que o problema esteja mal colocado: quando interpretamos um TC, em princípio todas as propriedades têm o mesmo valor, mesmo porque devemos ainda saber em que medida o tipo é verdadeiramente compartilhado de forma integral por todos os falantes. Realizamos a prova dos nove quando reconhecemos uma *ocorrência*. Por isso, passamos ao próximo exemplo.

(3) *Este é um rato mas não possui a cauda*. É possível encontrar um ratinho morto e reconhecê-lo, apesar da sua mutilação. O nosso TC do rato contempla ainda a característica cauda, e esta é uma propriedade *cancelável*.

(4) *Este é um rato mas não é um animal*. Aqui devemos retornar ao que já dissemos: a atribuição de animalidade não tem nada a ver com a sua inscrição numa categoria, trata-se de um primitivo perceptivo, de uma experiência pré-categorial. Se isto não é um animal, não pode ser um rato (será o costumeiro rato-robô, que em muitas páginas de filosofia da linguagem é caçado por gatos-robô). A propriedade de ser um animal *não é cancelável*.

(5) *Este é um rato mas tem a forma sinuosamente cilíndrica, afilada nas extremidades, de uma enguia*. Admitindo que alguém, sem ter de apresentar um exame de filosofia da linguagem, seja tão estúpido a ponto de enunciar seriamente (5), dificilmente concordaríamos com ele. Faz parte das condições irrenunciáveis (não canceláveis) para reconhecer um rato como tal a sua forma quase que oval, que se afila ligeiramente no sentido do focinho. A importância desta *Gestalt* é tal que depois podemos

transigir sobre a cauda, e até sobre a presença das patas. A *Gestalt* do rato, uma vez percebida, permite-nos *deduzir* as patas e a cauda (se é um rato, *então* possui cauda).[7] A presença no terreno de quatro patinhas ou de uma cauda, por sua vez, nos permite apenas *abduzir* o rato que não existe. Neste caso, nós nos comportamos como o paleontólogo, que reconstrói um crânio a partir de uma mandíbula, mas porque está voltando a um TC, mesmo que hipotético, daquele ser pré-histórico. Isto significa que, se um modelo 3D faz parte do TC, ele desenvolve um papel tão importante para reconhecimento e identificação que não pode ser cancelado.

(6) *Este é um rato mas tem oitenta metros e pesa oito quintais*. Ninguém exclui que, maquinando com a engenharia genética, esta alegação possa, um dia, parecer pronunciável. Entretanto, direi que neste caso falaremos da aparição de uma nova espécie (nós a chamaremos $ratos_2$, em oposição aos normais $ratos_1$). Basta pensar no tom diferente com que seria pronunciada a alegação *há um rato na cozinha* se nos referíssemos a um $rato_1$ ou a um $rato_2$. Isto significa que fazem parte do nosso TC dimensões standard que, embora negociáveis, não podem ultrapassar uma determinada soleira. Torna-se célebre uma pergunta de Searle (1979): por que, quando entramos num restaurante pedindo um hambúrguer, não esperamos que o garçom sirva um hambúrguer com uma milha de comprimento e encerrado num cubo de plástico? É curioso que não muito depois da formulação deste exemplo uma cadeia de restaurantes americana tivesse elaborado um manual para os próprios cozinheiros, em que eram especificadas dimensões, peso, grau de cozimento e quantidade de tempero necessários para um hambúrguer standard; e não para responder a Searle, mas porque é econômica e industrialmente importante tornar público o conceito standard de hambúrguer. É claro, aquela elaboração da cadeia de restaurantes não era apenas de um TC, mas de um CM do termo *hambúrguer*: mas ao mesmo tempo fixavam-se as condições nucleares para que alguém pudesse manter, de forma intersubjetivamente aceitável e compartilhável, o tipo do hambúrguer, se não quanto a especificações de peso e cozimento, ao menos no que concerne às suas dimensões e à sua consistência aproximativa. Eis que uma propriedade como a dimensão standard aparece, se não incancelável, pelo menos dificilmente cancelável. Por certo é menos embaraçoso dizer que há um rato de oito quintais que dizer que há um rato que não é um animal, mas, se para justificar a

primeira afirmação é necessário admitir que se trata de um rato *falso*, para justificar a segunda ocorre, no mínimo, postular um mundo possível completamente improvável, em que este rato, se não for falso, pelo menos será *simulado* ou *fictício*.

(7) *Este é um elefante mas não possui tromba.* Aqui é necessário fazer uma distinção entre a proposição *este é um elefante mas não possui mais a tromba* (semelhante ao caso do rato sem cauda) e a asserção que um determinado animal seja um elefante, e, contudo, não possua uma tromba, mas o focinho tenha um outro formato (digamos, como o do canguru ou como o do albatroz). Acredito que cada um reagiria, sustentando que neste caso não se trata mais de um elefante, mas de algum outro animal. Podemos imaginar que existem raças de ratos sem cauda, mas a ideia de uma raça de elefantes sem tromba não nos convence. Este caso é, de fato, semelhante a (5). A tromba faz parte da *Gestalt* característica do elefante (mais que as presas, não me perguntem por quê, mas experimentem desenhar um elefante com a sua bela tromba e sem presas, e, em geral, os outros deverão reconhecê-lo; se, ao contrário, desenhassem uma besta com as presas, mas com o focinho redondo do boto, ninguém dirá que desenharam um elefante). No máximo, podemos dizer que a presença da tromba não basta para reconhecer um elefante, porque poderia pertencer ainda ao mamute, mas certamente a sua ausência elimina o elefante. É uma propriedade *não cancelável*.

Este exemplo sugere que as propriedades canceláveis sejam condições *suficientes* para o reconhecimento (como a fricção dos fósforos para a combustão), enquanto as propriedades não canceláveis são reconhecidas como condições *necessárias* (no sentido em que não temos combustão na ausência de oxigênio). A diferença é que, em física ou em química, podemos apurar experimentalmente quais condições são realmente necessárias, enquanto no nosso caso a necessidade destas condições depende de muitos fatores perceptivos e culturais. Parece intuitivo que um animal projetado pela natureza sem tromba não seja mais aquele que decidimos chamar de elefante. E se a natureza tivesse projetado um rinoceronte sem chifres? Acredito que deveremos destiná-lo a uma outra espécie e chamá-lo de outra maneira, ao menos porque a etimologia imporia isto. E suspeito que seremos mais indulgentes e flexíveis sobre o assunto do rinoceronte que sobre o do elefante. Tanto que, enquanto o rinoceronte-

-das-índias (*Rhinoceros unicornis*, provavelmente o que Marco Polo vira) possui apenas um chifre, o rinoceronte-da-áfrica (*Diceros bicornis*, justamente) possui dois; mas eis que Longhi um dia pinta um rinoceronte, todos nós o reconhecemos como tal, e não possui chifres.

O reconhecimento de uma propriedade como não cancelável depende da história das nossas experiências perceptivas. As listras da zebra parecem-nos propriedades não canceláveis, mas bastaria que, no curso da evolução, fossem desenvolvidas raças de cavalos e de asnos com o pelo listrado, e as listras tornar-se-iam canceláveis. Porque teríamos desviado a nossa atenção para algum outro traço caracterizante. E talvez aconteça o mesmo num universo em que todos os quadrúpedes tenham tromba. Assim — talvez — as trombas se tornassem não canceláveis.

Toda uma iconografia romanesca e cinematográfica nos convencera de que uma propriedade não cancelável para reconhecer um índio fossem as penas: e eis que chega John Ford de *Stagecoach*, que tem a coragem iconográfica de fazer aparecer improvisadamente, no topo de uma elevação, Jerônimo e os seus, sem penas, e toda a sala treme em espasmódica espera pelo assalto à diligência, tendo reconhecido muito bem os peles-vermelhas (num filme em preto e branco). Poderemos dizer que Ford provavelmente caracterizou outros traços não canceláveis que, no fundo, determinavam o nosso TC, as faces pintadas, o rosto impassível, o olhar, talvez.[8] Mas conseguiu convencer-nos construindo um contexto (uma rede de sinais intertextuais e um sistema de espera, de modo a tornar alguns traços fisionômicos, a posição nas alturas, e a presença de um certo tipo de armas e de hábitos) mais relevante que a presença das penas. Disséramos em Eco (1979 e 1994) que era o contexto que estabelecia quais são as propriedades relevantes. Então, concordo com Violi (1997, 9.2.1 e 10.3.3), quando, enfim, dá aos contextos a função de selecionar as propriedades não canceláveis. As propriedades essenciais, portanto, tornam-se aquelas que não é necessário desconhecermos se, num certo contexto, quisermos manter o discurso em aberto, e que podem ser negadas apenas para reajustar o significado dos termos que utilizamos.

Algumas vezes o contexto pode ser comum a uma época e a uma cultura, e é apenas em tais casos que não parecem canceláveis as propriedades dicionarísticas, que remetem ao modo como aquela cultura classificou os objetos que conhece. Mas mesmo nestes casos as coisas com frequência seguem de forma complexa, e com muitos golpes de cena. O que nos é reconfirmado por aquela que o leitor provavelmente há tempo esperava, isto é, a verdadeira história do ornitorrinco.

4.5. A verdadeira história do ornitorrinco[9]

4.5.1. "Watermole" ou "duckbilled platypus"

Em 1798, um naturalista chamado Dobson envia ao Museu Britânico a pele empalhada de um pequeno animal que os colonos australianos costumavam chamar *watermole*, ou *duckbilled platypus*. Segundo uma notícia levada por Collins, em 1802,[10] um animal semelhante havia sido encontrado em novembro de 1797 às margens de um lago vizinho a Hawkesbury: era grande como uma toupeira, com olhos pequenos, as patas anteriores apresentavam quatro garras e eram unidas por uma membrana, maior do que a que unia as garras das patas posteriores. Possuía a cauda e o bico de um pato, nadava com as patas, que usava também para escavar a sua toca. Decerto, era de caráter anfíbio. O texto de Collins acrescenta um desenho, muito impreciso: o animal parece mais uma foca, uma baleia ou um golfinho, como se, ao saber que nadava, lhe fosse aplicado, à primeira vista, o TC genérico de um animal marinho. Ou talvez a fonte seja uma outra. Como diz Gould (1991: 19), em 1793 o capitão Bligh (justamente aquele do *Bounty*), durante uma viagem à Austrália, descobrira (e comera assada e com gosto) uma equidna. Ora, sabemos que a equidna é irmã germana do ornitorrinco, com quem compartilha o privilégio de ser um MONOTREMADO. Bligh desenha-o com muito cuidado; o desenho será publicado em 1802, e se assemelha muito ao ornitorrinco de Collins. Não sei se Collins tinha visto o desenho de Bligh, mas se não o viu melhor ainda: concluiríamos que os dois desenhistas colheram, de dois animais diferentes, traços genéricos comuns, com prejuízo dos traços específicos (o ornitorrinco de Collins não tem um bico aceitável e parece adaptado para comer formigas como a equidna).

Voltemos ao ornitorrinco empalhado, que chega a Londres e é descrito em 1799 por George Shaw como *Platypus anatinus*.[11] Shaw (que, além de tudo, só pode examinar a sua pele e não os órgãos internos) dá vários sinais de assombro e perplexidade: o animal faz com que pense logo no bico de um pato enxertado (*engrafted*) na cabeça de um quadrúpede. O termo não é escolhido por acaso. A pele chega após uma navegação pelo oceano Índico e, à época, eram conhecidos diabólicos taxidermistas chineses habilidosíssimos em enxertar, por exemplo, a cauda de um peixe em corpos de macacos, para criar monstros sirenídeos. Então, Shaw tem alguma razão para duvidar, à primeira vista, que se trate de um "preparado enganador feito por meios artificiais", mas depois admite que não conseguiu identificar nenhum sinal de fraude. Porém a sua reação é interessante: o animal é desconhecido, não possui meios para reconhecê-lo, e preferiria pensar que não existe. Mas, visto que é um homem de ciência, segue adiante. E desde o início oscila entre Dicionário e Enciclopédia.

Para entender o que está vendo, procura logo como encontrar uma classificação para ele: o plátipo parece-lhe representar um novo e singular *genus* que, na organização lineana dos QUADRÚPEDES, deveria ser colocado na ordem dos BRUTA, e deveria estar ao lado da ordem dos MIRMECÓFAGOS. Mas logo depois passa das categorias às propriedades, e descreve a forma do corpo, pelo, cauda, bico, esporão, cor, tamanho (13 polegadas), patas, mandíbula, narinas; não encontra dentes, nota que falta a língua no seu exemplar, vê algo que lhe parecem ser os olhos, mas muito pequenos e cobertos de pelo para que possam permitir uma boa visão, razão por que pensa que sejam como aqueles da toupeira. Diz que deveria ser adaptado à vida aquática e apresenta a hipótese de que se nutra de animais e plantas aquáticas. Cita Buffon: cada coisa possível para a Natureza produzir foi realmente produzida.

Shaw retoma a descrição em 1800,[12] renovando dúvidas e hesitações, não ousando admitir o animal entre os QUADRÚPEDES. Diz que tem notícias de outros dois exemplares, mandados por Hunter, governador de New Holland, a Joseph Banks, que deveriam ter dissipado qualquer suspeita de engano. Estes exemplares (e parece que Hunter tivesse enviado um outro à Literary and Philosophical Society de Newcastle) são descritos mais tarde por Bewick num Addendum à quarta edição da sua *General History of Quadrupeds* como um animal *sui generis* de tripla natureza: de peixe, pássaro e quadrúpede... Bewick afirma que não deveriam tentar colocá-lo segundo os modos de classificação vigentes, mas contentar-se em apresentar a descrição daqueles curiosos animais, assim como lhes foram dados. Embora depois siga uma imagem com o título "Um animal anfíbio", vemos que Bewick se recusa a classificá-lo como PEIXE, PÁSSARO ou QUADRÚPEDE, mas aponta traços morfológicos de peixe, pássaro e quadrúpede.

Finalmente chegam exemplares completos de órgãos internos, em álcool. Mas ainda em 1800 o alemão Blumenbach recebe um ainda empalhado (terá dois deles em álcool apenas no ano seguinte) e denomina-o *Ornythorinchus paradoxus*. A escolha do adjetivo é curiosa, não corresponde aos costumes taxionômicos, e nos diz que Blumenbach procura categorizar algo como incategorizável. Depois dele prevalecerá o nome de *Ornythorinchus anatinus* (e notemos que o nome é dicionarístico, mas depende de uma descrição enciclopédica, visto que significa "com o focinho de pássaro semelhante a um pato").

Em 1802, os exemplares em álcool (macho e fêmea), vistos também por Blumenbach, são descritos por Home, que relata ainda que o animal não nada na superfície, mas vem à tona para respirar, como a tartaruga. Como tem diante de si um quadrúpede peludo, Home pensa logo num MAMÍFERO. Mas um MAMÍFERO deve ter glândulas mamárias com mamilos. Ora, não só o ornitorrinco fêmea não apresenta estas propriedades, mas o oviduto, em vez de formar um útero, abre-se numa cloaca como nos PÁSSAROS e nos RÉPTEIS, e esta cloaca serve de canal urinário, reto e para fins reprodutivos. Home é um anatomista, não um taxiônomo, e portanto não se preocupa muito em classificar, limitando-se a descrever o que vê. No entanto, a analogia com os órgãos reprodutivos de PÁSSAROS e RÉPTEIS não pode fazer com que deixe de pensar que o ornitorrinco seja um OVÍPARO, ou talvez apenas ovíparo (como agora sabemos, ele é ovíparo, mas não é um OVÍPARO), e decide que poderia ser ovovivíparo: os ovos se formam no corpo materno, mas depois se desenvolvem. Home será seguido pelo anatomista Richard Owen nesta hipótese, mas em 1819 estará propenso à viviparidade (e, em geral, esta hipótese se apresenta a cada vez que refletimos sobre o paradoxo de um animal com pelo que nasce de um ovo).

Home ainda acha que o ornitorrinco se assemelha à equidna, já descrita por Shaw em 1792. Mas dois animais semelhantes deveriam remeter a um gênero comum, e arrisca que possa ser aquele do *Ornythorinchus hystrix*. No resto, divaga sobre o esporão nas patas posteriores do macho, sobre o bico liso e o resto coberto de pelos, sobre a língua rugosa que funciona como dentes, sobre o pênis apropriado à passagem do sêmen, com o orifício externo subdividido em diversas aberturas, de modo a distribuir o sêmen numa superfície ampla etc. Por fim, fala de uma "tribo" certamente afim aos PÁSSAROS e aos ANFÍBIOS, apresentando, antes de Darwin, uma ideia muito próxima àquela de relação evolucionista.

4.5.2. Mamas sem mamilos

Protoevolucionista, eis que, em 1803, Étienne Geoffroy de Saint-Hilaire cria a categoria dos MONOTREMADOS (e também aqui o termo exprime uma propriedade: "com um único orifício"). Ainda não sabe onde colocá-los, mas assume que sejam ovíparos. Em 1809, Lamarck cria uma nova classe, os PROTOTÉRIOS, decidindo que não são MAMÍFEROS porque não possuem glândulas mamárias e provavelmente são ovíparos, não são PÁSSAROS porque não possuem asas, e não são RÉPTEIS porque possuem um coração com quatro cavidades.[13] Se uma classe definisse uma essência, teríamos dois belos casos de puro nominalismo. Mas neste ponto a necessidade de categorizar desregra a fantasia dos homens de ciência: em 1811, Illiger fala de REPTANTIA, intermediários entre RÉPTEIS e MAMÍFEROS; em 1812, Blainville fala de MAMÍFEROS da ordem dos ORNITODELFOS.

É claro que é segundo as propriedades que o animal pode ser atribuído a uma ou outra classe, e alguém já observara que um recém-nascido com bico não pode sugar leite, e portanto era necessário esquecer os MAMÍFEROS. Mas o fato é que também uma hipótese sobre a classe leva a procurar ou a negligenciar algumas propriedades, ou ainda a desconhecê-las.

Vejamos o assunto das glândulas mamárias, que são descobertas em 1824 pelo anatomista alemão Meckel. São muito grandes, cobrem praticamente todo o corpo, dos membros anteriores aos posteriores, mas são visíveis apenas no período do aleitamento porque depois se reduzem, e isto explica por que ainda não haviam sido caracterizadas.

Um animal com mamas é um MAMÍFERO? Sim, se ainda tivesse mamilos, mas o ornitorrinco fêmea não os possuía, para não falar do macho. Ao contrário, na superfície tem glândulas parecidas com poros, como se fossem glândulas sudoríferas de onde segrega leite. Hoje sabemos que é assim que o recém-nascido tira o leite lambendo, mas Saint-Hilaire não estava completamente errado ao se recusar a reconhecer mamas naqueles órgãos, mesmo porque estava firmemente convencido de que os MONO-TREMADOS fossem OVÍPAROS e, assim, não poderiam ser MAMÍFEROS. Portanto, considerava as glândulas vistas por Meckel como algo seme-lhante às glândulas laterais do murganho, que segregam uma substância para atrair o companheiro na estação do amor. Talvez fossem glândulas que segregam um perfume, ou uma substância que torna a pele imper-meável à água, ou como as chamadas glândulas mamárias dos botos e das baleias, que não segregam leite mas muco (no entanto, logo que esta hipótese é apresentada descobre-se um boto em período de aleitamento, e vemos que segrega leite). Meckel extrai das glândulas uma substância semelhante a leite, e Saint-Hilaire diz que não é leite, mas muco que se coagula na água e serve de alimento aos filhotes.

Entretanto Owen, mantenedor da hipótese ovovivípara, suspende aquela secreção no álcool e obtém algo que parece leite, e não muco. Saint-Hilaire não cede. O aparato reprodutivo é o de um animal OVÍPARO, um animal OVÍPARO não pode senão produzir um ovo, um animal nascido de um ovo não é amamentado. Em 1829, visto que os MONOTREMADOS não podem ser MAMÍFEROS, não são PÁSSAROS porque não possuem asas nem penas, não são RÉPTEIS porque têm sangue quente, com pul-mões envolvidos por uma pleura e divididos no abdômen por um diafrag-ma, sequer podem ser PEIXES, Saint-Hilaire decide que é preciso inventar para eles uma quinta classe de VERTEBRADOS (notemos que, à época, os ANFÍBIOS não constituíam ainda uma classe em si e eram normalmente classificados entre os RÉPTEIS).

Ao fazer isto, Saint-Hilaire recorre a um princípio que me parece mui-to importante. As taxionomias, diz, não são modos de ordenar, são guias para a ação. Se colocamos os MONOTREMADOS entre os MAMÍFEROS, consideramos resolvida a questão, contudo, se os colocamos à parte, so-mos obrigados a procurar novas propriedades. Num certo sentido, Saint-Hilaire propõe criar um *genus* "aberto", para não arregimentar de forma incorreta o objeto desconhecido, um tipo que deve valer como estímulo à conjetura. E, portanto, fica em obstinada espera daqueles ovos ainda não descobertos, mas que um dia ou outro deverão sair.

4.5.3. À procura do ovo perdido

Como agora sabemos, Saint-Hilaire perde a batalha das mamas (e, portanto, o ornitorrinco será um MAMÍFERO, mesmo se quase se torna incômodo apenas na companhia da equidna no banquinho lateral dos MONOTREMADOS), mas vence a batalha dos ovos.

John Jameson aponta para os ovos desde 1817, escrevendo sobre eles de Sydney. A informação não é segura, mas em 1824 Saint-Hilaire toma-a por consolidada. Não é fácil ver um ornitorrinco pondo ovos (supõe-se que o faça com alguma reserva, nas profundezas de uma toca, inacessível a um explorador humano) e, então, confia-se em quem deveria saber mais sobre eles, no nativo. Patrick Hill escreve em 1822: "Cookoogong, um indígena, chefe da tribo dos Bora-Bora, diz que eles sabem muito bem que este animal põe dois ovos, do formato, cor e forma daqueles de uma galinha." Sabemos agora que os ovos são muito pequenos, um terço de polegada: ou Cookoogong erra sobre o tamanho, ou se exprime mal em inglês ou Hill não entende a sua língua. Exclui-se que o chefe aborígine minta, para agradar ao explorador.

Em 1829, Saint-Hilaire recebe outras notícias: alguém viu ovos, depositados num buraco na areia, desta vez do formato daqueles de um volátil, ou de uma serpente ou de um lagarto. Além disso, enviam um desenho, e assim os informantes deveriam realmente tê-los visto. Infelizmente, pensamos hoje que fossem provavelmente ovos de uma tartaruga, a *Chelodina longicollis*. Por outro lado, Saint-Hilaire pensa que os ovos daquele formato não possam passar através do anel pélvico de um plátipo fêmea — e assim tem razão para errar, visto que não percebe que foram encontrados na areia, provavelmente numa fase avançada de desenvolvimento.

Em 1831, o tenente Maule abriu tocas e encontrou cascas de ovos. Os adversários da oviparidade dizem que são excrementos, recobertos por sais urinários, como acontece com os pássaros, visto que a urina fez com que fossem expulsas do mesmo orifício. Em 1834, o doutor George Bennett, pró-vivíparo, consegue contradizer as informações indígenas que falam de ovos: desenha um ovo oval e eles dizem que é um ovo de Mullagong, depois desenha um ovo redondo, e eles repetem que é um *cabango* (ovo) de Mullagong. Mas depois dizem que o pequeno "tumble down", isto é, rola para baixo. Um ovo não rola para baixo, mas sai do ventre materno. Bennett admite que os indígenas não sabem exprimir-se bem em inglês, quem sabe o que lhe perguntou e o que entenderam, quem sabe como eram os seus ovais e os seus círculos, além de *gavagai*...

Em 1865, Richard Owen (partido antiovo) recebe uma carta de um tal Nicholson, enviada em setembro de 1864, que diz como dez meses antes fora capturada uma fêmea e oferecida ao Gold-receiver do distrito. Este a enjaulara e na manhã seguinte encontrara dois ovos, desta vez do tamanho daqueles de uma gralha, moles e sem casca calcária. Nicholson diz tê-los visto, mas dois dias depois alguém os jogara fora e matara o animal (encontrando no seu ventre muitos do que os seus informantes chamavam "ovos" — mas talvez fossem óvulos). Uma carta posterior do Gold-receiver parece confirmar o fato. Owen publica as duas cartas, mas se pergunta o que continham os dois supostos ovos. Se fossem abertos e se visse um embrião ou, pelo menos, uma gema de ovo, se tivessem sido colocados numa garrafa de álcool... Mas, infelizmente, não sabemos nada sobre isso. Talvez fossem só efeito de um aborto devido ao susto. Burrell (1927: 44) deve dar razão a Owen, que se comporta como cientista prudente; além disso, observa que os ovos não poderiam ter o formato daqueles de qualquer volátil definível, como uma gralha, e apresenta a suspeita de que se tratasse de brincadeira de um galhofeiro que introduzira na jaula ovos de pássaro.

O debate continua nos jornais científicos por anos a seguir, e será apenas em 1884 (mais ou menos oitenta anos depois da descoberta do animal) que W. H. Caldwell, que fora pesquisar no local, mandará um célebre telegrama à universidade de Sydney: "Monotremes oviparous, ovum meroblastic" (onde a segunda informação estabelece que a modalidade de cisão das células do embrião é aquela típica de répteis e pássaros).

Fim da controvérsia. Os MONOTREMADOS SÃO MAMÍFEROS e OVÍPAROS.

4.6. Contratações

4.6.1. Oitenta anos de negociações

Qual é a moral da história? Em primeiro lugar, poderemos dizer que se trata de um esplêndido exemplo de como enunciados observativos podem ser emitidos apenas à luz de um quadro conceitual ou de uma teoria que lhes dê um sentido, ou que a primeira tentativa de entender o que vemos é de enquadrar a experiência num sistema categorial precedente (como no caso de Marco Polo e dos rinocerontes). Mas, ao mesmo tempo, deveríamos dizer que, como no caso de Marco Polo, as observações colocam em crise o quadro categorial, e, então, procuramos readaptar o quadro. E assim seguimos em paralelo, reajustando o quadro categorial assumido. À medida que categorizamos, esperamos caracterizar novas propriedades (certamente na forma de enciclopédia desordenada); à medida que encontramos propriedades, tentamos uma reorganização da instalação categorial. Mas cada hipótese sobre o quadro categorial a ser assumida influencia o modo de fazer e de reconhecer como válidos os enunciados observativos (por isso quem deseja o ornitorrinco como um mamífero não procura os ovos ou recusa-se a reconhecê-los quando entram em cena, enquanto quem deseja o ornitorrinco como ovíparo procura desconhecer as mamas e o leite). Esta é a dialética do exame e do conhecimento, ou do conhecimento e do saber.

Mas esta conclusão é suficiente? De fato, no fim alguém demonstrou que as mamas e os ovos existiam. Poderemos dizer que num e no outro caso venceu uma teoria, obrigando os investigadores em campo a procurar algo que a teoria desejava que existisse, e que, se tivesse prevalecido um grupo acadêmico sobre o outro (porque assim é o mecanismo do confronto entre teorias), talvez nunca tivéssemos visto as mamas ou os ovos. Mas por fim realmente foram vistos as mamas e os ovos, de modo que hoje parece difícil negar que o ornitorrinco amamente os filhotes, não obstante ponha ovos.

A história do ornitorrinco, então, serviria para demonstrar que, em última instância, os fatos vencem as teorias (e que, como desejava Peirce, a Tocha da Verdade segue sempre, de mão em mão, apesar das dificuldades). Mas, embora leiamos na literatura em questão, ainda não terminamos de descobrir muitas e inesperadas propriedades do ornitorrinco, e poderíamos dizer que isto acontece porque a teoria vencedora desejou-o entre os mamíferos. Peirce nos tranquilizaria: basta esperar, e no fim a Comunidade encontrará um ponto de consenso.

Mas lembremos a decisão de Shaw, 1799: talvez pudéssemos tentar colocar logo o animal desconhecido em alguma classe, mas no momento descrevemos o que vemos. E o que os naturalistas souberam sobre o ornitorrinco, antes mesmo de decidir em que classe inscrevê-lo e, notemos, à medida que disputavam, era algo estranho, certamente um animal, que podia ser reconhecido segundo algumas instruções para a sua identificação (bico, cauda de castor, patas espalmadas etc.).

Os naturalistas, por mais de oitenta anos, não concordaram com nada, exceto com o fato de que falavam *daquela* besta feita desse ou daquele jeito, cujos exemplares eram reconhecidos aos poucos. Aquela besta podia ser ou não um MAMÍFERO, um PÁSSARO, um RÉPTIL, sem que, no entanto, deixasse de ser aquela perniciosíssima besta que, como observara Lesson em 1839, atravessava o caminho do método taxionômico para provar o seu engano.

A história do ornitorrinco é a história de uma longa *negociação*, e neste sentido é exemplar. Mas havia uma base da negociação, e era que o ornitorrinco parecia semelhante a um castor, a um pato, a uma toupeira, mas não a um gato, a um elefante, ou a uma ema. Se era preciso render-se à evidência de que havia um componente icônico da percepção, a história do ornitorrinco no-lo diz. Quem o visse, ou visse o seu desenho, ou um exemplar empalhado ou no álcool, retornava a um TC comum.

Foram mais de oitenta anos de negociação, mas os negociantes giravam sempre ao redor de resistências e linhas de tendência do *continuum*, e a decisão, certamente contratual, de reconhecer que alguns traços não eram negáveis foi devida à presença destas resistências. No início, e por alguns decênios, estávamos dispostos a esquecer tudo sobre o ornitorrinco, que fosse MAMÍFERO ou OVÍPARO, que tivesse ou não mamas, mas por certo não as propriedades de ser aquele animal feito desse ou daquele modo e que alguém descobrira na Austrália. E todos sabiam, enquanto brigavam, que se ligavam ao mesmo TC. Variavam as propostas sobre o CM, mas permanecia um CN na base da contratação.

Que aquele bico não fosse cancelável (ainda e sobretudo porque não deveria existir), é revelado pelos nomes com que o animal foi indicado, tanto pela linguagem comum quanto pela científica, durante a disputa, e desde o início: *Duckbilled Platypus, Schnabeltier, Ornitorrinco*.

4.6.2. Hjelmslev x Peirce

Temi muito que a aproximação semiótica do *Tratado* sofresse de sincretismo. O que significava procurar, como fiz, colocar juntas a perspectiva estruturalista de Hjelmslev e a semiótica cognitivo-interpretativa de Peirce? A primeira nos mostra como a nossa competência semântica (e, portanto, conceitual) é de tipo categorial, baseada numa segmentação do *continuum*, em virtude da qual o aspecto do conteúdo se apresenta estruturado em forma de oposições e diferenças. Distinguimos uma ovelha de um cavalo pela presença ou ausência de algumas marcas dicionarísticas, como OVINO e EQUINO, e deixamos de compreender que esta organização do conteúdo impõe uma visão do mundo.

Mas tal organização do conteúdo ou assume estas marcas como primitivos não interpretáveis ulteriormente (e assim não nos diz quais são as propriedades de um equino ou de um ovino), ou exige que também estes componentes sejam, por sua vez, interpretados. Ah, quando entramos na fase da interpretação, a rígida organização estrutural se dissolve na rede das propriedades enciclopédicas, dispostas ao longo do fio potencialmente infinito da semiose ilimitada. Como é possível que as duas perspectivas possam coexistir?

O resultado das reflexões que precedem é que elas *devem* coexistir, porque desejando escolher apenas uma delas não damos razão ao nosso modo de conhecer e de exprimir aquilo que conhecemos. É indispensável fazer com que coexistam no plano teórico porque, no plano das nossas experiências cognitivas, agimos efetivamente de modo a — se a expressão não parecer muito redutora — agradar a gregos e troianos. O instável equilíbrio desta coexistência não é (teoricamente) sincrético porque é neste equilíbrio felizmente instável que age o nosso conhecimento.

E, no entanto, eis que o momento categorial e o observativo não se opõem como modos inconciliáveis de conhecimento, e nem sequer se justapõem por sincretismo: são dois modos complementares de considerar a nossa competência justamente porque, ao menos no momento "inicial" do conhecimento (quando o Objeto Dinâmico é *terminus a quo*), se envolvem mutuamente.

Agora considero uma possível objeção. Por que entender os *taxa* como produtos culturais (visto que, no fundo, tendem a reassumir classes de enunciados observativos: os MAMÍFEROS são denominados como tal porque *de fato* amamentam os seus filhotes), definidos no interior de um sistema do conteúdo, e, ao contrário, ver como dados observativos a presença ou a ausência de mamas e pôr ovos? Como se reconhecer algo como ovo, de preferência a óvulo, ou decidir se algo é leite ou muco não dependesse também de um sistema estruturado de conceitos, dentro do qual algo é ou não um ovo? De fato, não fizemos a análise opositora de propriedade da semântica estrutural, como duro/macio, para distinguir uma cadeira de uma poltrona?

É que constituir um sistema de *taxa* baseia-se justamente na capacidade abstrata de reagrupar o que for possível segundo classificações muito compreensivas (e por isso mesmo torna-se difícil, ao nível de experiência *folk*, decidir que uma girafa e uma baleia sejam ambas mamíferos), enquanto nenhuma semântica estrutural jamais conseguiu constituir um sistema de oposições total, que dê razão de todo o nosso conhecimento e de todos os usos da linguagem, dentro da qual encontram um lugar preciso o ovo e a coluna vertebral, o perfume de violeta e o ato de subir. Ao contrário, sempre nos limitamos, a título exemplificativo, a campos bastante restritos, como aquele dos móveis para sentar, ou das relações parentais. Isto não exclui que, um dia (em teoria), possamos construir o sistema global do conteúdo (ou que ele não exista na mente divina), mas nos diz apenas que (justamente porque, como dizia Kant, os conceitos empíricos não podem nunca esgotar todas as suas determinações) não podemos senão seguir por ajustes provisórios e sucessivas correções.

Até o enunciado observativo *isto é um ovo* depende de convenções culturais mas, mesmo que ovo e mamífero sejam ambos conceitos que nascem de uma segmentação cultural do conteúdo, e mesmo que o próprio conceito de mamífero preste contas de dados de experiência, é diferente a proximidade entre a construção do conceito e a experiência perceptiva (e a diferença entre CN e CM baseia-se nisto).

Quando dizemos que para decidir se um animal é ou não um MAMÍFERO, devemos recorrer a um sistema de convenções culturais (ou, como vimos, reconstruí-lo), ao mesmo tempo que para decidir se algo é um ovo intuitivamente confiamos na percepção e no conhecimento elementar da linguagem que estamos usando, dizemos algo que vai além da evidência intuitiva. Por certo, se alguém não foi preparado para aplicar a palavra *ovo* a um certo TC (que já considera a forma, a presença da gema e da clara do ovo, a pressuposição de que daquele objeto, se chocado no tempo certo, poderia ou teria podido nascer um ser vivo), não estará de acordo com o reconhecimento de um ovo. Assim, ainda o consenso perceptivo nasce sempre de um acordo cultural prévio, por mais incerto e *folk* que seja.[14] E isto confirma o que eu procurava dizer pouco acima, que no processo do conhecimento o momento estrutural e o momento interpretativo se alternam passo a passo e se completam um ao outro. Contudo, não podemos negar que ao definir um ovo como tal prevaleça o testemunho dos sentidos, ao passo que para definir um mamífero como tal prevaleça o conhecimento das classificações e o nosso acordo sobre um determinado sistema taxionômico.

Depois, quando decidimos apurar os julgamentos perceptivos, e discordamos sobre a decisão se algo é muco ou leite, será necessário tratar ainda da experiência perceptiva em termos culturais e decidir com base em que critérios e classificações químicas distinguimos o leite do muco. Mais uma vez, temos o testemunho de uma oscilação e complementaridade constante dos nossos dois modos de compreender o mundo. Num determinado momento o TC comum, que teria permitido a Saint-Hilaire reconhecer algo como leite, deve ter dado lugar a um CM já entremeado de oposições estruturadas, com base no qual foi inevitável dar razão a Meckel e a Owen.

4.6.3. Onde está o "continuum" amorfo?

Tudo isto nos leva à oposição entre a pressão sistemática, ou *holística*, de um sistema de proposições, e a possibilidade de *enunciados observativos* dependentes da experiência perceptiva.

Postular uma semiose perceptiva deveria propor novamente a fratura entre aqueles que pensam que colocamos em forma um *continuum* amorfo, e que esta forma é um *construto* cultural, e os que, ao contrário, pensam que o que conhecemos do ambiente é determinado por características do próprio ambiente, do qual tiramos a informação *saliente* que ele nos oferece *por vontade própria*.

Parece óbvio que até um enunciado observativo como *está chovendo* não possa ser compreendido, e julgado como verdadeiro ou falso, senão dentro de um sistema de convenções linguísticas, com base nas quais distinguimos o significado de *chuva* daquele de *geada* ou de *orvalho*, e que, então, o conceito de "chuva" dependa não só de algumas convenções lexicais, mas de um sistema coerente de proposições sobre os fenômenos atmosféricos. Para retomar uma fórmula que Putnam atribui a West Churchman, que a atribuía a A. E. Singer Jr., que, por sua vez, a entendia como um eficaz resumo do pensamento de James (Putnam 1992: 20), "o conhecimento dos fatos pressupõe o conhecimento das teorias, o conhecimento das teorias pressupõe o conhecimento dos fatos". Mas, o significado de *chuva* não depende da noção química da água, senão os ignorantes não poderiam afirmar que está chovendo, e cada um de nós o afirmaria de modo falso no caso de "chuvas ácidas", em que apenas Deus sabe o que cai do céu. Do mesmo modo, para observar se faz sol ou se faz lua cheia, decerto ocorre compartilhar de um tipo de segmentação, mesmo que ingênuo, do *continuum* astronômico, mas não é indispensável conhecer a diferença astrofísica entre estrela e planeta.

Uma segmentação ingênua do *continuum* pode sobreviver mesmo dentro de um sistema de noções interligadas que, de fato, a nega: por isso afirmamos tranquilamente que o sol se levantou, quando, à luz do sistema de noções sobre o qual se baseia o nosso próprio saber, deveremos saber que o sol não se move.

Procuremos imaginar uma disputa ideal entre Galileu, um dos seus adversários ptolemaicos, uma Terceira Força como Tycho Brahe, Kepler e Newton. Acredito que não seja preciso uma grande fantasia para imaginar que todos os interlocutores concordassem sobre o fato de que, naquele momento, viam o sol ou a lua no céu, que ambos pareciam de forma circular e não quadrada, e que iluminavam algo que todos reconheciam como árvores sobre pequenos arcos. E, contudo, dentro de diversos sistemas de proposições, movimento, distâncias, funções do sol e da lua, noções como massa, epiciclo e deferente, gravidade ou gravitação, não só assumiam valor diverso, mas ainda podiam ser reconhecidos ou negados. Entretanto, mesmo que cada um mantivesse um quadro de referência conceitual diferente, todos percebiam alguns objetos e fenômenos no mesmo modo.

Para Galileu, o movimento do sol era aparente, e real para o seu adversário. Mas esta diferença era relevante com relação a um sistema coerente de proposições sobre o universo, não com relação ao enunciado observativo sobre o qual ambos concordavam.

É diferente dizer que percebemos todos um eclipse lunar ou dizer qual é o movimento dos corpos celestes que produz a percepção do eclipse. O primeiro problema diz respeito ao modo como se forma um julgamento perceptivo (que, embora dependente da estrutura do nosso aparato cognitivo, deve sempre prestar contas da multiplicidade da sensação), enquanto o segundo diz respeito a um sistema de proposições (para Kant um sistema de julgamentos de experiência), que decerto ressente-se de relações estruturais internas. Quando falamos de holismo entendemos a solidariedade de um sistema de proposições; quando, por sua vez, falamos de percepção, mesmo se podemos apresentar a hipótese de que seja influenciada por um sistema de proposições que criam uma série de expectativas, falamos de *enunciados observativos* que devem de algum modo prestar contas do que o ambiente logo nos propõe.

Sei muito bem que foi mostrado por Davidson como o terceiro dogma do empirismo sustentar que existam enunciados observativos independentes de um sistema geral de proposições; mas não podemos renunciar à evidência do fato de que é mais fácil negociar (em tempo muito curto) a nossa aprovação ao enunciado *cuidado com a escada* do que à enunciação da segunda lei da termodinâmica. E a diferença é que, no caso do primeiro enunciado, tenho logo o controle em bases perceptivas (o conceito de escada é "empírico"). Assim, na história contada em 3.5.1, Gabriel e Belfagor podiam ter noções bastante diferentes sobre a virtude, mas ambos eram capazes de distinguir a diferença sexual entre José e Maria.

Portanto, mesmo se admitíssemos que cada sistema cultural e cada sistema linguístico em que ele se apoia segmentam o *continuum* da experiência de modo próprio (Davidson falaria de "esquema conceitual"), o que não exclui que o *continuum* organizado por sistemas de proposições se nos ofereça já segundo *linhas de resistência* que fornecem diretivas para uma percepção intersubjetivamente homogênea, mesmo entre sujeitos que voltam a diferentes sistemas de proposições. A segmentação do *continuum*, atuada num sistema de proposições e de categorias, de algum modo percebe o fato de que aquele *continuum* não é mais completamente amorfo, ou, se é *proposicionalmente amorfo*, mas não é de todo *perceptivamente caótico*, porque nele já foram retalhados objetos interpretados e constituídos como tais ao nível perceptivo: como se o *continuum* no qual um sistema de proposições retalha as próprias configurações já fosse disposto por uma semiose "selvagem" e ainda não sistemática. Antes de decidir se o sol é um astro ou um planeta, ou um corpo imaterial, que gira ao redor da terra ou está no centro da órbita do nosso planeta, houve a percepção de um corpo luminoso de forma circular que se move no céu, e este objeto também foi familiar ao nosso pai, que talvez ainda não tivesse sequer elaborado um nome para designá-lo.[15]

4.6.4. Vanville

Tudo isto impõe uma reflexão sobre o conceito de verdade. É diferente dizer que é verdade que algo é um ovo e que é verdade que algo é um mamífero? Ou entre dizer que é verdade que algo é uma montanha e dizer que é verdade que algo é uma MONTANHA? Se não houvesse a oscilação contínua de que falei, entre organização estrutural e interpretações em termos de experiência, a resposta seria fácil: dizer que algo é um MAMÍFERO ou uma MONTANHA pode ser verdade apenas dentro de uma linguagem L, enquanto que dizer que algo é um ovo ou uma montanha é verdade em termos de experiência. E vimos ainda que para reconhecer um ovo não podemos subtrair-lhe vínculos estabelecidos por uma linguagem L, o mesmo em virtude da qual decidimos que os PÁSSAROS são assim enquanto põem ovos (mas nem todos os animais que põem ovos são PÁSSAROS).

Há uma definição de verdade que aparece no *Dictionnaire* de Greimas--Courtés (1979) e que parece ter sido feita justamente para irritar quem adere a uma semântica propriamente funcional, para não falar de cada mantenedor de uma teoria correspondente à verdade:

> A verdade designa o termo complexo que subsume os termos ser e aparecer, situados no eixo dos contrários dentro do quadro semiótico das modalidades verídicas. Não será inútil marcar que a "verdade" está situada dentro do discurso, porque é fruto de uma operação de veracidade; o que exclui cada relação (ou cada homologação) com um referente externo.

Talvez o *Dictionnaire* encontre o modo mais complicado de dizer uma coisa que decerto não é simples, mas que não é exposta pela primeira vez: isto é, que o conceito de verdade é visto dentro do contexto de um sistema do conteúdo, que são "verdadeiras" as proposições que o destinatário já considera garantidas dentro do próprio modelo de cultura, e que o interesse da análise se distancia da verificação protocolar daquilo que pode ser afirmado como verdadeiro (posição do neopositivismo lógico, e do primeiro Wittgenstein) para as estratégias de enunciação pelas quais algo parece aceitável como verdadeiro (veracidade) dentro de um discurso.

Esta posição era menos escandalosa e menos impermeável aos discursos (aparentemente opostos) que a filosofia analítica faz. A posição greimasiana baseia-se numa versão hjelmsleviana do paradigma estruturalista, e a versão hjelmsleviana antecipava (e quando não antecipou acompanhou paralelamente — e as datas falam claramente)[16] o desenvolvimento daquela crítica interna ao neopositivismo lógico e à filosofia analítica que se inscreve sob o nome de *holismo*, a entrada em crise da diferença entre analítico e sintético, o princípio de afirmação garantida, o realismo interno, a caracterização dos paradigmas científicos como estruturas incomensuráveis ou não facilmente traduzíveis uma pela outra. Mais que antecipar, em parte, e também se não diretamente, influenciou a crítica para o conhecimento como Espelho da Natureza, e a ideia de Rorty (1979) de que cada representação seja uma mediação, e que devemos deixar cair a noção de correspondência e ver os enunciados ligados a outros enunciados mais que ao mundo.

A única diferença é que na perspectiva chamada holística, em todo o caso, tendemos a definir em que sentido algo pode ser assumido como verdadeiro, mesmo que em termos de "afirmação garantida", enquanto que no quadro semioestruturalista, de que Greimas representa talvez a ala mais radical, interessara-se por entender como os nossos discursos *fazem acreditar* que algo seja verdadeiro.

Os limites desta elaboração são dados, contudo, do fato de que, para poder dizer se e como alguém aceita algo como verdadeiro, e para fazer com que acredite que é verdadeiro, é necessário até assumir que existe um conceito ingênuo de verdade, aquele mesmo que nos autoriza a dizer que é empiricamente verdadeiro — no contexto em que é pronunciado — o enunciado *hoje chove*. Não sucede que dentro do paradigma estruturalista este critério exista.

O inconveniente é que nem sequer existe dentro do paradigma propriamente funcional. Em todo o caso, não é fornecido pelo critério tarskiano de verdade. Ele diz respeito ao modo como definir as condições de verdade de uma proposição, mas não como estabelecer se a proposição é verdadeira. E dizer que entender o significado de um enunciado significa conhecer as suas condições de verdade (isto é, entender em que condições ele seria verdadeiro) não equivale a provar se o enunciado é ou não verdadeiro.

Concordo que o paradigma não é realmente tão homogêneo como costumamos pensar, e alguém ainda tende a interpretar o critério tarskiano segundo uma gnosiologia correspondentista. Mas não obstante Tarski a pensasse,[17] é difícil ler em sentido correspondentista a célebre definição

(i) "a neve é branca"
é verdade se e somente se
(ii) a neve é branca.

Somos capazes de dizer que tipo de entidade lógica e linguística é (i) — é um enunciado numa linguagem objeto L, que veicula uma proposição — mas ainda não temos nenhuma ideia do que seja (ii). Se fosse um estado de negócios (ou uma experiência perceptiva) estaríamos muito embaraçados: um estado de negócios é um estado de negócios e uma experiência perceptiva é uma experiência perceptiva, não um enunciado. Senão, um enunciado é produzido para exprimir um estado de negócios ou uma experiência perceptiva. Mas se o que aparece em (ii) é um enunciado sobre um estado de negócios ou uma experiência perceptiva, não pode ser um enunciado expresso em L, visto que deve garantir a verdade da proposição expressa pelo enunciado (i). Portanto será um enunciado expresso numa metalinguagem L_2. Mas, então, a fórmula tarskiana deveria ser traduzida como

(i) A proposição "a neve é branca", veiculada pelo enunciado (em L) *a neve é branca*
é verdadeira se e somente se
(ii) é verdadeira a proposição "a neve é branca", veiculada pelo enunciado (em L_2) *a neve é branca*.

É evidente como esta solução está destinada a produzir um sorites de infinitos enunciados, cada um expresso numa nova metalinguagem.[18]

Ao menos para entender a definição em sentido estritamente comportamental: a neve é branca se, diante do estímulo-neve, algum dos falantes reage dizendo que é branca. Excetuando o fato de que nos encontraremos imersos até o pescoço nas dificuldades da interpretação radical, não acredito que era nisto que Tarski pensava, nem se tivesse pensado, isto seria um modo para decidir se um enunciado é verdadeiro, porque simplesmente nos diria que todos os falantes cometem o mesmo erro perceptivo, assim como o fato de que por milhares de anos todos os falantes tenham dito que o sol à tarde cai no mar não é uma prova de que a proposição fosse verdadeira.

Parece mais persuasivo admitir que, na fórmula tarskiana, (ii) está convencionalmente *para a atribuição de um valor de verdade a* (i). O estado de negócios tarskiano não é algo que controla o fato de reconhecermos como verdadeira a proposição que o exprime, mas, ao contrário, é aquilo que corresponde a uma proposição verdadeira, ou cada coisa que seja expressa por uma proposição verdadeira (cf. McCawley 1981: 161), isto é, o seu valor de verdade. Neste sentido, a noção tarskiana não nos diz se é mais verdadeiro dizer que um gato é um gato do que não dizer que um gato é um mamífero.

Com isto temos na cabeça a questão se há critérios de verdade para os enunciados ocasionais observativos que sejam diferentes daqueles para os enunciados não observativos.

Como tais questões foram exemplarmente debatidas pelo Quine de "Two dogmas of empiricism", retomo uma história que propus em 1990 durante um congresso dedicado precisamente a Quine.[19] Preciso, porque de outro modo não poderíamos compreender os nomes das ruas e das localidades que utilizo (todos referentes a célebres exemplos tirados das obras de Quine), nem o nome de Vanville, atribuído à cidade (Van é o apelido confidencial com que os amigos se dirigem a Willard Van Orman Quine), nem a menção a uma casa de tijolos na Elm Street, típico exemplo de enunciado observativo utilizado por Quine em 1953.

Eis na Figura 4.1 o mapa de Vanville, uma pequena cidade que se desenvolveu a norte do Gavagai River, desde os tempos dos primeiros pioneiros, feita inteiramente de casas de madeira, incluindo a igreja presbiteriana, exceto o Civic Center, onde no início do século foram construídos três edifícios de alvenaria com colunas de ferro fundido. No mapa vemos ainda uma casa de tijolos na Elm Street, mas esta foi edificada só em 1953, e falaremos dela mais adiante.

FIGURA 4.1 (Vanville 1953)

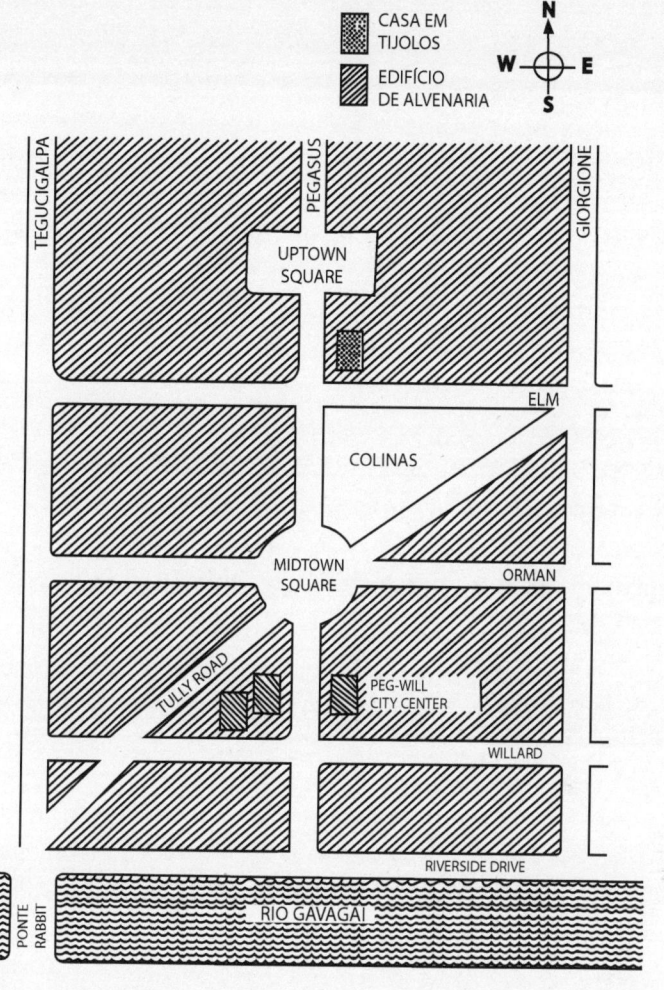

Como vemos, a Tegucigalpa Street, a Pegasus Street e a Giorgione Street são perpendiculares à Elm, Orman e Willard Street, como, aliás, ao Riverside Drive. Um tipo de Broadway, chamada Tully Road, nos diz que Vanville não é necessariamente um *castrum* romano, mas que o seu desenvolvimento foi inspirado num certo empirismo anglo-saxão. Existem a Midtown Square e a Uptown Square, e entre a Midtown Square e a Elm existem algumas colinas ainda não edificadas. No cruzamento entre a Pegasus e a Willard, eis os três edifícios de alvenaria: o First Vanville City Bank, o Hotel Delmonico e a Câmara. Os cidadãos de Vanville chamam-

-no Pegwill Center, que significa "o centro que se situa na interseção de Pegasus e Willard" (que não é muito diferente de chamar ornitorrinco um ser que tem o bico de pássaro).

O mapa é uma interpretação da expressão *Vanville*, mas apenas num certo perfil: não diz nada sobre a forma das suas casas ou a beleza do rio. Como os cidadãos sabem muito bem como locomover-se na cidade, podemos admitir que cada um tenha um certo conhecimento da disposição dos lugares e que, portanto, o diagrama, que é o mapa, faz parte do seu TC e do CN publicamente compartilhado.[20]

Suponhamos que um turista chegue a Vanville e pergunte onde é o Pegwill Center. Conforme a direção de quem entra na cidade, receberia instruções deste tipo:

1. O Pegwill Center é o lugar em que surgem três grandes edifícios que se juntam partindo do cruzamento entre a Tegucigalpa e a Elm, andando para leste através da Elm e girando, no cruzamento entre a Pegasus e a Elm, para o sul ao longo da Pegasus até a interseção entre a Pegasus e a Willard.

2. O Pegwill Center é o lugar em que surgem três grandes edifícios que se juntam, partindo do cruzamento entre a Tully e a Willard, andando para leste ao longo da Willard, até a interseção entre a Pegasus e a Willard.

3. O Pegwill Center é o lugar em que surgem três grandes edifícios que se juntam percorrendo a Giorgione de norte a sul, parando-se no cruzamento entre a Giorgione e a Orman, girando a oeste ao longo da Orman, voltando para o norte no cruzamento entre a Orman e a Tegucigalpa e prosseguindo ao longo da Tegucigalpa até o cruzamento entre a Tegucigalpa e a Elm, depois voltando para leste ao longo da Elm, no cruzamento entre a Elm e a Tully girando para sudoeste ao longo da Tully, atravessando o Riverside e pegando a Rabbit Bridge, mergulhando-se no Gavagai River e nadando para leste até o cruzamento entre o Riverside e a Giorgione, pegando, depois, a Giorgione em direção ao norte, parando no cruzamento entre a Giorgione e a Willard e, por fim, andando para oeste ao longo da Willard até a interseção entre a Pegasus e a Willard.

(1), (2) e (3) são outras interpretações do termo *Pegwill Center*. Como tais, fazem parte do CN de *Pegwill Center*, ou são instruções para achá-lo (e também para a sua identificação, visto que não existem outros grandes edifícios na cidade).

À primeira vista, a instrução (3) parece estranha, mas não o seria se fosse dada a alguém que deseja achar o Pegwill Center depois de ter recebido um conhecimento suficiente de Vanville. Visto que uma característica das interpretações é que, mediante elas, conhecemos sempre algo a mais do Objeto Imediato interpretado, a interpretação (3) permite conhecer algo a mais sobre o Pegwill Center nas suas relações com o resto da cidade.

Enquanto enunciados, (1), (2) e (3) são todos os três verdadeiros, pelo menos no quadro do mapa (e da estrutura da cidade). No nosso caso (em que estamos simplesmente imaginando Vanville e o seu mapa), está claro que eles são verdadeiros apenas dentro de um sistema de admissões sistematicamente ligadas (a única experiência que temos é aquela do mapa, mas o mapa desenha um mundo possível, não prova um estado do mundo real). Contudo, se Vanville realmente existisse, e um verdadeiro turista encontrasse o Pegwill Center seguindo estas instruções, enunciaria verdadeiramente *cheguei ao Pegwill Center seguindo o percurso descrito pela instrução x.*

Num belo dia, entretanto, por volta de 1953, alguém constrói uma casa de tijolos na Elm Street, justamente no cruzamento com a Pegasus. Quem passa por ali tem o direito de enunciar que há uma casa de tijolos na Elm Street. Isto seria um enunciado observativo, que nasce de uma experiência perceptiva (e por acaso é adotado como verdadeiro por outros, dando crédito a uma testemunha aceitável). Como tal, este enunciado não coloca em crise todas as outras asserções que antes podíamos fazer sobre Vanville, tanto que para começar não torna menos verdadeiras as definições (1)-(3). Mas não podemos dizer que seja independente da situação geral de Vanville. Se alguém caracterizasse aquela casa como *a casa de tijolos da Elm Street*, no mínimo ocorreria que ela fosse a única da Elm Street. Numa cidade cheia de casas de tijolos, dizer que na Elm há uma casa de tijolos ainda seria um enunciado observativo verdadeiro, mas não uma descrição capaz de fornecer instruções suficientes para a identificação do referente.

No entanto, supondo que aquela da Elm Street seja a única casa de tijolos de Vanville, logo que a sua existência fosse registrada pelos cidadãos, as interpretações possíveis do mesmo Pegwill Center se enriqueceriam. Sem incomodar Ockham (*Quodl. Septem*, 8), que dizia que não podemos levantar um dedo sem criar uma infinidade de novas entidades, porque com esse movimento cada relação de posição entre o dedo e todos os entes do Universo seria mudada, não podemos negar que uma das novas possíveis interpretações do Pegwill Center torna-se "aquele grupo de edifícios que se encontra ao sul da casa de tijolos na Elm Street" ou "aquele grupo de edifícios que pode ser alcançado, partindo da casa de tijolos na Elm Street e percorrendo a Pegasus em direção ao sul".

O que aconteceria se fosse construída uma segunda casa de tijolos em Vanville? Que, se os cidadãos tivessem se acostumado a chamar *a casa de tijolos* aquela da Elm, com o aparecimento da segunda casa deveria mudar o nome da primeira. E deveria mudar uma das definições da Elm Street, se tivesse sido definida por alguém como *aquela rua em que se encontra a única casa de tijolos da cidade.*

Quantos novos fatos, com os enunciados observativos que comportam, são necessários para mudar radicalmente um sistema de definições interligadas? A pergunta lembra o paradoxo do cúmulo. Mas entre um cúmulo e um único grão de areia existem vários graus intermediários, e retirando muitos grãos de areia de um cúmulo é legítimo, pelo menos, afirmar que num momento t o cúmulo é menor do que era no momento t_{-1}.

Então, saltemos de 1953 aos nossos dias e vejamos na Figura 4.2 como, através de uma série de transformações, mudou a Vanville 1997.

Ao redor da famosa casa de tijolos aos poucos foram saindo arranha--céus, e criou-se o novo centro cívico (em que foram transferidos o banco, a Câmara, o Museu, e surgiu um novo Hilton Hotel). Por causa da expansão da cidade para o norte, a velha Uptown Square tornou-se Midtown Square. É curioso que, agora estando na interseção entre a Pegasus e a Elm, o novo City Center ainda seja chamado de Pegwill: existem fenômenos inertes à linguagem (no mesmo sentido ainda hoje chamamos átomo algo que se demonstrou divisível). A Midtown agora é ocupada pelo lago artificial Barbarelli, para a delícia dos ricos habitantes dos novos Gaurisander Heights (uma série de pequenas vilas residenciais surgidas nas colinas de outrora). A Tully Road para no lago e retoma como Cicero Road. O velho City Center hospeda agora as Paradox Arcades: negócios e lugares de divertimento. Novas casas de tijolos construídas ao longo do Riverside Drive constituem o Venus Village, que por pouco tempo foi um centro em que se reuniam os artistas em alguns pequenos bares característicos, mas com o tempo transformou-se num bairro de *porno shops* e teatros de *strip-tease.* Agora é perigoso passear de noite por Downtown Vanville.

Obviamente, as interpretações anteriores do Pegwill Center não funcionam mais. A (2) define agora as Paradox Arcades, a (1) e a (3) não significam mais nada.

As duas Vanville parecem constituir dois sistemas mutuamente incomensuráveis, justo como dizemos sobre as línguas quando questionamos a mútua traduzibilidade. Como são traduzidos os enunciados pronunciados sobre Vanville 1953 para tornar-lhes compreensíveis (e verdadeiros) no que diz respeito a Vanville 1997? Em princípio, não são traduzidos. Estamos diante de dois sistemas em que os mesmos nomes se referem a diferentes ruas (no sentido em que na Vanville 1997 Tully Road significa algo diferente do que significava na Vanville 1953).

FIGURA 4.2 (Vanville 1997)

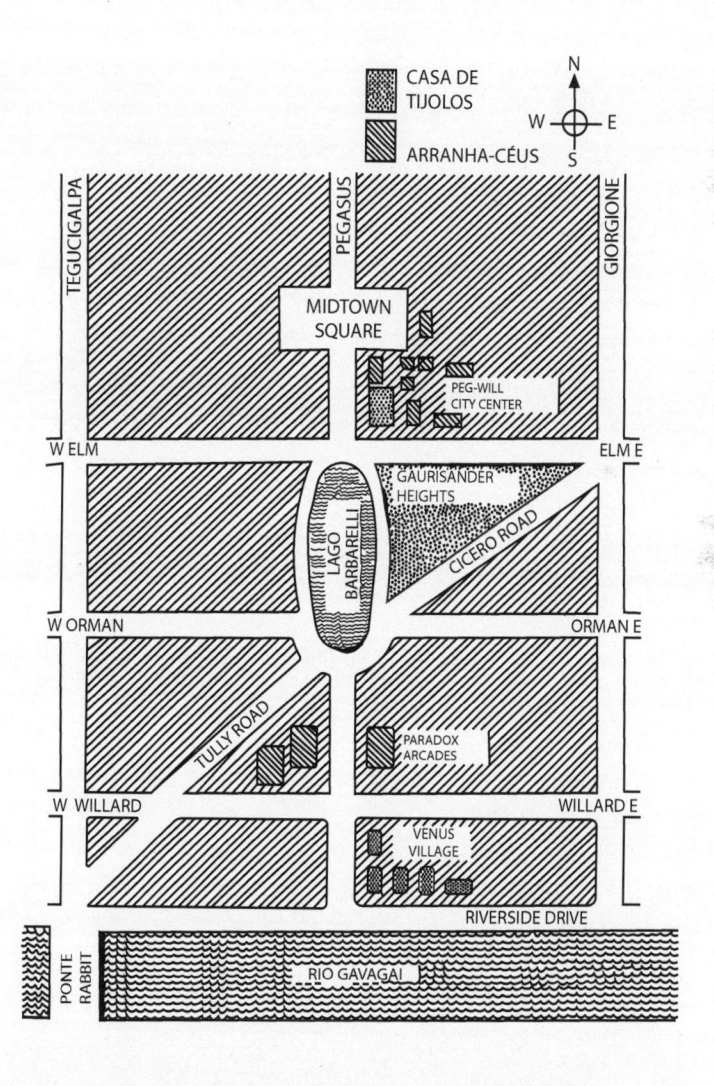

Uma série de fatos únicos e de enunciados observativos que os exprimiam aos poucos geraram um novo sistema, o sistema Vanville 1997, incomensurável com relação ao sistema Vanville 1953. Não podemos sequer considerar como igualmente verdadeiro o enunciado *há uma casa de tijolos na Elm Street*, porque por acaso há uma casa de tijolos na East Elm. Além disso, a casa não se encontra mais próximo à Uptown Square, mas à Midtown Square, não está ao norte do Pegwill Center, mas *no* Pegwill Center etc. etc.

E, mesmo tendo mudado todo o sistema que definia aquela casa de tijolos, a casa de tijolos ainda está ali, quem quer que possa vê-la e quem quer que a tenha visto em 1953 reconhece-a em 1997 como a mesma casa.

Curiosa situação, mas não muito diferente daquela em que colocara Galileu e Tycho Brahe, olhando o mesmo sol, para reconhecerem que viam a mesma coisa, e, contudo, obrigados, em termos do CM que atribuíam ao termo *sol*, a defini-lo de modo diferente no quadro de um sistema diferente de admissões.

Contudo, mesmo reconhecendo a casa de tijolos como a mesma, os cidadãos percebiam-na realmente do mesmo modo? Hoje, em Nova York, comprimidas entre os arranha-céus da Fifth Avenue, igrejas neogóticas, que no início pareciam dominadoras com as suas agulhas elevadas até o céu, parecem-nos minúsculas, quase miniaturizadas. Do mesmo modo, como parecerá agora aquela bela e majestosa casa, tão imponente quando fora construída, entre os arranha-céus do novo centro que surgiram à sua volta? E eis como, por um lado, o objeto não muda e é sempre percebido como tal, e, por outro lado, em virtude do sistema urbanístico em que se insere, é visto de outro modo.[21]

O princípio é retomado ainda por Quine (1995: 43 segs.): os enunciados observativos, embora dependentes de estímulos perceptivos, "mudam e se desenvolvem com o crescimento do conhecimento científico". O parâmetro de um enunciado observativo é fornecido pela experiência e pela "comunidade linguística pertinente". É uma "pressão pública" que obriga o sujeito a corrigir o enunciado observativo *eis um peixe* diante de uma baleia.

Tentemos reformular o problema nos termos de Putnam (1987: 33): "Existem fatos externos, e podemos dizer *o que são*. O que *não podemos dizer* — porque não tem sentido — é que os fatos são *independentes de cada escolha conceitual."* Há três pontos espaço-temporais $x1$, $x2$ e $x3$; quantos "objetos" existem? Num universo carnapiano os objetos seriam três ($x1$, $x2$ e $x3$); num universo segundo os lógicos poloneses seriam sete ($x1$, $x2$, $x3$, $x1+x2$, $x1+x3$, $x2+x3$, $x1+x2+x3$). O número de objetos individuais muda conforme o quadro conceitual. E, todavia (noto), reconhecemos como estímulo de partida três pontos espaço-temporais, e, se não existisse aquele acordo sobre o estímulo inicial, sequer poderíamos iniciar o debate sobre os objetos identificáveis. Não só, mas os dois universos não seriam comparáveis.

Que dois sistemas sejam estruturalmente *incomensuráveis* não significa que as suas duas estruturas não possam ser *comparadas*, e as duas plantas de Vanville, sobre as quais até agora jogamos, demonstram isso.

Somos capazes de compreender os dois sistemas, e somos capazes de compreender o que significa que nas duas cidades existe uma mesma casa de tijolos. Com base nisto, decerto podemos entender que as instruções (1)-(3), que valem para Vanville 1953, não valem mais para Vanville 1997. E, contudo, verificando na primeira planta o que significava a expressão *Tully Road*, somos capazes de estabelecer que duas entidades urbanísticas diferentes, denominadas como *Tully Road* e *Cicero Road*, correspondem àquele conteúdo, na segunda planta.

Isto nos permite dizer que, se tivéssemos encontrado um mapa do tesouro que remonta a Vanville 1953, que dissesse que — partindo do cruzamento entre a Elm e a Giorgione, voltando a sudoeste ao longo da Tully Road, três metros antes da esquina com Midtown Square, à esquerda — fora enterrada uma caixa de dobrões espanhóis, o mesmo enunciado, para Vanville 1997, seria traduzido como: "partindo do cruzamento entre a East Elm e a Giorgione, voltando a sudoeste ao longo da Cicero, três metros antes da esquina com a área onde se encontra o lago Barbarelli, à esquerda, está enterrada uma caixa de dobrões espanhóis." O aspecto interessante do acontecido é que, contratando os critérios de referência e os critérios de tradução entre dois sistemas considerados incomensuráveis, poderemos realmente encontrar aqueles dobrões.

Um dos problemas mais divertidos que encontramos nas velhas (e algumas vezes nas novas) traduções italianas de romances policiais americanos é que frequentemente o detetive entra num táxi e diz "leve-me à cidade baixa". Às vezes pede para ser levado à "cidade alta". O leitor italiano imagina que cada cidade americana seja como Bergamo (alta e baixa) ou como Turim, Florença, Budapeste, Tiblisi, uma zona na planície e, além do rio, a parte da colina. Obviamente não é assim. No texto inglês, o detetive pede para ser levado a *downtown* (ou *uptown*).

Mas, coloquemo-nos no lugar do tradutor, que com frequência nunca foi aos Estados Unidos. Como deve traduzir estes termos? Mesmo que pedisse explicações a um nativo, estes lhe responderiam que "uptown" e "downtown" são conceitos que mudam de uma cidade para outra: algumas vezes significam o centro de negócios, outras vezes o bairro do vício e, portanto, a parte mais velha da cidade, outras ainda, a zona ao longo do rio, conforme se desenvolveu a cidade (e também em Nova York são conceitos algumas vezes absolutos — porque certamente a Wall Street está *downtown* — e outras vezes relativos, por isso, pegando um táxi no Central Park e desejando ir até o Village, dizemos para ir *downtown*, ao passo que se pegássemos o táxi na Wall Street diríamos para ir *uptown*).

Soluções? Não há regra, ocorreria saber em que cidade se desenvolve o fato, olhar a planta (e consultar um bom guia), entender o que o detetive vai fazer (visitar uma casa de jogo, um hotel cinco estrelas, um pequeno bar mal-afamado, procurar um navio), e a toda a hora fazer com que diga ao motorista para levá-lo ao centro, ao bairro dos negócios, à cidade velha, ao porto, ou aonde diabos realmente queira ir. O referente de *downtown* é ajustado, na medida em que o significado é controlável, conforme a cidade (do sistema).

Até mesmo a possibilidade de que um enunciado observativo se torne verdadeiro é matéria de contrato. O que não impede que o enunciado observativo se baseie na evidência perceptiva, no fato de que aquela casa de tijolos também foi construída, que de algum modo é percebida até por um cão que ignora o sistema urbanístico de Vanville. Podemos evitar relevar a sua presença, mas não podemos negar que exista. No momento em que relevamos a sua presença, é necessário, contudo, nomeá-la e defini-la, e isto não pode ser feito senão no contexto da cidade como sistema.

4.7. Contrato e significado

Tudo isto pressupõe, hoje parece-me evidente, uma noção *contratual* tanto dos TCs quanto dos CNs e dos CMs. Ocupei-me alhures (Eco 1993) das várias tentativas realizadas durante séculos para construir (ou encontrar) uma Língua Perfeita. A maior parte destas tentativas baseava-se no fato de que podemos caracterizar uma série de noções primitivas, comuns a todas as espécies, articuladas numa gramática elementar, com as quais pudéssemos construir uma metalíngua em cujas noções e proposições expressas por qualquer outra língua natural fossem inteiramente traduzíveis, sempre e de qualquer modo, isenta daquela ambiguidade própria às nossas línguas maternas. Por que, visto que falei de primitivos semiósicos, e dos TCs ligados à experiência perceptiva, nestas bases não poderíamos construir essa língua perfeita, que ainda hoje poderia assumir as formas de um mentalês que explique tanto o modo como funciona a mente humana como aquele em que poderia humanamente funcionar uma mente de silício?

Porque, acredito, uma coisa é produzir durante a nossa experiência, elaborando TC e CN, e uma outra é dizer que estas entidades (postuláveis e postulandas) sejam realmente universais e meta-históricas quanto à sua forma. Não podemos construir uma Língua Perfeita porque ela excluiria aquele momento contratual que torna as nossas línguas eficazes.

Todos estão mais ou menos de acordo ao reconhecer um rato, mas não só a competência do zoólogo é diferente da minha, é que o zoólogo deve continuamente controlar se o seu CN tem o mesmo formato do meu. Faz parte do CN do rato que o rato seja veículo de infecções? Depende das civilizações, das circunstâncias, e, naturalmente, da época. Ainda no século XVII não ligavam as pestes aos ratos, mas hoje sim, e em caso de peste qualquer um, antes mesmo de perceber o rato como quadrúpede, percebe-o como ameaçador.

TC e CN são sempre contratáveis, são espécies de noções *chewing-gum*, que assumem configurações variáveis conforme as circunstâncias e as culturas. As coisas estão ali, com a sua presença invasora, não acredito que exista uma cultura que possa levar a perceber os cães como bípedes ou como plumosos, e isto é um vínculo *fortíssimo*. Mas, quanto ao resto, os significados se desfazem, se separam e se reorganizam. Mesmo a propósito das chamadas propriedades "disposicionais" temos sérias razões para duvidar se a proposição *o açúcar é solúvel* (em qualquer língua que seja expressa) seja a mesma quando é expressa na América Latina (com referência ao açúcar mascavo) ou na Europa (com referência ao açúcar branco de beterraba). Esta "solubilidade" toma diferentes tempos.

A mesma contratação, como nos mostrou a história do ornitorrinco, regula a construção dos paradigmas científicos, mesmo se neste caso a restruturação dos diretórios toma mais tempo, e seja negociada com base em critérios rigorosos e não selvagens.

4.7.1. Significado dos termos e sentido dos textos

Algumas pessoas concluíram que, se o significado é contratável, ele não tem mais utilidade para explicar como nos entendemos.

Há dois modos para evitar falar de significado. O primeiro modo consiste em afirmar (como faz, por exemplo, Marconi 1997: 4) que não podemos falar do significado porque é uma entidade que não sabemos onde está, enquanto podemos falar de competências lexicais, que são "famílias de habilidade". Mas, neste caso, parece-me, para estabelecer que estas competências lexicais existam, não podemos senão recorrer a uma prova comportamental; seria demonstrado que os falantes compartilham as mesmas competências pelo fato de que eles se entendem ao falar sobre algo, retirando as mesmas inferências das mesmas premissas, ou ao refe-rir-se a algo, atuando aqueles que chamei de atos de referência feliz. Ora, em que se diferencia esta prova da existência de competências comuns, daquela que entendo como prova para interpretar a existência pública de um conteúdo (ou significado), que por sua vez prova a existência privada de tipos cognitivos? Lembremos que, para Peirce, até um certo compor-tamento em ato pode ser visto como um *interpretante dinâmico* (o fato de que todos os soldados se coloquem numa determinada posição à ordem *sentido!* é um possível interpretante da ordem verbal). Assim, falar de significados como conteúdo não leva a nenhuma forma de tornar hipos-táticas entidades inexpugnáveis, mais ou menos o que não ocorrerá com os conceitos de competência ou de habilidades lexicais.

O segundo modo consiste em dizer que a compreensão da lingua-gem ocorre simplesmente atribuindo ao interlocutor *crenças* que podem coincidir ou não com as nossas. Entretanto, tenho a impressão de que a introdução da crença não elimine o fantasma do significado (e do TC que exprime), ao menos no sentido de conteúdo como entendi até aqui. Para retomar um exemplo de Davidson (1984: 279), se passa um barco equipado com um *ketch* e alguém ao lado me diz *olha que bonito aquele yawl!*, assumo (i) ou que ele percebera como eu a mastreação do barco e tenha apenas errado ao usar o termo linguístico por causa de um simples lapso; (ii) ou que ele não conhece o conteúdo da palavra *yawl*; (iii) ou que tenha cometido um erro perceptivo. Mas, em todos estes casos, devo postular que ele conheça tipos de barcos tanto quanto eu e que associe a estes tipos um termo que exprime o seu CN, senão não poderei sequer supor que ele (i) tenha simplesmente feito confusão ao usar as palavras, (ii) confunda os significados das palavras, (iii) erre ao associar uma certa ocorrência a uma ideia de barco que concebe em algum lugar (isto é, tome gato por lebre). Sem admitir que os dois interlocutores devam de algum modo compartilhar um sistema, embora assistemático, de diretórios e de arquivos, a interação não é possível. Posso ser movido por um princípio de caridade tão generoso que atribua ao outro uma organização dos diretórios diferente da minha, e procure adequar-me. Se isto significa comparar "crenças", está bem. Mas, então, trata-se de pura questão terminológica. A árvore dos diretórios e o que deveria ser registrado nos arquivos é postulada como aquela organização do conteúdo, embora idiossincrática, que outros chamam "significado".

Penso que nestas discussões falte uma distinção que muitas teorias semióticas fizeram há muito tempo, mesmo se admito que seja difícil concordar sobre o sentido a ser atribuído aos termos. A noção de *significado* é interna a um sistema semiótico: devemos admitir que num determinado sistema semiótico exista um significado atribuído a um termo. Por sua vez, a noção de *sentido* é interna aos enunciados, ou melhor, aos textos. Acredito que ninguém se recuse a admitir que existe um significado muito estável da palavra *cão* (a ponto de podermos até — extremo ato de imprudência semiótica — assumir que ela seja sinônima de *dog, chien* e de *perro* e *Hund*) e que, contudo, a mesma palavra possa assumir diversos *sentidos* dentro de diversos enunciados (pensemos nos casos de metáfora).[22]

Recomendo não pensar num paralelismo total com a diferença feita por Frege entre *Sinn* e *Bedeutung*. Em todo o caso, parece-me evidente que o dicionário possa atribuir um significado ao termo X e que, entretanto, o mesmo termo dentro de diversos enunciados possa assumir sentidos diversos (ao menos no sentido mais trivial do termo, porque a expressão *este pontífice é corrupto*, pronunciada por um anticlerical com relação a

Alexandre VI, possa ter um sentido diferente daquela pronunciada com relação a João XXIII por um prelado tradicìonalista).

Ora, é evidente que para determinar o *sentido* de um enunciado ocorre recorrer mais vezes ao princípio de caridade. Mas a mesma regra não vale no que diz respeito ao *significado* de um termo.

Dizer que entender seja efeito de infinitas negociações (e de atos de caridade para poder compreender as crenças alheias, ou o formato da sua competência) diz respeito à compreensão de enunciados ou de textos.[23] Mas não significa que possamos eliminar a noção de *significado*, dissolvendo a velha e venerável semântica na sintaxe, por um lado, e na pragmática por outro lado. Dizer que o significado é contratado não significa dizer que o contrato nasça do nada. Antes, mesmo do ponto de vista jurídico, contratos são possíveis justamente porque preexistem *regras* contratuais. A venda é um contrato: se A vende uma casa a B, depois do contrato a casa será definida como propriedade de B, e nunca seria assim se não existisse o contrato de venda; mas para que o contrato pudesse ser feito ocorria também que A e B concordassem sobre o CN de *venda*. A e B podem até contratar sobre o conteúdo de *casa* (B poderia dizer a A que o que está tentando vender-lhe não é uma casa, mas uma casa de colonos, um casebre, um estábulo, um arranha-céu, uma cabana sobre palafitas, ruínas impróprias à habitação). Mas, ainda neste caso, partiriam de uma noção comum de artefato originariamente destinado ao abrigo de seres viventes ou de coisas, e, se não estão em condições de ter uma noção *regulada* que, no mínimo, lhes permita distinguir o que *poderia* ser definido como casa daquilo que *poderia* ser definido como árvore, sequer conseguiriam iniciar a contratação.[24]

Definir o significado do termo *venda* é diferente de dizer em que sentido eu devo interpretar a expressão *você se vendeu aos inimigos*.

É diferente dizer que não podem ser definidas regras precisas para tornar um enunciado correto (porque tudo depende das crenças de cada um), e dizer que os significados dos termos de uma determinada linguagem, que de qualquer modo devem ser públicos, são sempre contratáveis, e não só na passagem de uma língua para outra, mas dentro da mesma língua, conforme as diferentes pertinências.

Os significados (enquanto conteúdos) podem ser sempre caracterizados, mesmo que flutuem, se reagrupem, para alguns falantes se enruguem até quase impedir que falem de modo apropriado ou que reconheçam algo. Mas não vejo nenhuma razão para que uma visão *contratual* do sentido dos enunciados deva excluir que por um lado existam linhas de tendência que vinculam os nossos tipos cognitivos, e por outro lado existam convenções linguísticas que registram estes vínculos e fornecem a base para interpretações — e contratações — sucessivas.[25]

É certo que se eu, sentado num carro ao lado do motorista, o solicito dizendo-lhe *passa, o sinal está azul*, o motorista entende logo que desejava dizer *verde* (ou pensa que eu seja daltônico, ou me atribui um lapso). Talvez isto aconteça porque o significado das palavras não conta e ele me entende apenas porque me atribui uma crença semelhante à sua? E o que teria acontecido se eu tivesse dito naquele momento *passa, porque 7 é um número primo*? Teria pensado que, sendo como ele, só poderia referir-me ao verde do sinal? Ou a força das palavras, independente da situação, não o obrigaria a procurar entender o que eu pretendia comunicar-lhe, talvez por implicância, porque certamente fiz uma observação de caráter matemático e não viário?

4.7.2. O significado e o texto

Disse que algumas surpresas diante da flexibilidade dos nossos instrumentos semióticos nascem do fato de que, em quase todos os discursos sobre a incompreensão do significado, confundimos *significado* dos termos e *sentido* do enunciado. Mas o problema não reside apenas aqui. É que confundimos *enunciados elementares* e *textos*.

No exemplo do sinal, o diálogo não pode parar naquele ponto. O motorista deve pedir-me um suplemento de informação, eu devo dizer-lhe o que pretendia com aquela alusão matemática. A semiótica textual reconheceu há tempo que sistemas de convenções em nível *gramatical* podem ser reconhecidos e, entretanto, admitir que ao nível *textual* acontecem contratações. É o texto que contrata as regras. Por fim, escrever um livro intitulado *Orgulho e preconceito* também significa dizer que, no fim do romance, a nossa ideia daqueles dois sentimentos, ou comportamentos sociais, deverá ser modificada. Mas sob a condição de que no início tivéssemos uma vaga noção do que significam aquelas duas palavras.

Ao nível dos improváveis enunciados isolados (e pronunciados apenas nos laboratórios linguísticos) não há contratação, existem somente objetos condutores que trocam fragmentos do próprio idioleto muito particular, afirmando que não podemos ser casados sem sermos solteiros, que os elefantes podem ou não ter trombas. Mas, para contratar com os meus pacientes leitores que é realmente possível dizer ao mesmo tempo que *Ayers Rock é uma montanha* e que *Ayers Rock não é uma MONTANHA*, foi-me necessária uma longa argumentação em forma textual, e eu não podia confiar na boa vontade da interlocutora, nem apenas na sua desejável caridade com relação a mim.

A esse propósito ocorre uma reflexão sobre aqueles anõezinhos azuis inventados por Peyo, que originalmente se chamam Schtroumpf, e em italiano Puffi.[26] A característica da linguagem Schtroumpf é que nela, sempre que é possível, nomes próprios e comuns, verbos e advérbios são substituídos por conjugações e declinações da palavra *schtroumpf*.

Por exemplo, numa das histórias, um Schtroumpf decide conquistar o poder e começa uma campanha eleitoral, e o seu discurso soa dessa forma:

> Demain, vous schtroumpferez aux urnes pour schtroumpfer celui qui sera votre schtroumpf! Et à qui allez-vous schtroumpfer votre voix? À un quelconque Schtroumpf qui ne schtroumpfe pas plus loin que le bout de son schtroumpf? Non! Il vous faut un Schtroumpf fort sur qui vous puissiez schtroumpfer! Et je suis ce Schtroumpf! Certains — que je ne schtroumpferai pas ici — schtroumpferont que je ne schtroumpfe que les honneurs! Ce n'est pas schtroumpf!... C'est votre schtroumpf à tous que je veux et je me schtroumpferai jusqu'à la schtroumpf s'il faut pour que la schtroumpf règne dans nos schtroumpfs! Et ce que je schtroumpfe, je schtroumpferai, voilà ma devise! C'est pourquoi tous ensemble, la schtroumpf dans la shctroumpf, vous voterez pour moi! Vive le pays Schtroumpf![27]

O Schtroumpf parece não ter todos os requisitos necessários para uma língua funcional. Ou, é uma língua desprovida de sinônimos e cheia de homônimos, mais do que uma língua normal possa suportar. E não só os Schtroumpf se entendem muito bem, mas o que conta é que o leitor os entenda.

Isto pareceria fazer propender para uma posição davidsoniana. Os Schtroumpf não falam no vazio (não pronunciam frases fora de uma situação qualquer), mas se movem no contexto de uma história em quadrinhos, e, portanto, num contexto multimedial em que nós não só lemos (ou ouvimos) o que eles dizem, mas também vemos o que fazem. Que é então a situação em que nós geralmente interpretamos as palavras dos outros — e é porque falamos numa situação que somos capazes de aplicar os dêiticos, como *este* ou *aquele*. Portanto, poderíamos dizer que, ao ouvir aquela rajada de homônimos numa determinada situação, atribuímos ao falante as mesmas crenças que nutriríamos na mesma situação, e por princípio de caridade emprestamos-lhe aqueles termos que não pronunciou mas que teria ou deveria ter pronunciado.

Ou poderíamos dizer (wittgensteinianamente) que na língua Schtroumpf o verdadeiro significado do termo é a sua utilização (é claro, não me refiro ao *Schtroumpfus Schtroumpfico-Schtroumpficus* mas às *Schtroumpfische Unterschtroumpfingen*).

Mas aqui surgem duas objeções. A primeira é que "emprestamos" ou atribuímos ao falante os termos que não pronunciou justamente porque estes termos (com o seu significado convencional) *preexistem* no nosso léxico. Tanto que, se o leitor entendeu o meu jogo Schtroumpf sobre Wittgenstein, é porque já ouvira mencionar os títulos originais. Podemos contratar e negociar apenas porque já existe um sistema semiótico (intertextual) predefinido, em que as várias expressões possuem um conteúdo.

Em segundo lugar, o discurso eleitoral supracitado não se refere às situações perceptíveis (pelo que o desenho mostra). Faz referência à encenação "discurso político" e à sua retórica. Remete a uma grande quantidade de enunciados que ouvimos em situação semelhante e, portanto, remete ao universo da *intertextualidade*. Uma expressão como *un quelconque Schtroumpf qui ne schtroumpfe pas plus loin que le bout de son schtroumpf* é compreensível porque conhecemos a frase feita *não enxergar além do próprio umbigo*. Um enunciado como *je me schtroumpferai jusqu'à la schtroumpf* é decodificável porque ouvimos infinitas vezes dizer *lutarei até a morte*, e ouvimos dizer no âmbito da retórica do discurso deliberativo. Entendemos *la schtroumpf dans la schtroumpf* porque ouvimos dizer várias vezes *a mão na mão*.

Isto significa que a língua Schtroumpf responde às regras de uma linguística do texto, em que o sentido depende da caracterização do *topic* textual. É verdade que (cf. Eco 1979) cada texto é uma *máquina preguiçosa* que exige uma ativa cooperação interpretativa por parte do seu destinatário, e isto para convidar-nos a fazer os textos em Schtroumpf: mas a nossa colaboração é possível porque voltamos ao universo da intertextualidade e podemos compreender o Schtroumpf porque cada falante utiliza o termo *schtroumpf* e os seus derivados apenas e sempre naqueles contextos em que uma frase do tipo já foi pronunciada.

A língua Schtroumpf é uma língua parasitária porque, embora substantivos, verbos e advérbios sejam substituídos pelo homônimo para todo o serviço, ela não seria compreendida se não fosse sustentada pela sintaxe (e pelas várias contribuições lexicais) da língua base (seja o francês original ou aquela das suas traduções). Ora, numa das histórias entra em cena o inimigo dos Schtroumpf, o bruxo Gargamel. Aquele fala o mesmo francês no qual se baseiam os Schtroumpf, mas de modo normal. Gargamel se transforma por artes mágicas num Schtroumpf e vai até a vila dos seus pequenos inimigos. Mas deve limitar-se a rastejar ao longo dos muros, sem responder ao que lhe for perguntado porque (é dito) ele não conhece o Schtroumpf. Como é possível, se vimos que a língua base é igual à sua, e poderia interpretar o que os Schtroumpf dizem aplicando apenas o princípio de caridade? No fundo, a regra base do Schtroumpf é: "substitua cada termo da língua comum por *schtroumpf* sempre que puder, sem excessiva ambiguidade." Mas o problema de Gargamel é que evidentemente acha ambíguo, ou incompreensível, cada contexto, pela simples razão que não tem informação intertextual.

Suponhamos que um falante italiano de cultura média ouça um poeta Schtroumpf recitar *Nello schtroumpf dello schtroumpf di nostra schtroumpf*. Decerto perceberia a remissão dantesca. Pode acontecer que percebesse também a remissão shakespeariana ouvindo *To schtroumpf or not to schtroumpf*. Mas ficaria perplexo ouvindo *Schtroumpf is the Schtroumpfest schtroumpf*, porque não teria nunca pré-ouvido o eliotiano *April is the cruellest month*. Encontrar-se-ia na situação de Gargamel.[28]

Cada aplicação do princípio de caridade àquilo que alguém está para dizer baseia-se não só num mínimo de informação lexical, mas sobretudo numa vasta informação sobre o que já foi dito.

5.
Notas sobre a referência como contrato

D epois de falar sobre o significado como contrato, surge a tentação de ver se a noção de contrato/negociação também não se aplica ao fenômeno da referência, em que medida ainda podemos conceber a referência em termos contratuais.

Não é por acaso que os parágrafos deste ensaio não são numerados (e muito menos subdivididos): é justo para excluir a menor suspeita de que o meu discurso se manifeste para algum caráter sistemático. O problema da referência, em todas as suas ramificações, é tão grande que faz tremer as veias e os pulsos. Neste sentido, limito-me apenas a uma série de observações problemáticas, que esclarecem algumas razões por que é conveniente pensar numa natureza contratual das operações de referência — ou, pelo menos, no seu forte componente negociável.

Em Eco (1975: 219) eu aceitava a proposta de Strawson (1950), para quem mencionar ou referir-se não é algo que uma expressão faz, mas é algo que alguém *faz* utilizando uma expressão. Strawson dizia depois que "dar o significado de uma expressão... é dar *diretivas gerais* para utilizá-la ao se referir a (ou mencionar) objetos particulares ou pessoas" e que "dar o significado de um enunciado é dar diretivas gerais para utilizá-lo ao fazer asserções verdadeiras ou falsas". Continuo pensando que esta elaboração seja satisfatória e pensando na referência como um *ato linguístico*. Isto não impede que seja muito embaraçoso dizer que tipo de ato linguístico é e quais as suas condições de felicidade.

Entre o significado das expressões, que ainda fornece instruções para a identificação ou achado do referente, e o significado do enunciado, que também deveria dizer respeito ao seu valor de verdade, até o espaço da referência permanece vazio.

5.1. Podemos nos referir a todos os gatos?

Antes de mais nada, devo esclarecer em que sentido utilizarei o termo *referência* para que possamos entendê-lo durante estas notas bastante parciais.

Pretendo excluir uma utilização "ampliada" do termo,[1] e parece-me oportuno (também à luz dos ensaios anteriores) limitar a noção de referência aos casos que talvez mais propriamente poderíamos chamar de *designação*, isto é, aos enunciados que mencionam indivíduos particulares, grupos de indivíduos, fatos ou sequências de fatos específicos, em tempos e lugares específicos. Doravante, utilizarei a noção genérica de "indivíduo" também para segmentos espaço-temporais individuais, como o 25 de abril de 1945, e atenho-me à áurea decisão porque *nominantur singularia sed universalia significantur*.

Remeto ao Apêndice I para a torturante história de termos como *denotatio* e *designatio*, que por séculos assumiram diversos sentidos, mas parece-me que possamos aceitar a utilização já estabelecida porque os termos gerais "denotam" propriedades de classes ou gêneros, enquanto os termos particulares ou as expressões que abrangem porções precisas do espaço-tempo "designam" indivíduos (cf., por exemplo, Quine 1955: 32-33).

Portanto, penso que se realizem atos de referência utilizando enunciados designativos como *olhe aquele ornitorrinco; pegue para mim aquele ornitorrinco empalhado que deixei sobre a mesa; o ornitorrinco do zoo de Sydney morreu*, enquanto penso que enunciados como, por exemplo, *os ornitorrincos são mamíferos* ou *os ornitorrincos põem ovos* não se referem a indivíduos, mas afirmam algumas propriedades que são atribuídas a gêneros, espécies ou classes de indivíduos. Para retomar o exemplo do computador de que falei em 4.2, neste caso não falo tanto de ornitorrincos quanto do modo como se organizou a nossa árvore dos diretórios (ou aquela dos zoólogos). Não nos referimos a nenhum indivíduo ou grupo de indivíduos, mas estamos reafirmando uma *regra cultural*, fazemos uma afirmação semiótica e não fatual,[2] reforçamos o modo como a nossa cultura definiu um conceito. Definir um conceito significa elaborar uma unidade de conteúdo, que corresponde precisamente ao significado, ou a parte do significado, do termo correspondente. Dizer que "nos referimos" a significados é, pelo menos, um modo estranho de utilizar a palavra *referência*.

Se, em vez disso, digo que *em 1884, Caldwell viu um ornitorrinco enquanto punha ovos*, refiro-me a um indivíduo x (Caldwell), que num tempo y (1884) examinou um ornitorrinco individual (não sei qual, mas ele sim, e por certo era aquele ornitorrinco e não um outro, e imagino que fosse fêmea), descobrindo que punha objetos ovais s_1, s_2... s_n (não sei quantos, mas decerto ele sabia, e é a estes objetos que a asserção se refere, e não a outros).

Se para alguns autores houve casos de referência a essências, que chamarei quididade, aqui desejarei ocupar-me apenas de designação de *haecceitates*. Naturalmente, entendo *quidditas* no seu sentido escolástico, como a própria essência, vista enquanto cognoscível e definível. Para citar Tomás de Aquino, que, todavia, se refere apenas às palavras de Averrois (*De ente et essentia* III), "Socrates nihil aliud est quam animalitas et rationalitas, quae sunt quidditas ejus". Neste contexto, insisto no fato de que podemos *designar* Sócrates, mas não podemos designar a sua quididade, e duvido que seja lícito dizer que *nos referimos* à quididade de Sócrates. Colocando em jogo o conceito de *haecceitas* (escotista e não tomista), naturalmente duvido que Sócrates seja *nihil aliud* que a sua quididade. E, de fato, mesmo Tomás sabia bem que, para falar de Sócrates como indivíduo, era preciso recorrer a um *principium individuationis*, que era a matéria *signata quantitate*. Como aqui não faço nem história da filosofia medieval nem profissão de neotomismo ou neoescotismo, utilizarei livremente a noção de *haecceitas* como característica única dos indivíduos (depende da matéria *signata quantitate* ou de qualquer outro princípio de caracterização — como, por exemplo, um patrimônio genético, ou uma série de determinações que dizem respeito ao direito civil).

Assumo a noção de indivíduo no seu sentido mais intuitivo, como a utilizamos na linguagem comum. Geralmente, pensamos não só que existem objetos únicos, cuja réplica ou cópia é inimaginável (como minha filha ou a cidade de Grenoble), mas que mesmo para grupos de objetos de que cada um é a cópia do outro (como, por exemplo, as folhas de uma resma de papel), é sempre possível escolher uma destas folhas e decidir que, embora tendo todas as propriedades das outras, contudo é *aquela* folha, ainda que a única marca de individualidade que posso reconhecer é que se trate da folha que tenho em mãos naquele instante. Mas aquela folha é tão individual que, se a queimar, queimei *aquela* e não uma outra.

Neste sentido, parece-me que a noção medieval de *materia signata quantitate* não seja diferente da ideia do princípio de individuação enunciado, por exemplo, por Kripke (1972: 109): "se um objeto material tira a sua origem de um certo pedaço de matéria, então ele não poderia ter origem em nenhuma outra matéria." Esta ideia de que um indivíduo tenha uma *haecceitas* ainda não tem nada a ver com aquela de que o homem ou a água (em geral) tenham uma essência, mesmo que os dois problemas, nas atuais teorias casuais da referência, apareçam geralmente em sociedade. Por acaso, esta é uma boa razão para distinguir designação (de indivíduos) de denotação (de gêneros).

Entretanto, precisei que pretendo utilizar referência não só para a designação de indivíduos (no sentido mais lato do termo porque até *25 de abril de 1945* é um segmento espaço-temporal individual preciso), mas também para grupos de indivíduos. Por "grupos de indivíduos a que podemos nos referir" (compreendendo até segmentos espaço-temporais genéricos, como *os anos 30*) devemos entender um conjunto de indivíduos como foi numerado, ou numerável, ou um dia poderia ser numerável (de modo que cada indivíduo poderia ser caracterizado).

Referências ao *primeiro morto da Segunda Guerra Mundial* ou aos *primeiros homens que se instalaram na Austrália* por certo são bastante vagas: e, contudo, presumimos, ao utilizá-las, que seja teoricamente possível um dia (ou que teria sido possível no passado) apurar de que indivíduos se tratasse, ao menos pelo fato de que certamente existiram.

Decidir se um enunciado designa indivíduos ou classes depende não da sua forma gramatical (se nos basearmos nelas podemos construir infinitos e temerários exemplos e contraexemplos, sem nunca chegar definitivamente ao fim), mas da intenção dos remetentes e das pressuposições dos destinatários. Portanto, é necessário um primeiro contrato para decidir se o enunciado tem função referencial ou não.

Algumas vezes a discriminação é muito fácil: *este bastão mede um metro* decerto designa um bastão individual, enquanto *um metro equivale a 3,2802 pés* exprime uma lei, ou uma convenção. Mas em outros casos exige-se uma decisão mais ponderada. Se Herodes, antes do nascimento de Jesus, tivesse dito a Herodíades que odiava todas as crianças, provavelmente ela teria concordado com o fato de que Herodes não se referia a crianças particulares, mas exprimia a sua intolerância às crianças em geral. Entretanto, quando Herodes ordena aos seus facínoras que matem todas as crianças da Galileia, com a sua ordem pretende designar *todas* as crianças nascidas em um ano num determinado lugar, *uma a uma* (além disso, eram identificáveis mesmo graças ao recenseamento que acabara de ser realizado).[3]

No entanto, há um ponto que precisa ser esclarecido, mesmo que ele fosse claro nos tempos de Platão e de Aristóteles. Os termos isolados não afirmam nada (no máximo, possuem um significado): a verdade e a mentira são expressas apenas no enunciado, ou na proposição correspondente. Ora, não é que se referir seja a mesma coisa que dizer a verdade ou mentir (veremos que atos de referência podem ser realizados mesmo sem termos decidido se aquilo a que nos referimos vale a pena ou não), mas, por certo, se nos referimos sempre e unicamente a indivíduos, nos referimos a estados de um mundo (qualquer). E, para fazer isto, ocorre articular um enunciado. Se digo *gato* não me refiro a nada. Refiro-me sempre e apenas a *um* gato ou a *alguns* gatos localizados ou localizáveis no tempo e no espaço. Ao contrário, quando dizemos que podemos nos referir a *generalia*, sugerimos que a referência é algo que fazemos com os termos isolados. Com frequência ocorre ouvir pessoas muito respeitáveis afirmarem que a palavra *gato* se refere aos gatos, ou à essência dos gatos. Pelos motivos supracitados, isto me parece um modo enganador de colocar o problema, e abstenho-me deles.

A palavra *gato* significa ou denota, se desejarmos, a essência do gato (ou o CN, ou o CM correspondente) sempre e de qualquer modo, fora de qualquer contexto, e, portanto, o seu poder significante ou denotativo pertence ao *tipo* lexical. A mesma palavra designa um determinado gato apenas no contexto de um enunciado expresso, em que aparecem especificações de lugar e de tempo, e, assim, a função de designação é cumprida pela *ocorrência*. O enunciado tipo *os gatos são mamíferos* exprime um pensamento, em qualquer contexto que apareça, mesmo que seja encontrado numa garrafa (e, em todo o caso, ainda podemos decidir se é verdadeiro ou falso), enquanto o enunciado *há um gato na cozinha* se refere a um X localizado espaço-temporalmente e, sendo a mensagem escrita encontrada dentro de uma garrafa, perde toda a eficácia referencial. Mesmo se pudéssemos suspeitar que fosse um ato de referência, não podemos mais provar se, no lugar e no instante em que foi emitido, era verdadeiro ou falso (cf. Ducrot 1995: 303-305).

Esclarecidas as condições pelas quais podemos seguir o discurso sucessivo, prossigamos.

5.2. Referir-se aos cavalos

Se lembrarmos a história de Montezuma, que contei em 3.3, vemos que (i) os seus mensageiros lhe transmitem através de interpretantes o CN do cavalo; (ii) evidentemente eles se referiam a algo que viram durante o desembarque dos espanhóis; (iii) Montezuma percebe que se referem a algo, antes mesmo de entender de que se trata; (iv) com base na sua interpretação, Montezuma constrói para si um TC do cavalo, graças ao qual, presumivelmente, será capaz de reconhecer o referente quando se deparar com ele; (v) ao que parece, Montezuma, depois de ter recebido a mensagem, permaneceu por muito tempo em silêncio e podemos pensar que nunca tenha se referido aos cavalos até o instante em que os reconheceu; (vi) Montezuma poderia, no momento oportuno, reconhecer o misterioso *maçatl* de que lhe falaram os mensageiros e, continuando a ruminar consigo mesmo, poderia abster-se de falar sobre eles e, assim, de referir-se aos cavalos.

Tudo isto vale se alguém, para "referir-se a um cavalo ou aos cavalos", não pretende "intentar o noema cavalo". Mas então mais uma vez estaremos jogando com os termos, e a referência é um problema já bastante complexo para complicá-lo com o problema da intencionalidade. Como veremos, basta apresentar o problema da intenção do falante.

Assim, podemos associar um CN a um termo, este CN (ao qual deveria corresponder um TC) contém instruções para o reconhecimento do referente, mas as instruções para o reconhecimento do referente e o próprio reconhecimento não têm imediatamente nada a ver com o ato de referir-se a algo.

Compliquemos ainda mais a nossa história. Os espanhóis chegam ao palácio de Montezuma, este acredita reconhecer um *maçatl* na corte do palácio e corre ofegante aos seus cortesãos (entre os quais estão os seus mensageiros), afirmando que há um *maçatl* na corte. Naquele caso, por certo ele teria se referido a um cavalo e, assim, teria entendido os seus mensageiros, visto que foram justamente eles que lhe comunicaram o significado da palavra. Mas um dos mensageiros poderia ter tido dúvidas: era certo que Montezuma usasse realmente a palavra *maçatl* no sentido em que eles a usavam? O problema não era de pouca importância: se Montezuma tinha razão, e realmente aparecera um cavalo na corte, isto significava que os espanhóis já haviam chegado à capital.

E se, ao escutar a sua descrição, Montezuma tivesse entendido mal, e agora pensasse ter visto um cavalo, enquanto, na verdade, via outra coisa? Embora também existam pessoas respeitáveis que sustentam que a palavra *cavallo* se refere sempre e de qualquer modo aos cavalos (à cavalidade), independentemente das intenções ou da competência lexical do falante, parece-me que os mensageiros não pudessem contentar-se com esta segurança, porque o seu problema era saber o que Montezuma vira, e a que estava se referindo, mesmo que errasse o nome.

Os mensageiros tinham o problema que muitos estudiosos contemporâneos têm, o de como podemos "fixar a referência". Mas o seu problema não era como identificar o referente da palavra *maçatl*, sobre cujo CN os mensageiros já concordavam. Eles estariam quase todos de acordo com quem definisse a extensão de um termo como o conjunto de todas as coisas por que o termo é verdadeiro (exceto que teriam oportunamente corrigido, sabendo falar ainda de termos e não de enunciados, "o conjunto das coisas a que o termo pode ser corretamente aplicado, desejando depois enunciar proposições verdadeiras"). Eles deviam, entretanto, decidir se Montezuma aplicava o termo de forma correta (e o critério de exatidão era aquele que eles — os Nomotetas — haviam fixado no dia do desembarque espanhol), e só depois de terem tomado esta decisão poderiam *fixar* a referência *entendida* por Montezuma para o enunciado *há um maçatl na corte do palácio*. Notemos que, falando, Montezuma presumivelmente tinha intenção de usar a palavra *maçatl* no mesmo sentido em que a utilizavam os seus mensageiros, mas isto pouco nos conforta, e lhes confortava muito pouco. Eles podiam, por princípio de caridade, assumir que Montezuma a utilizasse no mesmo sentido que eles, mas não estavam certos disso.

Os mensageiros estavam certos de que Montezuma estivesse se referindo a algo e que aquilo que colocava em prática era um ato de referência, mas não estavam certos de que ele "apontasse" para o referente que eles entendiam.

O que fazer? Só havia uma solução: interrogar Montezuma, para saber se com a palavra *maçatl* pretendia referir-se aos animais feitos desse ou daquele modo. Naturalmente, mesmo isto não bastaria, e teriam segurança apenas quando Montezuma lhes indicasse um certo animal, pronunciando o termo apropriado, mas até aquele instante ocorria tornar público o CN de *maçatl* o mais que pudessem, estimulando as interpretações de Montezuma.

Depois seguirá uma longa contratação, ao fim da qual as duas partes tinham em mãos uma sequência de palavras, gestos, desenhos *tornados públicos*, um tipo de relatório, de declaração notarial. Somente através daquele contrato expresso os mensageiros estariam razoavelmente seguros de que Montezuma estava se referindo à mesma coisa a que pretendiam se referir quando diziam *maçatl*. Fixar a referência do enunciado significava mais uma vez (como para a interpretação do TC através de um CN) explicitar uma cadeia de interpretantes intersubjetivamente controláveis.

Neste ponto, os mensageiros estariam certos de que Montezuma estava se referindo a algo, que esse algo a que estava se referindo era algo que eles estavam prestes a reconhecer como um cavalo, e ainda não estariam certos de que um cavalo estivesse realmente no pátio. O que nos diz que se referir a, ter a intenção (referindo-se) de usar a linguagem como a usam os interlocutores, e possuir as mesmas instruções para reconhecer o referente, ainda não tem nada a ver com o fato de que o ato linguístico da referência exprima uma proposição verdadeira.

Acredito que estas diferenças estejam presentes quando admitimos que a semiótica de inspiração estruturalista se desinteressasse pela referência. Não acredito que ninguém nunca tenha negado que usamos a linguagem para realizar atos de referência; talvez não tenhamos dito com energia suficiente que uma série de instruções para identificar o referente deste termo (quando ele é usado num enunciado com funções referenciais)[4] também faz parte do significado de um termo, mas nunca negamos que no significado de *gato* deveria existir algo (mesmo que fosse "animal felino quadrúpede que mia") que, em caso de necessidade, nos permita distinguir um gato de um tapete.

Mais, visto que o problema das semióticas de inspiração estruturalista era como definir o funcionamento dos sistemas de signos (ou dos textos) em si mesmos, e independentemente do mundo a que podiam se referir, o problema se colocara sobretudo na relação entre significante e significado, ou entre expressão e conteúdo.[5] Decerto ninguém duvidava que mais tarde um sistema qualquer de signos pudesse ser utilizado para referir-se a objetos e estados do mundo, mas, em palavras bem simples, pensávamos que para poder usar a palavra *gato*, em que nos referíamos a um gato, antes era preciso que os falantes concordassem sobre o significado "gato".[6] Que depois era um modo de retomar, em outro contexto, a afirmação do segundo Wittgenstein (1953, § 40), pelo qual não devemos confundir o significado de um nome com o portador de um nome: "Se o senhor N.N. morre, dizemos que morreu o portador do nome, não o significado do nome. E seria insensato falar deste modo, porque, se o nome deixasse de ter um significado, não teria sentido dizer 'o senhor N.N. morreu'."

As semióticas de inspiração estruturalista partiam do princípio de que os atos de referência são possíveis apenas enquanto conhecemos o significado dos termos utilizados para referir-se — ideia mantida também dentro do paradigma analítico, vejamos, por exemplo, Frege: mas diferente de Frege, não consideravam interessante aprofundar o fenômeno da referência, julgando-o um acidente extralinguístico. A minha suspeita é que o problema ainda permaneça obscuro para as semânticas propriamente funcionais, e por razões óbvias: o problema da referência não pode ser resolvido em termos formais porque tem a ver com as intenções de quem fala e, portanto, é um fenômeno pragmático. Como tal escapa às semióticas estruturalistas e às semânticas modelistas. A provocação que devemos à teoria da designação rígida (mesmo se, como veremos, não a consideramos persuasiva)[7] é a de ter-nos induzido a pensar que podem existir atos de referência que, pelo menos à primeira vista, não pressupõem a compreensão do significado dos termos utilizados para se referir.

5.3. A verdadeira história do sarchiapone

Para quem não sabe, a cena do sarchiapone, célebre nos anais do teatro de revista italiano dos anos 50, se desenvolvia num vagão de trem entre Walter Chiari e Carlo Campanini. No fim da análise que pretendo fazer, penso que seja útil resumi-la em seis fases.

FASE 1. Chiari entra e saúda Campanini e os outros viajantes. Campanini, num certo ponto, levanta-se e toca sobre a rede numa cesta coberta por um pano, e se retrai, como se tivesse sido mordido. Convida os outros a não fazer barulho para não perturbar o sarchiapone, notoriamente muito irritável. Chiari, vaidoso e fanfarrão, não deseja dar a entender que ignora o que seja um sarchiapone, e começa a falar com desenvoltura, ostentando ter tido negócios com os sarchiapones desde a juventude.

FASE 2. Desconhecendo o que seja o sarchiapone, Chiari começa por tentativas. Por exemplo, sabendo por Campanini que o seu é um sarchiapone americano, afirma ter visto apenas sarchiapones asiáticos. Isto lhe permite arriscar a enunciação de propriedade que, na opinião de Campanini, o sarchiapone americano não exista, mas logo percebe algumas dificuldades. Por exemplo, menciona ainda com mímica o típico "focinho" do sarchiapone e Campanini observa-o com ar interrogativo, perguntando-lhe em que sentido pretende dizer que o sarchiapone tem um focinho; Chiari corrige a jogada, afirmando que se expressara impropriamente, por metáfora, para aludir ao bico; mas, logo que acaba de pronunciar a palavra *bico* percebe um ar de espanto no rosto de Campanini e apressa-se por se corrigir, falando de nariz.

FASE 3. Deste ponto em diante, temos um crescendo de variações em ritmo cada vez mais acelerado, durante as quais Chiari teima e se excita sempre mais. Vencido também sobre o nariz, passa por cima disso e menciona os olhos, depois logo fala de um único olho; derrotado sobre o olho, tenta mencionar as orelhas; diante da informação cortada de que um sarchiapone não tem orelhas, fala logo de barbatanas, depois recua para o queixo, pelo, lã, penas, tenta uma exploração sobre como o animal caminha para logo retomar, dizendo que desejava citar o seu típico saltitar; arrisca-se sobre as patas, emenda-se progressivamente sobre o seu número, tenta mencionar as asas (diante do olhar assombrado de Campanini procura explicar que desejava dizer que os sarchiapones são "leais"), tenta com as escamas, menciona sem sucesso a cor (amarelo? azul? vermelho?), cada vez mais utiliza meias palavras, sílabas interrogativas para provar a reação (fatalmente negativa) de Campanini.[8]

FASE 4, ou clímax da cena. Chiari, irritado, explode numa horrenda e liberatória inventiva em comparação com aquela besta "asquerosa", aquele animal impossível, que não tem focinho, não tem bico, não tem patas, cascos, artelhos, dedos, pés, unhas, penas, escamas, chifres, pelos, cauda, dentes, olhos, crina, barbilhões, aparência, crista, língua — e, seja o que for, renuncia agora a entender.

FASE 5. Chiari manda Campanini mostrar o sarchiapone; os outros viajantes se afastam aterrorizados; mal Campanini menciona abrir a cesta Chiari também se espanta, e finalmente Campanini lhe revela, sereno, que o sarchiapone não existe, mostra-lhe que a cesta está vazia, e lhe confidencia que frequentemente utiliza esse truque para afugentar os importunos e ficar sozinho no vagão.

FASE 6. Segue uma "tática" em que Chiari (reconquistada a sua desfaçatez) deseja agora fazer com que acreditem que intuíra logo que se tratava de uma brincadeira.

5.4. Existem caixas fechadas?

A história do sarchiapone parece-me exemplar. Na Fase 1 temos dois interlocutores, em que o primeiro deles *põe* um termo no discurso, e o outro (atendo-se às máximas de conversações) *pressupõe* — até provem o contrário — a existência do objeto correspondente.[9] Visto que, no início, Chiari não sabe quais propriedades um sarchiapone possui, exceto a de ser presumivelmente um animal, trata o termo correspondente *numa caixa fechada*.

Desejo esclarecer o que entendo por caixa fechada. Não tem nada a ver com aquela "caixa-preta" em que repetidas vezes afirmei que não desejava meter o nariz. Se quisermos, entendamos uma caixa fechada como uma caixa-branca: uma caixa-preta é algo que, por definição, não podemos abrir, enquanto uma caixa-branca, mesmo que fechada, poderia depois ser aberta. Uma caixa fechada é aquela que nos é oferecida embrulhada com uma bela fita, durante as festas natalícias ou no dia do nosso aniversário: mesmo antes de abrirmos, intuímos que contém um presente e começamos a agradecer o oferente. Damos-lhe crédito, presumimos que não seja tão indelicadamente zombeteiro a ponto de nos expor à surpresa de encontrar depois uma caixa vazia. Do mesmo modo, comprar algo de caixa fechada significa dar crédito ao vendedor, pressupor que dentro da caixa realmente exista o que garante.

Na interação comunicativa quotidiana, aceitamos muitas referências de caixa fechada; se alguém nos diz que deve se ausentar com urgência porque o senhor Todi está doente, aceitamos que em algum lugar exista um senhor Todi, mesmo que antes não soubéssemos nada sobre ele. Ao contrário, se o interlocutor diz que, para obter o nosso reembolso de viagem para um congresso em Vipiteno, devemos nos dirigir a Todi, apressamo-nos por perguntar-lhe, preocupados, se com aquele nome pretende se referir à conhecida cidade ou a um empregado administrativo da câmara de Vipiteno, e desejamos logo saber como identificá-lo ou encontrá-lo. Mas este é um caso extremo. Em geral, salvo em casos de desconfiança preventiva, aceitamos que, se o falante *põe* algo ou alguém no discurso, ele existe em algum lugar. Colaboramos para o ato de referência mesmo sem sabermos nada sobre o referente, ignorando até o significado do termo que o falante utiliza.

Em 3.7.1 contei como, mesmo sendo incapaz de distinguir um olmeiro de uma tília, reconheço bem os mangues (que um dia identifiquei por ter lido em tantos livros de viagem) e a figueira-da-índia, sobre a qual os livros de Salgari me forneceram tantas instruções. Estava convencido de não saber nada a respeito dos manguezais (de que os livros de Salgari também me falavam muito), até que um dia descobri numa enciclopédia que os manguezais são os mangues. Agora poderei reler Salgari, imaginando os mangues a cada vez que nomear os manguezais. Mas o que fiz por anos e anos, desde a infância, lendo manguezais sem saber o que fossem? Pelo contexto, imaginei que se tratavam de vegetais, algo semelhante a árvores ou arbustos, mas esta era a única propriedade que conseguia associar ao nome. Contudo, pude ler *fingindo* saber o que eram. Completava com a fantasia aquele pouco que pude entrever pela caixa semiaberta, mas de fato tomava algo de caixa fechada. Sabia que Salgari se referia a algo, e mantinha aberta a interação comunicativa, para poder compreender o resto da história, assumindo (em confiança) que os manguezais existissem em algum lugar e que fossem vegetais.

A aceitação de caixa fechada poderia ser entendida como um caso de *designação rígida*. Segundo a teoria da designação rígida, num contrafatual, que subtrai de Aristóteles cada propriedade conhecida, em todo o caso, devemos nos dispor a considerá-lo como aquele que foi batizado como tal num determinado instante, e ao fazer isso aceitamos de caixa fechada que um tipo de ligação ininterrupta conecta a pronunciação atual do nome ao indivíduo assim batizado. Entretanto, há uma ambiguidade na teoria da designação rígida (talvez não a única). Por um lado, devemos assumir que — através de uma cadeia ininterrupta que liga o objeto, que recebe o nome no ato do seu batizado, ao nome utilizado por quem se refere a ele — seja o objeto que *causa* a apropriação da referência (Kripke 1972: 89). Por outro lado, sustentamos que o receptor do nome deve ter a intenção de utilizá-lo com a própria referência daquele de quem o recebeu (Kripke 1972: 94). Não se trata do mesmo fato.

Visto que o sarchiapone não existe, não há objeto que possa ter causado a utilização do nome. Contudo, é certo que Chiari aceita utilizar o nome *sarchiapone* no mesmo modo em que presume que Campanini o utilize. De caixa fechada. Se houve cadeia causal, ela não vai do objeto à utilização do nome, mas da decisão (de Campanini) de utilizar o nome até a decisão de Chiari de utilizá-lo como Campanini o utiliza. Não se trata de uma causalidade "objeto → nome", mas de causalidade "utilização$_1$ do nome → utilização$_2$ do nome". Não tenho nenhuma intenção de resolver este problema do ponto de vista de uma teoria causal da referência, visto que dela não compartilho. Poderemos dizer que, no caso de o sarchiapone existir e ter uma essência, temos designação "rígida", enquanto no caso em que seja imaginado por quem batiza com aquele nome uma criação da sua imaginação, temos designação "mole". Entretanto, não sei realmente o que signifiquem tanto designação rígida quanto designação mole porque esta diferença talvez tenha relevo ontológico, mas não semiótico: o ato de referência, posto em prática por Campanini e aceito por Chiari, funcionaria no mesmo modo em ambos os casos.

O problema parece-me mais um outro. E é porque a metáfora da caixa fechada é imprecisa. As caixas fechadas (desejando tecer a metáfora) nos dizem sempre algo daquilo que há dentro, porque inevitavelmente levam uma etiqueta. Se utilizo um nome próprio como Gedeão, automaticamente declaro que o portador do nome é um ser humano do sexo masculino;

se utilizo Doroteia, declaro que é do sexo feminino; se no discurso coloco em cena o meu irmão Giacomo, Giacomo já é um ser humano do sexo masculino que tem a propriedade de ser meu irmão; Salgari havia etiquetado os manguezais como vegetais e — para acabar —, se denomino Giuseppe Rossi, há grandes possibilidades de que o designado seja um homem italiano; se nomeio Jean Dupont, há fortes indícios de que seja francês; se nomeio Paolo Sisto Leone Pio Odescalchi Rospigliosi Colonna, há fortes indícios de pertença à nobreza romana, à parte o fato de que (pelo menos originalmente) se alguém era chamado pelo cognome Fabbri, era descrito como o filho do ferreiro, e, se se chamava Müller, pertencia à família dos moleiros. Muito pouco para identificar como tais Pietro Fabbri ou Franz Müller, mas muito para dizer que até os nomes próprios não são completamente vazios de conteúdo.

Além disso, notemos que, se os nomes próprios não tivessem um conteúdo (mas apenas o designado), não poderia existir a *antonomásia vossiânica,* que não é aquela em que um termo geral se aplica, por excelência, a um indivíduo (o Imperador para Napoleão, *The Voice* para Frank Sinatra), mas aquela em que o nome de um indivíduo é usado, por excelência, como suma de propriedades (este é um Pico della Mirandola, ou um Hércules, ou um Judas, esta é uma Messalina, ou uma Vênus).

Iniciálmente, a história do sarchiapone parece aquela de um incauto recebida de caixa fechada, mas na verdade Campanini, dizendo que não é necessário perturbar o sarchiapone porque é irritável, já coloca uma etiqueta na caixa (ou na cesta): o sarchiapone é um ser vivo. Daí, Chiari segue, e pretende logo utilizar o termo como um "gancho para pendurar descrições". As tentativas de Chiari na Fase 3 visam a apurar quais são as propriedades do animal, e portanto obter instruções para a identificação e reconhecimento do referente. Notemos que nesta cena também é exemplificada a diferença entre falar de e referir-se a. Campanini se refere a um sarchiapone individual (na cesta). Chiari aceita a referência e se refere àquele sarchiapone. Mas, para estabelecer como é, tenta um recurso ao universal, ou a objetos gerais: afirma ter conhecido outros sarchiapones e — ao tentar definir as suas propriedades — fala dos sarchiapones em geral, ou procura obter informações para constituir, pelo menos através de tentativas, o CN de *sarchiapone* e formar o seu TC, ou obter uma possibilidade de cognição do sarchiapone-tipo. Para fazer isto, refere-se sempre ao animal na cesta como a uma ocorrência que deveria exibir todas as propriedades do tipo. Não contratamos a referência sem colocar os conteúdos em cena.

O diálogo que se desenvolve na Fase 3 pode ser entendido como um processo de "esvaziamento sucessivo" de toda possível propriedade, de modo que aquele gancho para pendurar descrições permanece vazio. Visto que Campanini nega toda possível propriedade do sarchiapone, só resta a Chiari — aparentemente — aceitar o nome de modo rígido. E assim parece fazer, quando na Fase 4 insulta a besta misteriosa, acusando-a de não corresponder a nenhuma descrição possível. Mas ele não deixa de se referir àquele ser maldito como a uma "besta".

Quando Campanini, na Fase 5, revela que o sarchiapone não existe, Chiari percebe que até então falou de um indivíduo inexistente, ou de um parto da fantasia de Campanini, um indivíduo fictício que existia apenas no mundo possível da imaginação alheia. Mas, mesmo depois que o engano é revelado, eis que Chiari (na Fase 6) continua a se referir ao sarchiapone. Exceto que não se refere mais a ele como a um elemento do preenchimento do mundo real, mas como a um elemento do mundo possível, inventado por Campanini. Poderemos discutir se nas Fases 1-5 Chiari falava de um sarchiapone$_1$, que considerava existente, e na Fase 6 esteja se referindo a um sarchiapone$_2$, que já sabe que existe apenas num mundo fictício. Mas, de fato, está sempre se referindo ao sarchiapone *de que Campanini falava*, a não ser que antes lhe atribuía a propriedade de existir no mundo real e agora lhe atribui a propriedade de não existir.[10] Os dois concordaram e sabem do que estão falando.

A moral da história é que (i) referir-se é uma ação que os falantes realizam com base numa negociação; (ii) o ato da referência realizado utilizando um termo poderia, em princípio, não ter nada a ver com o conhecimento do significado do termo e nem sequer com a existência ou não do referente — com o qual não mantém nenhuma relação causal; (iii) contudo, não há designação definível como rígida que não se apoie numa descrição ("etiqueta") de partida, mesmo que muito genérica; (iv) portanto, mesmo os casos aparentes de designação absolutamente rígida constituem encaminhamentos do contrato referencial, o momento inicial da relação, nunca o momento final.

Poderíamos objetar que estamos na presença de uma cena cômica. Ocorreria o mesmo se o diálogo se desenvolvesse entre dois cientistas, um dos quais começasse a falar de uma substância X, que descobriu, e por fim esclarecesse que aquela substância não existe ou não tem nenhuma das propriedades que o descobridor lhe atribuía? Numa situação semelhante, um cientista se comportaria diferentemente *do ponto de vista moral e científico*, desqualificando publicamente quem mentiu, mas do ponto de vista semiósico as coisas ocorreriam da mesma forma. Num congresso científico sucessivo, o cientista continuaria a citar a substância X como exemplo de substância imaginária, sujeito de uma fraude científica (ou de um erro grosseiro), mas continuaria a se referir a ela como aquela de que falara quando, antes de começar as devidas verificações, assumira como existente de caixa fechada.[11]

Sei muito bem que existe uma outra interpretação, se não da história do sarchiapone, pelo menos daquela da substância X. Algumas pessoas diriam que, a partir do momento em que a substância não existe, a expressão *substância X* não tem referente, e não tinha nem mesmo quando, no início, o cientista considerava, de caixa fechada, que tivesse um. Mas dizer que uma expressão não pode ser aplicada a nenhum referente não significa que não possamos utilizá-la para um ato de referência, e é neste ponto que desejo insistir. Nesta oscilação entre possível referente do termo e utilização do termo em ato de referência se esconde uma ambiguidade que gerou muitas discussões sobre a ontologia da referência.

5.5. A Mente Divina como "e-mail"

Por ontologias da referência entendo, antes de mais nada, a posição filosófica segundo a qual os indivíduos (Paulo, Napoleão, Praga ou o Pó) podem ser *rigidamente* designados, no sentido em que, qualquer que seja a descrição que atribuímos a um nome, em todo o caso, ele se refere a algo ou a alguém que assim foi batizado num determinado momento do espaço-tempo, e que — pelas propriedades que lhe são desconhecidas — permanecerá sempre *aquele* alguém ou algo (um *principium individuationis*, baseado numa *materia signata quantitate*). Mas a teoria da referência ontológica foi estendida ainda às *quidditates* (as essências, ou os objetos gerais) que, mesmo quando não as conhecemos, seriam constâncias de natureza que possuem uma objetividade fora dos nossos atos mentais e do mundo em que a cultura os reconhece e organiza. A ampliação da hipótese não é injustificável: se assumimos que um nome de pessoa pode ligar-se diretamente a uma *haecceitas* (mesmo preterida, e portanto imaterial), por que um nome genérico não poderia ligar-se diretamente a uma *quidditas*? É mais imaterial a Cavalidade ou a *haecceitas* de Assurbanipal, de que considero não tenhamos mais um punhado de pólvora? Nos dois casos, como veremos, não poderíamos deixar de assumir que a ligação seja realizada por aqueles que Putnam (1981: 3) chama *noetic rays* (e que naturalmente são apenas uma ficção teórica).

Deste ponto de vista, para uma teoria ontológica da referência, o termo *água* iria se referir a H_2O em qualquer mundo possível, assim como o nome *Napoleão* iria se referir sempre e rigidamente àquele *unicum* que se produziu na história do universo, genética, fisiológica e biograficamente, uma única vez (e assim permaneceria, mesmo que num mundo futuro, governado por feministas radicais, Napoleão fosse lembrado apenas como o indivíduo dotado da única propriedade de ter sido o marido de Josefina).

Esta seria uma ontologia "forte" pela qual a referência à água pareceria prescindir de cada conhecimento ou intenção ou crença do falante. Entretanto, por um lado esta perspectiva não exclui a pergunta sobre o que seja a referência, e, por outro lado, não elimina a noção de "cognição": simplesmente desloca as duas da psicologia para a teologia. O que significa a palavra *água* referir-se sempre a H_2O, além de cada intenção dos falantes? Deveremos dizer o que é aquele tipo de fio de ferro ontológico que firma aquela palavra naquela essência — e tomando a metáfora emprestada, deveremos pensar na essência como em algo muito hirsuto de onde promanam muitos fios de ferro, que a ligam a *acqua, water, água, eau, Wasser, vodá, shui* e até ao termo (ainda inexistente) que será formado em 4025 pelos visitantes de Saturno para indicar aquele líquido transparente, desconhecido, que encontrarão no nosso planeta.

Uma ontologia forte, para excluir as intenções dos falantes, mas fundamentar de algum modo a ligação referencial, deveria pressupor uma Mente Divina, ou Infinita que seja. Prevendo que o mundo exista independentemente do conhecimento que dele possuímos, e que exista uma população de essências reciprocamente regradas por leis, só uma Mente que conhece exatamente como ele é (e como o fez), e que aceita de forma indulgente que mesmo em diversas línguas possamos nos referir à mesma essência, pode "fixar" a referência de modo estável.

Para retomar o conhecido exemplo de Putnam (1975: 12), se existisse numa Terra Gêmea algo que se parece em tudo e por tudo com a água deste planta, tivesse o mesmo aspecto, sabor e efeitos bioquímicos, e contudo não fosse H_2O, mas XYZ, para dizer que quem quer que (em ambos os planetas) falasse de *água* se referisse a H_2O, mas não a XYZ, é preciso assumir que uma Mente Infinita qualquer a pense justamente naquele modo, porque apenas o seu pensamento garantiria a ligação entre nomes e essências. Mas é mesmo Putnam (1981: 3), ao opor um realismo interno à perspectiva externa, que diz que esta última, para ser sustentável, pressuporia um Olho de Deus.

Postular uma Mente Divina, entretanto, revela um problema interessante em termos de intencionalidade. Devemos admitir que a Mente Divina "saiba" que cada emissão do termo *água* se refere à essência da água, e qual é a relação intencional que liga a Mente Divina ao conteúdo do seu "saber" foge à nossa capacidade de compreensão (e de fato postulamos que assim aconteça, e não dizemos como ocorre). Mas o que garante que cada *nossa* anunciação do termo *água* se adapta à intencionalidade da Mente Divina? Evidentemente nada, se não a nossa boa *intenção* de que quando falamos de água entendemos fazer, por assim dizer, a vontade de Deus e entendemos que (voluntariamente) nos adaptamos à intenção da Mente Divina.

Notem que digo "à intenção" e não "à intencionalidade" de uma Mente Divina. Perguntar o que é a intencionalidade de uma Mente Divina está além dos limites destas modestas reflexões — e até de reflexões bem mais altivas. O problema é que também é difícil decidir o que significa adaptar-se à intenção da Mente Divina.

Admito que já existe um fenômeno que poderia valer como modelo de Mente Divina, e de designação absolutamente rígida. É o fenômeno do endereço do *e-mail*. Ao "nome" constituído por este endereço (por exemplo: *adam@eden.being*) decerto corresponde apenas uma entidade (não dissemos que é um indivíduo físico, poderia ser uma empresa, mas apenas aquela e não outra). Podemos não saber realmente quais propriedades possua o destinatário (Adão poderia não ter sido o primeiro homem, poderia não ter comido da árvore do bem e do mal, poderia não ter sido o marido de Eva etc.), mas sabemos que aquele nome (endereço) aponta (por uma cadeia de fenômenos eletrônicos que não ocorre analisarmos em detalhes, mas de cuja eficiência somos diariamente testemunhas) para uma entidade individual distinguível de qualquer outra, independentemente das nossas crenças, opiniões, conhecimentos lexicais, e do conhecimento que temos sobre como "aponta". Poderemos, durante um tempo, associar muitas propriedades àquele nome, mas não é necessário que o façamos: sabemos que, se o escrevemos no nosso programa de *e-mail*, chegaremos àquele endereço e não a um outro.[12] E sabemos que tudo depende de uma cerimônia batismal, e que a potência referencial do endereço que utilizamos é devida *causalmente* àquele batismo.

Mas um fenômeno desse tipo (tão absolutamente "puro" e indiscutível, independente das intenções e das competências de cada correspondente) se verifica apenas com o *e-mail*. Que o sistema de *e-mail* seja um modelo da Mente Divina pode parecer confortante ou blasfemo, mas é certo que é o único caso em que utilizamos uma designação absolutamente rígida segundo o modelo, se não de uma Mente, pelo menos de uma Rede Divina.

5.6. Da Mente Divina à Intenção da Comunidade

Como saímos de uma ontologia forte, garantindo ao mesmo tempo uma certa objetividade da referência? Pensando numa ontologia enfraquecida pela Mente da Comunidade (cujos representantes privilegiados são, conforme os setores, os Peritos). Neste sentido, referir-se de forma correta à água significa referir-se a ela no mundo a que a comunidade dos peritos se dirige — que hoje concordam que é H_2O e que amanhã poderiam, tomando nota da falibilidade do conhecimento, decidir por uma outra definição. Mas, de fato, isto não resolve o problema que nos apresentava a hipótese da Mente Divina: o que nos garante que quando utilizamos a palavra *água* numa operação de referência a utilizamos como faz a Mente da Comunidade? Simplesmente a nossa decisão (voluntária) que, quando utilizamos aquela palavra, pretendemos utilizá-la no mesmo sentido em que os peritos a utilizam.

Ora, Chiari fazia algo diferente na cena do sarchiapone, decidindo utilizar a palavra *sarchiapone* do mesmo modo que Campanini a utilizava? Simplesmente, Chiari assumia que Campanini fosse um Perito. Existe uma diferença ontológica entre a opinião de Campanini e aquela de Einstein? Existe apenas a nossa persuasão de que, estatisticamente falando, as enciclopédias por nós conhecidas registram Einstein como perito qualificado, enquanto que não mencionam Campanini (e admito que existam bons motivos para esta preferência). Isto significa que nós, ao falarmos, temos uma ideia, algumas vezes vaga e outras precisa, sobre algumas matérias ao redor das quais circula o consenso da Comunidade.

Mas se por termos de gêneros chamados naturais (como água ou ouro) presumimos que exista o perito como Interlocutor Privilegiado (intérprete autorizado da Comunidade), isto não ocorre para *meu primo, Artur, o gato de Mafalda* ou *o primo hominídeo que chegou da Austrália*. Aqui a possibilidade de contrato é muito ampla, porque a palavra de Campanini vale como a de Einstein.

Por exemplo, diante do enunciado *Napoleão nasceu em Modena*, tendo a convicção de que o *meu* Napoleão tenha nascido em Ajax, de fato não aceito utilizar o nome conforme as intenções da Comunidade porque, pelo menos por princípio de caridade, logo suspeito de que o falante pretenda se referir a um *outro* Napoleão. Assim, esforço-me por controlar a apropriação da referência, procurando induzir o meu interlocutor a interpretar o CN que faz corresponder ao nome *Napoleão*, para eventualmente descobrir que o seu Napoleão nasceu neste século, é um vendedor de carros usados, e, portanto, vejo-me diante de um caso banal de homonímia. Ou percebo que o interlocutor pretende se referir ao meu próprio Napoleão, e assim pretende emitir um enunciado historiográfico que desafia as noções enciclopédicas vigentes (e portanto a Mente da Comunidade). Neste caso, tomarei medidas para exigir-lhe provas científicas do seu enunciado.

Mas, por fim, tentemos levar a sério a decisão de utilizar um termo conforme a intenção e o acordo dos Peritos ou da Comunidade. Suponhamos que, diante da ameaça de extinção dos elefantes africanos, a ECO (Elephant Control Organization) perceba que: (i) na zona de Kwambia existem três mil elefantes, mais do que o equilíbrio ecológico pode suportar (os elefantes destroem as colheitas e, assim, a população é levada a massacrá-los, enquanto que se fossem em número menor poderia tolerá-los); (ii) na zona de Bwana, os elefantes, massacrados por caçadores de marfim, estão prestes a se extinguir; criaram-se leis severas que poderiam garantir a sua sobrevivência, mas os chefes em circulação são muito poucos para garantir a continuidade da espécie; (iii) trata-se de capturar mil elefantes em Kwambia e transferi-los para Bwana; (iv) a confederação dos Estados africanos e o World Wildlife Fund aprovaram a operação e encarregaram os funcionários da ECO para isso.

Durante estas preliminares, referimo-nos a Kwambia e a Bwana, e supomos que exista um acordo sobre o referente dos nomes destes territórios. Ora, *designamos* todos os três mil elefantes de Kwambia, um a um, afirmando que, destes, mil deverão ser transferidos para Bwana. Ainda não sabemos quais são estes mil chefes, mas, assim como podemos designar uma criança que está para nascer, é possível designar aqueles mil elefantes que, no dia em que fossem transferidos para Bwana, seriam exatamente aqueles e não outros indivíduos. O problema é se os funcionários da ECO conhecem exatamente o significado do termo *elefante* e, por erro, não transfiram rinocerontes ou hipopótamos.

Não basta dizer que os funcionários da ECO têm a intenção de utilizar o termo *elefante* para se referirem ao mesmo gênero de indivíduos a que se referiam os Peritos. Este acordo, baseado na sua boa vontade, vale apenas para iniciar o discurso. Os Peritos desejam estar seguros de que não existam possíveis mal-entendidos. Portanto, comunicam aos funcionários encarregados que eles entendam por elefante um animal que, segundo a ciência oficial, tem as propriedades XYZ, e fornecem ainda instruções para reconhecer animais dotados dessas propriedades. Se os funcionários encarregados consentem e declaram que desejam capturar e transferir mil exemplares de animais XYZ, a operação pode ser iniciada.

Neste ponto, é irrelevante afirmar que os funcionários da ECO tivessem a boa intenção de utilizar o termo conforme a intenção dos Peritos. De fato, entre eles e os Peritos se firmou o benéfico interstício de uma série de interpretantes (descrições, foto, desenhos) e é sobre isso que sucede o acordo. Se, por acaso, em Kwambia existissem ainda raríssimos elefantes brancos, os contratantes devem concordar se abrangem ou excluem os elefantes brancos do termo *elefante*, visto que a propriedade da intervenção ecológica depende deste acordo.

Mais uma vez, a designação rígida teve função introdutiva, para começar o contrato, mas não é nela que o contrato termina.

5.7. Quiproquós e negociações

Suponhamos que alguém nos diga que em 25 de setembro de 1555 foi firmado um tratado de paz em Augsburg e não sabemos que se trata da cidade que chamam Augusta. Apontamos para uma caixa ainda fechada, que não é aquela em que geralmente colocamos a cidade de Augusta. Pode ocorrer que o fato nos interesse tão pouco que deixemos de lado qualquer contratação; pode ocorrer que peçamos outros esclarecimentos, fazendo perguntas sobre aquela estranha cidade, curiosos pelo fato de que foi firmada uma paz no mesmo dia em que fora firmada em Augusta; e, enfim, pode ocorrer que, por princípio de caridade, suponhamos logo que o falante pretende referir-se à mesma cidade que chamamos *Augusta* com o nome *Augsburg*. Mas, em todo o caso, veríamos o quanto os nossos conhecimentos enciclopédicos, e, portanto, um nosso saber sobre o conteúdo, condicionam e dirigem as nossas contratações ao sucesso da referência.

Isto permite resolver ainda o aparente paradoxo (elaboro com certa licença de Kripke 1979) daquele tal Pierre que, na França, sempre ouvira falar de *Londres*, e fizera uma ideia de que fosse uma cidade muito bonita, e por isso escrevera no seu diário que *Londres est une ville merveilleuse*; e depois resolveu ir, por acaso, à Grã-Bretanha, aprender inglês por exposição direta, visitar uma cidade que os habitantes chamavam *London*, achá--la insuportável, e ter escrito no costumeiro diário (infelizmente também bilíngue) que *London is an ugly city*. Por isso a ansiedade do seu tradutor italiano, que deveria fazer com que afirmasse (contraditoriamente) que Londres é ao mesmo tempo bela e muito feia — para não falar dos lógicos que não saberiam como sair dessa diante de duas afirmações tão descaradamente contraditórias etc.

Com isso, cometeram uma injustiça com os tradutores, com os lógicos e com as pessoas normais. Nesta história, das duas uma: ou Pierre, depois de ter visitado Londres, percebe, com base em alguma descrição que recebera quando lhe falaram de *Londres* (cidade inglesa, cortada por um rio, com uma Torre) que, por erro, acreditara que fossem duas cidades, que, por sua vez, são uma só; ou Pierre é um imbecil, aceitou a primeira referência de *Londres* de caixa fechada, sem saber nada além do fato de que era uma cidade, e nunca percebeu que os nomes *Londres* e *London* se referiam ao mesmo objeto. No primeiro caso, damos tempo a Pierre para conversar com outras pessoas e corrigir as suas crenças, e talvez diga que num primeiro instante pensava (com base em notícias descontroladas) que Londres fosse bela e depois descobriu que era feia. Ou então Pierre permanece na sua confusão cognitiva e semântica e — à parte o fato de que neste ponto nos perguntemos porque devemos traduzir os diários de um imbecil — o tradutor deveria inserir notas, para esclarecer que se trata de um interessante documento semiótico e psiquiátrico, porque Pierre é um daqueles que trocam a própria mulher por um chapéu, ou falam de Napoleão Bonaparte (como primeiro cônsul e derrotado em Waterloo) com a intenção de se referir a si mesmo. Mas tudo isto interessa à psiquiatria, não à semântica.

Notemos que equívocos desse tipo são muito mais comuns do que possamos acreditar pelo exemplo examinado, escolhido com gosto pelo improvável. Um colecionador de livros antigos pode encontrar, marcada num catálogo, a primeira edição de 1662 da *Physica Curiosa* de Gaspar Schott como publicada em Würzburg. Depois, num outro catálogo, vê que a primeira edição foi publicada no mesmo ano em Herbipolis. Portanto, marca no seu diário que existem duas edições da mesma obra no mesmo ano, em duas cidades diferentes — fenômeno comum naquela época. Mas um simples suplemento de instrução lhe permitiria verificar que Würzburg, risonha cidade bávara, tem entre suas propriedades enciclopédicas também a de ter sido designada no passado como Herbipolis (e, além disso, o nome alemão traduz literalmente o nome latino). Fim da tragédia. Bastava perguntar. As pessoas, quando escutam atos de referência, em geral *fazem um monte de perguntas*. Se aquele colecionador não soube perguntar (ou consultar léxicos muito precisos sobre tal matéria) torna-se simplesmente objeto de uma piada divertida, como aquele estudante que (parece que é verdade) numa tese mencionara o "conhecido" debate entre Voltaire e Arouet.

No conjunto, parece-me que estas modalidades contratuais, substituídas por operações cognitivas, representem uma pintura mais fiel daquilo que realmente *fazemos* quando nos referimos a algo, que não seja a pintura sugerida pelas teorias ontológicas da referência. Com tudo isto, de fato não pretendo que fiquem insulsos nem a questão da referência ontológica nem os tesouros de sutileza que foram e são continuamente gastos para anulá-la. E não tanto porque a questão seja de especial importância no universo dos discursos científicos, em que se dois astrônomos falam da nebulosa G14 devem estar certos do que mencionam: mesmo a referência à nebulosa G14 é matéria de contratação, por certo mais do que ocorra com os nossos atos de referência quotidianos (que muitas vezes "deixamos de lado"), e decerto segundo critérios bem mais rigorosos. O problema é mais para podermos nos referir contratualmente e pragmaticamente que *necessitamos da ideia reguladora da referência ontológica.*

5.8. O estranho caso do doutor Jekyll e dos irmãos Hyde

Em Londres existem dois irmãos, John e Bob Hyde, gêmeos monozigóticos, iguais em tudo. Os dois (não me perguntem por quê, mas evidentemente isso lhes agrada) decidem dar vida a um único personagem público, o doutor Jekyll, e para isso se preparam desde a mais tenra infância. Seguem os estudos de medicina juntos, começam a residência, tornam-se um médico (o doutor Jekyll) de grande reputação, que é nomeado diretor da Clínica Universitária. Desde os primeiros tempos os dois irmãos observam uma regra: personificam Jekyll em dias alternados. Quando John é Jekyll, Bob fica fechado em casa, comendo alimentos enlatados e vendo televisão, e vice-versa no dia seguinte. À noite, quem volta do serviço conta ao outro cada mínimo detalhe do dia, de modo que o outro possa tomar o seu lugar no dia seguinte, e ninguém perceba a substituição.

Um dia, John, enquanto está de serviço, começa uma relação amorosa com a doutora Mary. Naturalmente, no dia seguinte Bob leva a relação adiante, e assim a história segue, com grande satisfação dos três protagonistas, John e Bob, apaixonados pela mesma mulher, Mary, convencida de amar um único homem.

Ora, se Mary diz à querida amiga Ann, de quem nada esconde, *ontem à noite estive com Jekyll*, e admitindo que na noite anterior Bob estivesse de serviço, a quem se referia Mary? Para uma teoria ontológica da referência poderíamos dizer que, mesmo que Mary acreditasse que Bob se chamava Jekyll, como se referisse à pessoa que visitou na noite anterior (batizada no momento do nascimento como Bob Hyde), se refere a Bob. Mas, quando, no dia seguinte, Mary, depois de ter passado uma outra noite de paixão com John, repete para Ann que na noite anterior também esteve com Jekyll, a quem se refere? Embora acredite que John Hyde se chame Jekyll, do ponto de vista de uma Mente Infinita ela se refere a John. Portanto, em dias alternados, ela se refere a pessoas diferentes, com o nome errado, mas sem o saber.

Está claro que esta dupla referência, do ponto de vista pragmático, é para nós (como para ela) de pouca importância. Provavelmente um contabilista celeste, que deveria perceber a exatidão de todos os atos de referência pronunciados na terra, teria registrado que no dia 5 de dezembro Jekyll era Bob, e no dia 6 de dezembro era John. John e Bob poderiam desejar se colocar do ponto de vista de uma Mente Infinita, porque poderia ser muito importante para eles saber se, nas suas confidências a Ann, Mary julgava uma noite mais satisfatória que a anterior. Mas John e Bob são precisamente personagens excepcionais, que nesta minha história desenvolvem a função de *deus ex machina*, e, portanto, não perceberemos a sua contabilidade referencial (além disso, imagino que nem eles perceberam). A contabilidade que nos interessa é aquela de Mary e de todos aqueles que, em Londres, conhecem o doutor Jekyll (e ignoram a existência dos Hyde Brothers).

Para todos eles, cada referência ao doutor Jekyll é a referência não a uma essência, mas a um *ator da comédia social*, e neste sentido todos conhecem apenas um doutor Jekyll. Possuem um seu TC, sabem enumerar algumas de suas propriedades, falam dele e de mais ninguém. Quem fora curado pelo doutor Jekyll firmara com ele um contrato, dele recebera uma ordem solvente, dissera a alguém para procurar o doutor Jekyll (e o seu desejo fora satisfeito), diz ter falado com o doutor Jekyll e pretende que lhe deem crédito, comporta-se como se existisse apenas um doutor Jekyll.

De um ponto de vista ontológico, poderemos dizer que o doutor Jekyll não existe, que é apenas uma ficção social, um agregado de propriedades legais. Mas, esta ficção social é suficiente para tornar socialmente verdadeira ou falsa cada proposição concernente ao doutor Jekyll.

Um dia, John, enquanto está de serviço, tropeça na escada e quebra o tornozelo. É logo levado ao ortopedista do hospital, o doutor Holmes, que faz uma radiografia, engessa o seu pé e manda-o para casa num táxi com duas esplêndidas muletas de alumínio. Os dois irmãos, muito espertos, percebem que não basta que Bob engesse o seu pé: o doutor Holmes poderia querer substituir o gesso, e perceberia o engano. Heroicamente Bob, depois de ter estudado a radiografia do irmão com muito cuidado (não esqueçamos que ambos são médicos), com um golpe de martelo preciso fratura também o seu tornozelo, engessa-o, e se apresenta na manhã seguinte no hospital.

A coisa poderia funcionar, mas Holmes é muito meticuloso. No momento do acidente quisera fazer também alguns exames de sangue de Jekyll-John; e alguns dias depois, preocupado com um excesso de triglicerídeos, repete os exames, mas desta vez em Bob. E observa que os valores dos dois exames não coincidem. Não podendo suspeitar (ainda) de um engano, pensa num erro e ingenuamente fala sobre isso a Bob. À noite, os dois irmãos se consultam, observam com cuidado o resultado dos exames, e um dos dois decide seguir uma dieta rigorosa para deixar a sua taxa de triglicerídeos igual à do outro. Fazem o possível, mas não a ponto de enganar o olho agudo do doutor Holmes, que — repetindo os exames mais uma vez, e ainda duas vezes, e por ironia do destino tanto com John quanto com Bob — continua a ver contradições. Holmes começa a suspeitar da verdade.

Os dois irmãos começam uma competição mortal com o seu inimigo. De várias formas procuram fazer com que a fratura se recomponha no mesmo período, continuam uma dieta muito controlada, mas sempre algum particular infinitesimal faz com que o doutor Holmes suspeite cada vez mais. Holmes injeta num deles um alergênio que produz resultados dentro de vinte horas, e por dois dias, e percebe que, tendo injetado a substância em Jekyll às 17 horas de terça-feira, na quarta-feira à mesma hora ainda não tivera resultados, que, no entanto, aparecem na quinta-feira. Holmes tem bons indícios para conjeturar que os personagens são dois, mas não tem provas para exibir publicamente de forma convincente.

Um jeito de terminar a história poderia ser que o doutor Holmes consiga provar o engano. A partir daquele momento (não considerando todos os incidentes jurídicos, sentimentais ou sociais que acarretariam) o corpo social deveria decidir que o nome *Jekyll* é um homônimo que indica duas pessoas diferentes. Além disso, para poder serem reconhecidos, os dois irmãos, mesmo que fossem condenados à prisão, seriam obrigados, por decreto do juiz, a levar na gola uma tarja com a sua composição sanguínea e outras observações médico-biológicas. A outra solução (mais excitante) seria que o doutor Holmes não consiga ter a certeza absoluta nem exibir nenhuma prova decisiva do engano, porque os dois irmãos são mais espertos do que ele. O fato continuaria então ao infinito, num tipo de caça em que a presa foge sempre do caçador, mas o caçador não desiste (bom sujeito para um *serial* do tipo Juve *x* Fantomas).

Mas, neste caso, o que nos interessa é: por que o caçador não desiste? Porque Holmes, embora como todos esteja acostumado a modalidades de referência pragmática, tem um ideia obstinada da referência ontológica. Ele acredita que, se Jekyll existe, há uma essência, uma *haecceitas* "Jekyll" que representaria o parâmetro de uma referência ontologicamente verdadeira. Ou então acreditaria que, se no lugar de Jekyll existissem duas pessoas diferentes, como suspeita, deveria num certo momento identificar duas *haecceitates* diferentes. Observemos que Holmes não sabe qual é o *principium individuationis* que caça: poderia ser uma composição particular do sangue, uma variação mínima em dois eletrocardiogramas, algo que pode ser revelado por uma ecografia ou por uma exploração intestinal, a descoberta de dois programas genéticos diferentes, uma augurável radiografia da alma... Holmes tenta todas elas, será sempre vencido, mas não deixará de procurar porque postula a essência, ou a Coisa em Si, que não é Incognoscível, mas o próprio postulado da procura infinita.[13]

Esta persuasão de que possa existir um ponto de vista ontológico pode se dirigir à ideia peirciana do interpretante lógico final, o momento completamente ideal em que o conhecimento poderia se compor na totalidade do pensável. Trata-se de um conceito regulador, que não detém o progresso da semiose, mas, por assim dizer, não o desencoraja, e deixa entender que o processo da interpretação, mesmo que infinito, tende a algo. Holmes pensa como Peirce que, sempre procurando, faz com que a Tocha da Verdade avance, e que "in the long run" a Comunidade poderia consentir numa asserção final indiscutível. Sabe que este "long run" poderia durar por milênios, mas Holmes tem uma mente filosófica e científica e presume que outros depois dele poderão chegar à verdade, talvez examinando centenas de anos depois ambíguos repertórios osteológicos. Holmes não pretende saber: pretende continuar a procurar. Holmes poderia até ser um relativista, que pensa que podemos dar infinitas descrições do mundo assim como é, e, contudo, é um realista (no sentido de Searle 1995: 155), para quem fazer profissão de realismo não significa afirmar que possamos saber como as coisas estão, nem se pudéssemos dizer algo de definitivamente "verdadeiro" sobre elas, mas significa apenas assumir que *há um modo em que elas existem*, e que este modo não depende de nós, nem do fato de que um dia possamos conhecê-lo.[14]

Holmes encontrou nos arquivos do hospital uma foto do doutor Jekyll. Agora, convencido da existência dos dois irmãos Hyde (mesmo se ainda não os chama assim), sabe com absoluta certeza que, se a foto é um instantâneo tirado no dia tal na hora tal, não pode estar senão *causalmente* ligada a apenas um dos irmãos (cuja existência, diria Peirce, é índice), e esta é para ele (como também para nós) uma certeza irrefutável. Mas isto não lhe serve para nada, nem sequer é a prova de que a sua hipótese esteja correta, quando muito é a certeza de que a sua hipótese está correta que o leva a considerar que a foto esteja causalmente ligada a apenas um dos dois indivíduos que, em dias alternados, personifica Jekyll. Para outra pessoa qualquer, a foto está causalmente ligada ao doutor Jekyll, aquele socialmente reconhecido como tal, e a crença social prevalece sobre o dado ontológico oculto, presumido, crível, mas não acessível.

Qual é a moral da nossa história? Que, na vida quotidiana, temos sempre o que fazer com atos de referência pragmática, e que seria inconveniente se apresentássemos muitos problemas, mas que, para garantir o desenvolvimento do conhecimento, podemos agitar o fantasma da referência ontológica como postulado que permite um pesquisa em progresso.

5.9. Se Jones é mesmo louco

Voltemos à contratação. Peço desculpas por retomar um exemplo tão explorado, mas depois da imprudência com que voltei a refletir sobre os solteiros não me envergonho de mais nada. Voltemos ao célebre exemplo utilizado por Donnellan (1966) para distinguir uso referencial de uso atributivo de um enunciado.[15] Visto o enunciado *o assassino de Smith é louco*, no caso de uso referencial entendemos que aquela descrição indica uma pessoa precisa, conhecida tanto pelo falante quanto pelo ouvinte, enquanto que no segundo caso (avaliando a atrocidade do delito) ouvimos dizer que quem tem a propriedade de ter sido o assassino de Smith também tem a propriedade de ser um louco.

Infelizmente o caso não é tão simples, e eis uma lista (incompleta) das várias situações em que o enunciado poderia ser proferido:

(i) O falante pretende se referir a Jones, que foi surpreendido enquanto matava Smith com uma serra elétrica.

(ii) O falante pretende se referir a quem assassinou Smith com uma serra elétrica.

(iii) O falante pretende (ii), mas não sabe que Smith, na verdade, não morreu (foi salvo *in extremis* pelo doutor Jekyll). De fato, não deveria existir um referente da expressão *o assassino de Smith*, mas, por princípio de caridade, pensamos que o falante pretenda se referir ao *malogrado* assassino (que não deixaria de ser louco, mesmo que, além disso, fosse inábil).

(iv) O falante pretende (ii), mas provavelmente o falante é louco, porque ninguém nunca atentou contra a vida de Smith. Os ouvintes compreendem que o falante está se referindo de forma alucinada a um indivíduo ou a uma situação do mundo possível das suas crenças.

(v) O falante (erroneamente) acredita que Smith foi assassinado, que o assassino seja Jones, e que todos o saibam. Se os ouvintes não sabem que o falante mantém estas estranhas crenças, estamos na situação (iv). Depois, se o falante explica as suas crenças, os ouvintes saberão que ele se referia a Jones. Tratar-se-á agora de decidir se o falante julgava Jones louco enquanto assassino de Smith ou por outras razões (por isso continuará a julgá-lo louco, mesmo que não tenha assassinado Smith).

(vi) Smith foi realmente assassinado, e o falante acredita que o assassino seja Jones (enquanto todos sabem qué é Donnellan). Os interlocutores não conhecem as crenças do falante e acreditam que ele queira dizer que Donnellan é louco (o que, evidentemente, é falso, porque Donnellan assassinou Smith por razões científicas, por isso pode trabalhar sobre a diferença entre uso atributivo e uso referencial). Imagino que, se a conversa prossegue mais um pouco, o equívoco pode ser esclarecido, mas — como em (v) — ocorrerá dar um suplemento de instrução para estabelecer se o falante insiste ao se referir a Jones, mesmo inocente, como a um louco.

(vii) Smith foi realmente assassinado, e o falante acredita que o assassino seja Jones (enquanto todos sabem que é Donnellan). Mas os ouvintes sabem que o falante desconfiou de Jones, e repetidas vezes afirmou que o considerava o assassino de Smith, e, portanto, entendem que o falante pretende se referir a Jones.

(viii) O processo do assassínio de Smith está terminando, e Donnellan, no banco dos réus, ouve a sentença que o define oficialmente como culpado.

O falante (um psiquiatra), logo que entrou na sala, acredita reconhecer em Donnellan um certo Jones que conhecera no manicômio. Portanto, refere-se a Jones, e não a Donnellan. Naturalmente, os ouvintes julgam que esteja se referindo a Donnellan. No entanto, imagino que lhe peçam razões para o seu julgamento, e talvez durante a conversa o equívoco referencial possa ser esclarecido.

Eis um conjunto de casos em que a referência é contratada, e em que não podemos falar de uma referência independente das intenções e conhecimentos do falante, que aponta para uma *haecceitas* de que o falante nada sabe.

5.10. O que deseja Nancy?

Mas a mesma distinção entre uso referencial e atributivo deixa muitos casos limites descobertos. Vejamos um outro exemplo célebre, readaptado para a ocasião.[16]

Reconheçamos que eu diga: *Nancy deseja se casar com um filósofo analítico*. A partir deste enunciado podemos apresentar duas interpretações semânticas (1)-(2), possíveis mesmo quando o enunciado é pronunciado fora de contexto, e *pelo menos* três interpretações pragmáticas (3)-(5), que dependem de algumas inferências sobre as intenções do falante. As interpretações (3)-(5) podem ser tentadas somente depois que decidimos entre (1) ou (2):

1. Nancy deseja se casar com um determinado indivíduo X, que é filósofo analítico.
2. Nancy deseja se casar com alguém, contanto que seja um filósofo analítico.
3. Nancy deseja se casar com um determinado indivíduo, filósofo analítico: ela sabe quem é, mas não o falante, porque Nancy não lhe disse o seu nome.
4. Nancy deseja se casar com um determinado indivíduo X, filósofo analítico: também disse ao falante como se chama e apresentou-o a ele, mas o falante, por reserva, não julga oportuno entrar em particulares.
5. Nancy está apaixonada por um fulano e deseja se casar com ele, disse ao falante quem é; ocorre que o falante sabe que é um filósofo analítico. Neste

ponto é irrelevante decidir se Nancy sabe disso, se ignora ou se o falante já lhe tenha dito. O fato é que o falante julga que, como Nancy está defendendo uma tese sobre Derrida, os dois não poderão nunca se entender e aquele matrimônio está destinado à falência. Exprime aos interlocutores (que conhecem muito bem as ideias de Nancy) a sua perplexidade.

As interpretações (3)-(5) dependem da interpretação (1), isto é, da decisão, que tomamos, de considerar o enunciado como referencial. Presume-se que os ouvintes peçam maiores informações sobre este X, e, neste caso, o falante ou deverá confessar que não o conhece (caso 3, tanto ele quanto os ouvintes devem aceitar a referência de caixa fechada), ou motivar a sua reticência (caso 4, caixa fechada apenas para os ouvintes), ou fornecer indicações para a sua identificação ou para o seu achado (abre a caixa). Ou então os ouvintes estão desinteressados pela identidade do falante (o mexerico é saboroso apenas porque X é filósofo analítico) e a história acaba ali.

Resta-nos considerar a interpretação (2) que, à primeira vista, pareceria instar um uso atributivo do enunciado. Mas, antes de mais nada, ocorre destacar que mesmo no uso atributivo (à maneira de Donnellan) se insta um caso de referência. De fato, também era verdade que o falante definia louco quem tivesse matado Smith, mas, na verdade, o falante supunha que existisse um indivíduo preciso (embora ainda desconhecido) que tivesse matado Smith, e se referia àquele indivíduo, mesmo de caixa fechada. Falar do assassino de Smith era como falar do primeiro morto da Segunda Guerra Mundial. Louco era aquele X desconhecido que matara Smith, infeliz aquele X preciso, morto antes de todos: mas loucura e infelicidade são predicados de um X que, embora ainda social, histórica ou juridicamente indefinível, é ontologicamente definido.

Mas agora não falamos de *quem* Nancy *esposara* (neste caso ele, mesmo desconhecido, seria sempre uma única pessoa). E também não falamos de uma entidade *futurível*, isto é, de alguém que Nancy *esposará* — neste caso seria como se uma mulher grávida falasse da criatura que deverá nascer em poucos meses, e o que quer que seja, decerto será o/a filho/a nascido/a do seu ventre num momento bastante limitado e com um determinado patrimônio genético (naturalmente poderia não nascer e, por isso mesmo, é um futurível). Aqui falamos de quem Nancy *desejaria* esposar, se seguisse os seus gostos. A entidade de que falamos, além de futurível, é *optativa*.

O indivíduo que dizemos que Nancy deseja esposar não só ainda não foi definido, mas poderia até nunca aparecer (e Nancy permaneceria núbil). No caso em que ela estivesse disposta a se casar com *quem quer que* tivesse a propriedade de ser um filósofo analítico, ela estaria apaixonada por uma propriedade, como se desejasse esposar quem tem bigodes. Pode ocorrer que, durante as suas mais desvairadas fantasias eróticas, Nancy tenha atribuído um vulto a este x impreciso, imaginando-o até com os traços de Robert De Niro, mas nunca dissemos que Nancy deseje se casar com quem se pareça com Robert De Niro. Nancy está disposta a transigir sobre o vulto, sobre a estatura, idade, mesmo que o seu x seja um filósofo analítico e, assim, tanto Kripke quanto Putnam lhe seriam indiferentes, mas decerto não Robert De Niro.

Portanto, Nancy (ou quem fala das suas intenções) não se refere a um indivíduo, mas a uma classe de indivíduos possíveis, e, assim, não realiza um ato de referência. O x de Nancy é um objeto geral como os gatos em geral. E, como não julgo oportuno falar de referência para objetos gerais, o enunciado deveria ser traduzido como *Nancy tem a propriedade de apreciar os filósofos analíticos (em geral) e desejá-los como eventuais maridos*, ou então *os filósofos analíticos, entre as suas muitas propriedades, também possuem a de se tornarem desejáveis a Nancy*. Isto, mesmo que sempre seja uma referência a Nancy, não seria uma referência a nenhum filósofo analítico preciso.

De fato, ainda consideremos que não dissemos que Nancy deseja realmente se casar com *quem quer que* seja um filósofo analítico. Poderíamos querer dizer que Nancy pretende se casar, ainda não decidiu com quem, por certo deseja que o eleito seja filósofo analítico, mas não pretende unir a sua vida a *qualquer* filósofo analítico, mas apenas a filósofos analíticos que lhe agradem. Se um agente matrimonial lhe propusesse Marco Santambrogio (que tem a dupla propriedade de ser filósofo analítico e homem de notória prestância) Nancy poderia hesitar, por exemplo, porque não aprecia a sua *vis polemica*.

Antes de dizer que Nancy tem um caráter difícil, reconheçamos o quanto é difícil contratar a referência, porque neste último caso tratava-se até de contratar, preventivamente, se estávamos diante de uma referência ou não.

Por outro lado, quem é Nancy? Presumimos que os falantes não sejam tolos: se, naquele ambiente, conhecessem muitas pessoas com o mesmo nome, fariam bem em pedir especificações. A menos que não julguem prudente deixar que o interlocutor, talvez meio embriagado, fale pelas costas, aquela caixa fechada deveria ser logo aberta.[17]

Contudo, há alguém que assuma o nome *Nancy* de forma muito rígida, e somos nós, eu que escrevo e vocês que leem estas páginas. Não sabemos quem é Nancy (exceto que é uma moça e que tem um fraco por filósofos analíticos — caso de caixa fechada etiquetada). Mas realmente não nos importa saber mais sobre isso. Bastou-nos assumir que o exemplo é daquela moça de quem estávamos falando, e se alguém tiver a bondade de discutir com outros este livro, Nancy será a moça com quem realizei este exercício de referência como contrato. Ninguém poderá negar que, por algumas páginas, nós nos referimos justamente a ela.[18]

5.11. Quem morreu a 5 de maio?

Um parêntese embaraçoso. Segundo algumas pessoas, as descrições não servem para fixar a referência. Vimos que não há referência que não se resuma em alguma descrição. Mas existem casos em que parece que a referência se fixou apenas através de descrições, prescindindo do nome.

Manzoni escreve uma ode, intitulada "5 de maio", que, segundo o que aprendemos na escola, é dedicada à morte de Napoleão. Contudo, se a relermos, veremos que o nome de Napoleão nunca é mencionado. Devendo reassumir de forma brutal a ode em termos de macroproposições (e sem dizer respeito ao seu valor artístico), diremos que o falante nos diz:

1. A pessoa de que falo (exprimindo os meus sentimentos por meio dela) não existe mais.
2. Esta pessoa foi caracterizada por uma série de propriedades: elevou-se em grandes fastígios, caiu e se reergueu; realizou empresas memoráveis desde o arco alpino até as costas africanas, da Península Ibérica aos confins entre França e Alemanha; não sabemos se a sua glória foi verdadeira, mas decerto Deus pretendeu que fosse representante excelso da espécie humana; experimentou a vitória, o poder e o exílio (e duas vezes experimentou tanto o triunfo

quanto a derrota); pode ser considerado o árbitro entre dois séculos; pensou muito em escrever as suas memórias e lembrava os eventos do seu passado etc.

Quem não sabe que a ode fora escrita em 1821 e que, portanto, a data de 5 de maio se referia explicitamente a um dia preciso daquele ano, e quem não sabe que Napoleão morreu naquela data (enciclopedicamente transformada, por antonomásia ou metonímia, na data da sua morte), para identificar a pessoa designada não teria outras instruções que não as vagas descrições oferecidas por Manzoni. Não desejo tentar uma inspeção na história universal, mas estou bastante convencido de que encontraremos um outro personagem histórico a que estas descrições poderiam ser aplicadas. Com um pouco de boa vontade, e entendendo algumas expressões como metáforas e hipérboles, alguém poderia aplicá-la a Nixon ou a Fausto Coppi.

Este é um caso muito difícil para muitas teorias da referência, porque sabemos que aquele texto se refere a Napoleão apenas com base em muitas contratações (e convenções) circunstanciais e intertextuais. Sem estas negociações, o texto seria referencialmente muito obscuro.

Mas compliquemos as coisas. Suponhamos que Manzoni (que, por acaso, não era um zombador deste tipo) tivesse escrito uma ode muito parecida com a cena do sarchiapone, dizendo a um vizinho: "Celebro a morte de um Grande. Dele digo apenas que *não* se elevou em grandes fastígios, *não* caiu, *não* se reergueu, *não* esteve duas vezes na ruína e duas vezes na glória, *não* realizou empresas dos Alpes até as Pirâmides e de Manzanarre ao Reno; de fato, *não* foi árbitro entre dois séculos e, antes, pensando bem, nem sequer morreu."

Como podemos entender a sua referência *àquele* (a quem ele evidentemente continuava a se referir)? Assinaremos para ele uma letra de câmbio em branco, esperando que nos diga algo mais sobre este Tal. Ficaremos incertos se ele pretendia falar de Júlio César, de Henrique IV, do seu vizinho ou de outro indivíduo que escolhesse entre os milhares que povoam o planeta. A assinatura desta letra de câmbio em branco seria uma forma de aceitação de uma designação realmente "mole". Admitiríamos, para manter em vida a interação, que ele fala de alguém que apareceu em algum lugar, foi concebido com um certo programa genético, provavelmente batizado de alguma maneira pelos seus pais ou por quem o viu pela primeira vez, mas não saberíamos (no momento) quem era. Contudo, a designação não seria totalmente mole: as descrições fornecidas poderiam fazer com que, pelo menos, excluíssemos Napoleão.

Talvez tenha suposto uma interação comunicativa impossível? Mas não, coisas desse tipo com frequência acontecem conosco: como quando alguém nos diz: *conheci uma moça fantástica ontem à noite na discoteca, que você nem pode imaginar como é!* E o que fazemos? Esperamos o resto da narração. Mas sabemos que está se referindo a uma mulher e não a um homem.

5.12. Objetos impossíveis

Segundo uma das suas possíveis interpretações, o enunciado sobre Nancy coloca em jogo *futuríveis optativos*. Enunciados como *teremos um filho e chamá-lo-emos Luigi* ou então *estou certa de encontrar o homem da minha vida em Hong Kong* são casos de referência a futuríveis optativos. Até *espero que me tragam brioches*: no momento em que ordenamos, desejávamos qualquer coisa, contanto que fossem *brioches*, mas, quando falamos daqueles que chegarão num determinado momento, eles serão indubitavelmente os *brioches* particulares, possuídos pelo falante. Sendo futuríveis e optativos, estes indivíduos poderiam depois até não existir: mas referências a *possibilia* podem ser realizadas. Referências a *impossibilia* ou ainda a objetos inconcebíveis podem ser realizadas?

Desejarei omitir o costumeiro círculo quadrado, que me parece ser um objeto geral como o unicórnio (e, no máximo, é um indivíduo formal, vejamos 3.7.7). Mas se digo *em 2005 determinaremos o maior número primo*, não só me refiro a um futurível optativo mas também a algo inconcebível.

Todos os objetos impossíveis são inconcebíveis, mas nem todos os objetos inconcebíveis são impossíveis. Por exemplo, um universo ilimitado supera a nossa capacidade de imaginação, mas em princípio não é impossível. Tornar-se filho do próprio filho parece, ao contrário, algo mais que inconcebível, impossível (pelo menos, desde que vivamos num universo com cadeias causais abertas e não em *loop*). No entanto, o que caracteriza tanto os inconcebíveis impossíveis quanto os concebíveis possíveis é a impossibilidade de construir para eles um TC e um CN (julgo que para os possíveis inconcebíveis seja possível construir um CM, mas não sei bem de que natureza).

Assim como dissemos que também é possível nos referirmos (de caixa hermeticamente fechada) a objetos cujo CN não conhecemos, e que, portanto, não saberemos determinar, reconhecer, encontrar e nem sequer interpretar, parece evidente que possamos nos referir ainda a objetos inconcebíveis. O fato de que muitos romances ou filmes de ficção científica falem de personagens que voltam atrás no tempo e encontram a si mesmos quando crianças, ou se tornam pais de si mesmos — e que somos capazes de seguir estas histórias (mesmo que com um certo senso de vertigem) —, prova que podemos nomear objetos inconcebíveis e, portanto (visto que a referência é um uso que fazemos da linguagem), nós nos referirmos a eles.[19]

Mostramos em Eco (1990, 3.5.6) que não só podemos nomear estes objetos mas, por ilusão cognitiva, podemos ter a impressão de concebê-los. Como existem ambiguidades perceptivas, existem ambiguidades cognitivas e ambiguidades referenciais. Temos a impressão não só de podermos nos referir a esses objetos mas de abrir, por assim dizer, a caixa que os contém, enquanto se os examinamos *in toto* não conseguimos concebê-los, mas se os examinamos *um pedaço de cada vez* temos a impressão de que eles *podem ter* uma forma, mesmo que não sejamos capazes de descrevê-la. Por outro lado, se nos derem os pedaços reconhecíveis para montar uma bicicleta, a não ser que no-los deem, tirando-os de bicicletas de marcas diferentes, de modo que no fim não consigamos colocá-los juntos, não é por essa razão que falhamos em reconhecer naqueles pedaços uma bicicleta desmontada (futurível e optativa).

Um exemplo visível de um mundo possível impossível é o famoso desenho da Figura 5.1, um arquétipo de muitos *impossibilia* visíveis.

FIGURA 5.1

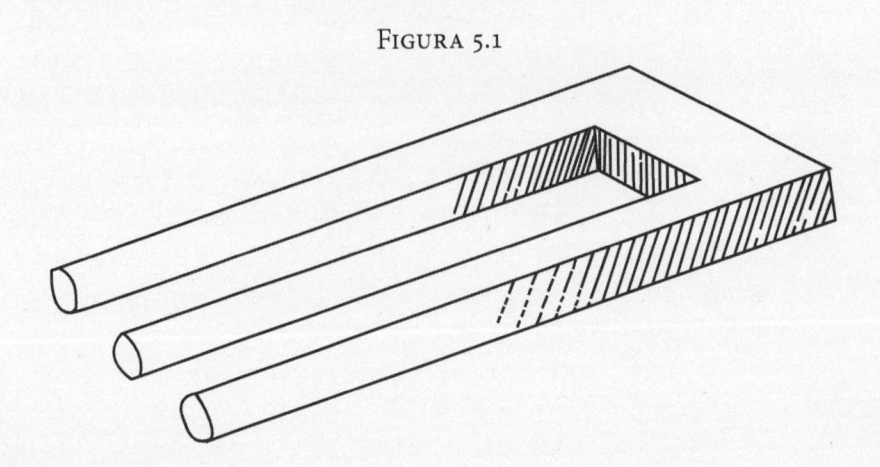

À primeira vista, esta figura parece representar um objeto "possível", mas, se seguimos as suas linhas conforme o seu curso espacialmente orientado, percebemos que tal objeto não pode existir (pelo menos no universo em que vivemos). Contudo, e faço-o neste momento (não só verbalmente, mas também visualmente), posso me referir àquela figura (que, além de tudo, se encontra em muitos livros de psicologia).[20] Mais ainda, posso fornecer, a uma pessoa ou a um computador, instruções para construí-la. A objeção de que, ao fazer isto, nos refiramos à expressão (o significante gráfico), mas não ao objeto, não tem valor. Como já disse em Eco (1994: 100), a dificuldade não consiste em conceber esta figura enquanto expressão gráfica, tanto que podemos tranquilamente desenhá-la, e, portanto, não é geometricamente impossível, pelo menos em termos de geometria plana. A dificuldade surge quando *não podemos evitar* ver esta figura como expressão bidimensional de um objeto tridimensional. Bastaria que não entendêssemos os matizes como um sinal gráfico que *está para* as sombras de um objeto tridimensional e, sem nenhum esforço, a figura seria perceptível. Mas não conseguimos evitar o efeito hipoicônico (vejamos em **6.7** a discussão sobre os "estímulos substituídos"). E é certamente à figura "interpretada" que nos referimos.

Uma explicação persuasiva da ilusão cognitiva é fornecida por Merrell (1981: 181), que repropõe a imagem segmentada como aparece na Figura 5.2.

FIGURA 5.2

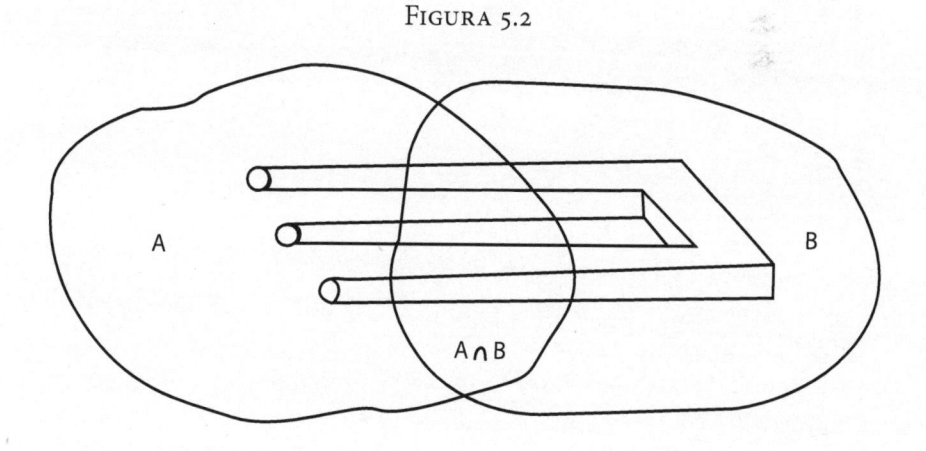

Se observássemos isoladamente tanto a zona A quanto a zona B da figura, cada uma delas nos apresenta um objeto tridimensionalmente possível. Simplesmente, na zona A vemos cilindros e na zona B paralelepípedos. A zona AÇB pode ser vista alternativamente ou como parte de A ou como parte de B (focada isoladamente, mostra-nos apenas paralelas). A dificuldade surge apenas quando procuramos conceber o objeto como um todo. Do mesmo modo, em Eco (1990, 3.5.6) eu mostrara que também uma situação inconcebível como a de um X_1, que encontra a si mesmo mais jovem (como X_2), pode ser mantida (por ilusão cognitiva), se afirmamos coerentemente o ponto de vista sempre na mesma entidade (sempre em X_1 ou sempre em X_2). Por outro lado, veremos em 6.10 que podemos muito bem supor que possuímos um terceiro olho no dedo indicador, com o qual podemos ver a nossa nuca ou penetrar com a vista numa cavidade inacessível aos nossos olhos normais. A impossibilidade de conhecermos nasce quando procuramos imaginar o que aconteceria quando apontássemos o terceiro olho para o nosso rosto. Veremos o dedo indicador com os olhos da cabeça, ou os olhos da cabeça com o olho do dedo indicador? Outra vez, ou andamos por zonas de focalização (imaginamos fechar alternadamente os olhos da cabeça ou aquele do dedo), ou então nos encontramos na mais completa confusão imaginativa.

Portanto, julgo que quando nos referimos a entidades inconcebíveis, nós nos comportamos como se, diante de uma caixa fechada, levantássemos alternadamente — e por poucos milímetros — um ou outro lado da tampa. De qualquer modo, veremos algo concebível, custaremos a colocar juntos os vários pontos de vista, e concederemos que na caixa existe algo, cujas propriedades se tornam obscuras ou incoerentes para nós. Mas não é por isso que deixaremos de nos referir a este algo.

5.13. A identidade do *Vasa*

Sobre a referência pragmática como fenômeno de contratação vale o venerável exemplo do navio de Teseu, que coloca em jogo o problema da identidade e de qualquer possibilidade de designação rígida. O problema é conhecido e foi historicamente tratado, desde Hobbes aos nossos dias, mas, por comodidade, visto que sabemos muito pouco do navio de Teseu, falemos de um outro navio, o *Vasa*.

Então, em 1628, em Estocolmo (e mais precisamente nos estaleiros de Skeppengarden), decide-se construir um formidável navio de guerra que deveria ser a embarcação real da frota sueca: um casco construído com milhares de carvalhos, 64 canhões de grosso calibre, mastros de mais de trinta metros, variadas centenas de esculturas pintadas e douradas. A 16 de agosto, numa manhã de domingo, o navio é lançado ao mar, para a alegria da multidão. Mas, como narra uma carta do Conselho de Estado ao Rei, "visto que entrara no golfo, na altura de Tegelviken, o navio pegou um pouco mais de vento e começou a virar a sota-vento, para depois endireitar ainda um pouco; no entanto, chegando à altura de Beckholmen, adernou completamente de um lado, a água entrou através das portinholas dos canhões, e o navio afundou lentamente com todo o seu paramento de velas e bandeiras".

Ocorrência muito triste. Não perguntemos por que o *Vasa* afundou, nem sigamos as numerosas tentativas que desde aquele dia foram realizadas para trazê-lo novamente à superfície. O fato é que finalmente conseguiram, e o *Vasa* está comoventemente visível num museu homônimo de Estocolmo (de cujos catálogos tirei todas as verídicas informações que forneci). Além disso, é claro que está um pouco destruído, vi que faltam algumas partes, mas sei que o que vi é exatamente o *Vasa* que foi a pique naquela manhã de 1628.

Ora, imaginemos que o *Vasa* não tenha afundado no dia do seu lançamento ao mar, mas tenha venturosamente navegado por muitos mares. Como acontece com os navios, sobretudo depois de terem afrontado maremotos e tempestades, durante algum tempo, várias de suas partes foram substituídas, uma vez uma parte do casco; outra, uma parte da mastreação; outra, alguns infixos, sobretudo os canhões, até que o *Vasa*, que agora está exposto no Museu Vasa de Estocolmo, não tivesse mais nenhum elemento do *Vasa* original. Diremos que se trata do mesmo *Vasa*, ou designaremos rigidamente como *Vasa* aquele que não possui mais nenhuma parte material do objeto que fora batizado como tal?

Um dos critérios para dar uma resposta positiva é que três condições tenham sido observadas: a substituição das várias partes deve ter ocorrido *por graus* e não de uma só vez, de modo que a cadeia das experiências perceptivas não tenha sido interrompida, e as partes substituídas devem ser morfologicamente iguais àquelas eliminadas. Portanto, julgaremos o

Vasa de hoje idêntico ao *Vasa* de outrora porque consideraremos como parâmetros decisivos a (i) *continuidade gradual*, (ii) *o reconhecimento legal ininterrupto* e (iii) a *forma*.[21]

A continuidade gradual e o reconhecimento legal são as únicas condições por que alguém reconhece em mim o mesmo indivíduo que nasceu em 1932. Se sutilizássemos as células, Deus sabe o que mudou desde aquela época até hoje. Mas as mudanças foram graduais e, além disso, o registro civil definiu-me sempre como o mesmo indivíduo (aos seis, dez, vinte e sessenta anos).

Ficaria perplexo dizendo qual é a minha forma (quem não me seguiu todos esses anos tem dificuldades em reconhecer-me numa foto dos anos 50), mas ficamos mais tranquilos com o *Vasa*, assim como ficávamos tranquilos pela segunda suíte para violoncelo solo de Bach (vejamos 3.7.7), que reconhecemos como a mesma, ainda que tocada por diferentes intérpretes em diferentes violoncelos e mesmo se transcrita para flauta doce.

Portanto, o *Vasa* de hoje seria o mesmo *Vasa* de ontem, não só porque foi ininterruptamente nomeado assim durante quatro séculos, mas porque — qualquer alteração que tenha sofrido em termos de material — mantém a mesma forma do *Vasa* original.

Mas para quem seria o mesmo? Decerto para um histórico da marinha, que desejasse examiná-lo para saber como eram feitas as embarcações do século XVII. Seria o mesmo para um congresso de física dos materiais, interessado em saber como madeira e metal reagiram ao passar do tempo, e ao rigor dos elementos? Eles não saberiam o que fazer com o *Vasa* atual, e afirmariam que não se trata do *Vasa* original.

Enumero (sem pretensões de constituir uma tipologia exaustiva) uma série de casos em que a atribuição de identidade (ou autenticidade) depende de diversos parâmetros, algumas vezes contratáveis ou contratados.

(1) A abadia de Saint Guinness foi construída no século XII. Abades muito rigorosos a restauraram dia após dia, substituindo as pedras e os infixos conforme cediam ao desgaste do tempo, de modo que a abadia, como a vemos hoje, do ponto de vista dos materiais, não tem mais nada a ver com aquela originária, mas do ponto de vista do desenho arquitetônico é a mesma. Se privilegiássemos o critério da identidade da forma sobre o da identidade dos materiais e, além disso, introduzíssemos o critério da "homolocalidade" (a abadia de hoje surge exatamente no mesmo lu-

gar da abadia original), do ponto de vista turístico (e, numa certa medida, da história da arte) somos levados a dizer que se trata da mesma abadia.

(2) Da abadia de Saint-Pouilly Fouissé, nunca restaurada, restou apenas uma parede lateral e as ruínas de transepto. Por que a consideramos original? Não basta dizer que não consideramos original a abadia mas as suas ruínas. Nos arredores de Paris, os turistas visitam a célebre abadia de Port Royal, e a abadia não existe mais, não há mais nada, nem sequer as ruínas: restou apenas o local. Trata-se do local onde originalmente surgia algo que desapareceu. O que há de original em Port Royal?

(3) William Randolph Hearst, no seu sonho de construir uma residência perfeita, identifica na Europa a abadia de Cognac, que permanecera intacta desde o tempo de sua construção; compra-a, manda desmontá-la, numerando cada pedra, e manda reconstruí-la em Saint Simeon na Califórnia. Trata-se da mesma abadia? Para ele com certeza sim, mas para alguns sobranceiros críticos ou arqueólogos europeus, não. Eles não privilegiam a identidade dos materiais e da forma, mas a homolocalidade. Portanto, devem dizer que Port Royal (que não existe mais) é mais original que Cognac (que, no fundo, existe, mesmo que em lugar errado)?

(4) As construções do Vale dos Reis, no Egito, correm o risco de serem submersas por um novo projeto hídrico. A UNESCO manda desmontar aquelas construções pedra por pedra e as reconstrói num outro vale. Trata-se das mesmas construções? A UNESCO assume que sim, contam a forma e a identidade dos materiais, mas os que contestam a autenticidade da reconstrução de Hearst deverão responder negativamente. Por que os casos (3) e (4) deverão ser diferentes? Por que consideramos que a UNESCO tenha o direito moral e científico de fazer o que Hearst fez por arbítrio e interesse pessoal?

(5) O Partenon de Nashville (Tennessee) foi construído respeitando escrupulosamente a estrutura formal do Partenon original, tanto que um boato (não sei o quanto seja verdadeiro) sustenta que depois da última guerra, para restaurar partes do Partenon de Atenas, os peritos foram documentar o Partenon de Nashville. Além disso, o Partenon de Nashville é colorido, como deveria ser o edifício original. E ninguém ousaria considerá-lo original, apesar de a forma ser a mesma, simplesmente porque as pedras não são as mesmas, porque não está no mesmo lugar (além disso, surge na planície e não sobre uma acrópole) e, sobretudo, porque o outro ainda existe.

(6) A Polônia (como entidade política) foi uma das nações mais atormentadas de todos os séculos: basta olhar um atlas histórico para ver como os seus confins foram ampliados ou restringidos conforme a época, e num certo ponto praticamente desapareceu do mapa geográfico. A que se refere o nome *Polônia*? Depende do contexto histórico em que o utilizamos. É verdade ou mentira o enunciado *Byalistok pertence à Polônia*? Depende da data em que foi pronunciado.[22]

5.14. Sobre a outra perna de Ahab

À luz de uma teoria contratual da referência, acredito que possamos ainda resolver o velho problema da referência a personagens fictícios, como Sherlock Holmes ou Pinóquio. Se sustentamos uma versão ontológica forte da referência (referência aos olhos de uma mente divina), então podem ser apresentadas todas as discussões sobre personagens fictícios que povoaram dezenas e centenas de volumes.[23] Se aceitamos uma versão ontológica fraca (realismo interno, referência aos olhos da Comunidade), o discurso parece menos dramático, porque nos referimos a Hamlet cada vez que assumíssemos que se trata do personagem descrito no mundo possível de Shakespeare e a quem todas as enciclopédias reconhecem algumas propriedades e não outras, tanto quanto as enciclopédias concordam em dizer que a água é H_2O.

O problema interessante não é se os personagens fictícios existem como os personagens reais: neste caso a resposta é "não", mesmo que aceitássemos o realismo de Lewis (1973: 4), para quem os mundos possíveis são tão reais quanto aquele em que diariamente vivemos. O problema interessante é por que podemos nos referir a eles do mesmo modo como nos referimos aos personagens reais, e percebemos bem quando dizemos que Napoleão era o marido de Josefina ou quando dizemos que Ulisses era o marido de Penélope. Isto acontece porque as enciclopédias concordam em atribuir a Josefina a propriedade de ter se casado em segundas núpcias com Napoleão e a Penélope a de ter Ulisses como marido.

Dissemos que os mundos narrativos são sempre *pequenos mundos*, porque não constituem um estado de coisas máximo e completo (cf. Pavel 1986; Dolezel 1988: 233 segs.; Eco 1990, 3.5). Neste sentido, os mundos narrativos são *parasitários* porque, se as propriedades alternativas não são especificadas, descontamos as propriedades que valem no mundo real. Em *Moby Dick* não dizemos expressamente que todos os marinheiros do *Pequod* tinham duas pernas, mas o leitor deveria julgá-lo como implícito, desde o momento em que os marinheiros são seres humanos. Caso contrário, a narração se apressa em dizer-nos que Ahab tinha apenas uma perna em vez de duas — além disso, pelo que me lembro, não diz qual, e nos deixa livres para imaginá-lo, porque tal especificação não é relevante para os fins da narração.

Entretanto, uma vez aceito o empenho que assumimos ao ler uma narração, não só somos autorizados, mas ainda convidados — se desejarmos — a fazer inferências com base nos fatos contados e naqueles pressupostos. Em princípio, poderemos fazer o mesmo até com um enunciado romanesco. Dado *Júlio César foi assassinado no Senado, em Roma, nos idos de março de 44 a.C.*, podemos inferir em que ano *ab urbe condita* verificou-se o evento (mas devemos decidir se se refere à datação de Catão o Velho ou àquela de Varrão); dado *d'Artagnan chegou à cidade de Meung, sobre um rocim amarelo de pelo menos 14 anos de idade, na primeira segunda-feira do mês de abril de 1625*, consultando um calendário universal poderíamos concluir que a primeira segunda-feira daquele abril foi o dia 7.

Contudo, se há algum interesse em saber em que ano *ab urbe condita* César foi morto, não é narrativamente interessante saber que d'Artagnan chegara em Meung a 7 de abril. É interessante estabelecer que Hamlet era solteiro, porque a observação tem algum relevo para a compreensão da sua psicologia e do seu caso com Ofélia. Mas, no fim do capítulo 35 de *O vermelho e o negro*, Stendhal, contando como Julien Sorel tenta matar Madame de Rênal, conclui "il tira sur elle un coup de pistolet et la manqua; il tira un second coup, elle tomba". Tem sentido perguntarmo-nos onde foi parar a primeira bala?

Como já afirmávamos em Eco (1979), os personagens romanescos exibem diversos tipos de propriedades.

(a) Antes de mais nada, temos aquelas propriedades que não são explicadas pelo texto, mas que devem ser pressupostas no sentido em que não podem ser negadas: os cabelos de um personagem podem não ser descritos, mas não é por isso que o leitor assume que seja calvo. Vemos quanto tais propriedades não podem ser negadas nos processos de tradução intersemiótica: se na transposição do filme Julien Sorel fosse realizar o seu pretenso homicídio sem sapatos (não citados no romance), o fato pareceria curioso.

(b) Depois existem aquelas propriedades que chamava S-necessárias, como a propriedade de manter, dentro do mundo possível narrativo, relações reciprocamente definidoras com outros personagens. No mundo narrativo de *Madame Bovary* não há como identificar Emma senão como a mulher de Charles, que, por sua vez, foi identificado como o rapaz visto pelo narrador no início do romance; qualquer outro mundo narrativo em que Madame Bovary fosse a mulher de Monsieur Homais seria um outro mundo, preenchido com diversos indivíduos (ou não falaremos mais do romance de Flaubert, mas de uma sua paródia ou reconstrução).

(c) As propriedades atribuídas explicitamente aos personagens durante a narração são consideradas como particularmente evidentes, como ter feito estas ou aquelas outras coisas, ser homens ou mulheres, velhos ou jovens. Elas não possuem todas o mesmo valor narrativo: algumas são particularmente relevantes no fim da história (por exemplo, o fato de que Julien tenha disparado em Madame de Rênal), outras menos (o fato de que tenha disparado durante a subida enquanto a senhora abaixava a cabeça, e que tenha dado dois tiros em vez de um só). Podemos fazer uma distinção entre propriedades *essenciais* e propriedades *acidentais*.

(d) Por fim, existem as propriedades que o leitor infere à narração, e que algumas vezes são cruciais no fim da interpretação. Para inferir, às vezes propriedades acidentais se transformam em essenciais: por exemplo, o fato de que Julien erre o primeiro tiro pode permitir inferir que naquele momento estava particularmente emocionado (de fato, poucas linhas antes diz-se que o braço tremia) e isto mudaria a natureza do seu gesto, não mais devido à fria determinação, mas a um desordenado ímpeto passional. Para permanecer em Stendhal, a crítica debate se em *Armance* Octave de Malivert estava realmente impotente, pois o texto não o diz de forma clara.[24]

Em geral, contudo, quando nos referimos a personagens fictícios, fazemo-lo com base em propriedades mais comumente registradas pelas enciclopédias, e as enciclopédias, de preferência, registram as propriedades de tipo (b) e (c), porque são aquelas que os textos explicitam e não aquelas que eles pressupõem ou induzem a conjeturar. Falar de propriedades explicitadas significa pensar num texto romanesco como numa partitura: como esta prescreve a altura, duração e com frequência o timbre dos sons, do mesmo modo uma narração estabelece as S-propriedades e as propriedades essenciais dos personagens. O fato de que uma narração preveja ainda propriedades acidentais (em grande parte canceláveis sem perder a identidade do personagem) poderia ser semelhante ao fato de que, para a identificação de uma composição musical, não é estritamente essencial que sejam respeitadas, digamos, certas diferenças entre "forte" e "fortíssimo", e uma determinada melodia é reconhecida mesmo que não seja tocada, como prescrito pela partitura, "com brio".

Retomo a analogia com a partitura musical porque pretendo remeter à discussão (desenvolvida em 3.7.7) sobre os *indivíduos formais*. Naquele lugar já eram considerados indivíduos formais tanto uma composição musical quanto um quadro ou um romance. Ora pretendo sugerir que podemos nos referir tanto a um personagem fictício (na medida em que é intersubjetiva e enciclopedicamente identificável através das propriedades S-necessárias e essenciais que um texto lhe atribuiu) quanto à *Segunda suíte para violoncelo solo* de Bach. Dissemos que (além das dificuldades práticas e teóricas que estabelece o seu reconhecimento com base em poucas notas) quem fala de SV2 pretende se referir àquele indivíduo formal que, na impossibilidade de apurar qual é a ideia musical que se delineara na cabeça de Bach quando a compôs, é representado pela sua partitura ou por uma execução julgada correta e fiel.

Neste sentido, um personagem fictício é um indivíduo formal a quem podemos corretamente nos referir, contanto que se lhe atribuam todas as propriedades textualmente explicitadas pelo texto original, e com base nisto podemos estabelecer que quem afirma que Hamlet se casou com Ofélia ou que Sherlock Holmes era alemão afirma uma mentira (ou se refere a algum outro indivíduo que acidentalmente tem o mesmo nome).

Entretanto, o que disse adapta-se a personagens fictícios enquanto contados numa obra específica, que constitui a sua partitura. O que dizer a propósito de personagens míticos ou lendários que migram através de diversas obras, algumas vezes realizando diversas ações, ou simplesmente sobrevivem no imaginário mítico sem se apoiar em nenhuma obra específica? Um exemplo típico é dado por Chapeuzinho Vermelho, em que as variações entre tradição popular e versões literárias são numerosíssimas

e envolvem ainda particulares marginais (cf. Pisanty 1993: 4). Atenhamo-
-nos apenas a uma diferença fundamental entre a versão de Perrault e
aquela dos Grimm: na primeira, a história termina quando o lobo, depois
de ter devorado a vovozinha, também devora a menina, e o caso se conclui
com uma advertência moral às crianças levianas e imprudentes; na segunda, por sua vez, entra em cena o caçador, que abre a barriga da fera e faz
com que tanto a menina quanto a vovozinha saiam. A quem nos referimos
quando falamos de Chapeuzinho Vermelho? A uma menina que morre ou
a uma menina que sai do ventre do lobo?

Direi que existem dois casos. Se alguém fala da primeira ressurreição
de Chapeuzinho Vermelho (referência à partitura-Grimm) e o interlocutor, por sua vez, tem em mente a partitura-Perrault, será o interlocutor
que solicitará um suplemento de investigação; iniciará uma negociação
até que cheguemos a um acordo sobre a partitura de referência. Ou então
os interlocutores têm em mente a partitura "popular", aquela que, no
fim, se demonstrou mais forte, que é menos complexa que as diversas
versões escritas, e que circula numa determinada cultura como *fábula*
essencial, nas condições mínimas. Esta *fábula* é substancialmente aquelas
dos Grimm e com frequência fazemos referência a esta partitura popular
(portanto, a menina entra no bosque, encontra o lobo, o lobo devora a vovozinha, assume os seus semblantes, devora a menina, o caçador livra as
duas), enquanto são abandonados particulares relevantes para as versões
cultas (por exemplo, se a menina leva bolo e vinho ou bolo e manteiga
para a vovozinha). Nesta base popular nos referimos, então, a Chapeuzinho Vermelho de forma contratualmente definida, independentemente
do particular que ela leve vinho ou manteiga à vovozinha.

Do mesmo modo, ocorre que alguns personagens de romance, que
ficaram famosos, comecem a fazer parte — como se costuma dizer — do
imaginário coletivo, e em termos de *fábula* essencial se tornem conhecidos mesmo para quem nunca leu a obra em que aparecem pela primeira
vez. Parece-me típico o caso dos três mosqueteiros. É conhecido apenas
de quem leu o livro de Dumas que, num certo ponto, os três mosqueteiros
tornam-se quatro, e é lícito referir-se a d'Artagnan para afirmar de modo
verídico quando e como recebe a capa de mosqueteiro. Em geral, ao contrário, referimo-nos aos três mosqueteiros em termos de *fábula* essencial
(eles são arrogantes, duelam com os guardas de Richelieu, realizam em-

presas mirabolantes para recuperar os diamantes da Rainha etc.). Nesta *fábula*, nas condições mínimas costumeiras, não distinguimos muito as ações que se realizam em *Os três mosqueteiros* daquelas que continuam a realizar em *Vinte anos depois* (enquanto direi que a *fábula* popular ignora o que ocorre no menos famoso *Visconde de Bragelonne* — prova disso é que a série infinita das reduções cinematográficas o ignora). E é neste sentido que reconhecemos d'Artagnan ou Porthos, mesmo em reconstruções cinematográficas em que ocorrem coisas que não ocorrem nos romances dumasianos, e não ficamos chocados como se alguém nos dissesse que Madame Bovary se divorciou serenamente de Charles, vivendo feliz e contente.

Em todos estes casos trata-se de contratar a partitura de referência (obra específica ou *fábula* depositada no imaginário coletivo) e, depois, a referência ocorre sem ambiguidades. Tanto que, em caso de *trivia games*, podemos ouvir contestações do tipo: "Mas, olha que a *filha* de Milady, de quem você fala, aparece no filme! Em *Vinte anos depois* é um filho!"

Definitivamente, em tais casos, contratamos o mundo possível de que falamos. E se nem sempre concordamos, isto depende do número de mundos possíveis em jogo, não do fato de que, num mundo possível contratado com precisão, seja impossível fixar a referência.[25]

5.15. "Ich liebe Dich"

Quem sustenta que um pronome de primeira pessoa singular se identifica com quem está falando — sem a mediação de um acordo sobre o próprio conteúdo — deveria explicar o que acontece quando um estrangeiro, cuja língua não conhecemos, diz *Ich liebe Dich*. A objeção de que isto não seja um caso de falta de referência, mas simplesmente de incompetência linguística, é autófaga: de fato, digo que, para compreender a referência, devo não só conhecer o significado de um verbo como *liebe*, mas ainda aquele dos dois pronomes — senão aquela declaração de amor se resolverá num ato de referência infeliz (e nunca um adjetivo foi mais literalmente apropriado).

Iniciamos considerando como implícito e quase óbvio que, para poder utilizar os termos em atos de referência, ocorria antes conhecer o seu significado. Ao prosseguir, concordamos que, pelo menos em parte, podemos entender atos de referência mesmo sem conhecer o significado do termo. Depois, tivemos de concluir que não existem caixas fechadas sem pelo menos uma etiqueta, que o significado entra por todos os lados, e que, por fim, para podermos realizar uma referência coroada de sucesso, ocorre, antes de mais nada, concordarmos sobre o significado dos termos, e só naquele ponto podemos prosseguir contratando sobre o indivíduo a que pretendemos nos referir. Terminamos com algumas observações sobre a importância de um CN, e de uma negociação sucessiva, mesmo para aqueles termos que, por assim dizer, parecem ganhar vida, tomar sentido apenas quando estão diretamente ligados a um indivíduo — e que, ao se despegarem, parecem voltear na bruma do contrassenso.

Sempre me incomodei pelo fato de que alguém julgue que os termos indicais (aqueles em geral acompanhados por um gesto, como *este* ou *aquele*), os dêiticos (relativos no contexto ao falante e à sua posição espaço-temporal, como *ontem, neste momento, daqui a pouco, perto daqui*), para não falar dos pronomes pessoais, designam diretamente sem nenhuma mediação de um seu possível significado. Procurei mostrar em Eco (1975, 2.11.5) como até estes tipos de signos, para poderem ser aplicados em atos de referência, devam ser compreendidos no seu significado, mas encontro sempre alguém que o nega pelo simples fato de que as instruções para compreender como podemos utilizar *gato* para nos referirmos aos gatos são diferentes das instruções para compreender como podemos utilizar *eu* ou *este* para nos referirmos a quem emite o enunciado ou à coisa que estamos indicando com o dedo. Por certo, é verdade que aquilo que chamei o CN de um termo pode propor instruções bastante diferentes para identificar o referente de *gato* ou de *primo*. Mas dizer que as instruções assumem formatos diversos não significa dizer que não existem.[26]

Vejamos em Bertuccelli Papi (1993: 197) o exemplo destes dois enunciados: (i) *Alice partiu ontem e Silvia há três dias*, e (ii) *Alice partiu ontem e Silvia dois dias antes*. Supondo que as duas frases são pronunciadas no sábado, nos dois casos Alice deveria ter partido na sexta-feira e Silvia na quarta. Mas em (i) a expressão *há* remete ao dia da enunciação (sábado) enquanto que em (ii) o advérbio *antes* está apoiado no ponto de referência temporal contido no próprio enunciado (ontem). Se substituíssemos *há* por *antes* em (ii), a data da partida de Silvia seria adiada para quinta-feira. A autora sugere que *há* seja então "intrinsecamente dêitico", enquanto que *antes* muda de valor conforme o ponto de referência temporal com o qual o relacionamos. Em todo o caso, vemos que a utilização das duas expressões para designar um dia preciso depende de regras de linguística textual muito complexas, e não vejo por que este conjunto de regras não possa ser entendido como o conteúdo das respectivas expressões — se por CN não entendemos uma simples definição mas ainda — ou algumas vezes apenas — um complexo conjunto de instruções para identificar o referente.[27]

Dissemos que "*Eu* denota quem emite o enunciado" é uma instrução insuficiente para identificar o referente, visto que ele muda conforme o contexto e a circunstância, e portanto não representa o conteúdo do pronome *Eu*. Mais uma vez, confundimos instruções para a identificação do referente e modo de fixar a referência. A instrução para identificar o referente de *Eu* é mais genérica que aquela para o referente de *interlocutor* (visto que *o assassino de César* e *o assassino de Kennedy* se referem a duas pessoas diferentes) ou ainda de *gato* (visto que as instruções para identificar gatos decerto não são suficientes para fixar a referência de *o gato que dei ontem a Luigi*). Dar instruções para identificar, em circunstâncias múltiplas, o possível referente de um termo genérico não é o mesmo que decidir, por negociação pragmática, como fixar a referência quando nos referimos a indivíduos.

Putnam (1981: 2) admite que um pronome como *Eu* não tem uma extensão, mas uma *função de extensão*, que determinaria a extensão conforme o contexto. Concordarei em considerar esta função de extensão como parte do CN do pronome, e poderemos admitir que se trata de uma instrução para identificar o referente num ato de referência. Putnam diz ainda que não desejaria considerar esta função de extensão (que seria carnapianamente uma intenção) com o significado. Mas aqui simplesmente (e remeto à discussão em 3.3.2 sobre as dificuldades que o termo "significado" pode provocar) desejamos por um lado dizer que esta regra é uma função abstrata, e por outro que ela não esgota tudo aquilo que entendemos por significado de uma expressão, no sentido em que *cubo* ou *poliedro regular com seis faces quadradas* — diz Putnam — têm a mesma intenção e a mesma extensão em qualquer mundo possível, mas conservam uma diferença de significado.

Realmente *faz parte* do CN de um pronome uma instrução para identificar o referente (como habilidade para aplicar em concreto uma função de extensão) e, contudo, nela não se esgota. Dou uma série de exemplos, que, além de tudo, parece que levam água para o meu moinho contratual.

Digamos que alguém diga *sinto muito, mas nós não poderemos vir esta noite*. Se o conteúdo de *Nós* se identificasse completamente com uma instrução para identificar o referente, estaríamos diante de um grande problema, porque ela faria com que caracterizássemos uma comunidade de autores da enunciação e, ao contrário, podemos identificar apenas um único indivíduo. Mas possuímos ainda uma regra pragmática pela qual alguém pode falar em nome do grupo de que é, digamos, o porta-voz. E eis que iremos procurar no contexto dialógico se anteriormente fora nomeado um grupo, veremos que o falante fora convidado para jantar com a própria família, e saberemos que o pronome plural se refere aos membros daquela família.

Mas existem ainda regras semântico-pragmáticas. Por exemplo, a regra do plural *majestatis*. Nestes casos, sabemos que só um tem o direito constitucional de utilizar a primeira pessoa do plural em vez da primeira pessoa do singular do pronome pessoal. Mesmo sabendo disto, elementos posteriores de contratação interferem. Se um monarca diz hoje *nós estamos cansados*, sabemos logo que está utilizando o plural *majestatis* em sentido etiquetal, que, portanto, o *Nós* se refere a ele individualmente e que o enunciado pretende exprimir um seu estado interno. Se, ao contrário, o mesmo monarca diz *nós vos condecoramos com o Tosão de Ouro* ou *hoje nós declaramos guerra à Ruritânia*, ele exprime o que, se desde aquele momento não era a vontade geral, passa a ser logo que o enunciado é expresso. Portanto, naquele modo o *Nós* se refere também (quer queira quer não) aos súditos que ouvem. Segundo o contexto, os destinatários fixam diferentemente a referência do pronome.

Vejamos ainda que um cientista escrevia: *nós não podemos ajuizadamente admitir que o buraco na camada de ozônio tenha influências decisivas sobre o clima do planeta*. A quem se refere aquele *Nós*? Não aos membros da sua família, nem aos súditos que ele não possui. Entretanto, um vocabulário ideal deveria prover sobre o significado de *Nós* também a seleção contextual "podemos entendê-lo como plural *auctoritatis*, graças ao qual um único falante se apresenta como intérprete da comunidade científica, da razão exata ou do senso comum". Neste ponto podemos identificar o referente de várias formas: (i) há uma primeira leitura que definirei de "caridade retórica", pela qual reconhecemos o uso linguístico como puro vício estilístico, e atribuímos o *Nós* ao escrevente (traduzimos *Nós* como *Eu*, como se o escrevente se expressasse numa outra língua); (ii) há uma leitura "de confiança", e atribuímos o pronome à comunidade científica (o que o escrevente está nos dizendo é ouro fluido); (iii) há uma leitura "de persuasão", pela qual nos sentimos envolvidos e julgamos que, de fato, nós, nós que lemos, somos levados a sermos os sujeitos que a pensam desse modo.

Há, enfim, uma leitura em termos de semiótica textual (não à disposição de qualquer destinatário), que nos leva a refletir sobre aquilo que o escrevente — ao utilizar o plural *auctoritatis* — desejava fazer com que acreditássemos por nós mesmos; ele não só fez uma afirmação explícita sobre um fenômeno físico, mas se apresentou implicitamente como sujeito que tem o direito de falar até em nosso nome, ou em nome de uma autoridade cognitiva superior. Admito que esta leitura não deveria ter nada a ver com o fenômeno da referência: estamos sempre nos referindo ao autor do escrito, mesmo que o vejamos agora numa luz psicológica diferente. E não podemos negar que uma prevenção em comparação com o escrevente (ele deseja nos persuadir, arrogando-se uma autoridade a que não tem direito) pode determinar o modo como referencialmente interpretamos aquele *Nós*. Podemos decidir que não pretendia utilizar um vício estilístico para dizer *Eu*, decerto desejava que nós entendêssemos que ele pretendia se referir à comunidade científica. Esta decisão incidiria sobre o julgamento alético da proposição que expressou. Visto que estamos convencidos de que, de fato, o buraco na camada de ozônio influirá sobre o clima do planeta, e que cada cientista plausível afirmou isto, se ele desejava dizer *Eu*, disse algo errado sobre um fato físico; se pretendia dizer *Nós*, disse algo errado sobre as opiniões já expressas pela comunidade científica — ou ainda pretendeu nos enganar duas vezes.

Qualquer leitura que seja feita, não só muda o sentido do enunciado mas também o conteúdo lexical daquele *Nós*, que, então, não se reduz à instrução para identificar o referente. Sem uma primeira aplicação da instrução por tentativas não teríamos podido decidir que era preciso interpretar o pronome como plural *auctoritatis*; mas sem o conhecimento daquele aspecto do conteúdo sequer poderíamos aplicar a instrução, em nenhum dos sentidos acima considerados.

Por outro lado, vejamos a utilização da segunda pessoa do plural de pronomes ou adjetivos possessivos para se dirigirem a um só (*vós, vous — vosso, vôtre, votre*) ou da terceira pessoa do singular como fórmula de cortesia (*senhor, Sie, usted*). Nestes casos, é preciso saber que pronome ou adjetivo também os possuem entre seus sentidos possíveis, senão a referência falha. Há uma historieta que conta que o senhor Verdi pede ao seu empregado Rossi para seguir secretamente um outro empregado, Bianchi, que todos os dias, às quatro, abandona o trabalho e se ausenta por duas horas. Rossi investiga e depois faz o seu relatório a Verdi: "Às quatro, Bianchi sai, compra uma garrafa de champanha e depois vai para a sua casa onde mantém relações com sua mulher." Verdi, tolo, se pergunta por que Bianchi, nas horas de serviço, faz algo que poderia fazer tranquilamente à noite; Rossi insiste, frisando com intenção as duas ocorrências de *sua*, como se o pronunciasse com a inicial maiúscula; Verdi continua não entendendo, e, por fim, Bianchi decide: "Desculpe-me, posso tratá-lo por tu?"

Esta historieta é intraduzível, por exemplo, em francês e em inglês. Em diversas línguas, a relação que liga aparentemente de modo imediato um possessivo com o próprio referente é mediada, por sua vez, por complexas instruções ao nível do seu conteúdo lexical, das suas seleções contextuais e circunstanciais (que compreendem ainda usos de cortesia, de deferência etc.). De fato, *sua/seu* e *her/his* não são sinônimos, como não o são *vosso/a* e *your*. Dizer que dois termos são ou não sinônimos não significa dizer que não possuem o mesmo referente, mas que têm significado (mesmo que parcialmente) diferente.[28]

Quem não gosta de falar de significado ou conteúdo poderá dizer que se trata de interpretar corretamente as crenças (ou as intenções) do falante e a situação; e, de fato, quem compreende depressa a historieta do senhor Rossi (e é capaz até de antecipar o seu fim) infere que estejam em jogo duas encenações diferentes, e que Verdi imagine uma delas (inocente), enquanto Rossi está evocando uma outra, bem mais preocupante e maliciosa. Mas, justamente para poder arguir que o uso dos possessivos coloca em jogo duas encenações mutuamente exclusivas, devem ser conhecidos os vários sentidos que uma língua atribui a estes termos em diferentes contextos.[29]

6.
Iconismo e hipoícone

Pode acontecer também que a Lua não exista, assim como o resto do universo. Que seja uma imagem projetada na nossa mente por uma divindade berkeliana. Mas, mesmo que fosse assim, ela valeria alguma coisa para nós, e para os cães que latem à noite (o deus berkeliano também pensa neles). Portanto, possuímos um tipo cognitivo da Lua, que deve ser muito complexo. De fato, reconhecemo-la no céu tanto quando está cheia, quando percebemos um quarto crescente, quando se nos mostra vermelha ou amarela como uma polenta, e até quando é ofuscada por nuvens e a pressagiamos pelo seu luar difuso; sabemos que devemos procurá-la no céu em posições que variam no curso do mês e da própria noite; até a informação de que ela está no céu faz parte do nosso tipo cognitivo da Lua (e do correspondente conteúdo nuclear), e é isto que nos faz entender que a Lua no poço é apenas um reflexo.

Ainda que seja esférica e que, mesmo vendo apenas uma de suas faces, ela própria tenha uma outra parte que não vemos e que nunca vimos, faz parte de um conteúdo molar mais elaborado e historicamente variável: por exemplo, tanto Epicuro quanto Lucrécio estavam convencidos de que a Lua (como também o Sol) fosse tão grande (ou quase) quanto parece.

Mas, em suma, desejarei esclarecer que acredito na existência da Lua, pelo menos na medida em que acredito na existência de todo o resto, incluindo o meu corpo. Esclareço este ponto porque uma vez fui acusado de não acreditar nele. Aconteceu durante o que foi definido como "o debate sobre o iconismo".

6.1. O debate sobre o iconismo

"No seu obstinado idealismo, eles [os "semiolinguistas"] contestam tudo aquilo que, num modo ou noutro, pode obrigá-los a admitir que a realidade — neste caso a lua — existe." Assim, em 1974, Tomás Maldonado, falando sobre o que eu escrevera sobre os signos chamados icônicos, trazendo-me de volta ao dever galileano de olhar pela luneta, e instigando a fase final do debate sobre o iconismo desenvolvido nos anos 60 e 70.[1] A esta acusação de idealismo — muito temível na época — eu respondia (Eco 1975b) com um ensaio intitulado "Quem tem medo da luneta?", bastante polêmico. Ensaio que nunca mais publiquei novamente, porque percebia que, na verdade, não existia em particular. Quase vinte anos depois, Maldonado teria publicado de novo o seu ensaio, mas eliminando as páginas que se referiam a mim, porque, afirmava, algumas das minhas críticas à sua crítica "contribuíram — admito-o de bom grado — para modificar em parte os pressupostos da minha análise" (1992: 59n). Desejarei agora inspirar-me neste exemplo de honestidade intelectual ao rever parte dos meus esboços de então.

O debate surgia no momento errado, porque, enquanto Maldonado publicava o seu ensaio, já estava no prelo (mas ele não podia tê-lo visto) o meu *Tratado*, com um capítulo sobre os modos de produção sígnica, que talvez lhe provasse que estávamos de acordo sobre mais pontos do que parecia. Em todo o caso, é extraordinário que, depois daquela explosão polêmica, a discussão geral tenha parado, como se tivesse chegado a um ponto morto. Tivemos de esperar, direi, um decênio: e depois tornou a se acender pelo trabalho de outros que voltaram a considerar todo o caso.[2]

Assim, o andamento do debate entre *iconistas* e *iconoclastas*[3] parece ligado a prazos de dez anos: não devemos subestimar o sintoma, no sentido em que talvez tudo seja reconsiderado, de vez em quando fazendo entrar em cena o *Zeitgeist*. O Grupo μ observou (1992: 125) que mesmo em 1968 aparecem dois trabalhos em que as imagens são discutidas, *Languages of art* de Nelson Goodman e a minha *Estrutura ausente*, e que estes dois livros, escritos na mesma época por autores pertencentes a duas áreas culturais bem diferentes, contêm exemplos e observações muito parecidos. Como se, contestando cada idealismo, no momento em que pessoas longínquas começavam a "olhar as figuras", advertissem alguma reação comum.

Relendo a discussão de 1974-75 vemos claramente como os problemas foram debatidos: (i) a natureza icônica da percepção, (ii) a natureza fundamentalmente icônica do conhecimento em geral, e (iii) a natureza dos chamados signos icônicos, em outros termos daqueles que Peirce chamava (e que de agora em diante chamaremos exclusivamente assim) de *hipoícones*. Na minha resposta a Maldonado parece que dou por deduzido, sem discuti-lo, o ponto (i), não me comprometa com o ponto (ii) e me difunda no ponto (iii). Errava ao separar os três problemas, mas talvez Maldonado errasse ao mantê-los tão estritamente ligados. Da persuasão sobre a natureza motivada pela percepção Maldonado fazia descender (com base no primeiro Wittgenstein) uma definição do conhecimento em termos de *Abbildungstheorie*, e, por conseguinte, o valor cognitivo dos signos hipoicônicos; da persuasão sobre a natureza altamente convencional e cultural dos hipoícones eu fazia surgir dúvidas sobre a motivação nos processos cognitivos. Uma reedição do *Crátilo*, mas em quadrinhos, parecia pensar novamente nisto: é por lei ou por natureza que a imagem do Mickey remete a um rato?

Discuti sobre os pontos (i) e (ii) apenas em 2.8. Mas acredito que ninguém duvidasse de propósito nem mesmo nos anos 70, tanto se aderisse a uma gnosiologia do reflexo especular quanto a uma gnosiologia construtivista. Contudo é preciso admitir que, para discutir o problema dos hipoícones, relegava o problema do iconismo perceptivo a uma zona de escassa pertinência semiótica.[4] Por outro lado, muitos filoiconistas (não só Maldonado) identificaram o iconismo da percepção com o iconismo dos chamados signos icônicos, atribuindo ao segundo a virtude do primeiro.

Enfim, no âmbito do debate, por uma série de razões que veremos, fomos levados a identificar tanto os ícones como os hipoícones com entidades visuais, imagens mentais ou estes signos que (para não utilizar um termo dos significados muito vastos como "imagem") chamaremos *pinturas*. E mais uma vez isto em parte desviou a discussão, enquanto devia estar claro para todos que tanto o conceito de ícone quanto o de hipoícone também dizem respeito a experiências não visíveis.[5]

6.2. Não era uma discussão entre desatinados

Agora, procuremos considerar o fato com calma. De um lado, havia pessoas que questionavam a imprecisão de um conceito como o de "semelhança" e que desejavam demonstrar como as impressões de semelhança, provocadas pelos hipoícones, eram efeito de *regras para a produção de similaridades* (vejamos Volli 1972). É possível que estas pessoas negassem que grande parte da nossa vida cotidiana se sustenta em relações que, na falta de termos melhores, são de semelhança, que é por razões de semelhança que reconhecem as pessoas, que é com base na semelhança entre ocorrências que somos capazes de utilizar termos gerais, que a mesma constância da percepção é assegurada pelo reconhecimento de formas, que é por razões formais que distinguimos um quadrado de um triângulo? E mesmo passando aos hipoícones, é possível que estas pessoas negassem a evidência, isto é, que uma fotografia de Penn ou de Avedon se parece com a pessoa retratada mais que uma figura de Giacometti, e que ainda uma pessoa de cultura não ocidental, levada à presença dos Bronzes de Riace, deveria reconhecer que se trata de corpos humanos?[6]

É evidente que não, e é quase patético ver como, na segunda fase da discussão (digo dos anos 80 até hoje), muitos ilustres iconoclastas se apressaram por fazer profissão de fé na natureza icônica da percepção — como acusados num processo de marca staliniana ou macarthista, antes de mais nada obrigados a reforçar a sua fidelidade ao sistema — e vejamos, por exemplo, Gombrich 1982.

Por outro lado, é possível que existissem pessoas tão profundamente convencidas da motivação icônica da percepção que ao mesmo tempo negassem que convenções gráficas, regras proporcionais, técnicas de projeção entram em jogo na produção e no reconhecimento dos hipoícones? Parece improvável. Aquele não era um debate entre desatinados.[7]

6.3. As razões dos anos 60

Como também lembra Sonesson em muitos dos seus escritos, no âmbito semiótico tudo surgira quando Barthes (1964), no famoso ensaio sobre a massa Panzani, afirmara que a linguagem visível não tinha código. O que era uma maneira de sugerir que a semiótica toma as imagens assim como são e aparecem, e, por acaso, procura as regras retóricas da sua concatenação, ou define as suas relações com a informação verbal que preenche a sua imprecisão e multivocidade, contribuindo para fixar o seu sentido.

No mesmo número de *Communications* 4, Metz colocava em movimento aquela que estava para se tornar a semiótica do cinema. E ele ainda assumia a imagem cinematográfica como uma imagem sem código, puro *analogon*, reservando o estudo semiótico (ou como se dizia em *Communications*, semiológico) à grande sintagmática do filme.

Isto ocorria num momento em que a pesquisa semiótica estava sendo proposta como *clavis universalis*, capaz de reconduzir cada fenômeno de comunicação a convenções culturais analisáveis; no momento em que assumíamos como programa o princípio saussuriano de que a semiótica deve estudar "a vida dos signos no quadro da vida social"; no momento em que o semioestruturalismo decidia não se aplicar tanto ao estudo de expressões, linguísticas ou não, de laboratório, do tipo *Giovanni come as maçãs* ou *o atual rei da França é calvo*, mas em textos complexos (antes mesmo de falarmos de semiótica textual). Estes textos eram tirados em grande parte do mundo das comunicações de massa (anúncios publicitários, fotografias, imagens ou transmissões televisivas) e, mesmo quando não se tratava de comunicações de massa, eram sempre textos narrativos, argumentações persuasivas, estratégias de enunciação e pontos de vista.

A nova disciplina não estava tão interessada na boa formação de um enunciado (estudo que delegava à linguística) ou na relação entre enunciado e fato (que, infelizmente, era deixado na sombra), mas nas estratégias enunciativas como modos de "fazer com que algo parecesse verdadeiro". E portanto não interessava tanto o que ocorre quando alguém diz *hoje chove* e chove mesmo (ou não), mas como, ao falarmos, induzimos alguém a acreditar que hoje "chova", e no impacto social e cultural daquela disposição que deve ser levada em conta.

Por conseguinte, diante de um anúncio publicitário que representava um copo de cerveja gelada, o problema não era tanto o de explicar se e por que a imagem se adequava ao objeto (e, no entanto, veremos depois que o problema não fora eliminado), mas que universo de admissões culturais aquela imagem chamava à cena e como desejava confirmá-lo ou modificá-lo.[8]

Um convite para considerar o fenômeno do iconismo deveria resultar do encontro com Peirce — e diz-se que o impulso máximo para uma releitura de Peirce como semiótico veio justamente de dentro do paradigma semioestruturalista.[9] Mas, por certo, privilegiou-se mais o aspecto da semiose ilimitada, do crescimento das interpretações dentro da Comunidade cultural (aspecto certamente fundamental e irrenunciável) de Peirce, que o momento mais propriamente cognitivo do impacto com o Objeto Dinâmico.

Estas foram as razões da polêmica contra o chamado iconismo ingênuo, baseado numa noção intuitiva de semelhança. A polêmica não era tanto em relação a Peirce quanto a quem havia tranquilamente confundido o iconismo (como momento perceptivo) com os hipoícones. Se por ícone entendiam um "signo icônico" (e, portanto, para Peirce um hipoícone, cujo componente "simbólico" ou amplamente convencional nunca negou), dizer que possuía as propriedades do objeto representado parecia um modo de colocar os signos numa relação direta (e ingênua) com os objetos a que se referiam, perdendo de vista as mediações culturais a que eram submetidos (em poucas palavras, tratando como Firstness fenômenos de Thirdness). Acredito (e remeto a 2.8) ter corrigido aquelas simplificações de então, mas é preciso entender os motivos por que reagíamos como então reagimos.

O pressuposto quase indiscutível de que os hipoícones, por natural semelhança, remetessem ao seu objeto, sem a mediação de um conteúdo, era um modo de introduzir novamente nas semióticas visíveis aquele fio direto entre signo e referente que, com brutalidade talvez cirúrgica, fora eliminado das semióticas da linguagem verbal.[10]

Não se tratava de negar que existissem signos de alguma forma motivados por algo (e depois lhe seria dedicada toda a seção do *Tratado* em que falávamos de *ratio difficilis*), mas de distinguir com cuidado, motivação, naturalidade, analogia, não codificação, codificação "mole" e inefabilidade. Esta tentativa tomou alguns caminhos, e alguns deles eram becos sem saída, outros levavam a algum lugar.

6.4. Caminhos sem saída

Como exemplo de beco absolutamente sem saída, citarei a tentativa de examinar não só os hipoícones mas também sistemas semióticos como a arquitetura utilizando categorias linguísticas, por exemplo, aquelas da unidade distintiva mínima, de dupla articulação, de paradigma e sintagma etc. A tentativa não podia levar muito longe, mas ainda aqui existiam razões históricas. Pensemos no debate com Pasolini (1967a), quando ele sustentava que o cinema se baseia numa "linguagem da realidade", linguagem natural da ação humana, pela qual os signos elementares da linguagem cinematográfica seriam os objetos reais reproduzidos na tela. Embora depois Pasolini tenha aplacado o radicalismo daquelas suas primeiras afirmações num ensaio que seria remediado hoje em perspectiva peirciana (1967b), a reação se devia ao fato de que para os semiólogos "duros", por sua vez, interessava — como então se dizia — deixar de ser lendário ou desmitificar cada produção de ilusão realística, e, ao contrário, mostrar tudo o que era artifício, montagem, encenação do cinema.[11] E eis por que também chegáramos a caracterizar a todo o custo no filme entidades "linguísticas" analisáveis, e citarei as minhas páginas (1968: B4, I.5-I.9) sobre a tripla articulação no cinema, páginas infelizmente ainda traduzidas e republicadas em várias antologias, mas que aconselho a todos a não relerem se não com fins documentários.

Como exemplo de caminho que decerto levava a algum lugar, mas não à direção pretendida, citarei a tentativa de reduzir o analógico ao digital, isto é, de mostrar que mesmo aqueles signos hipoicônicos que pareciam visivelmente análogos ao seu objeto eram, na verdade, decomponíveis em unidades digitalizadas, e, portanto, traduzíveis em (e produtíveis mediante) algoritmos. Estou orgulhoso de ter apresentado este problema que, se nos anos 60 podia parecer um tecnicismo irrelevante, hoje, à luz das teorias computacionais da imagem, é de máxima importância. Mas, à época, a observação, por sua vez, tinha valor apenas retórico, porque sugeria que podíamos reduzir a aura de inefabilidade que circundava os hipoícones. Do ponto de vista semiótico nada resolvia, porque afirmar a tradução digital da imagem no plano da expressão não elimina a questão de como, em nível cognitivo, um efeito de semelhança é verificado.

6.5. Semelhança e similaridade

Ao contrário, o outro caminho demonstrou-se mais produtivo. Assim como a noção de semelhança parecia incerta e, em todo o caso, circular (é icônico aquilo que se assemelha a, e é semelhante aquilo que é icônico), dissolvera-se numa rede de procedimentos para produzir similaridade.[12] As geometrias projetadas, a teoria peirciana dos diagramas, o próprio conceito elementar de proporção diziam o que eram as regras de similaridade. No entanto, isto não elimina o problema do iconismo perceptivo, e de como um elemento de iconismo primário — "semelhança", no sentido da *Likeness* peirciana, base mesmo da constância perceptiva — possa sobreviver ainda na percepção dos hipoícones (baseados em critérios de similaridade).

May e Stjernfelt (1996: 195), retomando Palmer (1978), propõem o exemplo da Figura 6.1:

FIGURA 6.1

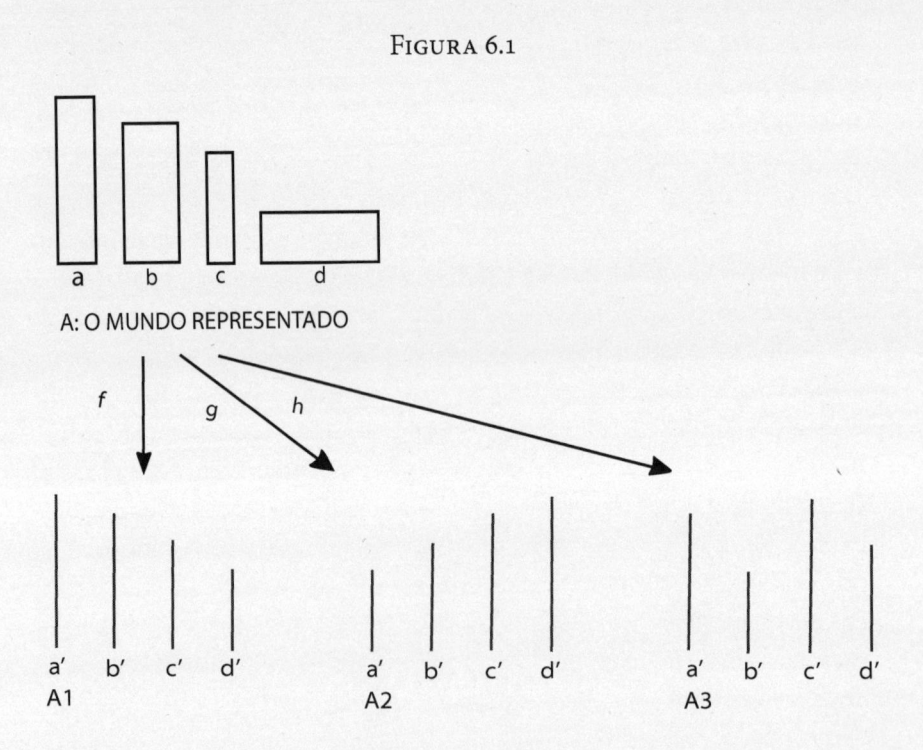

Que exista um mundo representado apenas por objetos a-d (não é necessário estabelecer se se trata de um universo de objetos reais ou de um universo do conteúdo, habitado por entidades abstratas). Consideremos A1, A2 e A3 como três diferentes representações "icônicas" deste mundo (incidentemente, tratar-se-ia de perfeito título de três interpretações do mundo como aquelas por mim discutidas em 1.8). Cada uma destas três representações adota um único critério para estabelecer a similaridade: o critério *f* (aplicado a A1) torna pertinente apenas as relações de altura das quatro figuras do mundo, exprimindo a propriedade de ser "mais alto que", e eis a razão por que *d* é representado em *d'* por uma vertical, abstraindo-se da incontestável propriedade de largura ou horizontalidade que *d* exibe com relação às outras três figuras. O critério *g* (em A2) ainda torna pertinentes relações de altura, mas representando a propriedade de ser "mais curto que" (por isso nasce uma visível relação de simetria inversa entre A1 e A2). O critério *h* (em A3) é mais complexo: torna pertinentes as amplitudes da área, mas exprime a propriedade "maior que" através de mecanismos de mapeamento adotados em A2. Em outros termos, quanto mais um objeto é maior, tanto mais curta é a linha vertical que o representa. Decerto as três representações são motivadas pela natureza dos objetos (o comprimento das linhas não pode ser escolhido de forma arbitrária) e, portanto, certamente estabelecem uma relação hipoicônica entre representação e representado. Mas esta relação, que é definida como *homomórfica* e na representação preserva algumas propriedades estruturais do representado, não é *isomórfica*, enquanto a representação não tem a mesma forma do representado.

Eis um bom exemplo de similaridade, motivada e instituída segundo regras. Uma certa "semelhança" entre cada representação e o representado é preservada ainda trocando as regras de similaridade. De forma incisiva, este procedimento corresponde àquele que no *Tratado* defini como procedimento por *ratio difficilis* (pontos de um espaço virtual do conteúdo são projetados sobre a expressão) e corresponde àquilo que na posteridade hjelmsleviana (e sobretudo no ambiente greimasiano) foi chamado o *semissimbólico*: daí existem sistemas significantes que são caracterizados não pela *conformidade* entre o plano da expressão e aquele do conteúdo (como acontece no desenho de um tabuleiro de xadrez num determinado momento do jogo, ou num retrato), mas na correlação de duas categorias relevantes de diferentes planos (Greimas e Courtés 1979). Dito em termos mais compreensíveis, e retornando a Jakobson (1970), pelo sim e pelo não, os gestos motores não são motivados por um objeto (qual?) a que "se assemelhariam", mas, em todo o caso, segundo uma relação não arbitrária correlacionam uma configuração motorioespacial (o movimento da cabeça) com uma dupla categorial (afirmação e negação) — e até quando em algumas culturas parecem convencionalmente diferentes dos nossos, contudo mantêm uma relação de motivação com o conteúdo que exprimem.

E, todavia, a compreensão destas três representações se baseia na percepção do diverso comprimento das linhas (para não falar do diverso formato dos retângulos): ora, esta propriedade de ser maior ou menor não é instituída pela regra de similaridade, mas é o *seu pressuposto baseado no natural iconismo da percepção.*

Quando percebo uma bola como tal, reajo a uma estrutura circular. Não tenho vontade de dizer que iniciativa minha contribui para fazer com que a perceba também como esférica, e por certo é com base num tipo cognitivo previamente formado que saberei ainda que deveria ser de borracha, saltitante, e portanto capaz tanto de rolar quanto de ser devolvida conforme a mova ou lance. Para saber que a afirmação *esta é uma bola* (que coroa o julgamento perceptivo) é verdadeira, deverei segurá-la e lançá-la (a propósito, vale a máxima pragmática). Mas decerto o que deu início ao julgamento perceptivo é o fenômeno do iconismo primário em cuja base logo percebi uma semelhança com outros objetos do mesmo tipo de que já tivera experiência (ou cujo tipo cognitivo me fora transmitido de forma muito precisa). Para os nossos longínquos ancestrais, que viam a Lua sem serem fornecidos de tipos cognitivos elaborados, a Lua não aparecerá logo como esférica, mas por certo (se estava cheia) redonda.

Este iconismo primário é um parâmetro que não pode ser definido: é, para repetir uma pergunta wittgensteiniana (1953 § 50), como se perguntássemos quão longa é a amostra do metro conservada em Paris. Obviamente tem um metro exato, visto que representa o parâmetro com que estabelecemos os comprimentos segundo o sistema métrico decimal. Naturalmente podemos fugir a esta autopregação para a amostra do metro recorrendo a um outro parâmetro, isto é, medindo-o em pés e polegadas. Mas não existe a possibilidade de passar a um outro sistema de medida qualitativa para os ícones primários — ou existe, mas não em nível perceptivo, como quando interpretamos as cores conforme os comprimentos de onda. Em nível perceptivo, não podemos pregar nada de uma Likeness que não o reconhecimento de que é aquela Likeness. Poderemos sustentar depois que erramos, poderemos modificar o impacto perceptivo de uma cor, assemelhando-a a uma outra, mas, naquele caso, poderemos simplesmente ter escolhido uma Likeness em vez de outra. Portanto, não podemos usar esta experiência natural de semelhança para julgar similaridades, e não podemos usar regras de similaridade para definir a semelhança icônica primária.[13]

Mas, ocorre voltar à antiga disputa, e ao motivo por que procurávamos mudar totalmente a semelhança sobre a similaridade. Eis por que privilegiáramos as técnicas iconográficas pelas quais (para recorrer ao clássico exemplo de Gombrich 1956) rinoceronte de Dürer exibia escamas em virtude de um tipo cultural, e negligenciamos totalmente o fato de que ele nos parece ainda hoje um quase-rinoceronte, e dificilmente o confundiremos com um crocodilo.

6.6. Contornos

Um exemplo de ênfase iconoclasta foi a polêmica sobre os contornos. Cito sempre a mim mesmo porque não é bom censurar os erros ou as imprudências alheias, no caso de os terem realizado em nossa companhia. Na *Estrutura ausente*, eu sustentava que não podíamos dizer que os hipoícones tenham as propriedades do objeto representado, porque, se desenho numa folha o perfil de um cavalo, a única propriedade que o cavalo desenhado exibe (a linha negra contínua do contorno) é a única propriedade que o cavalo de verdade não possui. Portanto, sequer teria reproduzido as condições da percepção.

O problema dos contornos será retomado por Hochberg (1972), Kennedy (1974) e Gombrich em fase de crítica do seu convencionalismo originário (1982). Se costumávamos sustentar que não existem linhas na natureza e que, por isso, os contornos são um artifício do homem, observava Gombrich, os psicólogos tendem agora a negar que a sua compreensão deva ser aprendida tão bem como qualquer outro código. Os contornos são um "substituto" perceptivo e valem como "indicadores de descontinuidade". De fato, "os contornos podem servir como antecipação do efeito de paralaxe do movimento, porque os objetos ao nosso alcance serão sempre destacados do seu fundo, mas manterão uma coerência intrínseca embora movamos ligeiramente a cabeça" (1982: 2330). Vale dizer que se, ao olhar um cavalo que está no fundo de uma paisagem, movo a cabeça ou me desloco, vejo outros aspectos da paisagem que antes não via, enquanto o cavalo permanece sempre o mesmo: e assim o contorno desenhado presta contas deste "confim" perceptivo.[14]

Já no *Tratado* (3.5.2), valendo-me de algumas observações feitas por Kalkhofen 1972, retomava o tema dos contornos (desta vez da mão). Mais uma vez negávamos que a mão possuísse a propriedade de ter uma linha negra de contorno, mas reconhecíamos que, se a mão for colocada sobre uma superfície clara, o contraste entre os limites do corpo que absorve mais luz e aquele que a reflete pode gerar a impressão de uma linha contínua. Estava retomando a ideia de *estímulos substituídos* já apresentada, como veremos, na *Estrutura ausente*.[15]

Mas antes de passar aos estímulos substituídos vale a pena refletir um pouco mais sobre o que significa afirmar que os contornos são apresentados de forma natural.

Pensemos na versão "ecológica" da psicologia de Gibson para quem o objeto parece exibir traços privilegiados, que são aqueles que diretamente estimulam as nossas células nervosas, por isso o que percebemos do objeto é exatamente o que o objeto, de preferência, nos oferece. A este propósito, Gregory (1981: 376) observa polemicamente que afirmar que toda a informação necessária para perceber o ambiente, sem a intervenção de nenhum mecanismo interpretativo, chega até nós em forma de estímulos luminosos já objetivamente organizados, significaria voltar às teorias da percepção anteriores às observações de Alhazen e Alkindi sobre os raios luminosos, ou à noção de "simulacros" provenientes do objeto. Ainda estaremos aderindo a uma ideia medieval do intelecto como aquela instância que toma do objeto justo o que mais conta no objeto, o seu esqueleto essencial, a sua quididade. Contudo, mesmo que o argumento de Gregory seja sedutor, nem por isso é convincente. De fato, nada proíbe (em princípio) pensar que os antigos tinham razão e que Gibson retorna justamente a eles.

Acredito que exista uma diferença entre dizer que os contornos já são oferecidos pelo campo estimulante e dizer que o campo estimulante oferece o objeto de forma definitiva, embrulhado para determinar toda a nossa percepção, que simplesmente reconhece e aceita o que foi oferecido através dos sentidos. Esta diferença diz respeito ao momento que, para Peirce, era o do ícone primário, ou daquilo que chamava de percepto, e o julgamento perceptivo realizado.

Hubel e Wiesel (1959) e Hubel (1982) nos dizem que, ao perceber um estímulo, as nossas células nervosas respondem a uma ótima orientação, que já existe no estímulo. Hubel e Wiesel, inserindo microeletrodos de tungstênio no cérebro de um gato, puderam apurar que células reagiam a que estímulo, e provaram que o animal, diante de uma mancha que se movia numa tela, reagia mais a uma direção do movimento que à outra. Não só, mas num certo ponto, enquanto inseriam um cristal no oftalmoscópio, o gato reagiu com um tipo de súbita explosão celular: apurou-se que a reação não tinha nada a ver com as imagens no cristal, mas com o fato de que, ao entrar, o cristal imprimira na retina a sombra da própria borda, isto é, era exatamente "o que a célula desejava".

Ora, estes dados nos dizem como as *sensações* são recebidas, mas é incerto se podem nos dizer como a *percepção* age. Eles nos dizem que os gatos (que não podem ter sido corrompidos pelo idealismo iconoclasta) não recebem um acúmulo desordenado de sensações, mas são levados a focalizar alguns traços do campo estimulante com o prejuízo de outros. No entanto, isto se deve a como o objeto é feito ou a como o gato é feito? Os psicólogos estão muito atentos a tirar conclusões destas experiências. Podemos tranquilamente aceitar que, quando um gato vê uma mesa, seja mais estimulado pela incidência luminosa sobre as bordas que por outros aspectos da superfície, e que o mesmo acontece conosco: mas daí a dizer que o mesmo processo se prolonga (em nós e no gato), e sempre por iniciativa do objeto, até o nível superior da percepção, e depois da categorização, há uma grande diferença.

De fato, Hubel, é verdade, sustenta que as nossas células corticais respondem de forma simples à luz difusa pela qual, quando vejo um ovo num fundo escuro, as células interessadas na zona central do ovo não são solicitadas, enquanto que as solicitadas pelas bordas do ovo reagem; mas logo depois conclui: "como a informação deste conjunto de células é coordenada (*assembled*) em estágios sucessivos no percurso que leva à construção daquilo que chamamos os perceptos de linhas ou de curvas (se, por acaso, acontecer algo do gênero) ainda é um total mistério" (Hubel 1982: 519). Justamente, não são tiradas conclusões ao nível de uma teoria da percepção dos dados sobre as modalidades da sensação, e, portanto, o experimentador não se arrisca a afirmar que o conhecimento seja pura adequação e não construção e "reunião".

Johnson-Laird, referindo-se entre outras coisas às pesquisas de Hubel e Wiesel, lembra que "procurar entender a visão estudando apenas as células nervosas, como notou Marr, é o mesmo que procurar entender o voo dos pássaros estudando somente as penas" (1988: 72). Todas estas pesquisas não dizem nada sobre a diferença entre o que é calculado, como o nosso sistema perceptivo desenvolve tal cálculo, e como o *hardware* cerebral funciona neste processo computacional. Independentemente do mecanismo pelo qual a nossa retina recebe estímulos do ambiente, o problema de como o nosso mecanismo mental elabora estes *inputs* remete a um nosso sistema de expectativas. "Independentemente de quanta informação exista na luz que atinge a retina, deve existir um mecanismo mental para identificar as identidades dos objetos de uma cena, e aquelas dentre as suas propriedades que a visão torna explícitas. Sem tal mecanismo as imagens retinais não seriam mais úteis do que as produzidas por uma câmara televisiva e, contrariamente à opinião ingênua, elas não veem nada. [...] Estes processos devem se basear em algumas das nossas admissões sobre o mundo" (ib.: 61).

Além disso, sustentar que no processo que vai da sensação à percepção existem *patterns* privilegiados e invariáveis aos quais o cérebro (humano e animal) responde de forma constante, e até assumir por completo uma teoria ecológica da percepção (na sua forma mais brutal: vejamos o que existe, e basta), ainda não nos diz nada sobre as modalidades hipoicônicas com as quais artificialmente representamos aqueles mesmos objetos de percepção.

Mais uma vez, o verdadeiro nó do equívoco está na passagem imediata do iconismo primário da percepção (isto é, da evidência de que existem perceptivelmente relações de semelhança) a uma teoria da similaridade instituída, ou da criação do efeito de semelhança. Quem nunca visitou uma fábrica de perfumes encontrar-se-á diante de uma curiosa experiência olfativa. Todos (ao nível de experiência perceptiva) reconhecemos muito bem a diferença entre o cheiro de uma violeta e aquele da lavanda. Mas quando desejamos produzir industrialmente essências de violeta ou de lavanda (que devem produzir a mesma sensação, mesmo que um pouco enfatizada, estimulada por estes vegetais) são misturadas substâncias tais que o visitante da fábrica é acometido por uma rajada de exalações e fedores insuportáveis. Isto significa que, para produzir a impressão do perfume de violeta ou de lavanda, ocorre misturar substâncias químicas muito desagradáveis ao olfato (mesmo que o resultado seja agradável). Não sei se a natureza procede assim, mas o que parece evidente é que uma coisa é receber a sensação (iconismo fundamental) de um perfume de violeta, e outra coisa é produzir a mesma impressão. Esta segunda atividade exige a colocação em cena de algumas técnicas, daí produzir estímulos substituídos.

Pensemos, por exemplo, nas duas figuras esquemáticas (em alguma perspectiva) de um cilindro e de um cubo.[16] Um iconista ingênuo diria que elas representam um cilindro e um cubo exatamente como são; um mantenedor do valor cognitivo do iconismo diria (e só podemos concordar com isso) que, em circunstâncias normais e com igual herança cultural, elas consentiriam a um objeto identificar um cilindro e um cubo e distingui-los entre eles; os mantenedores da naturalidade dos contornos (entre os quais decidi alistar-me) diriam que as linhas dos dois desenhos circunscrevem exatamente os contornos mediante os quais o objeto se nos apresenta.

No entanto, a representação é "boa" *de um certo ponto de vista*, e tal é a função de cada representação perspectiva, qualquer que seja a regra projetiva seguida. A perspectiva é um fenômeno em que entram em jogo o objeto e a posição do observador, e tal posição desempenha um papel também na observação do objeto tridimensional. Portanto, de alguma forma o hipoícone transcreve estas condições de observação. Mas, agora reflitamos sobre o fato de que as linhas retas que circunscrevem os contornos do cilindro não desempenham a mesma função semiósica daquelas que circunscrevem as superfícies do cubo. As linhas paralelas que circunscrevem o contorno do cilindro são estímulos substituídos que representam o modo como, de qualquer lugar que o vejamos, veremos o cilindro projetar-se no próprio fundo (o número destas linhas, se fizéssemos o cilindro rodar, seria infinito, e Zenão admitiria que não deixaríamos nunca de ver infinitos contornos do cilindro). As linhas do cubo, por sua vez, representam não só os contornos do objeto visto *daquele* ponto de vista, mas ao mesmo tempo as arestas do sólido, que permaneceriam assim, mesmo que em relação perspectiva diferente, de qualquer ponto de vista que olhássemos ou representássemos o cubo. Em ambos os casos, estamos na presença de estímulos substituídos, mas nestes dois casos estes estímulos "substituem" fenômenos diferentes, que em parte dependem da forma do objeto e em parte do modo como decidimos olhá-lo.

6.7. Estímulos substituídos

Não é verdade que na ênfase iconoclasta fossem considerados apenas os contornos de cavalo ou rinocerontes fantasiosos, sem apresentar o problema da imediata impressão de semelhança experimentada diante de uma imagem realista ou hiper-realista. Na *Estrutura ausente* (1968: 110 segs.) eu examinava um anúncio publicitário em que víamos um copo de cerveja espumante, que evocava um sentido de grande frescor porque no vidro percebíamos uma pintura de vapor de gelo. Era evidente que na imagem não existiam nem vidro nem cerveja nem pintura de gelo; portanto, sugeríamos que a imagem reproduzisse *algumas das condições da percepção do objeto*: daí, percebendo o objeto, teria sido atingido pela incidência de raios luminosos na superfície, na imagem havia contrastes cromáticos que *produziam o mesmo efeito*, ou um efeito satisfatório equivalente.

Portanto, mesmo se percebo que o que vejo não é um copo, mas a imagem de um copo (porém existem casos de *trompe-l'oeil* em que não percebo que a imagem é uma imagem), as inferências perceptivas que coloco em jogo para perceber algo (e decerto com base em tipos cognitivos anteriores) são as mesmas que colocarei em jogo para perceber o objeto real. Pelo modo mais ou menos satisfatório com que estes estímulos substituídos substituem os estímulos efetivos, perceberei a imagem como uma boa aproximação ou como um milagre de realismo.

Ora, esta ideia dos estímulos substituídos foi diversas vezes sustentada por vários psicólogos. Por exemplo, Gibson (1971, 1978) falou nestes casos de "percepção indireta" ou "percepção de segunda mão". Hochberg (1972: 58) diz várias vezes que a cena representada por um quadro é um substituto porque age no olho do observador de modo "semelhante" àquele em que age a própria cena; que um contorno é "um estímulo que é de alguma forma equivalente aos traços em cuja base o sistema visível normalmente codifica as imagens dos objetos no campo visível" (1972: 82); que quando uma extremidade entre duas superfícies aparece no campo visível é, na maioria das vezes, acompanhada de uma diferença de luminosidade, e, assim, um contorno forneceria um *índice de profundidade*, enquanto faz com que percebamos (de modo *vicário*) a mesma extremidade em que se verifica a diferença luminosa (1972: 840).

Os estudos de Marr e Nishishara (por ex., 1978: 6) sobre a simulação computadorizada dos processos perceptivos nos dizem que uma cena e um desenho da cena parecem semelhantes porque "os símbolos do artista de certa forma correspondem aos símbolos naturais computados a partir da imagem durante o curso normal da sua interpretação".[17]

Mas é evidente a imprecisão de todas estas definições (em que comparecem sempre expressões como "de certa forma"). Mais que explicar como funcionam os estímulos substituídos, elas tomam nota do fato de que existem e que funcionam. Têm a ver com estímulos substituídos em todos aqueles casos em que saltam os próprios receptores que saltariam em presença do estímulo real, assim como acontece com os pássaros que respondem à simulação dos apitos de chamariz ou como um rumorista radiofônico ou cinematográfico nos fornece (utilizando estranhos instrumentos) as mesmas sensações acústicas que experimentaríamos ouvindo o galope de um cavalo ou o ronco de um automóvel de corrida. A sua mecânica dos estímulos substituídos permanece obscura, mesmo porque nestas "substituições" vamos de um máximo de alta-fidelidade, como veremos, até um simples convite a comportarmo-nos como se recebêssemos o estímulo que não existe.

O fato que — mesmo que não soubéssemos exatamente como funcionam — existem estímulos substituídos é magnificamente exemplificado nas páginas que Diderot escreve sobre Chardin (*Salon de 1763*): "O artista colocou em cima de uma mesa um vaso de velha porcelana chinesa, dois biscoitos, uma vasilha cheia de azeitonas, uma *corbeille* de frutas, dois copos cheios até a metade de vinho, uma laranja amarga e um *pâté*. Para ver os quadros dos outros parece que eu necessito de mais olhos; para ver aqueles de Chardin, tenho apenas de conservar os olhos que a natureza me deu, e servir-me bem deles... É que este vaso de porcelana é porcelana; estas azeitonas estão realmente separadas, pelo olho, da água na qual flutuam; é que temos de pegar aqueles biscoitos e comê-los; devemos apenas abrir esta laranja e espremê-la; pegar este copo de vinho e bebê-lo, estas frutas e descascá-las, este *pâté* e nele colocar a faca... Ó Chardin, não é o branco, o vermelho, o preto que colocas na tua paleta; é a própria substância dos objetos, é o ar e a luz que pegas com a ponta do teu pincel e colocas na tela."

À primeira vista, o elogio de Diderot exprime o júbilo de um espectador que, pensando que possa existir uma pintura absolutamente realista, se encontra diante de uma obra-prima do realismo, em que não existe nenhuma diferença entre estímulo que possa provir do objeto real e estímulo "substituído". Mas Diderot não é tão ingênuo. Passado o primeiro efeito, sabendo bem que o que vê não são frutas e biscoitos reais, parece aproximar-se do quadro, descobrindo que é presbita: "Não conseguimos entender esta magia. São extratos espessos de cor, aplicados uns aos outros, cujo efeito transpira do fundo até a superfície. Algumas vezes diríamos que é um vapor que foi soprado sobre a tela; outras, ainda, que uma ligeira espuma se espalhou... Aproximai-vos, tudo se confunde, se achata e desaparece. Distanciai-vos de novo, tudo se recria e se reproduz."

Eis o ponto. Os estímulos provocados pelos objetos verdadeiros, com variações cuidadas do ponto de vista do reconhecimento perceptivo, agem em diversas distâncias. Os estímulos substituídos, examinados muito de perto, revelam a sua natureza ilusória, a sua substância da expressão que não é aquela dos objetos que sugerem, e para obter o seu efeito icônico exigem uma distância calculada. Que é depois o princípio do *trompe-l'oeil*, epifania do estímulo substituído. A magia de Chardin se deve ao fato de que os estímulos que ele fornece ao espectador *não* são aqueles que seriam fornecidos pelo objeto. Diderot confessa não entender como o pintor tenha êxito no seu intento, mas deve admitir que tem êxito. A seu próprio modo, enquanto celebra os milagres do iconismo, Diderot afirma a natureza *não natural* dos hipoícones.

Desejarei elaborar uma reflexão de Merleau-Ponty a propósito de um dado (1945: 2, III). O dado está lá, visível em diversos perfis. Pode acontecer que aqueles ao meu lado não o vejam, e portanto ele faz parte da minha história pessoal. À medida que o vejo, ele perde a sua materialidade, se reduz a estrutura visível, forma e cor, sombra e luz. Mas percebo que nem todos os aspectos do dado podem incidir no meu campo perceptivo, a coisa em si não pode ser vista pelo meu ponto de vista pessoal. Não pego nada, mas a minha experiência orientada pela coisa, o meu modo de viver a coisa (o resto, diremos, é inferência, hipótese sobre como poderia ser a coisa se os outros também a vissem). Percebo o dado com o meu corpo, compreendido o ponto de vista com que o vejo. Se o meu corpo (e o meu ponto de vista) se distanciassem, perceberia outra coisa. Por causa de uma longa experiência perceptiva sei tudo isto. Mas, diante do estímulo substituído (a representação de um dado, distanciando o meu ponto de vista sobre ele, não poderei perceber outra coisa que eventualmente esteja por trás do dado), já aceitei que alguém tenha *visto por mim*.

Portanto, uma boa regra para distinguir estímulos naturais de estímulos substituídos parece-me a seguinte: se afasto o meu ponto de vista vejo algo novo? Se a resposta é negativa, o estímulo é substituído. O estímulo substituído procura impor-me a sensação que teria se me colocasse do ponto de vista do Substituidor. Diante de mim existe o perfil de uma casa (e vimos que os contornos são fundamentados na natureza); se me afasto, vejo a árvore atrás da casa? Se não a vejo, o estímulo é substituído. Só usurpando do ponto de vista de quem viu antes de mim posso definir se um estímulo é substituído ou não. O estímulo substituído impede-me de ver (ou sentir) do ponto de vista da minha subjetividade, entendida como a minha corporalidade; fornece-me um único perfil das coisas, não a multiplicidade dos perfis que a percepção atual me ofereceria. Para decidir se um estímulo é substituído ou não, basta afastar a cabeça.

6.8. Voltemos ao discurso

A resenha das razões históricas do debate sobre o iconismo talvez já tenha sugerido algumas das razões por que agora ele pode ser retomado *sine ira et studio*. A ideia de uma semiótica que devia estudar o funcionamento dos signos na vida cultural e social não exige mais uma energia polêmica dos padres apologéticos; é um dado conquistado. Estudos semióticos em nível subcultural foram desenvolvidos (desde a zoossemiótica até os problemas da comunicação celular que indiquei em 2.8.2), onde conceitos como o de iconismo primário retornam à cena sem poderem ser dissolvidos numa sopa de estipulações culturais. Por parte de muitos houve uma conversão gradual do paradigma semioestruturalista àquele peirciano (no máximo, com a tentativa de fundir os aspectos mais interessantes dos dois). A confiança naquilo que a interpretação coloca e constrói com relação a qualquer um levou (por certo no campo dos textos, com Derrida, mas também em comparação com o mundo, pelo menos no último Rorty) à afirmação exultante da derivação desconstrutiva. Para quem pensava que, de algum modo, era preciso discipliná-la, era preciso apresentar o problema *dos limites da interpretação*. Utilizei justamente esta expressão em Eco 1990, a propósito da interpretação textual, mas ali o ensaio sobre a derivação e semiose ilimitada já apresentava o problema dos limites da interpretação do mundo; e, no que diz respeito ao mundo, expus com mais firmeza em 1.8-11.

Por isso, agora podemos voltar também ao discurso dos hipoícones. Ao fazer isto, não acredito ceder à tentação de também ter a minha *Kehre*. Acredito apenas, mais modestamente, estar levando ao primeiro plano aquilo que antes, sem negar, deixara no fundo, mas de forma que as duas "figuras" permaneçam legíveis.

6.9. Ver e desenhar Saturno

A discussão com Maldonado nascera de uma sua objeção a favor do iconismo: que a imagem da Lua que Galileu via na sua luneta era um ícone e como tal era dotada de uma semelhança natural com a própria Lua. Em todo o caso, eu objetava que a imagem na ocular da luneta não era um ícone — pelo menos, no sentido de um signo icônico. O signo icônico, ou hipoícone da Lua, emergia quando, depois de olhar na luneta, Galileu desenhava a Lua. E assim como Galileu já sabia muito sobre a Lua, por tê-la observado, como todos, a olho nu, retornava a uma situação mais "inicial", mais inédita, a de Galileu que, pela primeira vez, com a sua luneta, olhava Saturno e depois, como podemos ver por exemplo em *Siderius Nuncius*, fazia desenhos.

Neste caso, temos quatro elementos em jogo: (i) Saturno como coisa em si, como Objeto Dinâmico (mesmo que não fosse um objeto seria um conjunto de estímulos); (ii) os estímulos luminosos que Galileu recebe quando coloca o olho na ocular (e deixemos para a ótica estudar o que ocorre no caminho entre raios emanados pelo planeta, ocular côncava, e objetiva biconvexa); (iii) o tipo conceitual que Galileu reconstrói Saturno, o Objeto Imediato (que, de alguma forma, será diferente daquele que existia quando o percebia exaustivamente a olho nu); (iv) o desenho (hipoícone) que Galileu faz de Saturno.

Aparentemente os quatro estágios se apresentam nesta sucessão:

Saturno em si → Saturno na lente → Tipo cognitivo → Desenho

e assim faria hoje, se quisesse desenhar o que vejo na luneta. Mas Galileu olhava pela primeira vez. E, ao olhar, percebe algo nunca visto. Existem várias cartas em que Galileu comunica aos poucos as próprias descobertas, e vemos o cansaço que ele tem (enquanto olha) para *ver*. Por exemplo, em três cartas (a Benedetto Castelli, 1610, a Belisario Giunti, 1610, e a Giuliano de' Medici, 1611) diz ter visto não uma única estrela, mas três juntas numa linha reta paralela ao equinócio, e representa o que viu deste modo (Figura 6.2):

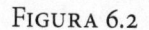

FIGURA 6.2

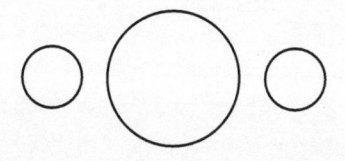

Mas em outras cartas (por exemplo, a Giuliano de' Medici, 1610, e a Marco Velseri, 1612) admite que, por "imperfeição do instrumento ou do olho do observador", Saturno também poderia parecer assim ("na forma de uma azeitona", Figura 6.3):

FIGURA 6.3

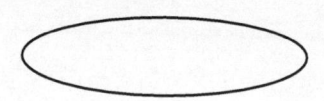

Onde está claro que, assim como decerto era inesperado que um planeta fosse circundado por um anel (o que, entre outras coisas, contrasta com qualquer noção que tivessem à época sobre um corpo celeste), Galileu procura entender o que vê, ou está exaustivamente construindo um tipo cognitivo (novo) de Saturno para si.

Olha e olha de novo (por exemplo, numa carta a Federigo Borromeo de 1616), Galileu já decidira que não se trata mais de dois pequenos corpos redondos, mas de corpos maiores "e de figura não mais redonda, mas como vê na figura a seguir, isto é, duas meias elipses com dois pequenos triângulos muito obscuros no meio das citadas figuras, e contíguos ao globo do meio de Saturno". Por isso, Galileu chega a esta terceira representação (Figura 6.4):

Figura 6.4

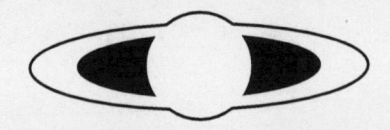

Ao olhar o desenho, reconhecemos Saturno e os seus anéis, mas só porque já vimos outras representações elaboradas, de que este esboço antecipa poucos traços pertinentes (um globo e uma elipse que o contorna — e compete a nós ver uma perspectiva num esboço que faz muito pouco para sugeri-la). Notemos que Galileu não via esta perspectiva, senão não teria falado de duas meias elipses, mas de um feixe elíptico.[18] Galileu ainda via uma espécie de Mickey Mouse, um vulto com dois grandes pavilhões auriculares. Mas não podemos negar que este terceiro desenho é mais parecido com as imagens sucessivas, mesmo fotográficas, de Saturno no momento da sua inclinação máxima; em todo o caso, corresponde, no plano morfológico, ao tipo cognitivo que uma pessoa de cultura média possui sobre isso. Notemos que (pela coincidência afirmada entre tipo cognitivo e conteúdo nuclear ou Objeto Imediato) uma pessoa sem talentos gráficos especiais, ao lhe pedirem para representar Saturno, hoje faria um desenho muito parecido com aquele de Galileu, provavelmente completando as duas elipses na parte inferior, de modo que o anel pareça passar diante do globo.

Perante os esforços de Galileu, somos levados a pensar que não é que a construção do tipo cognitivo preceda o desenho; mas segue-a:

Saturno em si → Saturno na lente → Desenho → Tipo cognitivo

É apenas procurando fixar no mapa os traços essenciais daquilo que está recebendo (neste estágio, coágulos de primitivismo, sequência desordenada de estímulos) que, aos poucos, Galileu chega a "ver", a perceber Saturno e a construir um seu primeiro e hipotético tipo cognitivo. Que é o que eu procurava dizer no *Tratado* a propósito das invenções radicais.[19]

Contudo, ainda não dissemos o que é o segundo elemento da cadeia: Saturno através da lente. Do ponto de vista semiótico, pareceria um fenômeno insignificante: a luneta constitui um meio pelo qual chega a Galileu uma série de estímulos, tal como este os receberia se se aproximasse o suficiente de Saturno a bordo de uma pequena nave espacial.

Mas é justamente este "como se" que exige que juntemos alguma reflexão (e como veremos a metáfora nunca foi tão literal). E não tanto para entender melhor a percepção quanto para propor mais uma vez o fenômeno dos hipoícones.

6.10. Prótese

Geralmente chamamos prótese um aparelho que *substitui* um órgão que falta (por exemplo, uma dentadura), mas, em sentido lato, é prótese qualquer aparelho que estende o raio de ação de um órgão. Se perguntamos a alguém onde desejaria ter um terceiro olho, se pudesse, com frequência recebemos respostas pouco econômicas: um desejaria tê-lo na nuca, outros na coluna, não calculando que mesmo neste caso decerto poderíamos ver as costas, mas não outros infinitos lugares que muitas vezes desejaríamos poder olhar, no topo da cabeça, dentro dos ouvidos, atrás de uma porta, num buraco onde a chave caiu. A resposta correta, no sentido em que é a mais aceitável, seria: na ponta do dedo indicador. É óbvio que dessa maneira poderemos estender o raio da nossa visão ao máximo, nos limites do nosso raio de ação corporal.[20] Eis que, se tivéssemos um olho artificial manobrável como o nosso dedo indicador, teremos uma excelente prótese *extensiva*, com função também *intrusiva* (no sentido em que poderia olhar se virássemos a cabeça ou se nos afastássemos, mas também lá onde o olho não pode penetrar).

Portanto, as *próteses substitutivas* fazem aquilo que o corpo fazia, mas não faz mais por acidente, e tais são um membro artificial, uma bengala, os óculos, um marca-passo ou uma corneta acústica. Por sua vez, as *próteses extensivas* prolongam a ação natural do corpo: assim são os megafones, as pernas de pau, as lentes de aumento, mas também alguns objetos que geralmente não consideramos extensões do nosso corpo, como os pauzinhos chineses ou as pinças (que estendem a ação dos nossos dedos), os sapatos (que aumentam a ação e resistência do pé), as roupas em geral (que aumentam a ação protetora da pele e dos pelos), tigelas e colheres que substituem e melhoram a ação da mão que procura recolher e levar um líquido à boca.

Poderíamos considerar prótese extensiva ainda a alavanca, que em princípio faz melhor aquilo que o braço faz; mas o faz a tal ponto, e com tais resultados, que provavelmente inaugura uma terceira categoria, a das *próteses magnificativas*. Elas fazem algo que talvez tenhamos sonhado fazer com o nosso corpo, mas sem nunca conseguirmos: como o telescópio, o microscópio, mas também os vasos e as garrafas, as cestas e as bolsas, o fuso, e por certo o trenó e a roda.

Tanto as próteses extensivas quanto as magnificativas podem ser especificadas ainda como *intrusivas*. Entre as *extensivo-intrusivas* citaremos o periscópio ou alguns instrumentos médicos que permitem explorar cavidades imediatamente acessíveis como o ouvido ou a garganta, entre as *magnificativo-intrusivas* os dispositivos ecográficos, os sistemas de levantamento de raios gama em medicina nuclear, ou algumas sondas dotadas de uma minúscula câmara, que exploram todo o meandro intestinal, projetando numa tela o que "veem".[21]

Esta tentativa de classificação servia-me apenas para falar daquele tipo especial e originário de prótese que é o espelho.

6.11. Ainda sobre os espelhos[22]

O que é um espelho, no sentido corrente do termo? É uma superfície regular plana ou curva, capaz de refletir a radiação luminosa incidente. Um espelho plano fornece uma imagem virtual, direita, invertida (ou simétrica), especular (do mesmo tamanho que o objeto refletido), sem as chamadas aberrações cromáticas. Um espelho convexo fornece imagens virtuais, direitas, invertidas e menores. Um espelho côncavo é uma certa superfície que (a) quando o objeto se situa entre o foco e o espectador fornece imagens virtuais, direitas, invertidas, aumentadas; (b) quando o objeto muda de posição, do infinito à coincidência com o ponto focal, fornece imagens reais, reviradas, aumentadas ou diminuídas conforme os casos, em diversos pontos do espaço, que podem ser observadas pelo olho humano e recolhidas por uma tela. Espelhos paraboloides, elipsoides, esféricos ou cilíndricos não são de uso comum, e quando muito dizem respeito à utilização de espelhos deformadores e de teatros catóptricos.[23]

Em Eco (1985) achava curiosa, e quase verdadeiramente "idealista", a ideia comprovada pelos estudos de ótica de que a imagem especular seria *invertida*, ou em "simetria inversa". A opinião ingênua de que o espelho coloque a direita no lugar da esquerda e vice-versa está tão arraigada que alguém se admirou que os espelhos trocam a direita pela esquerda, mas não o alto pelo baixo. Ora, pensemos um instante: se diante do espelho tenho a impressão de que troca a direita pela esquerda, porque na imagem parece que eu uso o relógio na esquerda, pela mesma razão, se vejo um espelho no teto, deverei pensar que troca o alto pelo baixo, porque vejo a minha cabeça embaixo e os meus pés no alto.

Mas o ponto é que nem sequer os espelhos verticais invertem ou viram. Se esquematizamos o fenômeno especular, percebemos que nele não acontecem fenômenos tipo câmara escura (Figura 6.5): na reflexão especular nenhum raio se cruza (Figura 6.6).

FIGURAS 6.5 E 6.6

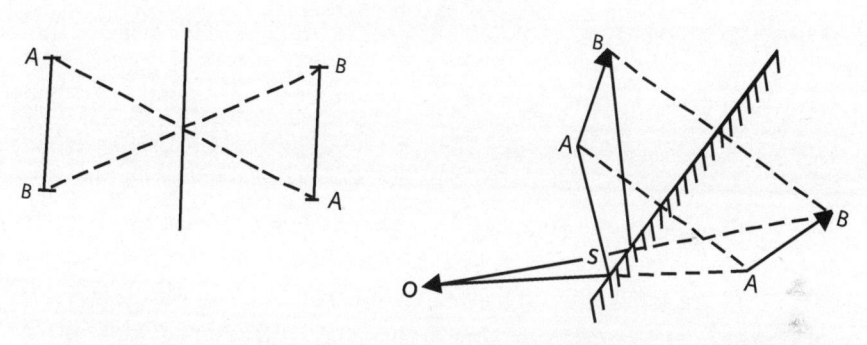

O espelho reflete a nossa esquerda exatamente onde ela está, e faz o mesmo com a esquerda. Somos nós que nos identificamos com aquele que vemos dentro do espelho, ou que pensamos seja um outro que está diante de nós, e nos admiramos que use o relógio no pulso direito (ou empunhe uma espada com a esquerda). Mas não somos aquela pessoa virtual que está dentro do espelho. Basta não "entrar" no espelho e não sofremos desta ilusão. Tanto que todos conseguimos, de manhã, no banheiro, utilizar o espelho para nos pentearmos, sem comportarmo-nos como tolos. Sabemos como utilizar o espelho e sabemos que a madeixa dos cabelos na nossa orelha direita está à nossa direita (mesmo que, para a pessoa no espelho, se existisse, estivesse à esquerda). No plano perceptivo e motor interpretamos corretamente a imagem especular por aquilo que é, mas no plano da reflexão conceitual ainda não conseguimos separar por completo o fenômeno físico das ilusões que ele encoraja, num tipo de divergência entre percepção e julgamento. Utilizamos a imagem especular de forma correta, mas dela falamos de forma errada (enquanto falamos de forma astronomicamente correta para a relação Terra-Sol, mesmo que a percebêssemos de forma errada, como se o Sol se movesse).

Por certo isto é um ponto bastante curioso: que os espelhos invertam a esquerda com a direita é opinião muito antiga, desde Lucrécio até Kant, e ainda hoje se mantém.[24] Se fosse assim, deveremos refletir sobre o fato de que, quando alguém está atrás de mim, a sua direita está à minha direita, e a sua esquerda à minha esquerda; mas, se se vira e se coloca diante de mim, a sua direita está onde eu tenho a esquerda e vice-versa (e usa o relógio no lado oposto ao meu). Por isso deveríamos concluir que *são as pessoas que se invertem*, não as imagens especulares, e este hábito ancestral de ver as pessoas se inverterem é o que nos convida a ver como invertidas as imagens especulares (se as considerarmos como uma pessoa).

Isto para dizer que os espelhos nos fazem perder a cabeça. Mas se a mantemos sobre os ombros, devemos concluir que no espelho não se dá a inversão, mas a absoluta congruência, como quando comprimo o papel absorvente numa folha. Que depois eu não consiga ler aquilo que ficou impresso no papel absorvente, tudo isto tem a ver com os meus hábitos de leitura; não com a especularidade (Leonardo, que tinha outros hábitos de escritura e de leitura, não teria este problema). Entretanto, poderei ler aquilo que ficou impresso no papel absorvente utilizando um espelho, isto é, recorrendo à imagem especular de uma imagem especular. O mesmo ocorre se estou diante do espelho, com a capa de um livro na mão; não consigo ler o título no espelho; mas, se tenho dois espelhos em ângulo, como ocorre com frequência no banheiro, posso ver num dos dois espelhos (mais facilmente em um que no outro, conforme o ângulo) uma terceira imagem refletida em que as letras da capa aparecem como quando olho diretamente o livro (e, além disso, ali me vejo realmente com o relógio no pulso esquerdo). Esta terceira imagem é uma imagem invertida da imagem especular (que não invertia nada por si mesma).

Utilizamos bem os espelhos porque introduzimos regras de interação catóptrica. Utilizamo-los bem quando sabemos que temos um espelho à nossa frente. Quando não o sabemos, podem ocorrer mal-entendidos ou enganos. Mas, quando sabemos, partimos sempre do princípio de que o espelho diz a verdade. Ele não "traduz", não interpreta, registra aquilo que o atinge exatamente como o atinge. Assim, confiamos nos espelhos como confiamos, em condições normais, nos próprios órgãos perceptivos. Confiamos nos espelhos como confiamos nos óculos e nas lunetas, porque os espelhos são próteses como os óculos e as lunetas.

Decerto os espelhos são próteses extensivas e intrusivas por excelência, no sentido em que, por exemplo, nos permitem olhar onde o olho não pode alcançar: permitem-nos olhar o nosso rosto, e os nossos próprios olhos, permitem-nos ver o que acontece nas nossas costas. Partindo deste princípio, podemos depois obter efeitos intrusivos bastante sofisticados com os espelhos: pensemos, justamente, nos espelhos angulados de toalete que nos permitem ver-nos de perfil, ou nos espelhos de barbeiro *en abîme*. Alguns espelhos também são próteses magnificativas, porque reproduzem o nosso rosto aumentado, outros são próteses deformadoras; com complexos teatros de espelhos podem ser criadas ilusões, até chegar ao conturbado teatro catóptrico de *A dama de Xangai*, de Orson Welles. Com séries de espelhos dispostos em ângulos apropriados, podemos estender o nosso poder de intrusividade (posso construir sistemas de espelhos que me permitam ver o que acontece no quarto ao lado, mesmo se o meu olho não vê a porta), podemos utilizar os espelhos como canais para transportar ou projetar estímulos luminosos (pensemos em vários possíveis sistemas de sinalização de que o espelhinho de caçar calhandras é antepassado)... Mas falamos sobre tudo isto em Eco 1985. Aqui, no momento, interessam-nos apenas os espelhos simples, aqueles de todos os dias, e pretendo falar deles como fenômeno pré-semiósico.

Por certo, se "interpreto" a minha imagem no espelho e dela tiro conclusões sobre o meu envelhecimento (ou sobre a minha incorruptível velhice), já estou numa fase mais complexa de semiose. E o mesmo podemos dizer no caso daquele "estágio do espelho", em que Lacan via o momento de instauração do simbólico. Mas, se a criança deve aprender a utilizar o espelho, não significa (como pareceu para alguém) que o espelho não seja uma experiência primária. A criança deve aprender tudo, até a utilizar os olhos e as mãos, basta dar-lhes um tempo. Exceto que a magia dos espelhos é tal que se torna difícil para muitos aceitar a banalíssima experiência que teimo em propor: pretendo falar da imagem especular como a utilizamos todos os dias no banheiro, eu, que me vejo no espelho para endireitar a minha gravata, e nesta fase não há mais admissão exultante e ainda não há interpretação, a não ser aquela perceptiva que se instauraria mesmo quando visse alguém diante de mim.

O espelho normal é uma prótese que não engana. Todas as outras próteses, enquanto põem algo entre o órgão cujos poderes estendem ou aumentam e aquilo que "tocam", podem nos levar a enganos perceptivos: caminhando com sapatos avaliamos mal as propriedades do terreno, as roupas não nos informam bem sobre a temperatura externa, com os alicates podemos acreditar ter agarrado algo que ao contrário nos escapa. Por sua vez, com o espelho estamos seguros de que ele nos mostra as coisas como são, mesmo quando nos olhamos no espelho e não desejaríamos ser como nos vemos.

Naturalmente estão excluídos os casos de espelhos embaçados, de engano devido a um erro nosso (como quando acreditamos ver alguém que vem ao nosso encontro, e, em vez disso, é a nossa imagem refletida), de equívoco quando acreditamos que é um espelho uma moldura vazia dentro da qual está alguém que imita os nossos movimentos (como acontece num filme dos Irmãos Marx). Mas em circunstâncias normais utilizamos os espelhos com a certeza de que eles não mentem.

Fazemos isso porque aprendemos que a prótese especular fornece ao olho os mesmos estímulos que ele receberia se estivesse diante de nós (talvez na ponta do dedo indicador que apontamos para o nosso rosto). Neste sentido, estamos certos de que o espelho nos fornece a cópia absoluta do campo estimulante. Se um signo icônico (no sentido de hipoícone) fosse realmente uma imagem que possui todas as propriedades (pelo menos visíveis) do objeto representado, a imagem especular seria signo icônico por excelência, ou seria o único ícone externo à nossa mente de que realmente temos experiência. Mas este ícone em estado puro não está senão para si mesmo.

Contudo, sequer é uma Firstness no sentido peirciano, porque o que vemos já está cheio de consciência de uma relação a um fato: quando muito, é uma Firstness já ligada a uma Secondness, enquanto coloca o que espelha e o espelhado em relação direta e necessária. *Mas ainda não é um signo*. Isto, naturalmente, se assumirmos que, para definir um signo como tal, devemos nos ater aos seguintes critérios:

(i) O signo é algo que está para algo mais *em sua ausência*. Ao contrário, a imagem especular *está na presença* do objeto que reflete.

(ii) O signo é materialmente distinto da coisa de que é signo, senão poderíamos dizer que eu sou signo de mim mesmo. Ao contrário, a imagem especular é, já o vimos, uma cópia absoluta dos próprios estímulos que o nosso olho receberia se estivesse diante do objeto.

(iii) No signo, o plano da expressão se diferencia por substância e forma, e a mesma forma poderia ser transposta para outra substância. Ao contrário, com o espelho transfiro, no máximo (invertendo-a), a própria substância luminosa numa superfície especular contrária.

(iv) Para que exista signo ocorre que se constitua uma ocorrência sígnica em relação a um tipo. Ao contrário, na imagem especular coexistem tipo e ocorrência.

(v) O signo pode ser utilizado para mentir ou para afirmar (erroneamente, mesmo se de boa-fé) aquilo que não é verdadeiro. Ao contrário, a imagem especular nunca mente. O signo pode ser utilizado para mentir porque posso produzir o signo mesmo que o objeto não exista (posso nomear quimeras e representar unicórnios), enquanto que a imagem especular se produz apenas diante do objeto.

A imagem especular não tem valor indical. Não é índice do fato de que estamos diante do espelho, porque não temos necessidade disso (quando muito, a ausência da imagem do que espelha poderia ser sintoma, mas apenas para o homem invisível ou para os vampiros); não é índice pelo fato de que temos, por exemplo, uma mancha no nariz: enquanto o espelho é prótese, vemos a mancha como a veríamos se a tivéssemos, por exemplo, na mão.

A imagem especular nem sequer é marca (a não ser no sentido em que a sensação é por metáfora "marca" do sentido): as marcas são tais, e nos dizem algo, quando subsistem como vestígios materiais na ausência do impressor, e só então se tornam fenômeno semiósico. Para aquele que me segue, o vestígio que os meus pés deixam no chão é marca, mas não para mim, que não me ocupo do fato de que os meus pés, à medida que tocam o chão, imprimem algo — a menos que (supondo estar bêbado) me vire para trás para controlar, através das minhas marcas, se caminhei em linha reta. Se tivesse olhos na planta dos pés veria as minhas marcas à medida que as imprimo, e poderia interpretá-las para fazer inferências sobre a forma dos meus pés. Mas com o espelho nem isso acontece: basta expor a planta do pé na superfície que reflete, e vejo-a como é, sem precisar inferir coisa alguma.

Sonesson (1989: 63, referindo-se a Maldonado 1974: 228 segs.) sugeriu que a imagem especular pode ser um "hard icon", como o são as impressões de uma chapa de raios X, o sinal deixado pela mão numa parede de uma caverna pré-histórica. Mas estas são precisamente marcas (cf. *Tratado* 3.6.2), em que a substância da expressão (pedra, areia, película) não tem nada a ver com a matéria de que o objeto se constitui, e onde, por poucos traços (perfis, em geral), remontamos a uma reconstrução inferencial do possível objeto impressor. Além disso, naturalmente estas marcas subsistem, mesmo depois de o objeto imprimi-las, e portanto ainda podem ser falsificadas, o que não ocorre com a imagem especular.

Enfim, a marca é signo enquanto é fundamentalmente uma expressão que remete a um conteúdo, e o conteúdo é sempre geral. Quando Robinson vê a marca na areia não diz *Sexta-feira passou por aqui*, mas *uma criatura humana passou por aqui*. Até um caçador que siga aquele determinado cervo, ou um espião que siga a pouca distância as pegadas deixadas no chão pelo senhor X, inicialmente veem as marcas de *um* cervo e de *uma* pessoa (ou de um sapato), e só por inferência se convencem de que se trata *daquele* cervo ou *daquela* pessoa X.[25]

Naturalmente poderíamos contrapor que os objetos são utilizados como signos ostensivos (mostro um cão mastim ou um telefone para dizer que os mastins ou os telefones são coisas feitas deste ou daquele modo, cf. *Tratado* 3.6.3). Nos processos de ostensão tomamos um objeto como exemplo que remete a todos os objetos da sua categoria, mas utilizamos um objeto como signo ostensivo justamente porque, antes de mais nada, é um objeto. Posso ver-me no espelho para dizer a mim mesmo que os seres humanos em geral são como eu, mas ao mesmo tempo poderei ver o meu telefone na mesa para dizer-me que todos os telefones em geral são assim. E, então, mais uma vez a imagem especular é uma prótese que permite a mim ou aos outros ver um objeto que pode ser eleito como signo ostensivo.[26]

Portanto a imagem que vemos no espelho não é um signo como não o é a imagem ampliada que nos é mostrada pela luneta, ou aquela mostrada pelo periscópio.[27]

Quando muito, é pela fascinação que a humanidade, desde os tempos de Narciso, experimentou em comparação com os espelhos que o signo nasce de um signo que tenha as mesmas propriedades da imagem especular. A experiência especular pode explicar o nascimento de uma noção como aquela (semiótica) de signo icônico (como hipoícone), mas não é explicada.

Mas então, se tomamos esse caminho, é pelo fascínio imemorável pelos espelhos que nasce a ideia de um conhecimento que seja adequação completa (justamente "especular") entre coisa e intelecto. Dela nasce a ideia dos índices: ela diz "este" e "aqui" e aponta para mim que me vejo no momento em que me vejo. Dela nasce a ideia de um signo que, isento de significado, remete diretamente ao seu referente: a imagem especular é, de fato, o exemplo de um "nome próprio absoluto", a sua é de fato a mais rígida das designações rígidas, resiste a cada contrafatual, não posso suspeitar que, mesmo que tivesse perdido cada propriedade sua, o que vejo no espelho não seria mais o que vejo no espelho. Mas estas são metáforas — que, ditas pelos poetas, podem se tornar sublimes. O caráter próprio da imagem especular é que é apenas a imagem especular, é um *primum*, e pelo menos no nosso universo não existe nada a que possa ser assimilada.[28]

6.12. Cadeias de espelhos e televisão

Suponhamos agora que ao longo de alguns quilômetros, de um ponto A, em que existe um objeto ou se desenvolve um evento, a um ponto B, em que existe um observador, coloquemos uma série contínua de espelhos oportunamente angulados, de modo que, para um jogo de reflexões em cadeia, o observador em B veja, em tempo real (como se costuma dizer), o que existe ou se desenvolve em A.

O único problema é se quisermos que o observador receba uma imagem especular, ou a imagem que veria se estivesse em A observando o evento. No primeiro caso, o número de espelhos deve ser ímpar, e no segundo, par. Como presumimos que o observador deseje ver o que há em A como se fosse sua testemunha direta, utilizamos espelhos em número par. Neste caso, o resultado final não será aquele que produz um espelho simples, mas o que temos com a imagem produzida por espelhos angulados.

Se o observador soubesse que o que vê é transmitido através de uma cadeia de espelhos angulados, em número par, estaria convencido de ver o que realmente acontece em A — e teria razão.

Agora, imaginemos que o observador saiba que os sinais luminosos que o espelho reflete possam ser, de alguma forma, "desmaterializados" (ou *traduzidos* ou *transcritos* em impulsos de alguma outra natureza) e depois recompostos como destino. O espectador se comportaria diante da imagem final com se fosse uma imagem especular — mesmo aceitando que no processo de codificação e decodificação se perca algo na definição da imagem (comportar-se-á com a imagem recebida como se comporta diante de um espelho um pouco embaçado, ou quando vê algo num quarto na penumbra, integrando os estímulos com o que já sabe ou com alguma inferência).

Isto é o que acontece com a imagem televisiva. A televisão parece um espelho eletrônico que nos mostra a distância o que acontece num ponto que o nosso olho mal poderia alcançar. Como o telescópio ou o microscópio, ela é um excelente exemplo de uma prótese magnificativa (além de tudo, amplamente intrusiva quando necessário).

Naturalmente, é preciso pensar numa televisão *no estado puro*, representada por um aparato *de circuito fechado*, com telecâmara imóvel que percebe tudo o que acontece num determinado lugar. Senão a televisão, como o cinema e o próprio teatro, é algo que mostra uma encenação anterior (Bettetini 1975), em que intervêm artifícios de iluminação, jogos de campos e enquadramentos, montagem, efeitos Kulesov etc., e com isto entraremos no universo da significação ou da comunicação.

Mas se consideramos uma televisão em estado puro, estamos diante de uma prótese, embora "embaçada", e não diante de um fenômeno de significação. Determinados estímulos perceptivos, embora enfraquecidos, oportunamente traduzidos em sinais eletrônicos, chegam (decodificados por uma máquina) aos órgãos perceptivos do destinatário. Tudo o que o destinatário poderá fazer com aqueles estímulos (recusá-los, interpretá-los, ou outra coisa) é o mesmo que aconteceria se o destinatário visse diretamente o que acontece.

Para expor de forma mais decidida esta equivalência entre TV e espelho, imaginemos que a câmara de circuito fechado esteja no ambiente em que vivemos, e que transmita o que percebe num vídeo colocado no mesmo ambiente. Teremos experiências de tipo especular, no sentido em que poderemos nos ver de frente ou de costas (como acontece com espelhos opostos), e veremos na tela o que estamos fazendo naquele momento. Qual seria a diferença? Que não teremos a experiência que nos permite um espelho simples, mas veremos uma terceira imagem produzida por dois espelhos angulados e, portanto, deveremos prestar atenção quando utilizamos a imagem na tela para nos pentearmos, barbearmos, maquiarmos. É uma situação embaraçosa que prova que, entrevistado num estúdio televisivo, vemos no mesmo momento na tela o que temos à nossa frente. Mas, se o aparato de circuito fechado me desse uma imagem (desta vez sim) invertida, então poderia utilizar a tela como um espelho normal de toalete.

Deixo que os estudiosos da visão estabeleçam o quanto a imagem televisiva é oticamente diferente daquela especular, e pode colocar em jogo diversos processos cerebrais. Aqui, interessa-me o seu papel pragmático, o modo como é recebida, o valor de verdade que lhe é reconhecido. Por certo, mesmo do ponto de vista da recepção consciente, existem diferenças entre a imagem especular e aquela televisiva: as imagens televisivas (i) são invertidas, (ii) são de definição reduzida, (iii) com frequência são de dimensões inferiores àquelas do objeto ou cena, e (iv) não podemos olhar de través dentro da tela, como fazemos com o espelho, para perceber o que ele não nos mostrava. Portanto, utilizaremos para elas o termo de imagens *paraespeculares*.

Mas, suponhamos que a televisão seja aperfeiçoada a tal ponto que a imagem seja tridimensional e ampla o bastante para corresponder à extensão do meu campo visual, até que cheguemos (como sugere Ransdell 1979: 58) a eliminar a tela e disponhamos de algum aparato que transmita diretamente os estímulos ao meu nervo ótico: neste caso, encontrar-nos--emos realmente na própria circunstância de quem olha através de uma luneta ou diante de um espelho, e cairia a maior parte das diferenças entre o que Ransdell chama um "self-representing iconic sign" (como acontece na percepção de objetos ou nas imagens especulares) e um "other-representing iconic sign", como aconteceria com fotografias ou hipoícones em geral.

O fato é que não existem limites teóricos de alta definição. Já é possível seguir numa tela aquilo que uma sonda intestinal vê com telecâmara incorporada enquanto viaja nas nossas próprias vísceras (experiência já acessível a qualquer um, e que contudo somos os primeiros seres da nossa espécie a poder fazer isso): veremos que a sonda é uma prótese magnificativa por excelência, que nos permite ver com uma evidência e precisão de certo maior do que a que teríamos se tivéssemos a sorte de passear dentro do nosso corpo; não só, mas, à medida que a sonda se afasta, vemos ainda de través, como aconteceria se afastássemos a cabeça para olhar além das margens físicas do espelho.[29]

Seja como for, a técnica de definição das imagens se desenvolve, mesmo que um dia pudéssemos ter experiências sexuais ou gastronômicas virtuais (que ainda envolvem, por exemplo, sensações térmicas e táteis, gosto e odor), tudo isto não mudaria a definição de tais estímulos como estímulos recebidos através de uma prótese — e portanto, do ponto de vista semiótico, relevantes tanto quanto a percepção normal do objeto real. Se depois estes estímulos virtuais nos fornecessem algo *menos definido* do estímulo real (e acredito mesmo que seja a situação atual da realidade virtual, que devo suprir com um *surplus* de interpretação, embora inconsciente), então passaríamos à rubrica dos estímulos substituídos, de que falaremos em breve.

Neste sentido, a televisão é um fenômeno bem diferente do cinema ou da fotografia, mesmo que ocasionalmente possam ser transmitidas imagens filmadas ou fotografias pela televisão; como também é um fenômeno diferente do teatro, mesmo que ocasionalmente a televisão possa transmitir espetáculos realizados num palco (oferecendo a sua imagem paraespecular). Podemos acreditar nas imagens cinematográficas e fotografias enquanto índices de que algo, que estava lá, impressionou o filme; e mesmo que soubéssemos ou suspeitássemos que sejam imagens de uma encenação pró-fotográfica ou pró-fílmica, em todo o caso nós as consideramos índices do fato de que aquela encenação existiu. Contudo sabemos também que elas são e sempre foram passíveis de elaboração, filtragem, fotomontagem; estamos conscientes de que, desde o momento da impressão até aquele em que as imagens chegam até nós, algum tempo se passou; consideramos a foto e o filme como objetos materiais que não se identificam com o objeto representado, e portanto sabemos que o objeto que temos ao nosso alcance está para algo mais. Por isso, não temos dificuldades em tratar imagens fotográficas e cinematográficas como signos.

O mesmo não acontece com a imagem televisiva, com o qual a materialidade da tela desenvolve a mesma função de canal que desenvolve a chapa de cristal, que funciona como espelho. Na situação ideal de filmagem ao vivo em circuito fechado, a imagem é fenômeno paraespecular que nos dá exatamente o que acontece no momento em que acontece (mesmo que aquilo que aconteça seja uma encenação) e se dissolve no próprio momento em que o evento se extingue. Alguém escapa do espelho, e desaparece; alguém escapa do olho da telecâmara, e desaparece.

Assim, e sempre de um ponto de vista teórico, o que aparece na tela televisiva não é signo de algo: é imagem paraespecular, que é entendida pelo observador com a fé que damos à imagem especular.

O conceito fundamental de TV que a maior parte do público recebeu é aquele da filmagem ao vivo e em circuito fechado (senão o conceito de televisão não seria "imaginável", enquanto oposto àquele de cinematógrafo ou de teatro). E isto explica a atitude de fé com que nos aproximamos da TV, diante da qual a suspensão da incredulidade não parece estritamente necessária. Daí a tendência de grande parte dos programas a fruir como se fosse ao vivo e em circuito fechado, isto é, subestimando as estratégias interpretativas devidas a posições e movimentos de câmara e encenação pró-televisiva.

Em suma: tomamos a imagem televisiva como tomamos aquela da luneta, porque pensamos que na Lua, no momento em que olhamos, aquelas manchas realmente existam. Nós, mesmo as pessoas mais crédulas, desconfiamos dos signos (pensamos sempre que, se alguém diz que chove, talvez não chova de verdade), mas não desconfiamos (quase nunca) das nossas percepções. Não desconfiamos da TV porque sabemos que, como cada prótese extensiva e intrusiva, em primeira instância não nos fornece signos, mas apenas estímulos perceptivos.

Agora façamos uma outra experiência. Mediante um procedimento qualquer (técnico ou mágico) "congelemos" uma imagem paraespecular. Podemos congelá-la por completo, estampando-a num papel, ou congelar numa película uma sequência de ações que depois poderão ser projetadas novamente, de modo que vejamos outra vez os objetos se moverem no tempo. Teremos "inventado" a fotografia e o cinema. Isto é, mesmo que historicamente tenham precedido aquelas televisivas, as imagens fotográficas e cinematográficas, do ponto de vista teórico, representam uma sua carência, como se disséssemos que eram invenções desajeitadas, tentativas de obter um *optimum* ainda tecnicamente impossível.

E eis como a reflexão sobre os espelhos nos leva a pensar de novo no estatuto semiótico de fotografia e cinema (e até de algumas técnicas pictóricas hiper-realistas que procuram reproduzir o efeito de uma fotografia). Assim somos levados a redefinir os *hipoícones*.

6.13. Repensar as pinturas

Embora congeladas num material autônomo (e sem considerar as várias possibilidades de trucagem e encenação), as representações fotográficas nos fornecem *substitutos de estímulos perceptivos*.

São os únicos casos de tal procedimento? Não, decerto. Chegamos à foto e ao cinema deduzindo-os, por assim dizer, dos espelhos, mas em cada representação hiper-realística existe um sonho especular.

No teatro temos o máximo absoluto da identificação entre estímulos representativos e estímulos reais, em que pessoas humanas reais devem ser percebidas como tais, exceto a convenção fictícia acrescentada, pela qual devem ser entendidas como Hamlet ou a senhora Ponza. O exemplo teatral é interessante; para podermos aceitar (suspendendo a incredulidade) que aquela que age no palco é Ofélia, antes de mais nada devemos percebê-la como um ser humano do sexo feminino. Daí o embaraço, ou a provocação, se um diretor de vanguarda decidisse fazer com que Ofélia fosse interpretada por um homem, ou por um chimpanzé. Portanto, o teatro é exemplo limite de um fenômeno semiósico em que, antes mesmo de poder compreender o significado do que acontece, e interpretar gestos, palavras e eventos, *antes de mais nada ocorre colocar em prática os mecanismos normais de percepção dos objetos reais*. Então, será com base em interpretações e expectativas que, ao percebermos um corpo humano, fazemos com que tudo o que sabemos sobre o corpo humano e tudo que dele esperamos intervenha no processo semiósico: daí o espanto (agradável ou irritante, segundo as nossas disposições) se, por acaso, na ficção teatral o corpo humano, graças a alguma máquina escondida, se eleva no ar ou como nas exibições de Totò realiza movimentos de marionete.

Num primeiro nível de substituição parcial dos estímulos encontramos as estátuas dos museus de cera, onde os rostos são realizados como se fossem máscaras mortuárias, congruências perfeitas, mas as roupas dos personagens e os objetos que os circundam (mesas, cadeiras, tinteiros) são objetos verdadeiros, e algumas vezes os cabelos são verdadeiros. São hipoícones em que encontramos uma equilibrada mescla de estímulos substituídos de altíssima definição (mas embora sempre vicários e indiretos) e objetos reais diretamente oferecidos pela percepção, como no teatro.

Isto significa que o conceito de estímulo substituído ou vicário é um conceito bastante indefinido, que pode ir de um mínimo (em que obtém um efeito vagamente igual àquele do estímulo real) a um máximo de identificação com o estímulo real. O que leva a pensar que, diante de estímulos substituídos, vale um tipo de princípio de caridade. O fato de que mesmo os animais possam reagir a estímulos substituídos deveria fazer com que propendêssemos para a possibilidade de um princípio de caridade "natural". Não acredito estar introduzindo uma nova categoria: no fundo, um princípio de caridade se realiza mesmo nos processos perceptivos normais, quando, em circunstâncias de difícil discernimento dos estímulos, propendemos para a interpretação mais óbvia — regra que é violada por aqueles que veem discos voadores onde os outros interpretariam uma mancha luminosa que se move no céu, como um avião em fase de aterrisagem.[30]

Portanto, sem retirar nada do momento ativo na percepção e interpretação de hipoícones, devemos então admitir que existem fenômenos semiósicos em que, mesmo que soubéssemos que se trata de um signo, antes de percebê-lo como signo de algo mais, ocorre, antes de mais nada, percebê-lo como conjunto de estímulos que cria o efeito de estar diante do objeto. Ou ocorre aceitar a ideia de que exista uma base perceptiva mesmo na interpretação dos hipoícones (Sonesson 1989: 327) ou que a imagem visível seja, antes de mais nada, algo que *se oferece à percepção* (Saint-Martin 1987).

Se partirmos novamente do modelo da estátua de cera, e reconhecermos que uma boa fotografia apresenta o mesmo problema, mesmo que os estímulos que ela coloca em jogo sejam "mais" substituídos e vicários, devemos admitir que, em grande parte, as tentativas de analisar os chamados signos icônicos em termos morfológicos e gramaticais foram frustradas, como se tivessem as articulações típicas de outros sistemas sígnicos, partindo do princípio de que uma foto, por exemplo, pode ser desmontada nos elementos mínimos da rede que a compõe. Estes elementos mínimos se tornam entidades gramaticais quando são intencionalmente magnificados como tais, isto é, quando a rede não tende a desaparecer para obter o efeito de um substituído perceptivo, mas é ampliada, posta em evidência, para construir (não fosse senão nos termos de interpretação estética de um *objet trouvé*) simetrias e oposições abstratas.

Neste caso estamos diferenciando apenas, numa pintura, os elementos *figurativos* dos *plásticos*. Enquanto um hipoícone remete (em qualquer modo que remeta, e qualquer que seja a forma de expressão) a um conteúdo (tanto se for elemento do mundo natural quanto do mundo cultural, como no caso da figura do unicórnio), na percepção dos elementos plásticos interessamo-nos inicialmente pela forma de expressão e pelas relações que mantêm entre si. Portanto, uma ampliação de uma foto que magnifique a rede seria um modo de tornar pertinentes os elementos plásticos da forma de expressão, quase sempre com o prejuízo dos elementos figurativos.[31] Como já disséramos, desde que a imagem ainda seja perceptível, o fato de que a natureza digital tenha se tornado evidente não constitui argumento contra o seu iconismo. É como se na tela de televisão delineássemos, de perto, as linhas que o pincel eletrônico traça. Seria uma experiência plástica interessante, mas com frequência aquelas linhas valem como se riscas opacas fossem inseridas num espelho em intervalos regulares: se não são muitas, de modo a tornar impossível o reconhecimento da imagem (assim como se na tela de televisão não fossem poucas), tratamos a superfície do espelho como se estivesse embaçada ou manchada (em definição reduzida, como se a água do paul de Narciso tivesse se turvado, mas não muito) e fazemos o melhor para integrar os estímulos e perceber uma imagem satisfatória.

E a prova da rede não é inútil. É que, trabalhando em redes ampliadas, medimos a soleira além da qual a imagem não é mais perceptível e parece uma construção puramente plástica. O que importa (cf. Maldonado 1974, tav. 182) é o último estágio de rarefação em que a figura ainda é percebida: ele representa o *mínimo* de definição necessária para que qualquer estímulo possa funcionar como estímulo substituído (e, ao contrário, não vale como pura solicitação plástica). Naturalmente esta soleira varia conforme o quanto o objeto representado já seja conhecido e, por quanto a rede tenha se desfeito, os rostos de Napoleão ou de Marilyn Monroe serão sempre mais reconhecidos do que os de uma pessoa desconhecida: quanto mais baixa for a definição e mais desconhecido o objeto, tanto maior será o processo inferencial exigido. Mas acredito que possamos dizer que além desta soleira possamos sair da zona dos estímulos substituídos para entrar naquela dos signos.

Há um trecho de Ockham que sempre me deixou perplexo e conturbado, em que o filósofo afirma não só que diante da estátua de Hércules, se não comparo a estátua ao original não posso dizer se lhe assemelha (que seria observação de puro bom senso), mas ainda que a estátua não me permite saber como é Hércules se antes não conheci Hércules (isto é, se já não possuo um conhecimento mental a seu respeito). E, como ensinam as polícias de todo o mundo, com base numa foto da carteira de identidade podemos (ou tentamos) caracterizar a pessoa procurada.

Uma possível interpretação desta curiosa opinião é que Ockham tivesse familiaridade com a estatuária medieval românica e gótica dos séculos anteriores, em que eram representados tipos humanos, através de esquemas iconográficos muito regulados, mais que indivíduos, como acontecia para a estatuária romana e como teria acontecido depois nos séculos sucessivos. Assim, ele desejava nos dizer que, em condição de baixa definição, o hipoícone permite que percebamos traços genéricos, mas não individuais.

Pensamos numa fotografia normal de passaporte, daquelas feitas às pressas e muito mal nas cabinas automáticas. Seria muito difícil para um policial, com base naquele documento, identificar em meio à multidão a pessoa correta, sem incorrer em clamorosos equívocos; e o mesmo acontece ainda com os retratos falados, em que muitos de nós poderíamos ser considerados autores de crimes horrendos, porque com frequência o retrato falado não se parece com o procurado, mas muitos de nós parecemos com o retrato falado.

A foto da carteira de identidade é incerta porque é feita em péssimas condições de pose e luz. O retrato falado é incerto porque representa a interpretação fornecida por um desenhista por expressões verbais através das quais uma testemunha procura esquematicamente reconstruir os traços de um indivíduo muitas vezes visto por alguns instantes. O que não impede que, diante dos dois, cada um seja capaz de reconhecer estes traços genéricos (é um homem, tem bigodes, possui a testa curta, ou é uma mulher, certamente não é uma menina, loura, lábios carnudos). Todo o restante é inferência para passar do genérico ao individual. Mas aquele pouco de genérico que recebemos depende do fato de que o paupérrimo retrato nos forneceu muitíssimo pouco sobre os substitutos de estímulos perceptivos, senão a minha foto na carteira de motorista não se diferenciaria daquela de um pinguim.

6.14. Reconhecimentos

Imaginemos que numa família a mãe tenha em cima da sua escrivaninha um maço de pequenas fichas retangulares de cartão, de várias cores. A mãe as utiliza para anotações de diversas naturezas: utiliza fichas vermelhas para as despesas da cozinha, azul-escuras para viagens e férias, verdes para vestuário, amarelas para as despesas médicas, brancas para os seus apontamentos de trabalho, azul-claras para anotar os trechos que mais a comovem quando lê um livro etc. Depois junta-as sempre na gaveta da escrivaninha, divididas por cor, de modo que cada vez sabe onde procurar uma certa informação. Para ela, aqueles retângulos são signos; não no sentido em que são suporte para os signos gráficos que traçou, mas no sentido em que, mesmo quando estão em cima da escrivaninha, conforme a cor, logo a remetem ao argumento a que se destinam; são expressões de um sistema semiótico elementar, dentro do qual cada cor corresponde a um conteúdo.

Mas a criança procura sempre se apoderar delas para brincar, digamos para construir castelos de cartas; naturalmente distingue muito bem tanto a forma quanto as diversas cores, mas para ela não são expressões, são objetos e basta.

Diremos que o tipo cognitivo que permite à mãe caracterizar as fichas é mais rico do que o da criança; a mãe poderia até experimentar um sentido de inquietação quando segura uma ficha amarela, virgem ou escrita que seja, porque isto significa que necessita se ocupar de problemas de saúde; a criança poderia ser indiferente à cor e grandemente interessada na consistência das fichas (ou não, prefere o castelo de cartas vermelhas). Mas se a mãe diz à criança para pegar na escrivaninha uma ficha vermelha, e o ato de referência é coroado de sucesso, isto significa que o processo perceptivo basilar pelo qual as fichas são reconhecidas é igual para os dois. Antes dos níveis superiores de semiose, de que as fichas se tornam expressões, há um nível de semiose perceptiva estável para todos os atores desta pequena comédia doméstica.

Agora podemos considerar modos de reconhecimento que digam respeito a traços pertinentes não visíveis, como os fenômenos sonoros. O fenômeno do reconhecimento também está na base de uma atividade semiósica fundamental, como, por exemplo, a linguagem verbal.[32]

Como sugere Gibson (1968: 92-93), os fonemas são "estímulos potenciais como os sons naturais", mas o que os caracteriza é que para o ouvinte eles (além de puros estímulos) devem ser interpretados também como respostas (para Gibson, no sentido em que foram intencionalmente produzidos por alguém com fins de fazer com que reconheçamos aquele determinado fonema). Para dizer isso à maneira de Peirce, para reconhecer um som da língua com tal já ocorre entrarmos na Thirdness. Se ouço um barulho no caminho posso até decidir não interpretá-lo, considerá-lo parte do barulho de fundo. Posso fazer o mesmo com os fonemas, quando, por distração, ouço alguém que fala perto de mim, mas estou desinteressado pelo que diz, e assim tomo o conjunto como murmúrio ou falatório. Mas, se alguém fala comigo, devo decidir que fala e o que diz.

Ora, decerto reconhecer um fonema significa identificá-lo como ocorrência de um tipo. Este reconhecimento poderia ser fundamentado num fenômeno de semiose primária, o da "percepção categorial" (cf. Petitot 1983, 1985a, 1985b). Mas o que agora me interessa é sobretudo que, além de uma experiência de laboratório, para perceber um fonema como tal na confusão do ambiente sonoro, devo tomar a decisão interpretativa de que se trata de um fonema, não de uma interjeição, de um gemido, de um som emitido por acaso. Trata-se de partir de uma *substância* sonora para percebê-la como *forma* da expressão. O fenômeno pode ser rápido, inconsciente, mas isto não impede que seja interpretativo.

Além disso, podemos categorizar uma fonação ou uma fita de fonações como fonemas e, contudo, ainda não termos apurado a que sistema fonológico pertencem. Pensemos em quando participamos de uma convenção internacional: aproximamo-nos de alguém que começa a falar, emite um ou alguns sons introdutórios, e devemos decidir em que língua fala. Dizemos, [mas] poderemos nos encontrar diante de uma adversativa em italiano, ou de um possessivo em francês. Naturalmente, as pessoas falam sem parar, e, antes mesmo de tomarmos uma decisão interpretativa sobre o primeiro fonema que alguém emitiu, já estamos no contexto da cadeia falada: assim, orientamo-nos pelo sotaque, por um significado que, decerto, várias vezes atribuímos às fonações. Mas o que notamos é que se trata mesmo de interpretação, através da qual decidimos tanto sobre uma identidade material do estímulo quanto sobre uma sua identidade *funcional*.[33]

Portanto há processo perceptivo tanto no reconhecimento da imagem de um cão quanto no reconhecimento da palavra *cão* muito mal rascunhada numa folha.

Contudo não parece que possamos dizer que é a mesma coisa perceber a foto de um cão como hipoícone de um cão, e por conseguinte perceber o cão como ocorrência de um tipo perceptivo, e por outro lado perceber um garrancho na parede como ocorrência da palavra *cão*. No caso de *trompe-l'oeil* poderei até acreditar que percebo diretamente um cão real sem perceber que se trata de um hipoícone; no caso da palavra escrita, posso percebê-la como tal somente depois que decidi que se trata de um signo.[34]

6.15. Modalidades Alfa e Beta: um ponto de catástrofe?

Agora procuremos retomar o discurso depois de termos fixado alguns pontos seguros. Acontecem processos semiósicos de base na percepção. Percebemos porque construímos tipos cognitivos, certamente cheios de cultura e convenção, mas que, entretanto, dependem em grande parte de determinações do campo estimulante. Para compreender um signo como tal, devemos antes ativar processos perceptivos, isto é, devemos perceber substâncias como formas da expressão.

Mas existem signos cujo plano da expressão, para ser reconhecido como tal, deve ser percebido (mesmo que em virtude de estímulos substituídos) *como semiose de base*, de maneira que o perceberemos como tal mesmo que não decidíssemos que estamos diante da expressão de uma função sígnica. Neste caso falarei de modalidade Alfa.[35]

Por sua vez, existem casos em que, para perceber uma substância como forma, antes de mais nada devo presumir que se trata da expressão de uma função sígnica, intencionalmente produzida com o intuito de comunicar. Neste caso falarei de modalidade Beta.

É por modalidade Alfa que percebemos um quadro (ou uma foto, ou uma imagem fílmica, vejamos a reação dos primeiros espectadores dos Lumières na projeção da chegada de um trem à estação) como se fosse a própria "cena". Somente numa segunda reflexão estabelecemos que nos encontramos diante de uma função sígnica. É por modalidade Beta que reconhecemos a palavra *casa* como tal, sem confundi-la com *caixa*: neste caso, prevalece a hipótese de que deva se tratar de uma expressão linguística, e que tal expressão linguística deva encontrar-se num contexto sensato, razão por que, devendo decidir se o falante disse *a casa em que moro tem cem metros* ou *a caixa em que moro tem cem metros*, tende (em condições normais) à primeira interpretação.

Definimos como modalidade Alfa aquela em que, antes mesmo de decidirmos que nos encontramos diante da expressão de uma função sígnica, percebemos por estímulos substituídos aquele objeto ou aquela cena que depois elegeremos no plano da expressão de uma função sígnica.

Definimos como modalidade Beta aquela em que, para percebermos o plano da expressão de funções sígnicas, ocorre sobretudo supormos que se trate de expressões, e a hipótese de que elas são assim nos orienta para a sua percepção.

A distinção Alfa/Beta não corresponde àquela entre signos motivados e convencionais. O quadrante de um relógio é uma expressão motivada pelo movimento planetário, ou pelo que dele sabemos (estamos diante de um caso de *ratio difficilis*) e, contudo, devemos, antes de mais nada, perceber aquele quadrante como signo (modalidade Beta) antes de podermos lê-lo como signo motivado (porque a posição y do sol no céu motivadamente corresponde à posição x dos ponteiros, ou vice-versa). Por modalidade Alfa perceberei apenas uma forma circular sobre a qual se movem duas hastes, e assim o veria até o homem primitivo, que não sabe para que serve um relógio.

É óbvio que, em qualquer circunstância, devemos antes perceber a substância da expressão, mas na modalidade Alfa percebemos uma substância como forma, antes mesmo que esta forma seja reconhecida como forma de uma expressão. Reconhecemos apenas, como diria Greimas, uma "figura do mundo". Ao contrário, na modalidade Beta, para caracterizar a forma, ocorre interpretá-la como forma de uma expressão.

Existem confins precisos entre as duas modalidades? Em casos exemplares direi que sim, de modo que podemos fixar um ponto de catástrofe no qual passamos de uma para a outra. Consideremos o exemplo de um enigma clássico — e enigmaticamente muito bonito (Figura 6.7).

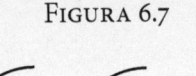

FIGURA 6.7

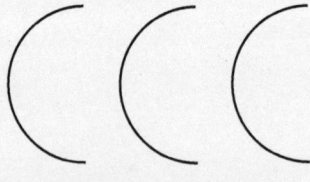

(frase: 2, 2, 6, 3, 2, 4)

Tratando-se de um enigma, em que contam muito as expressões alfabéticas, o solucionista começa na modalidade Beta e assume que os signos estão para os Cs. Neste ponto, não encontra nenhum sinal para uma solução. A argúcia consiste em passar à modalidade Alfa e interpretar estes signos na folha como figuras geométricas, isto é, como *semicírculos*. Depois, devemos passar de novo à modalidade Beta: aquelas figuras geométricas, provavelmente, são uma mensagem metalinguística que concerne exatamente à passagem de Alfa a Beta (mesmo que o autor do enigma não pensasse nestes termos). São semicírculos, como podemos perceber em Alfa, e não Cs, como percebíamos em Beta: "são semicírculos, e não Cs". E, de fato, a solução é: *se me procuras, não existo.*

Mas os dois desenhos da Figura 6.8 (Gentner e Markman 1995) nos dizem quão imprecisa é a fronteira entre as duas modalidades.

FIGURA 6.8

O primeiro impacto é perceptivo. Diante do estímulo substituído que me oferece duas estruturas fundamentalmente paralelas dominando duas estruturas circulares, percebo "veículo terrestre" em geral. Por certo, mesmo nesta fase, se nunca tive experiência de um veículo, ser-me-á difícil identificá-lo como tal. Montezuma, que não conhecia veículos de rodas, talvez tivesse "visto" nestes desenhos algo mais, por exemplo, dois olhos debaixo de um elmo de forma estranha. Mas sempre interpretaria estímulos substituídos à luz de um tipo cognitivo próprio.

Quando passo da percepção de um veículo à interpretação de vários veículos em jogo, como automóvel, lancha a motor e caminhão guincho, muitos conhecimentos enciclopédicos já intervêm. Agora entrei na Thirdness. Tendo percebido o "veículo", devo passar do reconhecimento do percepto (devido a estímulos substituídos) à interpretação de uma cena. Então, reconheço-a como representação hipoicônica de uma cena real, e começo a utilizar a imagem como expressão que me remete a um conteúdo. Somente naquele ponto posso elaborar macroproposições que verbalizam as duas cenas: notarei entre elas uma simetria inversa (no primeiro desenho, o carro é rebocado pelo caminhão; no segundo, é o carro que reboca a lancha a motor) e, se me fornecem uma encenação "Fim de semana sem sorte", posso até reordenar a sequência, colocando o segundo desenho na primeira posição.

Mas o que interessa aqui é que só depois de ter interpretado as duas cenas como hipoícones posso entender o círculo que aparece nas duas imagens como um sol (senão poderia ter sido qualquer outro objeto circular, ou um círculo, no sentido geométrico do termo) e, sobretudo, só então posso entender os dois rabiscos da segunda imagem como pássaros (fora de contexto poderia entendê-los como colinas ou como uma desajeitada transcrição do número 33). Este exemplo parece-me muito útil para mostrar as oscilações que continuamente intervêm, na nossa interpretação de hipoícones, entre modalidade Alfa e modalidade Beta. Aquele sol e aqueles pássaros não eram perceptíveis como os veículos. Antes, tive de decidir que eram *dois signos que estavam para algo*, e só depois procurei entendê-los como se fossem estímulos substituídos (muito pouco definidos). Num certo sentido, para interpretar estes signos como signos de estímulos substituídos, tive de apelar para o princípio de caridade.

6.16. Da semelhança perceptiva às similaridades conceituais

Parece-me claro que falar de modalidade Alfa e Beta não significa voltar à teoria das "escalas de iconismo". Elas estabeleciam graus de abstração, enquanto que estamos falando de um *ponto de catástrofe*. As clássicas escalas de iconismo podem, no máximo, estabelecer a diferença entre uma foto de automóvel e o desenho esquemático do automóvel, e discriminam entre diversos níveis de definição dos estímulos substituídos. Mas as respostas possíveis com relação aos dois desenhos examinados vão além das escalas de iconismo e colocam em jogo relações categoriais. E falamos de similaridade ou de analogia mesmo com relação a estes últimos, assim como somos levados a dizer que a lancha é semelhante ao automóvel, do ponto de vista da função veicular. Entramos num território que parece totalmente proposicional e categorial, que é o da chamada similaridade metafórica, por que podemos chamar o camelo de "a nave do deserto" (além de cada possível similaridade morfológica, e com base numa pura analogia funcional).

Examinemos uma série de asserções (que me foram inspiradas por Cacciari 1995):

(i) Mas aquele parece ser Stefano...

(ii) Estas flores parecem verdadeiras.

(iii) Parece-me que batem à porta.

(iv) Aquele retrato se parece comigo.

(v) Parece todo com o pai.

(vi) O coelho de Wittgenstein parece um pato (ou vice-versa).

(vii) Aquela nuvem parece um camelo.

(viii) Esta música parece Mozart.

(ix) Parece um gato quando sorri.

(x) Parece-me doente.

(xi) Parece-me enfurecido...

(xii) Um camelo é como um táxi.

(xiii) As conferências são como os soníferos.

(xiv) Os soníferos são como as conferências.

Decerto (i)-(iv) se baseiam no iconismo primário. Falamos do reconhecimento dos rostos e há quem persuasivamente sustente que se trata de capacidade inata, presente até nos animais. As flores artificiais, como as estátuas de cera, são um exemplo de estímulos substituídos de altíssima definição. Quanto à impressão de ouvir a campainha, é como a impressão de perceber um certo fonema. Na presença de estímulos imprecisos, relaciona-se com a ocorrência a um tipo; mas pudemos decidir que se tratava do telefone ou — como acontece com frequência — do som de uma campainha (estímulo substituído de altíssima definição) *dentro* da cena televisiva a que assistimos. Enfim, já falamos (iv) da impressão de semelhança daqueles hipoícones que são as fotografias ou as pinturas hiper-realísticas.

Um enunciado como (v) tem a ver com o iconismo primário (e com o reconhecimento de rostos), mas num nível mais abstrato. Aqui não estamos reconhecendo um rosto, estamos selecionando alguns traços comuns de dois rostos, deixando o resto na sombra. Sabemos muito bem que, *de um certo ponto de vista*, uma pessoa pode assemelhar-se tanto ao pai quanto à mãe, e, algumas vezes, a impressão é completamente subjetiva, e optativa (recurso extremo dos maridos traídos).

Os enunciados (vi) e (vii) têm a ver com os fenômenos de ambiguidade perceptiva dos hipoícones. À medida que o desenho se torna mais abstrato, entramos na zona dos *droodles* (como na Figura 6.9), em que o gancho icônico é mínimo, e o resto é sistema de espera, e sugestão proposicional (chave de interpretação).

Os enunciados (viii) e (ix) apresentam sérios problemas. Uma música pode parecer Mozart por razões de timbre, melódicas, harmônicas, rítmicas, e é difícil dizer em que bases (de que ponto de vista) pronunciamos o julgamento de similaridade. Prudencialmente, considerarei o julgamento de semelhança com Mozart como aquele de semelhança de um filho com o seu pai. Em *A pele*, de Malaparte, há um belo trecho em que se narra como alguns oficiais ingleses, ouvindo o *Concerto de Varsóvia*, de Addinsel, dizem que parece Chopin, enquanto que o autor manifesta perplexidade de ordem estética. Direi que Malaparte se comporta como um marido traído mas consciente, que recusa as atribuições de semelhança entre ele e seu presumido filho (ou desconhece Addinsel como filho de Chopin). Por razões ainda misteriosas, atribuirei à mesma categoria o enunciado sobre o gato. As razões por que o sorriso de alguém me lembra o de um gato poderiam ser as mesmas (*coeteris paribus*) por que Addinsel pode parecer Chopin, e em grande parte dependem do que eu pense que sejam tanto Chopin quanto um gato.

Dizer que alguém parece doente com certeza tem valor simplesmente retórico. De fato, por metáfora utilizamos o termo "parecer" para exprimir uma inferência sintomática. Mas um clínico sagaz poderia dizer que reconhece logo, através de alguns traços fisionômicos, aquele que foi acometido por uma determinada doença. Neste sentido, dizer que alguém parece doente seria como dizer que parece enfurecido. Diria respeito a uma capacidade (não pretendo afirmar se inata ou baseada em competências culturais) pela qual reconhecemos as paixões pela expressão do rosto.

A literatura é bem ampla em matéria e julgo a questão ainda controversa. Decerto, do ponto de vista da polêmica dos anos 60, os iconoclastas tinham um bom jogo para reconhecer o fato evidente de que um asiático exprime os próprios sentimentos de forma diferente de um europeu, mas é inevitável admitir que um sorriso (qualquer sentimento que ele exprima, embaraço ou alegria) é percebido com base em traços fisionômicos iconicamente universais.

Difícil afirmar que (xii)-(xiv) se baseiem em similaridades morfológicas. Estamos completamente no nível categorial. A similaridade se institui do ponto de vista de algumas propriedades que proposicionalmente atribuímos aos objetos em jogo. A tal ponto que, contrariamente à opinião corrente (cf. Kubovy 1995 e Tversky 1997), me parece que possamos dizer com igual eficácia tanto que as conferências são como os soníferos quanto que os soníferos são como as conferências. É verdade que, no primeiro caso, o traço saliente do predicado (os soníferos induzem ao sono) é um traço periférico do sujeito — enquanto no segundo caso pareceria que nenhum traço saliente do predicado seja um traço periférico do sujeito — mas, depois de anos frequentando convenções e congressos, julgo traço saliente das conferências a sua qualidade de serem soporíferos, e, se dissesse a um colega que os soníferos são como as conferências, a minha metáfora seria compreendida. O que confirma que nestes níveis conceituais a similaridade é só uma questão de estipulação cultural.

Qual é a soleira que separa estes níveis da chamada "similaridade"? Acredito que possamos traçar uma linha de discriminação entre os casos (i)-(xi) e os casos (xii)-(xiv). Nos onze primeiros casos, o julgamento de semelhança é pronunciado em bases perceptivas. Nos outros três, colocamos em prática níveis de interpretação sucessivos, conhecimentos mais amplos, e é por isso que a analogia pode ser instituída em bases puramente proposicionais: posso dizer que um camelo parece um táxi ou uma nave do deserto mesmo que, por acaso, nunca tivesse visto um camelo, e tivesse conhecimento puramente cultural a seu respeito (por exemplo, foi-me descrito como um animal que é usado como meio de transporte no deserto). Poderei dizer que o urânio é como a dinamite mesmo se nunca tive conhecimento perceptivo de uma amostra de urânio, e sei apenas que é um elemento usado para fazer uma bomba atômica explodir.

E mesmo nestes níveis proposicionais permanece, embora muito pálida, uma sombra de iconismo primário (no mesmo modo em que tenderei a dizer que até em níveis em que a presença do iconismo primário parece mais evidente intervêm elementos da cultura): como se dissesse, então, que para diversos sujeitos a soleira entre as modalidades Alfa e Beta se afasta segundo critérios que não podem ser estabelecidos *a priori*, mas dependem das circunstâncias.

Na expressão *o cão morde o gato* reconhecemos *cão* e *gato* como palavras da língua portuguesa pela modalidade Beta, mas reconhecemos o que foi chamado fenômeno de iconismo sintático pela modalidade Alfa: no âmbito da sintaxe portuguesa, o fato de que a sequência seja "A + verbo + B" nos diz — por percepção de vetorialidade — que é A que realiza a ação e é B que a sofre.

Um interessante exemplo de similaridade no limite do categorial é fornecido por Hofstadter (1979: 168-170) a propósito de duas melodias diferentes, que ele chama BACH e CAGE, valendo-se do fato de que as notas musicais sejam indicadas também por letras alfabéticas. As duas melodias são diferentes mas têm um "esqueleto" igual do ponto de vista das relações intervalares. A primeira, da nota inicial, desce um semitom, depois sobe três semitons e, por fim, desce ainda um semitom (–1, +3, –1). A segunda desce três semitons, sobe dez e desce mais três (–3, +10, –3). Portanto podemos obter CAGE partindo de BACH, multiplicando cada intervalo por 31/3 e arredondando para o número menor.

Experimentei executar as duas melodias e não direi que um ouvido normal percebesse alguma semelhança. Sem dúvida, Hofstadter construiu um critério de similaridade em nível conceitual. Contudo, embora estejamos muito longe de algo que pode ser "percebido", o iconismo da percepção está implícito no fato de que, para a similaridade poder ser instituída, deve ser pressuposta a percepção das relações intervalares, ou pelo menos das notas sozinhas (e, ao menos com relação a isto, Peirce diria que nos encontramos diante de ícones puros).[36]

Ainda Hofstadter (1979: 723) enumera uma série de objetos estranhos que contudo parecem semelhantes num certo perfil, ou que apresentam um "esqueleto conceitual" comum: uma troca de uma só marcha, um concerto para piano a duas mãos esquerdas, uma fuga a uma só voz, o aplauso com uma só mão, o desempate de uma única equipe. Em todos estes casos teremos "uma coisa plural transformada em única e pluralizada de novo de forma errônea". Direi: "temos um contexto que exige dois actantes, isolamos apenas um e o colocamos de novo no contexto originário para desenvolver as funções dos dois actantes". Aqui, acredito que possamos dizer que não subsiste nenhum elemento de iconismo perceptivo. A regra pode ser expressa em termos puramente proposicionais, o ar de família que extraímos destes objetos nasce da reflexão e da interpretação, não é imediatamente fornecido. Apliquemos a regra, e encontraremos logo um exemplo que Hofstadter não fez, mas que poderia ter feito: encontramos uma atividade de dois actantes, por exemplo, o estalo de dois dedos, isolamos apenas um actante, o polegar, coloquemos no contexto original para desenvolver a função dos dois actantes, e temos o estalo feito por um polegar.

Naturalmente, poderemos sempre dizer que cada uma desta "cenas" poderia ser mentalmente visualizada (mesmo tendo a impressão que temos diante das figuras "impossíveis"). Mas direi que isto é um efeito interpretativo consequente e não necessário. Não acredito que alguém possa visualizar um bicifalo e um pentacálibo (porque são dois objetos que inventei agora), mas acredito que seja possível identificar um esqueleto conceitual em comum entre um bicifalo monocifalo e um pentacálide de dois cálides.

6.17. O mexicano de bicicleta

Ao longo da escala que gradualmente me conduz de um máximo da modalidade Alfa ao máximo da modalidade Beta, passamos de um máximo de estímulos substituídos de altíssima definição (a estátua de cera) a um máximo de abstração em que os estímulos (mesmo que ainda visíveis) não possuam mais eficácia pictural, mas só valor plástico. Olhemos a Figura 6.9, que reproduz uma "brincadeira" visual muito conhecida chamada *droodle*.

FIGURA 6.9

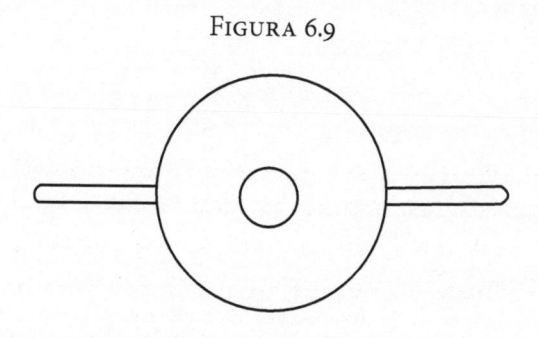

Como alguns sabem e outros não, a solução é "mexicano de bicicleta visto do alto", e, uma vez que encontramos a chave, com um certo esforço de boa vontade, podemos caracterizar o sombreiro e a parte externa das duas rodas. Mas, com maior boa vontade, poderemos até ver um guerreiro grego escondido atrás do escudo, enquanto tem uma vara em riste, ou um barco a roda do Mississippi, ou Cyrano e Pinóquio, ombro a ombro, debaixo de um guarda-sol. Eis por que, no curso da polêmica sobre o iconismo, assumíamos o princípio (muito justo e irrenunciável) de que, do ponto de vista e no contexto apropriado, tudo pode se assemelhar a tudo, até ao famosíssimo quadro-negro onde lemos "gato escuro numa noite sem luz". O que a percepção me dá, no caso do *droodle*, é muito pouco para tomar uma decisão interpretativa. Por certo, percebo dois círculos concêntricos e duas semielipses muito escondidas. Admitamos ainda que somos instintivamente levados a caracterizar uma única elipse escondida, parcialmente oculta pelo círculo maior; toda uma tradição psicológica está lá confirmando-o, mesmo que não percebamos sozinhos, e esta é sempre uma boa prova da inferencialidade da percepção. Mas para decidir que aquelas formas representam um certo objeto ou uma cena, devo possuir ou adivinhar a chave (neste caso, infelizmente verbal). Depois, posso adaptar o que percebo àquilo que sei.

Eis que, entre os anos 60 e 70, a polêmica focalizava uma utilização desenvolvida da noção de "semelhança" (que eximia muitos de estabelecer regras de "similaridade") e, portanto, discutiam mais sobre os chamados signos icônicos que tinham características "simbólicas" (no sentido da Thirdness), como o *droodle* do mexicano, que sobre as fotografias ou representações hiper-realísticas. Isto explica também por que o discurso sobre o iconismo delineava os pontos fracos do adversário na iconografia e na diagramática em geral.

Insistiam na modalidade Beta (e fizeram muito bem), mas deixavam na sombra a modalidade Alfa. Na ênfase da polêmica, nunca completamente apaziguada, negligenciou-se, e talvez ainda negligenciemos, caracterizar a toda a hora (conforme os indivíduos, as culturas, as circunstâncias, os contextos) a soleira entre as duas modalidades e reconhecer a sua natureza *fuzzy*).[37]

6.18. Grupo de família num inferno

Para terminar, vejamos o enigma da Figura 6.10.

FIGURA 6.10

63144.   REBUS (6, 1, 6, 5, 7)   (L. Marinelli)

O enigma é um sujeito interessante porque na sua solução interagem de forma muito enredada a modalidade Alfa e a modalidade Beta. Um enigma é um hipoícone que representa uma cena visível em que alguns sujeitos, coisas ou pessoas deveriam (por estímulos substituídos) ser reconhecidos pelo que parecem e pelas ações que realizam. Alguns destes sujeitos (que chamaremos *iconológemos*) são marcados por uma *etiqueta* alfabética, de modo que da cadeia "definição verbal dos iconológemos + som ou nome alfabético das etiquetas (um L pode soar como *l* ou *ele*)" deriva uma frase, assim como as letras alfabéticas que a compõem, reunidas de outra forma, dão origem a uma nova frase com palavras de um número de letras correspondente às indicações numéricas colocadas entre parênteses acima da imagem.[38]

No enigma em questão, o que o destinatário percebe antes de mais nada (por estímulos substituídos, e, portanto, pela modalidade Alfa) é uma cena: um senhor oferece lamparinas a querosene a um outro senhor, duas senhoras tricotam, outras duas pessoas do sexo masculino estão na cama, uma está acordada e a outra adormecida). Pela modalidade Alfa podemos até reconhecer que a senhora gorda está irritada pelo fato de que a senhora magra faz os pontos com as medidas certas (e está alegre), enquanto os seus são raquíticos.

As letras alfabéticas, por sua vez, são reconhecidas pela modalidade Beta. E é pela modalidade Beta que devo assumir os vários elementos da cena como mensagens que o autor me dá. Isto é, o autor deseja que eu, depois de perceber a cena, entenda-a como hipoícone, representação de objetos e ações que devo de algum modo tornar pertinentes para atribuir--lhes uma definição ou uma descrição verbal.

Decerto "V O lume dá", por isso se apresenta à cabeça do solucionista como hipótese proposicionalmente crível "volume d'affari". Ora, certamente a senhora magra "fa I" mas não "fa RI". Como terminar? A solução é bastante engenhosa: não é necessário pensar na ação individual, mas na ação tipo, isto é, no fato de fazer algo melhor do que outro. Por isso: "Far I AS sa." Mas devemos conjeturar que sabe fazê-lo pelo fato de que a outra senhora, que não está etiquetada, manifesta inveja; e chego a esta conclusão não só se não percebo a cena como cena, mas ainda se entendo-a como *texto* hipoicônico, através do qual o autor me sugere possibilidades interpretativas. Visto que tenho a sequência "volume d'affari assa...", é fácil para mim conjeturar que a próxima palavra deva ser "assai", e que (entre as possibilidades de leitura a mim oferecidas pela cena da direita) poderei arriscar "IMO desto". De fato, a solução é: *Volume d'affari assai modesto*.*

Mas ainda voltando à cena (percebida pela modalidade Alfa), já que a reconheci como hipoicônica (e seria assim, mesmo que fosse uma cena teatral ou cinematográfica), posso prosseguir pela modalidade Beta conjeturando o que o desenhista poderia desejar dizer-me (mas, que fique claro que, no caso de um enigma, estou superinterpretando, dando lugar a uma alegre derivação hermenêutica).

F presenteia lumes, por si mesma ação sem nenhum interesse, mas faz isso para fugir da situação insuportável que verificamos naquela família infeliz, em que a senhora gorda, a mulher ou a irmã de F, vive em contínua tensão (vejam as pernas nervosamente mal colocadas), por inveja de AS, tão franzina, miopemente perfeita, as pernas compostamente cruzadas,

---

* Devido à inteligibilidade da tradução deste enigma, decidimos mantê-lo em italiano, no qual podemos constatar o jogo de símbolos e palavras da língua original. A solução do problema seria: "Volume de negócios assaz modesto." [*N. da T.*]

satisfeita (mas revela-o apenas com um sorriso infinitesimal), quão perversa ela é. E entendemos por que, com uma tensão familiar que cortamos com a faca, IMO não consegue dormir, ou acorda subitamente por causa dos pesadelos. Talvez IMO seja o filho da senhora gorda não etiquetada (ninguém a leva a sério) e sofra pela presença destrutiva de AS, que com os seus pontos perfeitos (e inúteis) destrói a harmonia da família. E F, vil e dissimulado, que presenteia lamparinas a querosene, apesar de não ver o que acontece à sua volta... E quem é o inocente que dorme e não percebe nada? E aquele senhor que aceita o presente, ou o empréstimo, como se faltasse luz em algum lugar, e há luz se as duas *tricoteuses* continuam o seu desafio infernal, vemos bem o que há para ver naquele pequeno inferno familiar, e assim o lume antigo é puro jogo de antiquário, serve para não ver...

Mas depois, o que é este jogo de antiquário, como F se permite dar lamparinas antigas (ou comprá-las de um outro) quando a situação econômica daquela família não é das melhores, visto que pelo menos dois dos seus membros são obrigados a dormir na sala?

Ao fazer todas estas inferências narrativas passamos do que os estímulos substituídos me sugeriam (modalidade Alfa) à interpretação do que o texto pode dizer, mesmo independentemente das intenções do seu autor, e justamente porque o assumo como fato comunicativo (modalidade Beta). Mas estamos certos de poder fixar exatamente o ponto em que passamos de um modalidade a outra?

Acredito que o fato de que os enigmas, última fronteira do surrealismo, pareçam apresentar-nos sempre situações estranhas, altamente oníricas, se deva a esta incerteza. Porque depois de perceber, por estímulos substituídos, *coisas*, procuramos uma coerência narrativa na sua reunião, saímos da naturalidade da percepção, entramos na sofisticação da intertextualidade e não lembramos outras *coisas*, mas outras *histórias*. De modo que os únicos a não estarem despertos somos nós, que sonhamos de olhos abertos, e nesta vagabundagem onírica não sabemos nunca onde está o ponto de catástrofe por que passamos de Alfa a Beta, numa alucinada oscilação que deixa entender por que é tão difícil definir o fenômeno do hipoiconismo.

APÊNDICE 1
Sobre a denotação[1]

Semiólogos, linguistas e filósofos da linguagem com frequência se deparam com o termo *denotação*. A denotação (junto com o seu contrário, a conotação) é alternativamente considerada como uma propriedade ou uma função de (i) termos particulares, (ii) proposições declarativas, (iii) frases nominais e descrições definidas. Em cada um destes casos devemos decidir se a denotação tem a ver com o significado, com o referente ou com a referência. Por denotação entendemos aquilo que *é significado* pelo termo ou *a coisa nomeada* e, no caso das proposições, *aquilo que é a verdade*?

Quando a denotação volta numa perspectiva de extensão a conotação se torna equivalente da intenção, isto é, do significado enquanto oposto à referência. Se, ao contrário, a denotação volta numa perspectiva intencional, então, a conotação se torna uma espécie de significado aumentado e ulterior, dependente do primeiro.

Estas divergências entre diferentes paradigmas linguísticos ou filosóficos são tantas que Geach (1962: 65) sugeriu que o termo *denotação* deveria ser "eliminado do número da moeda corrente filosófica", porque não faz senão produzir "uma triste história cheia de confusão".

Na linguística estrutural, a denotação tem a ver com o significado. É o caso de Hjelmslev (1943), em que a diferença entre uma semiótica denotativa e uma conotativa reside no fato de que a primeira é uma semiótica cujo plano da expressão não é uma semiótica, enquanto que a segunda é uma semiótica cujo plano da expressão é uma semiótica. Mas a relação denotativa diz respeito à correlação entre a forma da expressão e a forma do conteúdo, e uma expressão não pode denotar uma substância do conteúdo. Até Barthes (1964) elabora a sua posição a partir das sugestões de Hjelmslev, chegando a desenvolver uma aproximação com o problema da denotação do conjunto intencional, em que há sempre uma relação denotativa entre um significante e um significado de primeiro grau (ou de grau zero).

No campo da análise de componentes, o termo *denotação* foi utilizado para indicar a relação de sentido expressa por um termo lexical — como no caso do termo *tio*, que exprime a relação "irmão do pai ou da mãe" (vejamos, por exemplo, Leech 1974: 238).

As coisas mudam no quadro da filosofia analítica em que, uma vez assumida a distinção fregiana entre *Sinn* e *Bedeutung*, a denotação se desloca do sentido para a referência. É verdade que, como todos sabem, o termo *Bedeutung* foi talvez utilizado de forma infeliz por Frege, visto que no léxico filosófico alemão geralmente está para "significado", enquanto que para "referência", "denotação" ou "designação" com frequência utilizamos *Bezeichnung*. Vejamos, por exemplo, Husserl (1970), onde está escrito que um signo significa (*bedeutet*) um significado e designa (*bezeichnet*) uma coisa. Mas mesmo quem tenta se desviar das ambiguidades produzidas por um termo como *Bedeutung* o traduz como *referente* ou *denotação* (Dummett 1973: 5).

Em "On denoting", de Russell (1905), a denotação se diferencia do significado, e esta orientação é seguida por toda a tradição filosófica anglo-saxã (vejamos, por exemplo, Ogden e Richards 1923). Morris (1946) sustenta que, quando, na experiência de Pavlov, um cão reage a uma campainha, a comida é o *denotatum* da campainha, enquanto que a condição de ser comestível é o *significatum* da campainha.

Se seguimos esta preferência, uma expressão *denota* tanto os indivíduos quanto a classe de indivíduos de que é o nome, enquanto *conota* as propriedades em que tais indivíduos são reconhecidos como membros da classe em questão. Neste sentido, Carnap (1955) substitui o par denotação/conotação pelo par extensão/intenção.

Lyons (1977, I, 7) propôs utilizar *denotação* de forma neutra entre extensão e intenção: de modo que seja lícito dizer que *cão* denota a classe dos cães (ou talvez algum membro típico, ou exemplar, da classe), enquanto que *canino* denota a propriedade, reconhecendo que é correto aplicar esta expressão. Contudo a proposta representa um paliativo, desde que não elimine a polissemia do termo.

Mas a situação é mais complicada ainda. Mesmo nos casos em que é possível estabelecer que a denotação está para a extensão, uma expressão pode denotar (i) uma classe de indivíduos, (ii) um indivíduo efetivamente existente, (iii) cada membro de uma classe de indivíduos, (iv) o valor de verdade contido numa proposição assertiva (de modo que em cada um destes campos o *denotatum* de uma proposição é aquilo que é o verdade, ou o fato de que *p* seja verdade).

Pelo que sei, o termo *denotação* foi usado pela primeira vez com explícito sentido de extensão por John Stuart Mill (1843, I, 2, 5): "a palavra *branco* denota todas as coisas brancas, como a neve, o papel, a espuma do mar etc., e implica, ou, para utilizar a linguagem dos escolásticos, conota, o atributo da brancura."

Provavelmente, Peirce foi o primeiro a perceber que existia algo que não caía bem nesta solução. Sem dúvida alguma, utilizou *denotação* sempre em sentido extensional. Por exemplo, ele fala da "referência direta de um símbolo com o seu objeto ou denotação" (CP 1.559); da réplica de um Sinsigno Indical Remático enquanto influenciada "pelo camelo real que ela denota" (2.261); de um signo que deve denotar uma entidade individual, e deve significar um caráter (2.293); de um termo geral que "denota que algo possui o caráter que significa" (2.434); da função denotativa ou indicativa de cada asserção (5.429); de signos que são designativos, denotativos ou indicativos quando, como os pronomes demonstrativos, ou como um dedo indicador, "dirigem brutalmente os globos oculares da mente do intérprete para o objeto em questão" (8.350). Mas não julgava historicamente apropriado opor a conotação à denotação.

No que diz respeito à conotação, segundo Peirce (e com razão), Mill não seguia, como, por sua vez, sustentava fazer, a utilização tradicional da escolástica. Os escolásticos (pelo menos até o século XIV) não utilizavam *conotação* em oposição a *denotação*, mas enquanto forma adicional de significação: "Sem dúvida foi opinião dos melhores estudiosos de lógica dos séculos XIV, XV e XVI que a *conotação* fosse usada, naquela época, exclusivamente para a referência a um segundo significado, isto é, (quase) para a referência de um termo relativo (como *pai, mais brilhante* etc.) com o correlato do objeto que denota primariamente... Contudo, o Senhor Mill julgou estar autorizado a negá-lo somente com base na sua autoridade, sem a citação de uma única passagem de nenhum autor do seu tempo" (CP 2.393).

Em CP 2.431, e mais adiante, fazem notar como, na Idade Média, a oposição mais comum era aquela entre *significar* e *nomear*. Portanto, observamos como Mill emprega o termo *conota* no lugar de *significa*, utilizando para isso *denotar* para designar, nomear ou fazer referência. Além disso, Peirce lembra a passagem de Giovanni di Salisbury (*Metalogicus* II, 20), segundo a qual *nominantur singularia sed universalia significantur*, concluindo que, infelizmente, o significado preciso da palavra *significar* na época de Giovanni di Salisbury nunca foi verdadeiramente observado, nem antes nem depois dele, e, ao contrário, passou progressivamente para aquele de *denotar* (CP 2.434).

Nesta discussão, por um lado Peirce compreende lucidamente que, num certo ponto, *significar* migra parcialmente de um paradigma intencional para um extensional, mas não é capaz de reconhecer que nos séculos posteriores o termo, em geral, conserva um sentido intencional. Por outro lado, aceita a categoria de denotação como extensional (e discute a obra de Mill apenas no que se relaciona com a questão da conotação), sem reconhecer explicitamente que *denotar*, inicialmente utilizado entre extensão e intenção, no fim (com Mill) entra como categoria extensional.

Aristóteles

Desde Platão, mas com certeza de forma mais explícita a partir de Aristóteles, ficou evidente que, ao enunciar uma palavra (ou produzindo outros tipos de signos) entendemos ou significamos um pensamento ou uma paixão da alma, e nomeamos ou nos referimos a uma coisa, da mesma forma em que, ao enunciar uma proposição, podemos exprimir ou significar um pensamento complexo ou afirmar que um estado de coisas extralinguístico *é verdadeiro*.

Na famosa passagem 16a (e segs.) de *De Interpretatione*, Aristóteles desenha um triângulo semiótico de forma implícita mas evidente, em que, por um lado, as palavras estão ligadas aos conceitos (ou às paixões da alma) e, por outro, às coisas. Aristóteles diz que as palavras são "símbolos" das paixões, visto que por símbolo entende um artifício convencional e arbitrário. Como veremos a seguir, é verdade, porém, que ele sustenta ainda que as palavras podem ser consideradas como sintomas (*semeia*) das paixões, mas diz isso no sentido em que, antes de mais nada, cada emissão verbal pode ser sintoma do fato de que o emitente possui algo em mente. Por sua vez, as paixões da alma são aspectos ou ícones das coisas. Mas, para a teoria aristotélica, as coisas são conhecidas através das paixões da alma, sem que exista uma conexão direta entre símbolos e coisas. Para indicar esta relação simbólica, Aristóteles não emprega a palavra *semainein* (que quase poderia ser traduzida como *significar*), mas em muitas outras circunstâncias utiliza este verbo para indicar a relação entre palavras e conceitos.

Aristóteles (como também Platão) sustenta que os termos isolados não afirmam nada sobre o que é verdadeiro, simplesmente significam um pensamento. Por sua vez, os enunciados ou as expressões complexas significam claramente um pensamento, mas apenas um tipo particular de enunciados (um enunciado afirmativo ou uma proposição) afirma um estado de coisas verdadeiro ou falso. Aristóteles não diz que as afirmações *significam* aquilo que é verdadeiro ou falso, mas, de preferência, *dizem* (o verbo é *legein*) que uma determinada coisa A pertence (o verbo é *yparkein*) a uma determinada coisa B.

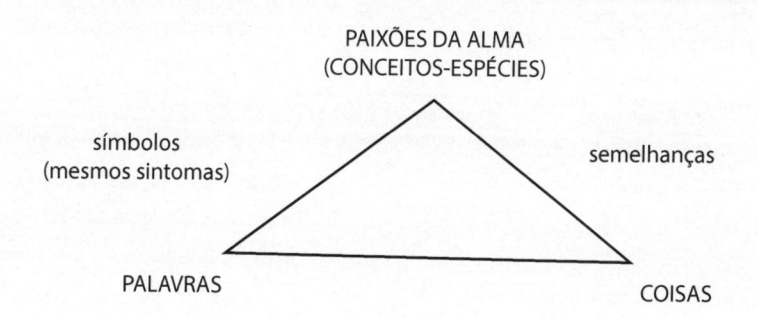

A partir das origens nos confrontamos com três interrogativas que serão amplamente debatidas durante toda a Idade Média: (i) se, em primeiro lugar, os signos significam os conceitos (e só através da mediação dos conceitos podem se referir às coisas), ou se, ao contrário, podem significar, designar ou denotar as coisas; (ii) qual é a diferença entre fazer referência a uma classe de indivíduos ou fazer referência a um indivíduo concreto;

(iii) qual é a diferença entre a correlação *signos-conceitos-coisas indivi-duais*, e a correlação entre *enunciados-conteúdo proposicional-estado de coisas extralinguístico*.

O ponto (i) foi logo debatido (pelo menos desde os tempos de Ansel-mo d'Aosta) na forma da oposição entre *significar* e *nomear* ou *chamar*; o ponto (ii) foi provavelmente apresentado pela primeira vez por Pietro Ispano através da distinção entre *suppositio naturalis* e *suppositio acci-dentalis*; o ponto (iii) foi encarado de diversas formas a partir de Boécio em diante, mas, enquanto o debate sobre a relação de significação seguia independentemente daquele sobre as asserções verdadeiras ou falsas entre os comentadores de Aristóteles, para muitos gramáticos e para os teóricos da *suppositio*, os dois temas interfeririam amplamente, desde o momento em que, com Bacon e Ockham, se tornaram totalmente intercambiáveis.

Por sua vez, o destino de termos como *denotatio* e *designatio* ligou--se à história da oposição *significatio/nominatio*. Parece que, por muito tempo (pelo menos até o século XIV), estes termos fossem algumas vezes empregados em sentido intencional, outras vezes em sentido extensional. Tratava-se de termos presentes no léxico latino a partir do período clás-sico, todos com acepções múltiplas. Digamos que significavam, entre as muitas acepções, "existir como signo de algo" — sem que fosse relevante se aquele algo era um conceito ou uma coisa. No caso de *designatio*, a etimologia se mostra por si mesma; ao contrário, no caso de *denotatio*, é preciso ter presente que o termo *nota* indicava um signo, um *token*, um símbolo, algo que remetia a algo mais (vejamos também Lyons 1968: 9). Segundo Maierù (1972: 394), o *symbolon* de Aristóteles, de fato, era geral-mente traduzido como *nota*: "nota vero est quae rem quamquam designat. Quo fit ut omne nomen nota sit" (Boécio, *In Top. Cic.*, PL 64, 1111b).

Portanto, é importante (i) averiguar o que aconteceu com o termo *significatio*; (ii) quando *denotatio* (junto com *designatio*) está ligado a *sig-nificatio*, e, ao contrário, quando se opõe a este último.

No que diz respeito a *denotatio*, interessa registrar a sua ocorrência numa das três acepções seguintes: (i) sentido intencional *forte* (a deno-tação está em relação com o significado); (ii) sentido extensional *forte* (a denotação está em relação com as coisas ou com o estado de coisas); (iii) sentido *fraco* (a denotação permanece suspensa entre intenção e extensão, com bons motivos para tender para a intenção).

Veremos como, pelo menos até o século XIV, predominará o sentido fraco.

Boécio

Na tradição medieval, a partir de Agostinho até o século XIII, a possibilidade de fazer referência às coisas é sempre mediada pelo significado. A *significatio* é o poder que uma palavra tem de suscitar um pensamento na mente do ouvinte e, por conseguinte, através dela podemos realizar um ato de referência às coisas. Para Agostinho "signum est enim res praeter speciem, quam ingerit sensibus, aliud aliquid ex se faciens in cogitationem venire" (*De doctrina christiana* II, 1, 1), e a significação é a ação que um signo realiza na mente.

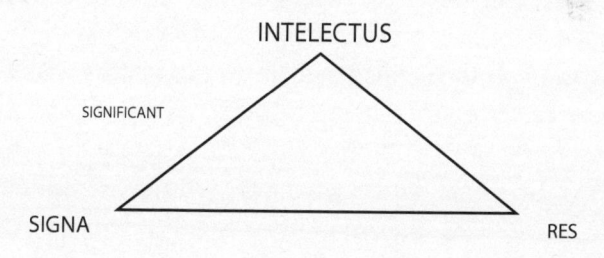

Boécio é o herdeiro de uma tradição clássica, que já apresentara o termo *propositio* para indicar as expressões complexas que afirmam a verdade ou a falsidade de algo. Ainda é impossível estabelecer se por proposição entendemos a expressão ou o conteúdo correspondente, mas, por sua vez, está claro que a verdade e a falsidade estão ligadas às proposições e não aos termos isolados. Boécio afirma que os termos isolados significam o conceito correspondente ou o universal, e considera *significare* — como também, mesmo que mais raramente, *designare* — em sentido intencional. As palavras são instrumentos convencionais que servem para manifestar os pensamentos (*sensa* ou *sententias*) (in *De int.* I). As palavras não designam *res subiectae*, mas *passiones animae*. No máximo, podemos dizer da coisa designada que está subentendida no próprio conceito (*significationi supposita* ou *suppositum*, vejamos De Rijk 1967: 180-181).[2]

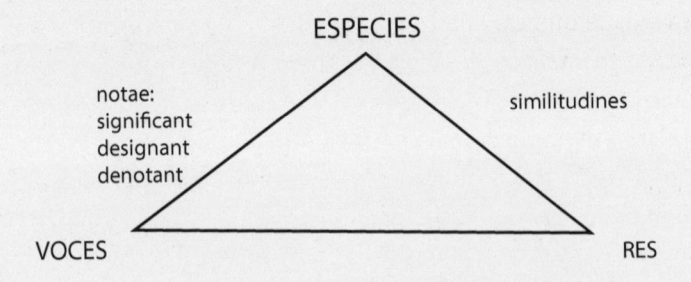

A "appellatio" de Anselmo

Uma distinção mais nítida entre significado e referência é aquela estabelecida por Anselmo d'Aosta no *De Grammatico*, através da teoria da *appellatio*. Elaborando a teoria aristotélica dos parônimos, Anselmo apresenta a ideia de que, quando chamamos uma determinada pessoa como gramático, estamos utilizando esta palavra paronimicamente. A palavra significa sempre a qualidade de ser um gramático, mas é empregada para se referir a um homem específico. Para indicar a referência, Anselmo emprega, então, o termo *appellatio*, e para indicar o significado utiliza *significatio*: "satis mihi probasti grammaticum non significare hominem... Ante dicebas grammaticum significare hominem scientem grammaticam... (sed)... sufficienter probatum est grammaticum non esse appellativum grammaticae sed hominis, nec esse significativum hominis sed grammaticae" (4.30 segs.).

Uma distinção deste tipo entre significar e nomear é também seguida por Abelardo.

Abelardo

Com frequência, observamos que na obra de Abelardo não é possível verificar uma terminologia lógica fixada de uma vez por todas, visto que ele utiliza várias vezes os mesmos termos em sentido ambíguo. Não obstante, Abelardo é o primeiro autor em que a distinção entre aspectos intencionais e extensionais da semântica foi cuidadosamente apresentada (em substância, mesmo que nem sempre do ponto de vista terminológico). É verdade que ele fala indiferentemente de *significatio de rebus* e de *significatio de intellectibus*, mas é também verdade que julga que o sentido principal de *significatio* é intencional, seguindo a tradição de pensamento agostiniano, segundo a qual significar quer dizer *constituere* ou *generare* um conceito mental.

Em *Ingredientibus* (ed. Geyer: 307), Abelardo afirma claramente que o plano do intelecto é a mediação necessária entre as coisas e os conceitos. Como diz Beonio-Brocchieri (1969: 37), a *significatio intellectuum* não é apenas uma *significatio* privilegiada, mas é a única função semântica legítima de um nome, a única que um dialético deve ter presente no exame do discurso.

Se levarmos em consideração os diversos contextos em que termos como *significare, designare, denotare, nominare, appellare* são comparados um com o outro, podemos sustentar que Abelardo utiliza *significare* pare se referir ao *intellectus* gerado na mente do ouvinte, por sua vez, utiliza *nominare* para indicar a função referencial, e — pelo menos em algumas páginas da *Dialectica*, mas com uma clareza indiscutível — *designare* e *denotare* para indicar a relação entre uma palavra e a sua definição ou *sententia* (sendo a *sententia* o significado "enciclopédico" do termo, cuja definição representa uma seleção dicionarística especial, apta a desfazer a ambiguidade do significado do próprio termo).[3]

> Ex *hominis* enim vocabulo tantum *animal rationale mortale* concipimus, non etiam Socratem intelligimus. Sed fortasse ex adiunctione signi quod est *omnis*, cum scilicet dicitur *omnis homo*, Socratem quoque in *homine* intelligimus secundum vocabuli nominationem, non secundum vocis intelligentiam. Neque enim *homo* in se proprietatem Socratis tenet, sed simplicem animalis rationalis mortalis naturam ex ipso concipimus; non itaque *homo* proprie Socratem demonstrat, sed nominat (*Dialectica* V, I, 6).

Portanto, Abelardo emprega *denotare* com um sentido intencional forte. De Rijk (1970: liv) afirma que, para Abelardo, a designação é a relação semântica entre um termo e o objeto extralinguístico (sentido extensional forte), e Nuchelmans (1973: 140) coloca *denotare* e *nominare* num mesmo plano. De fato, existem muitas passagens em que encontramos *designare* com um sentido extensional forte, que, portanto, pareceria confirmar esta leitura. Vejamos, por exemplo, na *Dialectica* (I, III, 2, 1), em que Abelardo discute com aqueles que sustentam que os termos sincategoremáticos não dão lugar a conceitos, mas são aplicáveis apenas a algumas *res subiectae*. Nesta passagem, então, Abelardo fala de uma possível designação das coisas, e, em particular, parece utilizar *designare* para indicar o primeiro ato de imposição de um nome às coisas (como um tipo de batismo em que há uma rígida ligação de designação entre quem nomeia e a coisa nomeada): vejamos, por exemplo, na *Dialectica* (I, III, 1, 3): "ad res designandas imposite". Mas é também verdade que, em outras passagens (por exemplo, *Dialectica* I, III, 3, 1), *designare* e *denotare* não parecem ter o mesmo significado, enquanto que, em alguns casos (como *Dialectica* I, II, 3, 9 e I, III, 3, 1), *designare* sugere uma interpretação intencional.

Já notei como não só a terminologia de Abelardo é com frequência contraditória, mas também como *designare* e *denotare*, até aquele momento, possuem um *status* decididamente pouco definido. Mas existem dois contextos (*Dialectica* I, III, 1, 1) em que a designação é a relação entre um nome e a definição correspondente, e em que a denotação está explicitamente ligada ao sentido (ou *sententia*) de uma expressão. Opondo-se àqueles que sustentavam que as coisas a que a *vox* foi imposta são diretamente significadas pela própria *vox*, Abelardo aqui nota que os nomes significam "ea sola quae in voce denotantur atque in sententia ipsius tenentur", e, portanto, acrescenta: "manifestum est eos (= Garmundus) velle vocabula non omnia illa significare quae nominant, sed ea tantum quae definite designant, ut *animal* substantiam animatam sensibilem aut ut *album* albedinem, quae semper in ipsis denotantur".

Quer dizer que as palavras não significam todas as coisas que são capazes de nomear, mas apenas aquilo que designam através de uma definição, assim como *animale* significa uma substância animada sensível, e isto é exatamente o que é denotado pela (ou na) palavra.

É evidente como tanto a designação quanto a denotação mantenham decididamente um sentido intencional forte, e como são reconduzidas à relação entre uma expressão e o seu conteúdo definidor correspondente.

A significação não tem nada a ver com dar um nome às coisas, enquanto a primeira continua a ser válida *nominatis rebus destructis*, de tal modo que torna possível a compreensão do significado de *nulla rosa est* (*Ingredientibus*, ed. Geyer: 309).

Um outro aspecto importante da tipologia de Abelardo é aquele que distingue duas acepções precisas da significação que ainda hoje geram muita perplexidade. Spade (1988: 188 segs.) evidenciou que, para os escolásticos, a *significatio* não é o significado: "Um termo significa aquilo que consegue trazer à mente de alguém" (sem dúvida alguma, este é o sentido entendido por Agostinho), de modo que, assim, "diferentemente do significado, a significação é uma espécie da relação causal". O significado (quer seja um correlato mental, um conteúdo semântico, uma intenção ou qualquer forma de entidade noemática, ideal ou cultural), na Idade Média, assim como em toda a tradição aristotélica, não é, pois, representado pelo termo *significatio*, mas por *sententia* ou por *definitio*.

É verdade que na tradição medieval podemos encontrar tanto *significare* como "constituere intellectus", ou como "significare speciem" (que parece mais próximo de uma noção não causal de significação), mas esta distinção parece tornar-se clara apenas com Abelardo: uma palavra *significat* causalmente algo para a mente, enquanto que a própria palavra se correlaciona através da designação e/ou denotação com um significado, quer dizer, com uma *sententia* ou com uma definição.

Para sintetizar a discussão até aqui exposta, podemos dizer que o que Abelardo teorizava não era um triângulo semiótico, mas um tipo de tridente segundo o qual uma *vox* (i) *significat intellectus*, (ii) *designat vel denotat sententiam vel definitionem*, e (iii) *nominat vel appellat res*.

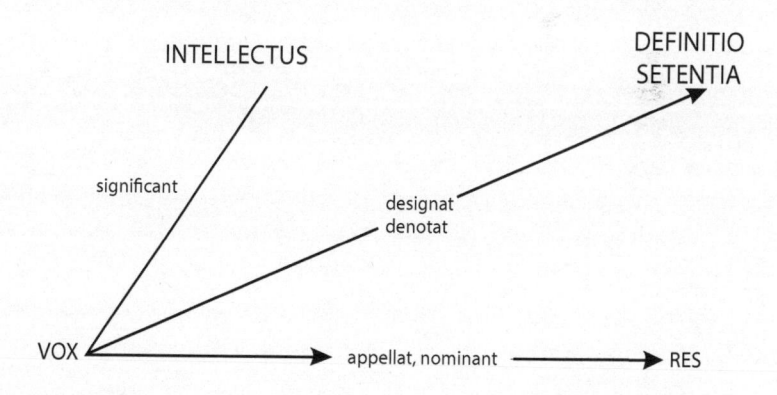

Tomás de Aquino

Esta mesma orientação foi seguida por Tomás de Aquino, que permanece totalmente fiel às posições de Aristóteles. No comentário a *De Interpretatio-*

ne, depois de distinguir a *prima operatio intellectus* (percepção ou *simplex apprehensio*) da segunda ("scilicet de enunciatione affirmativa et negativa"), ele define a *interpretatio* como "vox significativa quae per se aliud significat, sive complexa sive incomplexa" (*Proemium* 3). Mas, logo depois corrige a sua perspectiva, dizendo que os substantivos e os verbos são "princípios" da interpretação, decidindo chamar de interpretação exclusivamente a *oratio*, isto é, toda a proposição "in qua verum et falsum inveniuntur".

Neste ponto, então, emprega *significare* para os substantivos e verbos (I, ii, 14), e para aquelas vozes que naturalmente significam, como o lamento dos enfermos e os sons emitidos pelos animais: "Non enim potest esse quod significent immediate ipsas res, ut ex ipso modo significandi apparet: significat enim hoc nome *homo* naturam humanam in abstractione a singolaribus. Unde non potest esse quod significet immediate hominem singularem... Ideo necesse fuit Aristoteli dicere quod voces significant intellectus conceptiones immediate et eis mediantibus res" (I, ii, 15).

A seguir, afirma que o nome significa a sua definição (I, ii, 20). É verdade que Tomás, mesmo quando fala de composição e de divisão, isto é, de afirmação e de negação, diz que a primeira *significat... coniunctionem* e a segunda *significat... rerum separationem* (I, iii, 26), mas é evidente que, mesmo neste ponto (em que a linguagem faz referência àquilo que é verdade ou não), o que é significado é uma operação do intelecto. Somente o intelecto, cujas operações são significadas, pode ser definido como verdadeiro ou falso com relação ao estado de coisas efetivo: "intellectus dicitur verum secundum quod conformatur rei" (I, iii, 28). Uma expressão não pode ser nem verdadeira nem falsa, é apenas o signo que *significat* uma operação verdadeira ou falsa do intelecto: "unde haec vox, *homo est asinus*, est vere vox et vere signum; sed quia est signum falsi, ideo dicitur falsa (I, iii, 31)... Nomina significant aliquid, scilicet quosdam conceptus simplices, licet rerum compositarum" (I, iii, 34).

A significação está tão longe da referência que, quando numa proposição utilizamos um verbo (por exemplo, em *este homem é branco*), o verbo não significa um estado de coisas: no máximo, é o signo (no sentido de sintoma) de que algo é o predicado de algo mais e, enfim, que, de alguma forma, um estado de coisas é indicado (I, v, 60): "(Aristoteles) dixerat quod verbum non significat si est res vel non est... quia nullum verbum est significativum esse rei vel non esse" (I, v, 69). O verbo *est* significa a *compositio*. "Oratio vero significat intellectum compositum" (I, vi, 75).

O termo *denotare*, considerado em todas as suas formas, no léxico tomista por sua vez repete-se 105 vezes (ao qual são acrescentados dois casos de *denotatio*), mas parece que Tomás nunca o tenha utilizado em sentido extensional forte, isto é, nunca utilizou este termo para dizer que uma determinada proposição denota um estado de coisas, ou que um termo denota uma coisa.

A preposição *per* "denotat causam instrumentalem" (*IV Sent.* 1.1.4). "*Locutus est* denotat eumdem esse actorem veteris et novi testamenti" (*Super I ad Hebraeos* 1.1; em que não julgo que *denotat* deva ser entendido no sentido de "está extensionalmente para", mas, de preferência, no sentido de "mostra", "sugere", "*nos* significa que"). Alhures, Tomás afirma que "praedicatio per causam potest... exponi per propositionem denotantem habitudinem causae" (*I Sent.* 30. 1.1). Ou, "Dicitur Christus sine additione, ad denotandum quod oleo invisibili unctus est" (*Super Ev. Matthaei* 1.4).

Em todos estes casos e naqueles semelhantes, o termo *denotatio* é sempre utilizado em sentido mais fraco. Algumas vezes é empregado enquanto "significa metaforicamente ou simbolicamente que...". Vejamos, por exemplo, o comentário *In Job* 10, em que afirmam que o leão está para Job ("in denotatione Job rugitus leonis"). A única passagem ambígua que encontrei é aquela da *III Sent.* 7.3.2, em que se diz "Similiter est falsa: *Filius Dei est praedestinatus*, cum non ponatur aliquid respectu cujus possit antecessio denotari". Mas à luz destas afirmações podemos sustentar que o que Tomás discute, neste caso, é a operação mental que leva à compreensão de uma sequência temporal.

O nascimento da ideia de suposição

Portanto, parece evidente que autores como Boécio, Abelardo ou Tomás de Aquino, mais ligados ao problema da significação que ao da nomeação, estavam, sobretudo, interessados nos aspectos psicológicos e ontológicos da linguagem. Hoje diremos que a sua semântica era orientada através de uma aproximação *cognitiva*. Mas é interessante observar como alguns estudiosos contemporâneos, interessados na redescoberta das primeiras elaborações medievais de uma moderna semântica verdadeiramente condicional, julguem toda a questão da significação um problema muito embaraçoso, que altera a pureza da aproximação extensional, assim como foi aparentemente estabelecido, de uma vez por todas, pela teoria da suposição.[4]

Na sua formulação mais madura, a suposição é o papel que um termo, uma vez inserido numa proposição, assume para se referir ao contexto extralinguístico. Mas o percurso que separa as primeiras vagas noções de *suppositum* das teorias mais elaboradas, como aquela de Ockham, é longo e tortuoso, e a sua história é contada em De Rijk 1967 e 1982.

Seria interessante seguir passo a passo o surgimento de uma ideia diferente da relação entre um termo e a coisa a que se refere, onde a noção de significação (como a relação entre palavras e conceitos, ou espécies, ou universais, ou definições) se torna cada vez menos importante. Vejamos, por exemplo, em De Rijk (1982: 161 segs.) como os seguidores de Prisciano falavam dos nomes como significantes de uma substância junto a uma qualidade, em que a segunda, sem dúvida alguma, representava a natureza universal da coisa, e a primeira, ao contrário, a coisa individual: "assim, já a partir do século XII encontramos *supponere* como equivalente de *significare substantiam*, isto é, significar a coisa individual" (ib.: 164). Mas também é verdade que autores como Guglielmo di Conches insistem que os nomes não significam nem a substância e a qualidade, nem a existência efetiva, mas apenas a natureza universal (ib.: 168), e que durante todo o século XII ainda se mantém a distinção entre significação (de conceitos e espécies) e nomeação (denotação de coisas individuais concretas — vejamos, por exemplo, a *Ars Meliduna*).

Ao mesmo tempo, ainda é evidente como no campo da lógica e da gramática a aproximação seja superada por aquele extensional, e como "em fases sucessivas o significado efetivo de um termo fosse colocado no centro do interesse geral, e, portanto, a referência e a denotação se tornem bem mais importantes do que a noção bastante abstrata de significação. O que um termo significa, em primeiro lugar, é o objeto concreto a que pode ser corretamente aplicado" (De Rijk 1982: 167).

Não obstante, esta nova perspectiva não é frequentemente expressa por termos como *denotatio*, que continuam indicando um domínio de sentido mais indeterminado.[5] Pietro Ispano, por exemplo, utiliza *denotari* em pelo menos uma passagem (*Tractatus* VII, 68), onde afirma que na expressão "sedentem possibile est ambulare" o que é denotado não é a concomitância entre sentar-se e caminhar, mas aquela entre estarem sentados e terem a possibilidade (*potentia*) de caminhar. Mais uma vez é difícil estabelecer se denotar tenha uma função intencional ou extensional. Além disso, Pietro considera *significare* num sentido muito amplo, desde que (*Tractatus* VI, 2) "significatio termini, prout hic sumitur, est rei per vocem secundum placitum representatio", e não é possível determinar se esta *res* é considerada como um individual ou um universal (De Rijk 1982: 169).

Por outro lado, Pietro introduz uma verdadeira teoria extensional, elaborando apenas uma noção de *supppositio* enquanto distinta da significação (vejamos também Ponzio, 1983, 134-135, com uma referência interessante a Peirce, CP 5.320): "Suppositio vero est acceptio termini substantivi pro aliquo. Differunt autem suppositio et significatio, quia significatio est per impositionem vocis ad rem significandam, suppositio vero est acceptio ipsius termini iam significantis rem pro aliquo... Quare significatio prior est suppositione" (*Tractatus* VI, 3).

Na teoria de Pietro, no entanto, há uma diferença entre estar extensionalmente para uma classe e estar extensionalmente para um indivíduo. No primeiro caso, estamos diante de uma suposição natural, no segundo, diante de uma suposição acidental (ib. 4). Seguindo esta mesma perspectiva, Pietro distingue *suppositio* de *appellatio*: "differt autem appellatio a suppositione et a significaione, quia appellatio est tantum de re existente, sed significatio et suppositio tam de re existente quam non existent" (ib. X, 1).

De Rijk afirma (1982: 169) que "a suposição natural de Pietro é o contrário denotativo exato da significação". Por certo, podemos sustentar que *homo* significa uma determinada natureza universal, e *supponit* todos os (possíveis) homens existentes ou a classe dos homens. Mas Pietro não diz que *homo* significa todos os homens existentes ou que os denota, embora toda a questão não mude substancialmente.

Assim, não podemos senão constatar como, até este estágio da reflexão, a paisagem terminológica, que encontramos à nossa frente, torna-se mais confusa, considerando que cada um dos tecnicismos que até agora tratamos cobre pelo menos dois domínios diferentes (à exceção de *denotação* e *designação*, que se tornam ainda mais indeterminados), como ilustra o seguinte esquema:

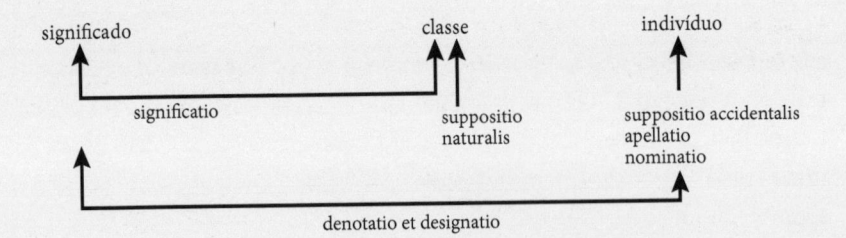

Toda a questão se transforma ainda do ponto de vista terminológico com Guglielmo di Sherwood que, "diferentemente de Pietro e da maioria dos lógicos do século XIII..., identifica o caráter significativo de um termo com a sua referência exclusiva às coisas efetivamente existentes" (De Rijk 1982: 170-171).

Esta será a posição de Roger Bacon, para quem a significação se torna denotativa no sentido extensional moderno do termo — embora ele nunca utilize um termo como *denotatio*.

Bacon

Em *De Signis* (ed. Fredborg et al. 1978, de agora em diante DS, e fundamentalmente confirmada por outras obras do mesmo autor, como *Compendium studii teologiae*), Bacon estabelece uma classificação dos signos mais complexa, que apresenta diversos elementos de interesse semiótico. Esta classificação já foi discutida em Eco et al. (1989), em que demonstramos que Bacon utiliza *significare, significatio* e *significatum* num sentido radicalmente diferente daquele tradicional.

Em DS II, 2 afirma que "signum autem est illud quod oblatum sensui vel intellectui aliquid designat ipsi intellectui". Uma definição deste tipo poderia parecer semelhante àquela de Agostinho — na condição de que tomemos o *designat* baconiano ao invés do *faciens in cogitationem venire* agostiniano. Ao empregar esta expressão, Bacon está muito longe da utilização moderna, mas é coerente com a tradição que o precede em que, como constatamos, *designare* significa algo que tem a ver com o significado e não com a referência. Mas podemos observar que, para Agostinho, o signo produz algo *na* mente, enquanto para Bacon um signo mostra algo (provavelmente fora da mente) *à* mente.[6]

E, de fato, é mesmo assim: para Bacon, os signos não se referem ao seu referente através da mediação de uma espécie mental, mas são diretamente indicados, ou são colocados, para se referirem imediatamente a um objeto. Não faz nenhuma diferença se este objeto é um indivíduo (uma coisa concreta) ou uma espécie, um sentimento ou uma paixão da alma. O que conta é que entre um signo e o objeto, que deve nomear, *não há nenhuma mediação mental*. Em outras palavras, veremos que Bacon utiliza *significare* em sentido exclusivamente extensional.

Mas lembremos que Bacon distingue os signos naturais (sintomas físicos e ícones) dos signos *ordinata ab anima et ex intentione animae*, quer dizer, os signos emitidos por um ser humano para um propósito qualquer. Entre os *signa ordinata ab anima* existem as palavras e outros signos visíveis de tipo convencional, como o *circulus vini* que as tabernas utilizam como emblema, até as mercadorias expostas nas vitrines, enquanto eles desejam dizer que outros membros da classe a que pertencem estão à venda dentro do armazém. Em todos estes casos, Bacon fala de *impositio*, isto é, de um ato convencional através do qual uma determinada entidade deve nomear algo mais. É evidente que, para Bacon, a convenção não coincide com a arbitrariedade: as mercadorias expostas numa vitrine são escolhidas de forma convencional, mas não arbitrária (agem como um tipo de metonímia, o membro para a classe). Até o *circulus vini* é designado como signo de forma convencional mas não arbitrária, visto que, de fato, indica os círculos que mantêm os tonéis juntos, e age assim de forma sinedótica e metonímica ao mesmo tempo, representando uma parte do tonel que contém o vinho pronto para ser vendido.

Mas em DS a maior parte dos exemplos é tirada da linguagem oral, e, por isso, se desejamos seguir a linha de pensamento de Bacon, é melhor não nos afastarmos do que é provavelmente o exemplo principal de um sistema de signos convencionais e arbitrários.

Entretanto, Bacon não é tão ingênuo a ponto de afirmar que as palavras significam exclusivamente as coisas individuais e concretas. Ele afirma que elas nomeiam os objetos, mas tais objetos podem ainda ter um espaço mental. De fato, os signos podem nomear até as não entidades, "non entia sicut infinitum, vacuum et chimaera, ipsum nichil sive pure non ens" (DS II, 2, 19; mas vejamos também II, 3, 27 e V, 162). Isto quer dizer que, mesmo quando as palavras significam as espécies, isto ocorre porque elas indicam extensionalmente uma classe de objetos mentais. A relação é sempre extensional, e a correção da referência é garantida apenas pela presença efetiva do objeto significado. Uma palavra significa realmente se, e somente se, o objeto que significa é verdadeiro.

É certo que Bacon diz (DS I, 1) "non enim sequitur: "signum in actu est, ergo res significata est", quia non entia possunt significari per voces sicut et entia", mas esta posição não pode se referir àquela em que Abelardo sustenta que mesmo uma expressão como *nulla rosa est* significa algo.

No caso de Abelardo, *rosa* significava, enquanto o nome significava o conceito da coisa, mesmo que a coisa não existisse ou deixasse de existir. A posição de Bacon é diferente: para este autor, quando dizemos *há uma rosa* (quando uma rosa existe), o significado da palavra é dado pela rosa efetiva, concreta. Se fazemos a mesma afirmação quando não existe nenhuma rosa, então a palavra *rosa* não se refere à rosa efetiva, mas à imagem da rosa suposta que o enunciador tem em mente. Existem dois referentes diversos, e, de fato, o mesmo som *rosa* é uma ocorrência de dois diferentes tipos lexicais.

Esta passagem é tão importante que é percorrida de novo com atenção. Bacon afirma que "vox significativa ad placitum potest imponi... omnibus rebus extra animam et in anima" e admite que, por convenção, podemos nomear tanto entidades mentais quanto não entes, mas insiste no fato de que não podemos significar através da mesma *vox* tanto o objeto particular quanto a espécie. Se, para nomear uma espécie (ou qualquer outra afeição intelectual), pretendemos utilizar a mesma palavra já utilizada para nomear a coisa correspondente, devemos dar lugar a uma *segunda imposição*: "sed sic duplex impositio et duplex significatio, et aequivocatio, et haec omnia fieri possunt, quia voces sunt ad placitum nostrum imponendas" (DS, V, 162).

Assim, Bacon pretende esclarecer que, quando dizemos *homo currit*, não utilizamos a palavra *homo* no mesmo sentido da expressão *homo est animal*. No primeiro caso, o referente é um indivíduo, no segundo é uma espécie. Portanto, existem duas modalidades ambíguas para empregar a mesma expressão. Quando um freguês vê o círculo que anuncia o vinho numa taberna, se há vinho, o círculo então significa o vinho efetivo. Se não há vinho, e o freguês é enganado por um signo que se refere a algo que não é verdade, então o referente do signo é a ideia ou a imagem do vinho que (erroneamente) tomou forma na mente do freguês.

Para aqueles que sabem que não há vinho, o círculo perdeu a sua significância, no mesmo sentido em que, quando empregamos as mesmas palavras para nos referirmos a coisas passadas ou futuras, não as empregamos no mesmo sentido de quando indicamos coisas efetivas e presentes. Quando falamos de Sócrates, referindo-nos, assim, a alguém que já morreu, e exprimimos as nossas opiniões sobre ele, na verdade estamos utilizando a expressão *Sócrates* em sentido novo. A palavra "recipit aliam significationem per transsumptionem", e é utilizada de forma ambígua com relação ao sentido que tinha quando Sócrates estava vivo (DS IV, 2, 147). "Corrupta re cui facta est impositio, non remanebit vox significativa" (DS IV, R, 147). O termo linguístico permanece, mas (como diz Bacon no início de DS I, 1) permanece apenas como substância isenta da *ratio* ou daquela correlação semântica que faz, de uma ocorrência material, uma palavra. Do mesmo modo, quando um filho morre o que permanece é a *substantia* do pai, mas não a *relatio paternitatis* (DS I, 1, 38).

Quando falamos de coisas únicas "certum est inquirenti quod facta impositione soli rei extra animam, impossibile est (quod) vox significet speciem rei tamquam signum datum ab anima et significativum ad placitum, quia vox significativa ad placitum non significat nisi per impositionem et institutione", enquanto que a relação entre a espécie mental e a coisa (como também sabia a tradição aristotélica) é psicológica e não diretamente semiótica. Bacon não nega que as espécies possam ser signos das coisas, mas são de forma icônica: são signos naturais, e não signos *ordinata ab anima*. Desta forma "concessum est vocem soli rei imponi et non speciei" (DS V, 163). Como já evidenciamos, quando dizemos que utilizamos o mesmo termo para nomear as espécies, encontramo-nos diante de uma segunda *impositio*. Bacon, então, desarticula, de forma definitiva, o triângulo semiótico formulado a partir de Platão, segundo o qual a relação entre palavras e referentes é mediada pela ideia, pelo conceito ou pela definição. Neste ponto, o lado esquerdo do triângulo (isto é, a relação entre palavras e significados) se reduz a um fenômeno exclusivamente sintomático.

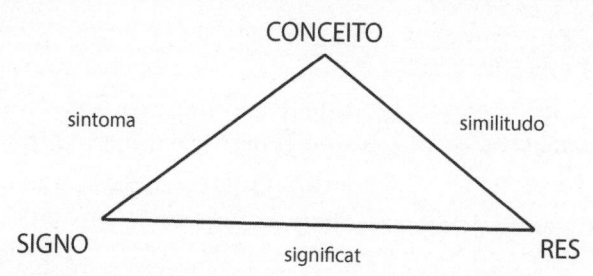

Alhures (cf. Eco et al. 1989) já discutimos como Bacon não confiava na tradução de Boécio de *De interpretatione* 16a, em que tanto *symbolon* quanto *semeion* eram traduzidos como *nota*. Bacon consulta o texto original e compreende que as palavras, antes de mais nada, estão em relação exclusivamente sintomática com as paixões da alma. Desta forma, interpreta (DS V, 166) a passagem de Aristóteles segundo a própria ótica: as palavras estão substancialmente em relação sintomática com as espécies, e, no máximo, podem significar as mesmas espécies apenas de forma vicária (*secunda impositio*), enquanto que a única verdadeira relação de significação é aquela entre as palavras e os referentes. Ele omite o fato de que, para Aristóteles, as palavras eram, por assim dizer, sintomas das espécies com relação a uma sequência temporal, mas que, em todo o caso, *significavam* as espécies, a tal ponto que podemos compreender as coisas nomeadas exclusivamente através da mediação das espécies já conhecidas.

Para Aristóteles, e, em geral, para a tradição medieval que precedeu Bacon, a extensão era uma função da intenção, e, para conferir se algo é verdade, devíamos, antes de mais nada, compreender o significado da frase enunciada. Para Bacon, ao contrário, apenas a significação da frase enunciada é o fato por que o referente é verdadeiro.

O que mais interessa Bacon é o aspecto extensional de toda a questão, e este é o motivo por que, no seu tratado, a relação entre as palavras e o que é verdadeiro assume uma colocação central, enquanto a relação entre as palavras e o seu significado, no máximo, se torna uma subespécie da relação referencial. Assim, podemos compreender por que, no quadro da sua terminologia, *significatio* se submete a uma transformação radical do sentido que até então mantinha. Antes de Bacon, *nominantur singularia sed universalia significantur*, com e depois de Bacon, *significantur singularia*, ou pelo menos *significantur res* (embora uma *res* possa ser também uma classe, um sentimento, uma espécie).

Duns Scoto e os Modistas

Duns Scoto e os Modistas, por sua vez, representam um tipo de exagero decididamente ambíguo entre a posição extensional e a intencional, que provavelmente necessitaria de pesquisas ulteriores.

Nos Modistas encontramos uma dialética atormentada entre *modi significandi* e *modi essendi*. Lambertini (em Eco et al. 1989) demonstrou como este ponto é mais ambíguo não só nos textos originais, mas também no quadro das interpretações contemporâneas.

Mesmo nas obras de Duns Scoto encontramos afirmações contrastantes. Em apoio da perspectiva extensional vejamos: "verbum autem exterius est signum rei et non intellectionis" (*Ordinatio* I, 27, 1). Em apoio daquela intencional vejamos, então: "significare est alicuius intellectum constituere" (*Quaestiones in Perihermeneias* II, 541a). Mas há passagens que parecem sustentar ainda uma interpretação de compromisso, como a seguinte: "facta transmutatione in re, secundum quod existit non fit transmutatione in significatione vocis, cuius causa ponitur, quia res non significatur ut existit sed ut intelligitur per ipsam speciem intelligibilem. Concedendum quod destructo signato destruitur signum, sed licet res destruitur ut existit non tamen res ut intelligatur nec ut est signata destruitur" (*Quaest. in periherm.* III, 545 segs.).

Assim, existem autores que colocam Scoto entre os extensionalistas (vejamos Nuchelmans 1973: 196, para quem, segundo Duns Scoto, o som significa uma coisa e não um conceito — com referência ao comentário sobre as Sentenças, *Opus Oxoniense* I, 27, 3, 19), outros, como Heidegger (1916, na primeira parte mais confiável do texto, dedicada ao verdadeiro Scoto e não a Tomás de Erfurt), para quem Scoto está muito próximo de uma perspectiva fenomenológica do significado como objeto mental.[7]

Ockham

Discutimos muito sobre o fato de que a teoria extensionalista de Ockham é ou não realmente tão explícita e direta como pareceria à primeira vista. De fato, se considerarmos as quatro acepções de *significare* propostas por Ockham (*Summa* I, 33), só a primeira apresenta um claro sentido extensional. Apenas nesta primeira acepção os termos, de fato, perdem a sua capacidade de significar quando o objeto para o qual estão não existe. Não obstante, não podemos estar completamente certos de que Ockham empregara *significare* e *denotari* (sempre na forma passiva) exclusivamente em sentido extensional (vejamos para *significare* Boehner 1958, para *denotari* Marmo 1984), mas, sem dúvida alguma, em muitas passagens utilizou os dois termos nesta acepção.

O que acontece com Ockham — e que acontecera com Bacon — é a inversão definitiva do triângulo semiótico. Antes de mais nada, as palavras não estão ligadas aos conceitos e, portanto, graças à mediação intelectual, às coisas: elas são diretamente impostas às coisas e aos estados de coisas; da mesma forma, até os conceitos se referem diretamente às coisas.

Chegando a este estágio, o triângulo semiótico assume, então, a seguinte forma: há uma relação direta entre conceitos e coisas, desde que os conceitos sejam os signos naturais que *significam* as coisas, e há uma relação direta entre as palavras e aquelas coisas a que impõem um nome, enquanto a relação entre palavras e conceitos é completamente negligenciada (cf. Tabarroni em Eco et al. 1989; cf. também Boehner 1958: 221).

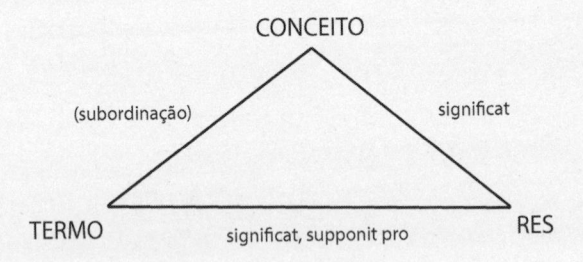

Ockham conhece a afirmação de Boécio, segundo a qual *as vozes significam os conceitos*, mas sustenta que isto deve ser entendido no sentido em que "voces sunt signa secundario significantia illa quae per passiones animae primario importantur", em que está claro que *illa* são as coisas, não os conceitos. As palavras significam as mesmas coisas significadas pelos conceitos, mas não significam os conceitos (*Summa logicae* I, 1). Assim, há um texto mais desconcertante em que Ockham diz que a espécie pode ser apenas um signo que permite que lembremos algo que já conhecemos como entidade individual (*Quaest. in II Sent. Reportatio*, 12-13; vejamos ainda Tabarroni em Eco et al. 1989): "Item repraesentatum debet esse prius cognitum; aliter repraesentans nunquam duceret in cognitionem repraesentati tamquam in simile. Exemplum: statua Herculis nunquam duceret me in cognitionem Herculis nisi prius vidissem Herculem; nec aliter possem scire utrum statua sit sibi similis aut non. Sed secundum ponentes speciem, species est aliquid praevium omni actui intelligendi objectum, igitur non potest poni propter repraesentationem objecti."

Este texto assume como princípio, em que há acordo geral, o fato de que não somos capazes de imaginar algo que até aquele momento desconhecêramos a partir de um ícone. Isto parece contrariar a nossa experiência, visto que as pessoas utilizam pinturas ou desenhos para representar as características de pessoas, animais ou coisas anteriormente desconhecidas. Esta posição poderia ser interpretada em termos de história cultural como exemplo de relativismo estético: embora tenha vivido no século XIV, Ockham conhecia principalmente a iconografia românica ou do primeiro gótico, em que as estátuas não reproduziam os indivíduos de forma realista, mas representavam tipos universais. Diante do portal de Moissac ou de Chartres é seguramente possível reconhecer o Santo, o Profeta, o Ser Humano, mas não o indivíduo X ou Y. Ockham nunca entrara em contato com o realismo das esculturas latinas e com a retratística dos séculos posteriores.

Contudo, há uma explicação epistemológica para justificar uma afirmação tão embaraçosa. Se o único signo das coisas individuais é o conceito, e a expressão material (quer seja uma palavra ou uma imagem) é apenas um sintoma da imagem interna, então, sem nenhuma *notitia intuitiva* preliminar de um objeto, a expressão material não pode significar coisa alguma. As palavras ou as imagens não criam, nem fazem algo nascer na mente do destinatário (como podia ocorrer na semiótica agostiniana), se naquela mente já não existir o único signo possível da realidade experimentada, quer dizer, o signo mental. Sem tal signo, a expressão externa acaba sendo o sintoma de um *pensamento vazio*. A subversão do triângulo semiótico, que para Bacon fora o porto final de um debate por muito tempo amadurecido, para Ockham é um ponto de partida imprescindível.

Existem demonstrações persuasivas do fato de que Ockham usasse *significare* também em sentido intencional (Boehner 1958 e Marmo 1984, com uma discussão de todos estes casos em que as proposições mantêm ainda o seu significado independentemente de serem verdadeiras ou falsas). Mas agora não tenho a intenção de discutir a semiótica de Ockham, mas a sua terminologia semiótica. É evidente que ele utilizou *supponere* em sentido extensional, visto que há *suppositio* "quando terminus stat in propositione pro aliquo" (*Summa* I, 62). Mas também é evidente que, em outras ocasiões, Ockham põe *significare* (na primeira acepção do termo) e *supponere* no mesmo plano: "aliquid significare, vel supponere vel stare pro aliquo" (ib.: I, 4) (Vejamos também Pinborg 1972: 5).

Mas é no contexto da discussão sobre proposições e suposições que Ockham emprega a expressão *denotari*. Consideremos, por exemplo: "terminus supponit pro illo, de quo vel de pronomine demonstrare ipsum, per propositionem denotatur praedicatum praedicari, si suppones sit subjectum" (ib.: I, 72). Se o termo é o sujeito de uma proposição, então a coisa, cuja *suppositio* o termo mantém, é aquela em que a proposição denota que o predicado é predicado.

Em *homo est albus* os dois termos supõem a mesma coisa, e pela proposição completa *denotamos* que é verdade que homem e branco são a mesma coisa: "denotatur in tali propositione, quod illud, pro quo subiectum supponit, sit illud, pro quo praedicatum supponi" (*Exp. in Porph.* I, 72). Através da proposição, um *significatum* é denotado e este *significatum* é um estado de coisas: "veritas et falsitas sunt quaedam praedicabilia de propositione importantia, quod est ita vel non est ita a parte significati, sicut denotatur per propositionem, quae est signum" (*Expositio in Periherm.*, proem.). Do mesmo modo, *denotari* é empregado para indicar aquilo cuja existência mostramos através da conclusão de um silogismo: "propter quam ita est a parte rei sicut denotatur esse per conclusionem demonstrationis" (*Summa* III, ii, 23; vejamos também Moody 1935: 6, 3). "Sicut per istam *Homo est animal* denotatur quod Sortes vere est animal. Per istam autem *homo est nomen* denotatur quod haec vox *homo* est nomen... Similiter per istam *album est animal*, denotatur quod illa res, quae est alba, sit animal, ita quod haec sit vera: *Hoc est animal*, demonstrando illam rem, quae est alba et propter hoc pro illa re subjectum supponit... Nam per istam: *Sortes est albus* denotatur, quod Sortes est illa res, quae habet albedinem... Et ideo si in ista *Hic est angelus*, subjectum et praedicatum supponunt pro eodem, propositio est vera. Et ideo non denotatur, quod hic habeat angelitatem... sed denotatur, quod hic si vere angelus... Similiter etiam per tales propositiones: *Sortes est homo, Sortes est animal*... denotatur quod Sortes vere est homo et vere est animal... Denotatur quod est aliqua res, pro qua stat vel supponit hoc praedicatum *homo* et hoc praedicatum *animal*" (*Summa*, II, 2).[8]

A repetida utilização da forma passiva sugere que uma proposição *não denota* um estado de coisas: mais que *um estado de coisas é denotado através de uma proposição*. É tão discutível se a *denotatio* é uma relação entre uma proposição e aquilo que é verdade, ou entre uma proposição é o que compreendemos ser verdadeiro (vejamos Marmo 1984). Algo é denotado através de uma proposição, mesmo que este algo não suponha nada (*Summa* I, 72).

De qualquer modo, considerando que (i) a suposição é uma categoria extensional e que a palavra *denotação* aparece com tanta frequência junto à menção da suposição, e que (ii) provavelmente a proposição não denota para alguém que algo é ou não verdade,[9] somos levados a supor que o exemplo de Ockham encorajara algumas pessoas a utilizar o termo *denotatio* em contextos extensionais.

Graças à mudança radical realizada em *significare* entre Bacon e Ockham, neste ponto o termo *denotare* está pronto para ser considerado de forma extensional. É curioso observar que, se consideramos Bacon e Ockham, tal revolução terminológica tenha investido em primeiro lugar no termo *significatio* (envolvendo *denotatio* quase exclusivamente de reflexo). Mas, desde os tempos de Boécio, o termo *significatio* estava tão ligado ao significado que, por assim dizer, conseguiu se defender com mais coragem dos ataques movidos pela perspectiva extensional, a tal ponto que nos séculos seguintes encontraremos *significatio* novamente empregado em sentido intencional (vejamos, por exemplo, Locke). A semântica propriamente condicional, por sua vez, teve mais sucesso ao se apropriar do termo do *status* semântico mais ambíguo, isto é, *denotatio*.

A tradição cognitivista, ao contrário, não seguiu esta direção, e utilizou o termo *denotação* com respeito ao significado.[10] Não obstante, depois de Mill encontramos *denotação* empregado cada vez com mais frequência para indicar a extensão.

Hobbes e Mill

Existe alguma razão para acreditar que Mill tomasse emprestada a ideia de Ockham de empregar *denotatio* como termo técnico? Com certeza existem diversas razões para pensar que Mill elaborou *System of Logic* referindo-se à tradição occamista:

(i) Embora prestasse uma notável atenção nos aspectos intencionais da linguagem, Mill desenvolveu uma teoria da denotação dos termos, fazendo uma afirmação semelhante àquela expressa pela teoria da suposição de

Ockham. Vejamos, por exemplo: "só podemos dizer de um nome que está para as, ou é um nome das, coisas de que pode ser predicado" (1843 II, v).

(ii) Mill toma emprestado dos escolásticos (como ele mesmo diz em II, v) o termo *conotação* e, para distinguir termos conotativos de não conotativos, afirma que os segundos são definidos como termos "absolutos". Gargani (1971: 95) traz esta terminologia de volta à distinção occamista entre termos conotativos e termos absolutos.

(iii) Mill emprega *significare* seguindo a tradição occamista, pelo menos com relação ao primeiro sentido a ele atribuído pelo filósofo. "Um termo não conotativo é um termo que significa apenas um sujeito ou apenas um atributo. Um termo conotativo é um termo que denota um sujeito ou implica um atributo" (II, v). Desde que a função denotativa (na perspectiva de Mill) foi exercitada em primeiro lugar pelos termos não conotativos, torna-se evidente que Mill faz com que *significare* equivalha a *denotare*. Vejamos também: "o nome... significa os sujeitos diretamente, os atributos indiretamente; ele denota os sujeitos e implica, ou comporta, ou, como veremos mais adiante, conota os atributos... Os únicos nomes de objetos que não conotam nada são os nomes próprios; e estes, rigorosamente falando, não possuem nenhuma significação" (ib. v).

(iv) É provável que Mill aceite *denotare* como termo mais técnico e menos prejudicial que *significare*, por causa da sua oposição etimológica com *connotare*.

Não obstante, sustentamos que Ockham, no máximo, influenciou, mas não encorajou de fato a utilização extensional de *denotare*. Na história da evolução natural deste termo, então, onde podemos procurar o anel que falta?

Provavelmente deveremos nos voltar para o *De corpore* I de Hobbes, mais conhecido como *Computatio sive logica*. Em geral, reconhecemos que Hobbes sofrera a influência determinante de Ockham, assim como Mill a de Hobbes. De fato, Mill começa a sua discussão pelos nomes próprios com um exame aproximado das opiniões de Hobbes. Mas Hobbes segue efetivamente Ockham no que concerne às teorias da significação. Para Hobbes, de fato, há uma distinção nítida entre significar (isto é, exprimir as opiniões do falante durante um ato de comunicação) e nomear (no sentido clássico de *appellare* ou *supponere* — vejamos Hungerland e Vick 1981).

Mill compreende que, para Hobbes, os nomes são, antes de mais nada, nomes das ideias que temos com relação às coisas, mas, ao mesmo tempo, encontra em Hobbes a prova de que "os nomes devem ser sempre pronunciados... como os nomes das coisas em si mesmo" (1843: II, i) e que "todos os nomes são nomes de algo, real ou imaginário... Um nome geral é, com frequência, definido como um nome que pode ser verdadeiramente afirmado, no mesmo sentido, sobre cada um por um número indefinido de coisas" (ib.: II, iii).

Nestas passagens, Mill se aproxima de Hobbes, com a diferença marginal de que ele chama gerais nomes que Hobbes, por sua vez, chama universais. Mas Mill utiliza *significare* — como constatamos — não no sentido de Hobbes, mas naquele de Ockham e, em vez da noção de *significare* utilizada por Hobbes, prefere empregar *connotare*. Estando muito interessado na conotação, e sem perceber que a sua ideia de conotação não está tão longe da significação de Hobbes, Mill julga que Hobbes privilegie a nomeação (a denotação de Mill), com relação à significação (a conotação de Mill). Ele afirma que Hobbes, como em geral os nominalistas, "dava pouca ou nenhuma atenção à conotação das palavras, e procurava o seu significado exclusivamente naquilo que elas denotam" (ib.: v).

Esta leitura bastante curiosa de Hobbes, como se se tratasse de Bertrand Russell, se deve ao fato de que Mill interpreta Hobbes como se fosse um seguidor ortodoxo de Ockham. Mas se Mill considera Hobbes um occamista, por que razão lhe atribui a ideia de que os nomes denotam? Mill sustenta que Hobbes emprega *nominare* em vez de *denotare* (ib.: v), mas deveria ter percebido que Hobbes (em *De corpore* I) utilizava *denotare* em, pelo menos, quatro casos — cinco na tradução inglesa que Mill provavelmente leu, visto que cita a obra de Hobbes como *Computation or logic*.

No que concerne à diferença entre nomes abstratos e nomes concretos, Hobbes diz que "abstractum est quod in re supposita existentem nominis concreti causam denotat, ut *esse corpus, esse mobile*... et similia... Nomina autem abstracta causam nominis concreti denotant, non ipsam rem" (*De Corpore* I, iii, 3). Observamos que, para Hobbes, os nomes abstratos denotam realmente uma causa, mas esta causa não é uma entidade: é o critério que sustenta a utilização de uma expressão (vejamos Gargani 1971: 86; Hungerland e Vick 1881: 21). Assim, Mill reformula o texto de Hobbes: um nome concreto é um nome que está para uma coisa; um nome abstrato é um nome que está para um atributo de uma coisa (1843: II, v) — em que *estar para* é o *stare pro aliquo* de Ockham. Além disso, acrescenta que a sua utilização de palavras como *concreto* e *abstrato* deve ser entendida no sentido que lhe atribuíram os Escolásticos.

Provavelmente, Mill extrapola a passagem de Hobbes em que se os nomes abstratos não denotam uma coisa, ao contrário, este é certamente o caso dos nomes concretos. De fato, para Hobbes, "concretum est quod rei alicujus quae existere supponitur nomen est, ideoque quandoque suppositum, quandoque subjectum, graece *ypokeimenon* appellatur", e duas linhas antes escreve que na proposição *corpus est mobile* "quandoque rem ipsam cogitamus utroque nomine designatam" (*De Corpore*, I, iii, 3). Assim, *designare* aparece num contexto em que, por um lado, está unido ao conceito de suposição, e, por outro, àquele de denotação.

Visto que os nomes concretos podem ser próprios tanto às coisas únicas, quanto aos conjuntos de indivíduos, podemos dizer que, se existe um conceito de denotação amadurecido por Hobbes, ele ainda está a meio caminho entre a *suppositio naturalis* e a *suppositio accidentalis* de Pietro Ispano. Por esta razão, observamos (Hungerland e Vick 1981: 51 segs.) que, com certeza, *denotare* não tinha, para Hobbes, o mesmo sentido que hoje adquiriu na filosofia da linguagem contemporânea, enquanto não se aplicava apenas a nomes próprios lógicos, mas também aos nomes das classes e até às entidades inexistentes. Mas Mill aceita justamente tal perspectiva, e por este motivo pode ter entendido o *denotare* de Hobbes de forma extensional.

Em *De Corpore* (I, ii, 7), Hobbes afirma que "homo quemlibet e multis hominibus, philosophus quemlibet e multis philosophis denotat propter omnium similitudinem". A denotação concerne assim de novo a qualquer indivíduo que faça parte de uma multidão de indivíduos particulares, enquanto *homo* e *philosophicus* são nomes concretos de uma classe. Além disso, em *De Corpore* I, vi, 112, diz que as palavras são úteis às demonstrações conduzidas através de silogismos, enquanto graças a elas "unumquodque universale singularium rerum conceptus denotat infinitarum". As palavras denotam as concepções, mas só as das coisas particulares. Mill traduz esta posição em sentido claramente extensional. Um nome geral é comumente definido como um nome que pode ser realmente afirmado, no mesmo sentido, sobre cada um por um número indefinido de coisas.

Em *De corpore* (II, ii, 12), enfim, está escrito que o nome *parábola* pode denotar tanto uma alegoria quanto uma figura geométrica, e não está claro se Hobbes aqui entende *significat* ou *nominat*.

Para concluir:

(i) Hobbes utiliza pelo menos três vezes *denotare* de forma a encorajar uma interpretação extensional, e em contextos que exigem a utilização occamista de *significare* e *supponere*.

(ii) Embora Hobbes não empregue *denotare* como termo técnico, utiliza-o, contudo, regularmente e de forma a impedir uma sua interpretação como sinônimo de *significare*, como observaram de forma mais que persuasiva Hungerland e Vick (1981, 153).

(iii) É verossímil que Hobbes tenha empreendido esta direção influenciado pela alternativa ambígua fornecida por *denotari*, encontrada tanto em Ockham quanto em alguns lógicos da tradição nominalista.

(iv) Mill não dá atenção à teoria da significação de Hobbes, e lê *Computatio sive logica* como se pertencesse a uma linha de pensamento completamente inspirada em Ockham.

(v) É verossímil que Mill, influenciado pela utilização de *denotare* justamente por Hobbes, decidisse opor a denotação (em vez da *nomeação*) à conotação.

Obviamente, estas são só hipóteses. Contar toda a história daquilo que realmente aconteceu entre Ockham e Hobbes, e entre Hobbes e Mill, é algo que ultrapassa as possibilidades de uma pesquisa individual. A minha esperança é que este ensaio encoraje posteriores pesquisas sobre o assunto, capazes de verificar se, por acaso, entre Ockham e Mill existem outros estados portadores da tocha da *denotatio*.

Conclusões

Na história destes termos filosóficos, obviamente está em jogo algo que mantém uma relevância semiótica e filosófica substancial. Maloney (1983: 145) observou como existe uma contradição curiosa, ou pelo menos uma separação entre a epistemologia de Bacon e a sua semântica. Do ponto de vista do conhecimento, somos capazes de conhecer uma coisa através da sua espécie, e não somos capazes de nomear uma coisa se não a conhecemos; portanto, quando emitimos uma *vox significativa* é porque temos algo em mente. Mas de um ponto de vista semiótico acontece o contrário, ou pelo menos algo substancialmente diferente: aplicamos diretamente a palavra à coisa, sem que exista mediação alguma da imagem mental, do conceito, ou da espécie.

Este é o paradoxo de cada semântica interessada na relação entre um enunciado e as suas condições de verdade. É certo que uma semântica propriamente funcional não está interessada em provar que o enunciado é verdadeiro, mas em saber o que aconteceria se fosse verdadeiro. Contudo, a partir de Bacon chegando a Tarski, mais que considerar o que significa "saber o que aconteceria se o enunciado fosse verdadeiro" e perguntar-se como ocorre que saibamos (problema que coloca em jogo questões cognitivas) se acaba por chamar a atenção para a relação direta entre o enunciado e um estado do mundo. Se, ao contrário, nos concentrássemos neste "saber", deveríamos dizer através de que operações mentais, ou graças a que estruturas semânticas, somos capazes de compreender o que aconteceria se p fosse verdadeiro. Assim, deveríamos procurar a diferença entre saber ou acreditar que p é verdadeiro e o fato de que p é verdadeiro. Mas se estudamos exclusivamente a relação formal entre as proposições e aquilo que assumimos (pelo gosto da formalização semântica) ser verdadeiro, como e por que "sabemos" é dado como implícito (ou, como se diz, "intuitivo").

A história das vicissitudes da denotação (assim como o fato de que o seu *status* ainda permanece ambíguo) é, assim, o sintoma da dialética sem fim entre uma aproximação cognitiva e uma propriamente condicional.

APÊNDICE 2
Croce, a intuição e a desordem

Com uma densa nota de Giuseppe Galasso que faz a sua cronistória e registra a sua sorte imediata, Adelphi propõe de novo esta obra[1] que, publicada por Sandron em 1902 (quando o autor tinha 34 anos), como o ponto de chegada de um trabalho iniciado em novembro de 1898, foi reimpressa todavia por Sandron em 1904 e, tendo passado a Laterza em 1908, chegou à nona edição — última enquanto o autor vivo — em 1950. Em três reedições o autor escrevera três novos prefácios (datados de novembro de 1907, setembro de 1921 e janeiro de 1941) que esclareciam como, aos poucos, ele apresentara algumas correções (por sua importância vemos o recente Michele Maggi, *La filosofia di Benedetto Croce*, Firenze, Ponte alle Grazie, 1989); daí torná-la mais coerente com o desenvolvimento do seu pensamento sucessivo (a *Logica*, a *Filosofia della pratica*, a *Teoria e storia della storiografia*, e, naturalmente, *Breviario di estetica*, *Aesthetica in Nuce*, *Problemi di estetica*, *Nuovi saggi di estetica*, *La poesia*). Visto que o autor não mudou a edição de 1941, devemos presumir que a julgasse ainda atual na metade do século.

Hoje, relendo-a, encontramos algumas ideias que já entraram na consciência comum, e o resumo de numerosas batalhas perdidas no início. Entre estas últimas não poderei atacar a insustentável equação entre estética e linguística geral, paradoxo de tanta importância que exige um tratado em si. Remeto, e o fato de que date de 1965 não a torna menos atual, ao amplo exame crítico de Tullio De Mauro no quarto capítulo de *Introduzione alla semantica* (Bari, Laterza).

O que me parece mais urgente é examinar a teoria crociana da intuição, não só porque o livro começa por ela, mas porque com ela Croce coloca a fundo a primeira premissa de todo o seu sistema.

1. Diz o incipit da obra que o conhecimento tem duas formas: ou é conhecimento intuitivo ou conhecimento lógico; conhecer significa produzir imagens ou conceitos. Mas, depois de passar em revista algumas imprecisões tradicionais sobre a noção de intuição, Croce a enfrenta por conta própria não através de definições, mas de exemplos: o resultado de uma obra de arte é intuição (p. 5). O procedimento seria errôneo se Croce pretendesse demonstrar o que é a arte partindo de uma noção de intuição; de fato, pretende demonstrar o que é uma intuição partindo da experiência que temos da arte. Mesmo neste caso, teríamos apenas passado do exemplo à antonomásia, se a antonomásia não encobrisse, de fato, uma identidade absoluta.

Para Croce, não é intuição a pura sensação (que não é pura, mas matéria disforme, passividade), nem quando é vista, kantianamente, como formada e organizada no espaço e no tempo (temos intuições sem espaço e tempo, como quando reagimos com um lamento imediato a uma dor, ou a um impulso sentimental). Contudo, no início, pareceria que o resultado da percepção é intuição. É verdade que a intuição crociana tem um âmbito maior, porque também temos intuições de estados de coisas "contrafactuais" — diremos hoje — enquanto o sucesso perceptivo joga com a adequação entre representação e realidade; mas o autor sugere que poderia ser intuição o que chamamos representação ou imagem, sobretudo se considerarmos que o fenômeno intuitivo se aplica também ao não verbal e ao não necessariamente verbalizável, como acontece quando intuímos uma forma triangular.

Contudo, o intuicionismo da percepção entra logo em crise quando Croce introduz (p. 12) a categoria dupla que domina a sua estética, e afirma que cada intuição e representação verdadeira é também, inseparavelmente, expressão, porque "o espírito não intui senão fazendo, formando, exprimindo". Até intuir uma figura geométrica significa ainda ter a sua imagem tão clara a ponto de podermos imediatamente desenhá-la num papel ou no quadro-negro.

Neste ponto, Croce ainda não excluiu as percepções do número das in-tuições, mas leva-nos a suspeitar que, se existem intuições, elas são muito imperfeitas. O pescador ignorante, que talvez não saiba nem utilizar o sextante, é bem capaz de ancorar de novo mesmo durante uma tempesta-de, porque "reconhece" cada contorno da costa, cada sinuosidade. E isso acontece porque trabalha num patrimônio de percepções, presentes e pas-sadas. Mas se lhe pedissem para desenhar aqueles contornos, não saberia fazê-lo. Os antropólogos nos deram exemplos de indígenas que conhecem cada enseada do rio em que todos os dias navegam, mas ficam perdidos diante do mapa. Por outro lado, é experiência comum aos amantes não conseguirem representar, na sua ausência, os traços do rosto da pessoa amada, contudo "percebidos" com plenitude de sentidos amorosos quan-do estava presente; e se irritam com esta forma de impotência expressiva, enquanto o sentimento que acompanha esta evocação imperfeita está bem vívida (e obviamente o fulmíneo reconhecimento da pessoa querida não só aparece, mesmo a grande distância, como se conhecessem de memória os seus movimentos mais imperceptíveis).

Se perceber e representar-se fosse a intuição que faz um conjunto com a expressão em forma plena, o que aconteceria quando, ao conhecermos uma pessoa aos vinte anos, jovem, encaracolada e sem barba, a revejo aos quarenta anos, calva ou encanecida, e com uma barba acinzentada? Não sendo a plenitude da intuição de hoje comensurável à plenitude da intuição de ontem, não deverei reconhecer ninguém. E seria preciso dizer "como você mudou, não parece mais o mesmo!". O que significa que co-nhecer uma pessoa significa tornar alguns traços pertinentes, como um esquema resumido (não necessariamente morfológico, porque posso ter tornado pertinentes a intensidade do olhar, uma ruga no canto dos lábios) e guardar um "tipo" na memória, com o qual comparo cada "ocorrência" da pessoa, sempre que a vejo. O tipo da pessoa amada entra em crise justa-mente porque procuro juntar infinitos traços pertinentes, desejo memori-zar muitas coisas por cobiça passional. E Croce é o primeiro a advertir que "não possuímos intuitivamente senão alguns traços apenas da fisionomia, mesmo do nosso amigo mais íntimo..." (p. 15).

Diante destes problemas, Croce decide (p. 13-14) que "o mundo que, em geral, intuímos é coisa sem importância, traduz-se em pequenas expressões, que se tornam cada vez maiores e mais amplas só com a crescente concentração espiritual em alguns momentos particulares. São... os julgamentos que tacitamente exprimimos: 'eis um homem, eis um cavalo, isto pesa, isto é áspero, isto me agrada etc. etc.', e é um deslumbramento de luz e de cores, que pictoricamente não poderia ter outra sincera e especial expressão a não ser numa desordem, e da qual surgem apenas poucos traços distintivos particulares. Possuímos isto, e não outra coisa, na nossa vida quotidiana, e é a base da nossa ação quotidiana".

"Desordem" parece-me um termo muito eficaz para indicar o que acontece na vida quotidiana, e dele me aproprio. O que surge além desta desordem quotidiana? A intuição-expressão de Rafael que vê, faz e refaz na tela a Fornarina. A intuição-expressão é apenas aquela da arte, e da "boa" arte, porque Croce está disposto a inscrever na prática da desordem até as incompletas expressões de Manzoni, Proust, Mallarmé, e muitos outros.

Assim, a primeira forma do espírito, aquela em que devem se inserir a luz do conceito, a ação ética e a economia, é a da grande arte. O resto, a nossa percepção do mundo, o movimento entre os outros e na natureza, é território da desordem.

2. Neste ponto esperamos que Croce defina a arte, ou seja, o momento em que se dá a intuição-expressão no estado puro. E, de fato, na "Conclusão" (p. 176) ele escreve: "tendo definido a natureza do conhecimento intuitivo ou expressivo que é o ato estético ou artístico...". Infelizmente, esta afirmação é falsa: não aparece em nenhuma página da *Estética* uma definição da arte que não seja aquela de intuição, e não aparece nenhuma definição de intuição que não remeta à definição da arte. A razão parece ser que "os limites das expressões-intuições, que se dizem arte, para com aquelas que vulgarmente se dizem não arte, são empíricos: é impossível defini-los" (p. 19). Croce, por assim dizer, toma a experiência da arte (o seguro reconhecimento fulmíneo daquilo que é arte) como um primitivo, do qual partimos, para conferir à intuição todas as características (indefinidas) da arte. A questão não muda quando passamos a fórmulas como "intuição lírica" (*Breviário* 1), visto que descobrimos que "lírica" não é diferença específica, mas sinônimo de "intuição". Para um devoto do Círculo, a circularidade demonstrativa é perfeita: a única intuição é aquela artística e a arte é intuição. Este círculo definidor talvez tenha deixado de responsabilizar os primeiros leitores, assegurando-lhes que a

arte é exatamente o que eles sentem como arte, ao passo que o resto são devaneios de professores, cuja segunda parte do livro, dedicada à história da estética, faz justiça sumária.

Se o julgamento parece duro, vemos fulgurantes tautologias como "parece-nos lícito e oportuno definir a beleza como expressão alcançada, ou melhor, expressão desde logo, porque a expressão, quando não é alcançada, não é expressão" (p. 101); ou imprecisões que não seriam perdoadas num principiante, como quando na p. 90 o autor, para distinguir as expressões alcançadas daquelas "erradas", confronta dois quadros, dos quais nada é dito, exceto que um é "sem inspiração" e o outro, "bem inspirado"; um é "fortemente sentimento" e o outro, "friamente alegórico", onde ninguém sabe o que é um quadro fortemente sentido. Não podemos deixar de pensar que muitos leitores de Croce ficassem extasiados ao ouvir aclamar a categorias críticas as fracas interjeições que utilizavam nos círculos culturais da pequena Itália pós-umbertina.

A fantástica natureza da forma estética priva Croce de uma dúctil teoria do julgamento e da interpretação. É fecunda a ideia exposta no quarto capítulo, em que julgar esteticamente é colocar-se do ponto de vista do artista e refazer o seu processo "com o auxílio do signo físico por ele produzido". Portanto, gênio e gosto são substancialmente idênticos. Mas que eles sejam da mesma natureza não significa necessariamente que cada julgamento de gosto se adapte à obra no mesmo modo e segundo a mesma perspectiva. Croce não ignora o fenômeno empírico da variedade dos julgamentos, devido à mudança das condições culturais e da mesma natureza física da obra. Mas julga que sempre, com um acurado esforço filológico, podemos reintegrar as condições originárias e refazer o processo na única forma correta possível. Ou há plena reprodução de tudo que o autor intuiu, ou o processo para. *Tertium non datur*. Não elaborando uma teoria das condições, para a qual uma forma é tal, Croce não podia ser contrariado pela suspeita de que uma forma pudesse se oferecer a uma pluralidade de interpretações, cada uma das quais a recebe toda do ponto de vista determinado (como acontecerá na estética de Pareyson). Até as reflexões de 1917 sobre o caráter cósmico da arte postulam a obra alcançada como um Aleph borgesiano do qual vemos todo o cosmos: Mas tudo ou nada. A teoria crociana da forma ignora a *complicatio* cusaniana, como a ignora a sua história da estética.

3. Temos um mal-estar idêntico quando Croce anuncia a explicação de que algo é, com relação à forma intuitiva, o conhecimento por conceitos. O seu modelo de conhecimento puro é aquele do lúcido e completo conceito lógico; no que concerne ao conhecimento direto com fins práticos, não temos senão os famigerados pseudoconceitos. Mas se virmos bem o que são os pseudoconceitos para Croce, percebemos que são algo bem mais importante do que foram para muitos crocianos, que simplesmente julgaram que fossem elucubrações mecânicas em que o filósofo faria bem em não se imiscuir. Croce, em princípio, se imiscui, porque os pseudoconceitos das ciências são fundamentais para dirigir a nossa ação prática. Percebemos, e com satisfação, que os pseudoconceitos pertencem ainda ao mundo da "desordem", onde as nossas percepções são formadas, e como elas procedem por uniformizações, perfis incompletos da realidade, e estão prontos para serem lançados ao mar, como cada um de nós faz com a própria percepção de ontem ("confesso que aquele armário parecia-me maior do que é"). O mundo da desordem é o território em que vivemos, aquele em que procedemos por amostras, provas e erros, conjeturas, e ao vermos uma sombra no escuro arriscamos que seja um cão, e ao descobrir que Marte passa por dois pontos que não podem pertencer a um círculo arriscamos, como fez Kepler, que talvez as órbitas dos planetas sejam elípticas.

Croce compreende este mundo com grande concretização e sentido do fluxo da vida, e o descreve com vivacidade: mas, depois de caracterizá-lo, se desinteressa, como se a filosofia não devesse se comprometer com a condição humana como é, mas ocupar-se de um dever ser que se realiza em formas igualmente puras, a ponto de fugir de cada tentativa de defini-las. E Croce pede à filosofia para provocar no leitor a exclamação "eu também sentia isto!", e "nenhuma maior satisfação pelo filósofo que encontrar os seus filosofemas nas sentenças de bom senso" (*Cultura e vita morale*, 3. Ed., Bari, Laterza, 1955, p. 211). Quase parece que Croce seja tentado a estimular o péssimo bom senso, quando explica o que é a intuição pura, falando de um quadro "fortemente sentido", e dele se afasta aborrecido quando o bom senso é reconhecido na cotidianidade da desordem.

A perseguição do conhecimento conceitual puro não provoca poucos embaraços. No terceiro capítulo procuramos defini-lo como conhecimento de relações de coisas, "enquanto as coisas são intuições", e as intuições são "este rio, este lago, este arroio" (e o conceito é "água"). Mas aprendemos que este lago é verdadeira intuição apenas quando é pintado por um grande pintor, enquanto que o lado que intuo é esquema, esboço, etiqueta. Se o conhecimento conceitual consiste em estabelecer relações entre tentativas, estamos nos pseudoconceitos. E se é estabelecer relações entre intuições plenas, o puro conceito de água pode surgir apenas como relação entre as várias intuições da água concebidas por Dante, Leonardo, Canaletto. Poderíamos chegar a isto se, identificando fases espirituais e fases históricas, tomássemos, em sentido cronológico, a proposta vichiana de uma língua poética como idioma original da humanidade: "mas um período da teoria da humanidade completamente poético, sem abstrações e raciocínios, nunca existiu, antes, nem sequer podemos concebê-lo" (p. 293). Nem Vico pensava nisso, senão por metáfora, visto que concebe uma língua hieroglífica mais fantástica do que a simbólica e a "epistolar", mas "como ao mesmo tempo surgiram os deuses, os heróis e os homens (porque também eram homens aqueles que imaginavam os deuses...), assim, ao mesmo tempo, surgiram estas três línguas" (*Scienza Nuova Seconda*, 2.2.4).

Com um sentido de consistência muito maior e menor obsessão de distinções, Croce, na *Lógica* de 1909, estabelecerá como estritamente complementar ao julgamento definidor (que nesta *Estética* ainda aparece como única manifestação do pensamento lógico, p. 55) o julgamento individual "ou perceptivo". Ambos são alternativamente presumidos, e portanto a percepção está impregnada de conceitos: "perceber equivale a aprender um determinado fato como possuindo esta ou aquela natureza, e por isso vale pensá-lo e julgá-lo. Nem sequer a mais leve impressão, o menor fato é por nós percebido senão enquanto pensado" (*Lógica*, p. 109). Mas, ao contrário, mesmo toda definição universal parecerá resposta a uma pergunta concreta, historicamente situada, a partir de "uma obscuridade que procura luz", a tal ponto que "a natureza da pergunta por si mesma colore a resposta". Então, como subtrair a mesma forma lógica do generoso e vital território da desordem e da sorte da conjetura?

Mais uma vez Croce adverte para o fascínio da desordem, mas não se pergunta, por exemplo, quais são as probabilidades que têm uma percepção ou uma definição de ser, se não verdadeiras, pelo menos aceitáveis — mesmo que desde a *Estética* reservasse esta preocupação para a história que, como conhecimento de um individual não irreal, não fantástico, deve utilizar conjeturas, verossimilhanças, probabilidades (p. 37).

4. Corria para transigir sobre a desordem no que diz respeito a conhecer através de conceitos, o Croce da *Estética* parece decidido a não ceder à intuição, que não se nutre nunca de contribuições conceituais, e no máximo utiliza-as como sujeito de expressão artística — mas neste caso eles "já foram conceitos, mas, agora, simplesmente, se tornaram elementos de intuição" (p. 5).

Isto explica por que a *Estética* leva a uma batalha contra as teorias, aliás, por necessidade polêmica com relação à tradição com que se confrontava, mas, no fim, enxotando o menino com água suja. Ao combater os preceitos, sejam regras retóricas, classificações de gênero literário ou uma fenomenologia dos "estilos", Croce esquece que, na desordem das conjeturas, utilizamos amplamente fórmulas como "tomada militar" ou "colorido doentio", sem que estas fórmulas esgotem ou reduzam a percepção que temos de um indivíduo na sua irredutível peculiaridade. Dizer "conheci ontem um novo vigário, esperava um tipo de seminarista e, ao contrário, este tem o aspecto de um tenista" não significa encerrar uma nova experiência dentro das malhas de um protótipo, antes significa utilizar os protótipos para fazer a novidade ressaltar. Do mesmo modo, falar de um romance histórico ou de metáfora define, no primeiro caso, o fundo de expectativas (talvez, felizmente, desatenções) com o qual chego a uma obra, e, no segundo, a infinita e originalíssima variação de um esquema trópico que se encarna de forma diversa durante séculos. É certo "que cada verdadeira obra de arte violou um gênero preestabelecido" (p. 48), mas o próprio fato de que Croce perceba isso nos diz quanto o anúncio, a suspeita, a expectativa do gênero influenciara a sua surpresa e o seu julgamento de gosto, e não perceberíamos nem ironia nem riso ariostesco se o *Furioso* não tivesse jogado justamente de contra-ataque no gênero cavalheiresco.

Sabemos todos "quanto mal as distinções retóricas produziram" (p. 89), e talvez, em 1902, deveríamos ainda combater a má retórica ensinada em algum seminário episcopal. Mas talvez ainda não tenhamos percebido bem quanto mal Croce fizera ao difundir o seu desprezo (com uma habilidade retórica e simplificações polêmicas que seduziram os seus leitores). Vejamos na p. 88 o argumento contra a definição da metáfora como uma outra palavra colocada no lugar da própria palavra. Decerto a definição é insuficiente, mas Croce não está realmente preocupado com o problema, que ainda hoje preocupa mentes não mesquinhas, isto é, dizer o que realmente acontece não só com a linguagem, mas com as próprias estruturas cognitivas quando utilizamos um tropo. Simplesmente comenta: "por que termos este incômodo, por que substituir a palavra imprópria pela certa e seguirmos o caminho mais longo e pior, quando conhecemos um mais curto e melhor? Talvez porque, como vulgarmente costumamos dizer, a palavra certa, em alguns casos, não é tão expressiva quanto a pretendida palavra imprópria ou metáfora? Mas, se assim fosse, a metáfora é justamente, naquele caso, a palavra certa; e a que costumamos chamar certa, se fosse utilizada neste caso, seria pouco expressiva e, por isso, muito imprópria". Mas "tais observações de elementar bom senso" são precisamente elementares, e, em vez de responder à pergunta, representam-na como resposta. Compreendemos todos que, quando Dante escreve *conheci o tremular da marinha*, certamente utiliza a expressão mais feliz, mas o problema é explicar o que fez estremecer o texto e todo o patrimônio de uma língua, quando a nova expressão se impôs como "muito correta" no lugar de uma outra cujo sentido, no entanto, não foi extinto. Pelo menos esperaríamos isto de uma estética que desejamos que seja, além disso, também linguística geral.

Para a defesa de Croce, dizemos que cada extremismo polêmico seu sempre é moderado depois por muito bom senso. E eis que, condenados os gêneros, de boa vontade admite a sua utilidade prática. Se semelhantes "agrupamentos" permanecem bons como critério para classificar os livros na biblioteca, também serão bons para os procurarmos e lermos numa determinada disposição de espírito; a mesma que permitirá a Croce definir "trágico" em Tasso "o ímpeto e a alegria vital que, de repente, se transformam em dor e morte ou se redimem". E, por outro lado, os gêneros enxotados pela porta entram de novo pela janela quando Croce explica por que pode ter êxitos estéticos uma obra arquitetônica, à qual não podemos negar finalidades práticas; simplesmente o artista fará "entrar como matéria na sua intuição e manifestação estética o destino justamente do objeto que serve a um fim prático. Ele não deverá acrescentar nada ao objeto para torná-lo instrumento de intuições estéticas; será tal se for perfeitamente adaptado ao seu fim prático" (p. 129). Muito bem dito: mas por que não aplicá-lo também a quem se dispõe a produzir um poema cavalheiresco, uma marinha ou um madrigal?

Quanto à retórica, Croce é o primeiro a ver nas suas classificações um modo de caracterizar um "ar de família" (Oh, a bela expressão pré--wittgensteiniana!), semelhanças, justo, que revelam parentescos da alma entre artistas. E é fixando estas semelhanças de procedimento que podemos conferir um mínimo de legitimidade às traduções, "não enquanto reproduções (o que seria inútil tentar) das mesmas expressões originais, mas enquanto produções de expressões semelhantes, ou mais ou menos próximas daquelas" (pp. 93-94).

5. Mais embaraçoso é, por sua vez, o discurso que Croce começa no sexto capítulo da *Estética*, dedicado à atividade teorética e à prática, em que se enuncia a incrível proposição de a intuição-expressão da arte se esgota na elaboração interna, enquanto a sua manifestação técnico-material, no mármore, na tela, em sons vocais emitidos, é completamente acessória e não essencial, apenas finalizada na "conservação e reprodução" do originário relâmpago interior (p. 123). Mas como? Talvez não esteja falando o mesmo autor que, cem páginas antes, dissera que "com frequência ouvimos algumas pessoas afirmarem ter em mente muitos e importantes pensamentos, mas não conseguirem exprimi-los", enquanto "se os tivessem de verdade, teriam-nos forjado em tantas belas palavras soantes" (p. 13)? Certo, Croce pode nos dizer que concretizar aqueles pensamentos em sons é apenas uma necessidade empírica, uma ideia estenográfica, digamos de memória futura, para adverti-lo, ou outro juiz, de que aqueles pensamentos existiam de verdade. Mas o que dizer do grande tenor que numa tarde, tendo a perfeita intuição interna de um esplêndido agudo, foi vaiado pela galeria somente porque, para fins de arquivo, procurou manifestá-la, e as cordas vocais o traíram? Que tem o hábito da arte e mão que treme? Isto são velharias medievais. O fato é que o que Croce diz não corresponde àquilo que sabemos da prática de outros artistas, que fizeram esboços atrás de esboços à procura da imagem definitiva, ou se preocuparam com esquadro e compasso para realizar um ponto de fuga perfeito.

Mas neste ponto Croce tem uma firme certeza, que parece nascer da muito pouca familiaridade com as artes, e não só no sentido de nunca ter praticado nenhuma delas, mas também no sentido em que sempre deve ter-se desinteressado pelo que os artistas faziam. Croce julga superficial a observação de que "o artista cria as suas expressões pintando ou esculpindo, escrevendo ou compondo", porque o artista "na realidade, nunca dá pinceladas sem antes vê-las com a fantasia" (p. 130). Mas se a palavra "realidade" tem um sentido no sistema crociano, na realidade todos os artistas não se cansam de nos contar o quanto a consistência do material excitou a sua fantasia, e como algumas vezes o poeta, apenas relendo em voz alta os seus esboços, encontra na resposta inicial o indício que o leva a mudar o seu ritmo e procurar a palavra correta. Mas Croce (em *A poesia*) afirma que os poetas odeiam tanto a manifestação empírica das suas intuições internas que não recitam de bom grado os seus versos, o que me parece estatisticamente falso.

No *Breviário* se demonstra a falta de essência da técnica, citando o caso de pintores muito ilustres que utilizam cores que se alteram, mas de tal forma que confundem técnica artística e ciência dos materiais. Na *Estética* há uma bela página (p. 150) que descreve a angústia de um poeta que "procura a expressão de uma impressão que sente e pressente"; e tenta palavras e frases, mas, poucas páginas antes (p. 130), dissera-se que o artista, cuja expressão ainda é disforme, dá pinceladas não para manifestar, mas para ter "um ponto de apoio", um "meio pedagógico". O que Croce chama de ponto de apoio é como a desordem da nossa percepção quotidiana: é tudo. Mas eis que o que o bom senso reconhece como todo, para a filosofia se transforma em nada, com o pequeno inconveniente de que todo o resíduo torna-se impalpável.

Acredito que possamos tranquilamente admitir que, nestas páginas, Benedetto Croce afirma o exato contrário do verdadeiro, se o verdadeiro é aquilo sobre o que o bom senso concorda à luz de mil experiências registradas e confessas. Não conheço bem a sua *opera omnia* para saber se ele nunca meditou sobre o soneto em que Michelangelo nos lembra que *o ótimo artista não tem nenhum conceito / que um só mármore não circunscreve em si / com o seu excesso, e somente para aquele artista / a mão obedece ao intelecto*. Se o tivesse lido, não teria concordado com ele, e teria tomado um partido. Porque, aqui, Michelangelo nos diz que o artista encontra a sua intuição-expressão dialogando com a matéria, com as suas marcas, com as suas linhas de tendência, com as suas possibilidades. Antes, Michelangelo faz mais, por amor à hipérbole: a estátua já está no mármore e o artista só tem de retirar o excesso que a esconde.

Mas eis que Croce, quase discutindo com Michelangelo, nos fala na p. 127 do "pedaço de mármore *que contém* o 'Moisés'" e do "pedaço de madeira colorido *que contém* a 'Transfiguração'" (os grifos são meus). A citação não dá margem a dúvidas: aquelas que julgamos obras de arte (sobre cuja ruína, restauração, falsificação ou furto lamentamos) são meros recipientes das simples, únicas, verdadeiras (e agora inatingíveis) obras que consistiam nas intuições completamente interiores dos seus autores. Alhures, falando de como o julgamento de gosto refaz a gênese da intuição originária, Croce indicará estes achados físicos como um simples "signo", instrumento quase didático para permitir o processo de reconstrução. Não advertindo que, para um filósofo que desconhece a existência social dos sistemas de signos, com as suas leis e as suas unidades definidas, e que vê em cada ato expressivo um *unicum*, em cuja língua renasce como pela primeira vez, ser signo não deveria ser algo de pouco valor, deveríamos entender a relação entre o signo e a intuição como menos acidental e exterior.

Croce nos diz que aquele pedaço de mármore e aquele pedaço de madeira são considerados belos só por metáfora. Depois percebe que é realmente por metáfora que chamamos bela a partitura que "contém" o *Don Giovanni*, e reconhece que a primeira metáfora é mais imediata que a segunda. Mas, para um autor que se recusou a definir a metáfora, a solução deixa a desejar. O que esconde esta diferença de imediação metafórica? E o que é o *Don Giovanni* contido na partitura? Um fato sonoro (e, portanto, fisicamente manifesto e manifestável) ou a intuição originária que Mozart ainda podia se recusar a executar? E por que o executamos ainda hoje, em vez de nos limitarmos a evocá-lo lendo a partitura, como Croce julga que devamos ler os dramas, em vez de vê-los representados no palco?

Parece evidente que Croce aqui (atraído pelo seu desinteresse por tudo aquilo que é "natureza", e dominado por razões de educação humanística pelo modelo verbocêntrico, pelo qual a beleza é sempre definida com referência à poesia verbal) articula um complexo paralogismo, cujas fases será útil seguirmos.

(1) Antes de mais nada, ele percebe que existem expressões *voláteis* (no sentido em que *verba volant*, e não se congelam no ar como aprazia a Rabelais) e expressões *permanentes*, justamente como as estátuas ou os desenhos. A diferença é tão evidente que a humanidade elaborou meios

para tornar permanentes as primeiras, desde a escritura até as fitas magnéticas, estas, verdadeiros suportes físicos para a gravação de expressões sonoras anteriores.

(2) Desta justa observação empírica conclui erroneamente que as expressões voláteis não são um fato material, como se a escritura ou as fitas magnéticas não registrassem sons. A experiência verbal deve tê-lo feito pensar nos poetas que cantam entre si os seus versos, *pensando* no som que eles poderiam produzir. Mas fazem isso porque tiveram experiência dos sons que podiam emitir, tanto que um psicólogo experimental (muito malquisto por Croce) poderia provar que, quando pensamos num agudo de Pavarotti, os nossos órgãos fonadores, mesmo em medida imperceptível, mimam a manifestação em que pensamos. Se intuímos, intuímos manifestações; se pensamos, não pensamos fora do corpo, mas através do corpo. E Croce sabe disso tão bem a ponto de dedicar uma página muito bonita ao fenômeno da sinestesia, em que nos diz que as palavras não evocam só pensamentos, mas também sensações auditivas, táteis ou térmicas. Se Dante tivesse nascido surdo-mudo, não poderia "intuir" a *Comédia*, e, se Michelangelo tivesse nascido cego, não poderia "intuir" o *Moisés*.

(3) Enganado pela experiência (empírica) dos discursos puramente pensados (mas de que temos plena certeza somente quando foram "forjados com tantas belas palavras soantes" — e notemos quão própria é a metáfora *física* do feitio), Croce torna absoluta esta possibilidade e a estende também às artes da permanência. Decerto é possível imaginar um escultor que, longe do laboratório, imagina nos mínimos detalhes a estátua que poderia produzir esculpindo. Mas pode fazer isso porque já suou o mármore, porque esculpiu na oficina, pode fazer isso no sentido em que cada um pode intuir que, se engole de repente um pedaço de gelo, sentirá uma dor no meio da testa, porque se lembra muito bem de já tê-la sentido em circunstâncias análogas. Sem a lembrança das nossas experiências naturais anteriores não intuímos nada, e quem nunca cheirou uma verbena não pode intuir o perfume de verbena, assim como o cego de nascimento nunca poderá intuir o que é uma *doce cor de oriental safira*.

Com relação a estes paradoxos, compreendemos como as gerações pós-crocianas ficaram fascinadas pelas teorias alternativas, digo a chamada de Pareyson à função fundamental da matéria na gênese da obra, de Anceschi às poéticas, de Dorfles e Formaggio às técnicas artísticas, de

Morpurgo Tagliabue até os vetustos conceitos de estilo e de aparato retórico, de Galvano Della Volpe até o momento "racional" do procedimento artístico; para não falar da leitura libertadora de *Arte como experiência,* de Dewey, em que víamos revalorizada a plenitude da naturalidade física. Tratava-se de colocar de novo a filosofia das "quatro palavras" (segundo a acusação gentiliana) naquele fluxo da vida ao qual, enfim, Croce estava tão atento. Tratava-se de fazer justiça ao mesmo Croce, em que sempre foi constante "como um hiato, um dissídio secreto entre uma riquíssima análise de setores muito vastos da experiência e da cultura humana, e o 'sistema'... Lá, solidários com a discussão precisa de fatos de cultura, e de experiência, são precisados 'conceitos', se desejarmos estritamente 'impuros', mas preciosos para entender, ou seja, para unir e esclarecer, a tomada de atitudes múltipla da obra e da vicissitude humana. Aqui se justapõem poucas ideias muito abstratas, cujo próprio desenrolar-se é mais afirmado que demonstrado" (Eugenio Garin, *Storia della filosofia italiana*, Torino, Einaudi, 1966, II, 1315).

6. Mas talvez seja mesmo a persistência incerta deste hiato que explica a influência que a obra de Croce exerceu: onde o leitor recebia as poucas ideias muito abstratas, mas fora por elas atraído porque as compreendia como conclusão lógica da análise concreta, admirável pelo bom senso, limpidez e penetração. O leitor encontrava tanto a própria experiência embaraçosa da desordem, quanto a própria nostalgia por uma ideia não contaminada do belo, do bom, do verdadeiro e mesmo do útil — que todas as metafísicas, tão odiadas por Croce, definiram na sua natureza hiperurânia, espiritual, não comprometida com aquela corporalidade que é mero invólucro, resto mortal, prisão da alma. E via em Croce tanto a confirmação do inevitável quanto a promessa do desejável, recebendo como mediação sistemática o que, ao contrário, era contradição incerta.

Era bom para estes leitores que se lhes dissesse que, no fundo, a arte era o que elas esperavam que fosse, e não arte aquilo que eles — perturbados e conturbados — viam ao seu redor. Parece que não sabiam o que eram as formas, mas entendiam muito bem um julgamento de gosto como aquele sobre Proust: "Sentimos que o que domina na alma do autor é o erotismo sensual e um tanto perverso, erotismo que já se difundiu completamente no desejo de reviver as sensações de um tempo distante. Mas este estado de espírito não se esclarece em motivo lírico e forma poética, como, por sua vez, acontece, nas suas boas coisas, com o menos complicado porém mais genial Maupassant" (Anotações *A poesia*). Croce diz sobre *Os noivos* que "os críticos ainda teimam em analisá-lo e discuti-lo como um romance de inspiração e de execução poética" enquanto "é de alto a baixo um romance de exortação moral, comedido e guiado com olho firme" (*A poesia*, vii). E — perdoem-me a malícia da comparação, mas existem ainda semelhanças entre textos — quando, em 1937, um ano depois de *A poesia*, alguém deverá justificar uma sua filisteia paródia manzoniana, depois de ter feito muitos elogios pela boa execução de *Os noivos* ("ah, que homem de engenho!"), apresentará como álibi pelo sacrilégio: "A verdade é esta: falta o poeta a Manzoni... Entretanto, há um episódio, um caráter, um personagem, que ficaram impressos no meu espírito como aquela evidência cada vez mais pura e cada vez mais luminosa que assinala as imortais criações da arte? Bem, se desejo ser sincero, devo responder que não" (Guido Da Verona, *I promessi sposi di Alessandro Manzoni e Guido Da Verona*, Milano, Unitas, 1937, pp. viii-xiii). Não pensa que Croce tenha formado um público de crocianos, mas que um público já constituído, com os próprios mitos e as próprias imprecisões inabaláveis sobre o belo e sobre o bom, o tenha levado a tornar-se seu intérprete.

Depois, Croce foi obrigado (em *A poesia*) a mostrar a este público (e também para nossa sorte) uma terra de ninguém, e de todos, onde desordem e pureza pudessem conviver reconciliadas: a *literatura*. Aqui Croce pode colocar os produtos de entretenimento que, no fundo, ama, como aqueles de Dumas e de Poe, e os artistas que não ama, desde Horácio a Manzoni. A literatura não é forma espiritual, é parte da civilização e da boa educação, é reino da prosa e da conversação civil.

E é a região em que Croce escreve. Por que o leitor de Croce não adverte contradição incerta, e vê união sistemática onde há incoerência? Porque Croce é escritor irresistível. O ritmo, a dosagem de sarcasmo e reflexão reconciliada, a perfeição bem-feita do período, tornam persuasivo algo que ele pensa e diz. Quando o disse, disse-o tão bem que, sendo tão belo, é impossível que também não seja verdadeiro. Croce, grande mestre de oratória e de estilo, consegue convencer sobre a existência da Poesia (como ele a entende diminuída e angelical) através de um denso, cortês, harmonioso exemplo de Literatura.

Notas

1. Sobre o ser

1. Confuso, Sêneca (*Ad Lucilium*, 58, 5-6) traduzirá este *on* como *quod est*.
2. "Nominalism *x* Realism", 1868 (WR 2: 145). Mas, por exemplo, sobre posições análogas também Hartmann (*Zur Grundlagung der Ontologie*, Berlim, 1935): a fórmula aristotélica, enquanto parte dos entes concretos mas deseja considerar o que é comum a todos, exprime o ser, isto é, aquilo por que o ente é um ente.
3. Gilson, 1984. Pelo menos na linguagem escolástica "a existência é a condição daquilo cujo ser se desenvolve a partir de uma origem... Com razão dissemos que, se Deus é, não existe". Este texto gilsoniano é rico de reflexões de lexicografia filosófica, que livremente utilizo ainda nos parágrafos que seguem.
4. Sobre estas oscilações, cf. M.-D. Philippe 1975. Por exemplo, no *De ente et essentia* temos o *quod quid erat esse*, o *esse actu simpliciter*, o *esse quid* como *esse substantiale*, o *esse tantum* divino, o *esse receptum per modum actus*, o *esse* como efeito da forma na matéria, o *esse in hoc intellectu*, o *esse intelligibile in actu*, o *esse abstractum*, o *esse universale*, o *esse commune*... A permanência destas ambiguidades é discutida também em Heidegger 1973, iv B.
5. "One, Two, and Three", 1967, WR 2: 103.
6. Um dia espero que esta expressão seja traduzida em alemão; assim, pelo menos na Itália, será filosoficamente levada a sério.
7. "On a new list of categories", 1867 (WR 2).
8. "Não podemos falar da realidade como pura realidade nem é porque podia ser, nem porque não podia deixar de ser: mas, unicamente, é porque é. Ela é completamente gratuita e sem fundamento: toda fixada na liberdade, que não é um fundamento, mas um abismo, ou seja, um fundamento que se nega sempre como fundamento" (Pareyson 1989: 12).
9. Em *O que é a metafísica?*, Heidegger nos lembra que perceber a totalidade do ente em si é diferente de sentir-se no meio do ente na sua totalidade. O primeiro é impossível, o segundo acontece com frequência. E, como prova de que isto ocorre,

cita os estados de tédio (que se aplicam ao ente na sua totalidade), mas também a alegria que temos na presença do ser amado.

10. O problema é: retiro a definição da evidência que me dá a sensação (e a subsequente abstração do fantasma) ou é a presciência da definição que me permite abstrair a essência? Se o intelecto agente não é um repositório de formas precedentes, mas o puro mecanismo que me permite caracterizar formas em ato no sínolo, o que é esta faculdade? É fácil incorrer na heresia árabe e dizer que é único por todos; mesmo neste caso, dizer que é único não significa que seja imutável e universal; poderia ser um intelecto agente cultural, poderia ser a faculdade de caracterizar e retalhar as formas do conteúdo. Neste caso, o código, fornecido pela segmentação *operada* no intelecto agente, determinaria a natureza e a precisão da referência! Em *Poética* 1456b 7 (nota Aubenque) diz-se: "O que faria o discurso se as coisas já aparecessem sozinhas e não necessitassem do discurso?" Aubenque (1962: 116) cita uma página dos *Elencos*. Visto que não podemos trazer para a discussão as próprias coisas, mas devemos nos servir dos seus nomes como símbolos, supomos que o que acontece para os nomes acontece também para as coisas, como no caso das pedrinhas que usamos para contar. Mas entre nomes e coisas não há semelhança completa, os nomes são em número limitado, e assim a pluralidade das definições, enquanto as coisas são infinitas em número (e infinitos são os seus acidentes).

11. Peirce (CP 2.37) lamenta que Andrônico colocasse as *Categorias* no início do *Organon*, porque não se trata de um livro de lógica mas de metafísica, em que enumeramos os ingredientes da realidade. Talvez Peirce ainda seja influenciado por centenárias leituras neoplatônicas das *Categorias*, mas logo depois observa que naquele tratado a metafísica se baseia em categorias linguísticas. Alhures repetirá que a primeira coisa que seduz o leitor das *Categorias* é a incapacidade aristotélica de traçar "cada distinção entre gramática e metafísica, entre modos de significar e modos de ser" (CP 3.384).

12. De fato, Gianni Vattimo confirma que há uma direita e uma esquerda heideggeriana (no sentido em que havia uma direita e uma esquerda hegeliana). Pela direita perseguimos um retorno ao ser na forma de uma leitura apofática, negativa e mística; ao contrário, pela esquerda trata-se de dar uma interpretação quase "histórica" do enfraquecimento do ser, e portanto reencontrar a história de um "longo adeus", sem nunca tentar fazê-lo no presente, "nem sequer como termo que está sempre além de cada formulação" (1984: 18).

13. Para uma experiência mental nesta orientação, vejamos o meu "Charles Sanders Pessoal. Modelos de interpretação artificial", em Eco et al. 1986 (agora em Eco 1990).

14. Assim como nutrimos a aspiração à imortalidade, e o desejo de voar, aspiramos sempre à promessa de que, em algum lugar, existe uma zona de liberdade absoluta. Mas é justamente a liberdade que estabelece o Limite. Luigi Pareyson, nos últimos anos da sua vida, falava de uma Ontologia da Liberdade. Mudando o acento sobre o ato livre com que nos aproximamos do ser para dele falarmos, reconhecia que a verdadeira luta se estabelece entre a liberdade e o nada. Pareyson — ao que

parece — restaurava aquele afastamento que Heidegger colocara entre o ente e o ser. O ser ainda é aquele de Aristóteles, de que falamos de muitas maneiras, e ao falar sobre ele desenhamos logo os confins daquilo que é. Mas a luta com o nada, e a vitória sobre o nada — cujo triunfo mudo consistiria no fim da palavra —, consiste no ato de coragem através do qual interrogamos o horizonte em que vivemos. Se há angústia, é porque percebemos a angústia da nossa liberdade diante da multivocidade do ser. Ao falar, arriscamos afirmar como verdade aquilo que no futuro chamarão de erro, impor ou sugerir como melhor aquilo que depois se revelará como mal. O limite surge justamente de uma condição de absoluta liberdade, e este limite acaba por se impor até ao mais livre dos seres, isto é, Deus. Na perspectiva de Pareyson (que era crente e cristão), nem sequer a fé em Deus das religiões reveladas elimina este risco do erro e do mal, da vertigem que a liberdade experimenta diante do ser: porque Deus aparece como o primeiro e supremo ato de liberdade, mas neste seu risco originário Deus teria aceitado conter em si a sombra do mal. Consentiu-nos retirar esta afirmação das suas conotações gnósticas. O problema é que não é verdade que se Deus não existisse então tudo seria possível. Mesmo antes de Deus, o ser vem ao nosso encontro com "não", que é apenas a afirmação de que não podemos dizer algumas coisas. Percebemos este aviso profundo e escondido como Resistência que expõe ao risco contínuo (compreendendo o risco do mal) cada nossa procura da verdade e cada nossa afirmação de liberdade.

2. Kant, Peirce e o ornitorrinco

1. Algumas vezes, Polo enriquece o universo zoológico, e por experiência provada (ou por reconstrução de narrações fiéis) acrescenta-lhes um tipo de gata (na versão toscana, ou de gazela, no original francês) que segrega o "moscado", de delicioso perfume, de um "apostema" no umbigo. Hoje sabemos que o animal existe, e o caracterizamos como Moscus Moschiferus: e, se não é uma gazela, pouco falta para isso, porque é um tipo de cervo, que na derme da parte abdominal, diante da abertura prepucial, segrega um musgo de perfume penetrante.

2. Vejamos a Lowell Lecture IX, 1865 (*WR* 1: 471-487), "On a method of searching for the categories", 1886 (*WR* 1: 515-428) e "On a new list of categories", 1867 (*WR* 2: 49-48).

3. Quanto aos pecados de tríade compulsiva, Peirce nos oferece um bom exemplo na décima primeira Lowell Lecture, onde se arrisca a comparar a primeira tríade com a Santíssima Trindade, e o Ground é assimilado ao Espírito Santo. O que nos autorizaria a não levar todo o acontecido a sério, se não fosse o fato de que em tanta imprecisão se esconde a procura de algo muito importante.

4. É verdade que, com frequência, sombras ambíguas se condensam ao redor do Objeto Imediato, como quando dizemos que também é um ícone (CP 4.447), que é uma ideia como o Ground e é uma qualidade de sensação caracterizada

em nível perceptivo (8.183), que é um percepto (4.539), enquanto que alhures o identificávamos com o significado (2.293). Mas estas oscilações, quando muito, são índice de que todos os momentos preliminares de um processo que nele se instala convergem para a formação do Objeto Imediato.

5. Cf. *Detached ideas on vitally important topics*, 1898 (CP 4. 1-5). Mesmo que em CP 7.540 Peirce erre sobre a data de morte de Kant, colocando-a em 1799.

6. Em *Antropologia* (I, 38-39) também vemos como durante a idade tardia Kant traçava (pelo menos como serviço didático) um sumário de teoria do signo — não original, devedor das doutrinas tradicionais, de Sexto Empírico a Locke e talvez a Lambert, mas que demonstra um respeitoso interesse pela temática semiótica. Interesses semióticos estão presentes ainda em alguns escritos pré-críticos como "A forma e os princípios do mundo sensível e inteligível" § 10. Para Kant e a semiótica vejamos Garroni (1972 e 1977), Albrecht (1975, IV) e ainda Kelemen (1991).

7. Cf. nota 12 na Introdução de Diego Marconi e Gianni Vattimo para a edição italiana de Rorty de 1979.

8. "Decerto, no pensamento de Kant, as funções categoriais representam um papel muito importante: mas ele não chega à extensão fundamental dos conceitos de percepção e de intuição no campo categorial... Por isso, nem sequer distingue os conceitos enquanto significados gerais das palavras dos conceitos enquanto espécie da representação geral *direta* e, enfim, enquanto objetos gerais, isto é, como correlatos intencionais das representações gerais. Desde o início, Kant desliza no terreno de uma teoria metafísica do conhecimento da natureza e da metafísica, antes mesmo de submeter o conhecimento como tal, a esfera geral dos atos em que se realiza a objetivação pré-lógica e o pensamento lógico, a uma crítica e a um esclarecimento analítico essencial, e antes de reconduzir os conceitos lógicos primitivos e as leis à sua origem fenomenológica" (*Ricerche Logiche* VI, § 66).

9. Cf. as objeções de Marconi-Vattimo na introdução a Rorty 1979: xix.

10. Devo esta reflexão a Ugo Volli (comunicação pessoal). Para as taxionomias nas tentativas de línguas universais, cf. Eco, 1994. Vejamos também neste livro 3.4.2 e 4.2.

11. Para as obras kantianas utilizo as seguintes siglas: *Crítica da razão pura* (CRP/A e CRP/B conforme se tratar da primeira ou da segunda edição); *Crítica do juízo* (CG); *Prolegômenos* (P); *Lógica* (L). São utilizadas as traduções citadas na bibliografia. Para CRP, embora me limite à tradução Colli, as remissões estão nas páginas da edição da Accademia.

12. Embora para estes *Grundsätze* seja preferível a tradução Colli ("Proposições fundamentais do intelecto puro"), prefiro ater-me à denominação mais tradicional pelo simples fato de que, com frequência, utilizarei *proposição* como conteúdo de um enunciado, e incorreríamos em alguma confusão.

13. *Lições de psicologia*. Bari: Laterza 19986: 60.

14. Nos *Prolegômenos* (§ 18) falamos ainda de um tipo de gênero superordenado de juízos empíricos (*empirische Urteile*), que têm fundamento na percepção dos sentidos, e a esse respeito os juízos da experiência acrescentam os conceitos que

têm origem no intelecto puro. Não me parece claro como estes juízos empíricos se diferenciem dos juízos perceptivos, mas acredito que (exceto se desejássemos fazer uma filologia kantiana) aqui possamos restringir o confronto aos juízos perceptivos e aos juízos de experiência.

15. CRP/B: 107. Portanto, a propósito da diferença entre juízo perceptivo e juízo de experiência, "de fato, a questão não se resolveu" (Martinetti 1946: 65). Percebia isso Cassirer (1918), que, no entanto, indica isto apenas na nota 20 do capítulo III, 2: "observamos que uma semelhante exposição do conhecimento empírico... não é tanto a descrição de um efetivo dado de fato, quanto a construção de um caso limite... Para Kant, não se dá nenhum 'juízo único' em si que já não reivindique alguma forma de 'universalidade'; não existe proposição 'empírica' que não inclua em si alguma afirmação 'a priori': visto que a própria forma do juízo já contém esta reivindicação de 'objetiva validade universal'". Por que uma afirmação de tão grande importância apenas em nota? Porque Cassirer sabe que extrapola, segundo o bom senso e a coerência sistemática, o que Kant deveria dizer às claras, excluindo qualquer outra formulação ambígua. O que, ao contrário, não fez.

16. Aqui deixamos em aberto se percebeu as pedras, mas, por assim dizer, removeu o percepto, ou se percebe apenas no momento em que responde, interpretando lembranças de sensações visíveis ainda desconexas.

17. Marconi 1997 chegou até mim quando já havia terminado este ensaio, mas parece-me que as páginas que ele dedica ao esquematismo kantiano (146 segs.) marcam com eficácia a sua natureza processual.

18. Vejamos, a propósito, Garroni (1968: 123; 1986, III, 2, 2). Mas também De Mauro (1965, II, 4), que ainda lamentava o silêncio de Kant sobre a linguagem, via bem que o problema se delineava (incerto) justamente no plexo que liga o esquema ao significado.

19. Sobre a embaraçosa história dos ruminantes vejamos os *Segundos analíticos* (II, 98, 15 segs.) e *Partes dos animais* (642b—644a 10 e 663b segs.); mais o meu "Chifres, cascos, sapatos: três tipos de abdução", agora em Eco 1990: 227-233.

20. Por outro lado, coloquemo-nos também do ponto de vista de um Adão hipotético, que vê pela primeira vez um gato, sem nunca ter visto outros animais. Para este Adão, o gato será esquematizado como "coisa que se move", e, no momento, esta sua qualidade o tornará semelhante à água e às nuvens. Mas podemos imaginar que Adão logo colocará o gato junto dos cães e das galinhas, entre os corpos móveis que reagem imprevisivelmente a uma sua solicitação e, de forma bastante previsível, a um seu chamado, distinguindo-o da água e das nuvens, que parecem se mover, sim, mas insensíveis à sua presença. Alguém falaria aqui de um forma de *pré-categorial perceptiva* que precede a categorização conceitual, pela qual a animalidade que percebemos ao ver o cão ou o gato ainda não tem nada a ver com o gênero ANIMAL, com que a semântica se entretém, pelo menos desde os tempos da Árvore de Porfírio. Contudo, não pretendo agora introduzir esta noção de "pré-categorial" porque, como veremos em 3.4.2, a propósito dos chamados processos de "categorização", este modo de se exprimir implica uma noção de categoria que não é aquela kantiana.

21. Trata-se daquela que em "Chifres, cascos, sapatos" (cf. agora Eco 1990) eu definia como *abdução criativa*. Vejamos a propósito Bonfantini e Proni 1980.

22. *Opus Postumum*: 231, nota 1. Sempre Mathieu, na Introdução, observa que "mesmo mantendo firme a estrutura necessária das categorias, ainda podemos levar em consideração uma atividade espontânea *ulterior*, que o intelecto realiza *a partir* das categorias, mas sem ficar ligado a elas..., construindo não só aquilo que delas *deriva*, mas tudo o que de algum modo conseguimos pensar e sem cair em contradição" (p. 21). Talvez, para chegar a estes valores, Kant tivesse necessidade de passar através da reflexão estética da terceira *Crítica*; apenas, então, "nasce um novo esquematismo — o esquematismo livre, sem conceitos, *da imaginação* — como capacidade originária de organização das percepções (cf. Garroni 1986: 226).

23. V. Mathieu, Introdução a *Opus Postumum*: 41-42. O aspecto mais interessante deste fato é que, quanto mais Kant atribui poder construtivo ao intelecto, mais age assim porque parece persuadido de que o *continuum* exibe (como dizíamos no primeiro ensaio deste livro) linhas de tendência; isto é, mais deseja prestar contas do fato de que (para nos exprimirmos com uma fórmula peirciana) existem leis gerais operativas na natureza, e naturalmente, então, existe uma realidade objetiva das espécies. Assim, seria interessante mostrar que, quanto mais Peirce se aproxima deste fato, mais se afasta do primeiro Kant. Cf. a propósito Hookway 1988: 103-112.

24. Cf. Apel 1995. O sujeito transcendental do conhecimento se transforma na comunidade que quase "evolucionisticamente" se aproxima daquilo que poderia se tornar conhecido "in the long run", através de processos de prova e erro. Cf. também Apel 1975. Isto leva a ler de novo a polêmica anticartesiana e a recusa da admissão de dados desconhecidos, que poderia ser definida também como uma cautelosa e preventiva tomada de distância da ideia kantiana de coisa-em-si. O Objeto Dinâmico parte como coisa em si, mas, no processo da interpretação, é cada vez mais — ainda que apenas potencialmente — adequado.

25. Neste sentido, lemos a recuperação kantiana por parte de Popper (1969). "Quando Kant afirmou: 'o nosso intelecto não retira as próprias leis da natureza, mas lhes impõe estas leis', estava com razão. Mas errava ao julgar que tais leis fossem necessariamente verdadeiras, ou que, sem dúvida, conseguíssemos impô-las à natureza. A natureza, com bastante frequência, se opõe de forma muito eficaz, obrigando-nos a abandonar as nossas leis enquanto contestadas; mas, enquanto vivemos, ainda podemos nos reprovar" (I, 1, v). Portanto, Popper reformula: "O intelecto não retira as próprias leis da natureza, mas procura impor-lhes — com variável possibilidade de sucesso — as leis que livremente inventa" (I, 8).

26. "É o relampejar do átimo, inapreensível, eterno" (Fabbrichesi 1981: 483).

27. Ou ainda: "Entendo por *feeling* aquele tipo de consciência que não implica nenhuma análise, comparação, ou qualquer outro processo, nem consiste em tudo ou em parte em algum ato por que um fenômeno de consciência se distingue de um outro, algo que tem a própria qualidade positiva, que não consiste em nada mais, e que é em si mesma tudo o que *é*" (CP 1.306).

28. Habermas (1995) marca a crítica do psicologismo que Peirce inicia desde as Harvard Lectures. O mesmo processo de interpretação "torna-se anônimo", "despersonalizado": a mente pode ser vista como relação entre signos. Isto leva Habermas a ver em Peirce um desinteresse pelo processo de comunicação como evento intersubjetivo, o que permite a Oehler (em Ketner 1995) responder-lhe marcando, ao contrário, os momentos em que Peirce se mostra sensível à comunicação entre sujeitos. Mas, sabemos, podemos fazer com que Peirce diga isto, conforme o revermos. O fato é que me parece possível explicar o processo de iconismo primário sem recorrer a eventos ou representações mentais, sem trair o espírito de Peirce.

29. Notemos que, nesta fase, nem sequer podemos afirmar que a sensação apresenta alguma semelhança com *algo* que estava no objeto ou no campo estimulante (no caso de uma sensação de vermelho sabemos muito bem que no objeto não há o vermelho, no máximo, há um pigmento, ou um fenômeno luminoso, ao qual respondemos com a sensação de vermelho). Poderemos até ter dois sujeitos, um daltônico (que troca o vermelho pelo verde) e outro que não é, de modo que a sensação no primeiro sujeito é diferente daquela do segundo, mas para os dois permanece uma resposta constante ao estímulo, e os dois foram educados para responder *vermelho* àquele estímulo. O que queremos dizer é que existiria sempre, para cada um, uma relação constante entre estímulo e sensação (e que, por um acidente cultural, os dois podem interagir tranquilamente, chamando sempre o fogo de vermelho e os prados verdes).

30. Cf. Mameli (1997, 4): "visto que Peirce pensa e mostra que a inteligibilidade não é uma característica acidental do universo, que ela não é um simples epifenômeno de como as coisas são, mas é uma característica que 'forma' o universo, acontece que uma teoria da inteligibilidade é também uma teoria metafísica sobre a estrutura do universo."

31. A propósito remeto a Sebeok 1972, 1976, 1978, 1979, 1991, 1994.

32. Neste sentido Ransdell (1979: 61) pode sustentar que, dadas as duas possíveis teorias do conhecimento (o conhecimento é representação do objeto, e o conhecimento é percepção imediata daquilo que o objeto é em si), a proposta peirciana se apresenta como uma síntese dinâmica entre as duas posições.

33. Fumagalli (1995: 167) observa que "a teoria do juízo perceptivo é um dos últimos trechos da filosofia peirciana a ver a luz", e marca toda a sua novidade. Entre outras coisas, esclarece que o percepto de Peirce não é um *sense datum*, um *quale*, mas "já é o fruto de uma elaboração cognitiva não consciente, que sintetiza os dados numa forma estruturada", ou "um construto resultante de operações psicológicas sobre dados dos sentidos puros, sobre os estímulos nervosos" (1995: 169).

34. Uma das tentativas mais proveitosas de interpretar a passagem entre processo e juízo perceptivo parece-me aquela de Innis (1994, 2), em que são traçados persuasivos paralelos entre Peirce, Dewey, Bühler, Merleau-Ponty, Polany.

35. Para estas sugestões devo agradecer a Perri 1996 (I.II.3) e a Nesher 1984.

36. Ms 410, citado em Roberts (1973: 23-24). Em CP 2.277 Peirce esclarece que, dada a categoria dos ícones, aquelas que compreendem simples qualidades são *ima-*

gens, as que representam relações diádicas são *diagramas*, as que representam um paralelismo entre os caracteres de dois objetos são *metáforas* (e parece-me que o termo é usado no sentido lato de "semelhança conceitual").

37. Sobre um conceito de motivação dos signos, que não exclui a sua convencionalidade, e a presença simultânea de representações alternativas ambas *motivadas*, vejamos o *Tratado* 3.5.

3. Tipos cognitivos e conteúdo nuclear

1. Algumas vezes a filiação é explicitamente, mesmo que rapidamente, citada (cf. entre os tantos Johnson 1989: 116), outras criticamente discutida (cf. Marconi 1997: 145-148 — mas não se trata por acaso de um autor, apesar de tudo, "continental").

2. "Decerto, no pensamento de Kant, as funções categoriais lógicas desenvolvem um papel muito marcante: mas ele não chega à extensão fundamental dos conceitos de percepção e de intuição no campo categorial... Por isto nem sequer distingue os conceitos enquanto significados gerais das palavras dos conceitos enquanto espécies da representação geral *direta* e enfim enquanto objetos gerais, isto é, como correlatos intencionais das representações gerais" (*Ricerche Logiche* VI § 66).

3. Muitas destas perguntas não teriam surgido se não tivesse lido Violi (1997) em fase manuscrita e — já na fase final deste meu trabalho — Marconi (1997), aos quais remeto com frequência. O acordo com Violi é quase total; com relação a Marconi indicarei quando se dá o caso de alguns pontos em que me parece que o nosso contato é diferente.

4. No *Tratado* (1975: 247) afirmara que a semiose perceptiva é um postulado da semiótica. Neste livro, e na fase a que a discussão semiótica chegara àquele ponto, parecia importante sublinhar a natureza social e cultural dos sistemas de signos. O esforço de encontrar uma definição do conteúdo em termos de interpretantes, todos publicamente exibidos pelo repertório "público" da enciclopédia, tinha em vista subtrair o problema do significado das dificuldades do mentalismo, ou, pelo menos, de um recurso ao sujeito que naqueles anos era identificado (na minha opinião de forma duvidosa), pelo inconsciente nas profundezas. O *Tratado* se fechava justamente na observação de que o problema do sujeito era, sem dúvida alguma, importante, mas no momento devia permanecer excluído de uma semiótica como lógica da cultura. Sempre fiquei confuso com esta exclusão, e a corrigia ao introduzir a edição francesa da parte do *Tratado*, dedicada à produção sígnica: "Hoje irei corrigir a afirmação segundo a qual a nossa capacidade de reconhecer um objeto como *token*, ou ocorrência de um *tipo* geral, é um postulado da semiótica. Se há semiose até nos processos perceptivos, a minha capacidade de considerar a folha de papel em que escrevo como a cópia de outras folhas de papel, e de reconhecer uma palavra pronunciada como a réplica de um tipo lexical, ou de identificar no Jean Dupont que hoje vejo o mesmo Jean Dupont que conheci há um ano, são

processos em que a semiose intervém em nível elementar. Portanto, a possibilidade de reconhecer a relação entre *token* e *type* não pode ser definida como um postulado senão no quadro do presente discurso sobre a produção dos signos, no mesmo sentido em que, para explicar como utilizarmos um instrumento náutico que serve para observar a latitude, se dá por demonstrado que a terra gira ao redor do sol — enquanto que este 'postulado' se torna de novo uma hipótese científica a ser provada ou falsificada no quadro de um discurso astronômico" (*La production des signes*. Paris, Livre de Poche, 1992). Mas o ponto é que, também no *Tratado*, o problema se apresentava na vida social dos signos, não nos problemas de gnosiologia, senão ele não teria começado com um capítulo que falava de uma Lógica da Cultura (e não da natureza). Contudo, a minha exclusão não era tão radical como parecia, e agradeço a Innis (1994, 1) por ter posto em relevo todos os pontos do *Tratado* em que (mesmo apenas "postulando-a") confirmo que a semiose perceptiva é um problema semiótico central, e que é indispensável pensar numa definição semiótica dos perceptos (por ex., 3.3.3). Não poderia ser indiferente ao problema, visto que nos meus escritos pré-semióticos como *Obra aberta* inspirei-me amplamente na fenomenologia, de Husserl a Merleau-Ponty, e à psicologia da percepção, dos transacionalistas a Piaget. Mas, evidentemente, aquele "postular", em vez de enfrentar (que desejava ser uma simples limitação do meu campo de pesquisa naquele momento) pressupunha e produzia uma ambiguidade de fundo; de fato, não se decidia se o trabalho inferencial exigido para entender algo era o objeto de uma psicologia da percepção e da cognição, e, portanto, um problema vestibular mas não central para a semiótica, ou se, ao contrário, inteligência e significação não eram um único processo, e, assim, um único sujeito de pesquisa, como desejava a tradição fenomenológica a que me ligava. Uma das razões daquela ambiguidade foi explicada nas páginas anteriores: o *Tratado* era estruturado de tal modo que, antes de mais nada, focalizava o Objeto Dinâmico, como *terminus ad quem* da semiose (e, portanto, iniciava com uma teoria dos sistemas sígnicos enquanto já socialmente constituídos). Para colocar o problema da semiose perceptiva em primeiro lugar era preciso considerar, como faço neste livro, o Objeto Dinâmico como *terminus a quo*, e, por conseguinte, como aquele que existe antes da semiose e de que partimos para elaborar juízos perceptivos.

5. É verdade que podemos considerar (segundo a Teoria Empírica da Visão de que nos fala Helmholtz) as sensações como "signos" de objetos ou de estados externos, de que, por inferência (inconsciente), partimos para ativar um processo interpretativo (devemos aprender a "ler" estes signos). Contudo, enquanto uma palavra ou uma imagem, ou um sintoma, nos remetem a alguma coisa que não está lá enquanto percebemos o signo, os signos de Helmholtz nos remetem a alguma coisa que está ali, no campo estimulante do qual extraímos ou recebemos estes signos-estímulos, e no término da inferência perceptiva estas coisas que estavam ali nos tornam compreensível o que já estava ali.

6. Esta será a diferença entre modalidade Alfa e Beta que discuto em 6.15.

7. Poderei dizer que neste caso se atua aquele processo (descrito por Pareyson 1954) por que o artista, partindo de um motivo ainda disforme, a ele oferecido pela

matéria em que trabalha, tira-o como sugestão para entrever aquela forma que depois, quando o trabalho acabou, dará sentido ao conjunto, mas que, no início do processo, ainda não existe, e é só *anunciada* pelo motivo.

8. Remeto a Ouellet (1992) para uma das tentativas mais interessantes de fundamentar a problemática husserliana naquela semiótica, discutindo de novo as relações entre conhecimento sensível e conhecimento proposicional, percepção e significado, e a oposição entre uma semiótica do mundo natural e uma semiótica da língua natural (em Greimas e Courtés 1979: 233-234). Sobre os problemas da semiose primária vejamos também Petitot 1995.

9. Eu já admitia em 2.8.2 a possibilidade de reconhecer como pré-semiósicos (e, contudo, nas raízes da semiose) fenômenos orgânicos como o "reconhecimento" estérico.

10. Mesmo se tratando de uma experiência mental, procurei não me afastar do que conhecemos a este respeito e, antes, de valer-me deles. Para cada informação filológica agradeço a Alfredo Tenoch Cid Jurado que escreveu, para meu uso e consumo restrito, um ensaio ainda inédito, "Um cervo chamado cavalo". Cf. mesmo a reflexão sobre os aspectos semióticos da conquista feita por Todorov (1982, II).

11. Sobre a discussão do debate Locke-Berkeley vejamos Santambrogio (1992, I).

12. Os casos de referência feliz colocam em crise as teorias por que não existiria "significado transcendental". Pode acontecer que seja difícil, e algumas vezes impossível, definir o significado transcendental de um texto, ou de um sistema articulado e complexo de proposições, e que neste ponto entra em cena uma derivação interpretativa. Mas se quando digo a alguém *bateram à porta, abra-a, por favor*, este ou esta (se colaboram) abrem a porta e não a janela, significa que, ao nível de experiência quotidiana, tendemos a atribuir não só um significado literal aos enunciados, mas também a associar de forma constante certos nomes a certos objetos.

13. Visto que não julgo que deva entrar nos termos do debate, remeto a uma crônica fundamentalmente fiel a Gardner (1985, 11), e por uma série de propostas razoáveis a Johnson Laird (1983, 7). Sobre as imagens vejamos também Varela 1992 e Dennett, 1978.

14. Neisser (1976) postularia também no caso de instruções verbais a ativação de "mapas cognitivos", da mesma natureza dos *schemata*, que orientariam a percepção.

15. Mesmo a referência feliz, enquanto comportamento que interpreta o signo, é uma forma de interpretante. Sobre o referente como interpretante implícito cf. Ponzio 1990, 1.2.

16. Sobre esta debatida questão, Goodman (1990) sugere tentar traduzir o substantivo com um verbo: como se, em vez de perguntar-nos sobre o conceito de "responsabilidade", nos perguntamos o que significa "sermos ou sentirmo-nos responsáveis por algo".

17. Marconi (1995, 1997) fala de uma dupla competência lexical: a *inferencial* e a *referencial*. Parece-me que este último tipo de competência deva se dividir nos três fenômenos diferentes das instruções para o reconhecimento, identificação, acha-

do, e naturalmente não devemos identificar com a execução de atos de referência (como veremos em 5).

18. Há tempos espantei-me porque, em Paris, muitos taxistas orientais mostravam conhecer muito mal a cidade, enquanto presumimos que um taxista, para obter a carteira, deva demonstrar que possui uma competência considerável sobre o mapa local. Uma vez, interrogando um destes, evidentemente com disposição à sinceridade, respondeu: "Mas, quando um de nós se apresenta com os documentos para o exame, o senhor é capaz de dizer se a foto no documento é realmente a sua?" Portanto, especulando sobre o fato proverbial de que todos os orientais são parecidos para os ocidentais, e vice-versa, um único candidato competente se apresentava várias vezes para o exame, exibindo os documentos de identidade dos próprios patrícios incompetentes. A carteira de identidade fornecia o CN ligado ao nome próprio (com toda a precisão exigida), mas a situação intercultural fazia com que as instruções para a identificação fossem muito fracas para os examinadores, levando-os a manter um TC cognitivo genérico e não individual.

19. Nos mesmos princípios tentei basear uma ética elementar (cf. "Quando o outro entra em cena nasce a ética", em Martini, F. M., e Eco, U., *In cosa crede chi non crede?* Roma: Atlantide 1996; agora também no meu *Cinco escritos morais*. Rio de Janeiro: Record, 1998).

20. Bruner (1990: 72). Mas vejamos também Piaget 1995, II, vi. A criança, em vários estágios do seu desenvolvimento, aplica inicialmente a ideia de vida a tudo aquilo que se move e depois, aos poucos, só aos animais e às plantas, mas esta ideia de vida precede cada aprendizagem categorial. Quando a criança percebe o sol como algo vivo, está atuando uma subdivisão do *continuum* que ainda é pré-categorial. Cf. também Maldonado (1974: 273).

21. Para uma série de textos tomistas a esse propósito (*De ente et essentia* vi; *Summa Theologiae* 1, 29 2 a 3; I, 77, 1 a 7; I, 79, 8 co; *Contra Gentiles* III, 46) vejamos o desenvolvimento em Eco 1984, 4.4.

22. Para um visão das classificações muito mais aderente aos nossos efetivos usos linguísticos vejamos Rastier (1994: 161 segs.).

23. Julgando que o conceito expresso pelo pronome *Eu* seja um dos seus "primes" — e parece-me razoável admitir que o sentido da própria subjetividade enquanto oposta ao resto do mundo seja tal, mas vejamos como é tal apenas num certo estágio da ontogênese — Wierzbicka (1996: 37) julga que esta ideia, enquanto universal, comum a todas as culturas, não pode ser interpretada. Portanto, diante da proposta de que *Eu* possa ser interpretado como "o pronome que se refere a, ou denota, em geral, o sujeito do ato de enunciação", cogita como prova negativa o fato de que, neste ponto, o enunciado *Eu não estou de acordo com o que está falando* deveria ser traduzido como "aquilo que está falando não está de acordo com aquilo que está falando". O resultado é obviamente absurdo, mas prevê um falante fundamentalmente estúpido. De fato, o enunciado é interpretado como "o sujeito deste ato de enunciação não está de acordo com o sujeito do ato da enunciação a que se refere".

24. Os embaraços ligados a esta identificação entre significado e proposição ou marca expressa verbalmente se encontram ainda quando se trata de interpretar não

objetos visíveis, nem verdadeiras ou presumidas imagens mentais, mas ainda hi-poícones, isto é, quadros e desenhos. Vejamos, por exemplo, *Languages of art* de Nelson Goodman (1968). O livro frutifica a experiência de um filósofo da lingua-gem para procurar legitimar a existência de linguagem visível, e tenta construir categorias semióticas adequadas, como acontece com as páginas sobre as "amos-tras" e as "exemplificações", ou sobre a diferença entre artes autográficas e artes halográficas. E Goodman permanece ligado a uma ideia proposicional (e verbal) da denotação. Quando perguntamos se um quadro de tonalidade acinzentada que representa uma paisagem, e que decerto denota uma paisagem, denota a pro-priedade de ser cinzento ou é denotado pelo predicado "cinza", se um objeto ver-melho exemplifica a propriedade da vermelhidão ou se exemplifica o predicado "vermelho" (neste caso surge o problema se exemplifica o predicado "rouge" para um francês), ou se exemplifica o denotado daquele mesmo predicado, Goodman procura apenas tornar um fenômeno de comunicação visível apreensível em termos linguísticos, mas não diz nada sobre a função significante que (digamos), durante um filme, um sujeito vermelho adquire para quem assistiu, alguns instantes antes, numa cena sanguinolenta. Ele transmite sutis distinções entre uma *man-picture* e a *picture of a man*, e apresenta múltiplos problemas sobre as modalidades denota-tivas de um quadro que representa juntos o Duque e a Duquesa de Wellington. Ao mesmo tempo, denotaria o casal, parcialmente denotaria o Duque, seria no seu conjunto uma *two-person-picture* e, em parte, uma *man-picture*, mas não repre-sentaria o Duque como duas pessoas, e assim por diante. São questões que podem surgir apenas se entendemos o quadro como o equivalente de uma série de enun-ciados. Mas quem olha o retrato (senão no caso extremo em que é usado para fins histórico-documentais ou signaléticos) não traduz a própria experiência nestes termos. Vejamos mais como Calabrese (1981) caracteriza significantes plásticos de significantes eminentemente visíveis. As categorias colocadas em jogo, além da problemática da semelhança, são, por exemplo, oposições que concernem ao corte de enquadramento, posição das mãos, relação entre figura e espaço-fundo, direção do olhar, e por conseguinte relação entre um retrato que demonstra saber que é visto pelo espectador e um outro em que o personagem vê algo, mas não vê o espectador, e assim por diante. Um retrato não me diz apenas que estou vendo uma *man-picture*, e nem sequer que o que vejo é o Duque de Wellington (entre parênteses, isto me é dito pela tarja no canto, não pela imagem): mas mesmo que aquele homem seja simpático, de boa saúde, triste, inquietante. Dizer verbalmen-te que o sorriso da Gioconda é "ambíguo" ou "perturbador" é uma interpretação pobre daquilo que a imagem me comunica. Mas poderei caracterizar (modifican-do a imagem de Leonardo num computador) quais são os traços mínimos que tornam aquele sorriso perturbador, ao alterá-los, o sorriso se tornaria um sorriso malicioso ou um trejeito inexpressivo. Estes traços eminentemente visíveis são cruciais, até para interpretar o retrato como referência a uma pessoa ou a um estado de coisas.

25. Decerto as novas aproximações recuperaram este espaço pré ou extralinguístico, mesmo que algumas vezes pareçam relutantes em considerá-lo como um espaço

semiósico. Vejamos, por exemplo, a posição de Jackendoff. A admissão é de que o pensamento é uma função mental independente da linguagem e que os *inputs* para os processos cerebrais não chegam só por via auditiva, mas também por outros canais, visíveis, térmicos, táteis, proprioceptivos. Vale a pena observar que para cada um destes canais várias semióticas específicas estudaram processos semiósicos que se desenvolvem justamente nestes níveis. Mas o problema de uma semiose perceptiva não é se uma imagem ou uma sequência musical podem ser analisadas em termos "gramaticais", problema justo de uma semiótica específica. É se o tipo cognitivo ainda retém informações provenientes destes canais. Jackendoff parece ter admitido o papel de informações visíveis, e, por exemplo, marca que a representação de uma palavra na memória durante muito tempo não exige apenas uma tripla parcial de estruturas fonológicas, sintáticas e conceituais, mas pode ainda conter uma estrutura 3D parcial, ou que "conhecer o significado de uma palavra que denota um objeto físico implica em parte saber como este objeto aparece" (1987, 10.4). O mesmo aconteceria também para proposições que exprimem cenas ou situações complexas. Por exemplo, em Jackendoff (1983, 9) a desambiguação de uma expressão como *the mouse went under the table* exigiria a visualização de duas situações, uma em que algo *vai* colocar-se sob a mesa, e a outra em que algo *passa* debaixo da mesa. Mas não me parece que sejamos levados a discutir outros canais sensoriais, talvez pela dificuldade de verbalizar tais experiências.

26. Que depois, como observa Violi (1997, 1.3.4), as qualidades visíveis são mais facilmente interpretáveis do que as olfativas e táteis dependem da nossa estrutura fisiológica e da nossa história evolutiva: mesmo os medievais sabiam que existem sentidos *maxime cognoscitivi*, como a vista e o ouvido. Conseguimos lembrar e interpretar melhor as sensações que seremos capazes de reproduzir: podemos reproduzir com um desenho, mesmo que desajeitado, aquilo que vimos, e podemos reproduzir um som ou uma melodia que ouvimos; não podemos reproduzir, nem produzir (voluntariamente) um odor e um sabor (exceto em casos particulares, como os perfumistas ou os cozinheiros; porém não o fazem com o próprio corpo, mas misturando substâncias). Esta incapacidade de *fazer com o corpo* se resolve numa incapacidade (ou menor capacidade) de interpretar e até lembrar (lembramos uma melodia e sabemos reproduzi-la, não lembramos com a mesma vivacidade o perfume da violeta, que evocamos de preferência associando-o à imagem da flor ou a uma situação em que o percebemos). O caso do tato fica à parte: conseguimos reproduzir no corpo alheio ou nosso, e mediante o nosso corpo, muitas sensações táteis (não todas, não, por exemplo, a do veludo). Esta natureza mista do tato explica por que pode ser usado algumas vezes como *medium* cognitivo, por exemplo, no alfabeto braile, para não falar de muitos casos de solicitação intencional de afetos ou sensações desagradáveis, com relações eróticas ou conflitantes. Não me pronuncio sobre a relação entre recepção e produção de animais que possuem outras fontes sensoriais.

27. Para os *frames*, vejamos Minsky 1985. Para os *scripts*, vejamos Schank e Abelson 1977. Para uma representação 3D de comportamentos e ações corporais, cf. Marr e Vaina 1982. Para a cólera, vejamos Greimas 1983.

28. Ou usando modelos 3D como aqueles de Marr e Vaina 1982. Suponhamos que existe um ser (por exemplo, um daqueles severos estudiosos de que falamos que estudavam sempre desde pequenos, e que portanto nunca brincaram) a quem explicamos, durante um debate sobre a tradução, como fazemos saltar no sentido de *to skip*. Assim como ali seria pouco digno explicá-lo por ostensão, confiando na sua habilidade de compreender e formular proposições, traduziríamos em palavras as instruções contidas na tabela de Nida. E eis que ele seria capaz de voltar ao próprio jardim e ter, pela primeira vez, a experiência primária correspondente.

29. Gibson 1966: 285; Pietro 1975. Cf. também Johnson-Laird (1983: 120): um artefato é visto como membro de uma categoria não tanto por motivos morfológicos, mas porque parece apropriado para uma certa função. Vejamos também Vaina 1983: 19 segs.

30. Sobre a relação entre tipos cognitivos e reações corporais e motoras, vejamos Violi (1997, 5.2.4): "Se numa perspectiva whorfiana estávamos acostumados a pensar na língua como uma dobra entre pensamento e culturas, agora o sistema linguístico assume uma função de mediação até entre corpo e pensamento."

31. Falar apenas de "figuras na mente" postularia o tradicional *homunculus* que as percebe, e a consequente regressão de homúnculos ao infinito, e vejamos a propósito também Edelman (1992: 79-80). No entanto, poderíamos dizer que a representação 3D não faz parte da representação semântica mas, de preferência, serve para passar à representação (Caramazza et al. 1990). Cf. a propósito também Job 1995. Para o problema que segue, da dupla codificação, cf., por exemplo, Benelli 1995.

32. Em geral, de manhã, nos lembramos de forma bastante vívida o que fizemos ou vimos ou dissemos à noite antes de dormirmos (e não só em termos visíveis, mas também auditivos, por exemplo). Mas, quando acordamos depois de uma abundante libação noturna, lembramos que dissemos ou fizemos algo (e somos capazes de exprimi-lo a nós mesmos ou aos outros em termos verbais), mas não conseguimos reconstruir "iconicamente" o que aconteceu. Dizemos que criamos uma soleira pela qual lembramos em termos icônicos o que aconteceu das nove à meia-noite (antes que ultrapasássemos a dose suportável de álcool), enquanto que para o que aconteceu depois conservamos apenas uma memória "proposicional' (daí a situação aproveitada em tantos filmes cômicos, do personagem que se lembra de dizer ou fazer, na noite anterior, algo horrível, e sabe muito bem disso, mas não consegue mais reconstruir a cena).

33. Cf. Fillmore 1982, Lakoff 1987, Wierzbicka 1996, Violi 1997 2.2.2.1 e 3.4.3.1.

34. Esta discussão sobre os solteiros exemplifica muito bem a diferença entre uma semântica formal e uma semântica cognitiva. Faz pensar no conhecido problema por que, se o barbeiro da cidade é aquele que barbeia todos os homens que não fazem a barba sozinhos, quem barbeia o barbeiro da vila? Em termos cognitivos (e uma vez fiz a pergunta a duas crianças) as respostas são múltiplas e todas razoáveis; o barbeiro é uma mulher, o barbeiro não se barbeia nunca e tem uma barba muito grande, o barbeiro é um orangotango amestrado, o barbeiro é um robô, o barbeiro é um jovem imberbe, o barbeiro não se barbeia mas queima a sua barba

(por isso é chamado o Fantasma da Ópera), e assim por diante. Mas, no plano lógico, para que a pergunta tenha sentido, é necessário imaginar um universo composto apenas de homens que, por definição, se barbeiam.

35. Por outro lado, e abandonando por um momento a fanta-mística: há um congresso de astrônomos que discutem sobre a estrela N4, morta há um milhão de anos, cuja luz é observada apenas por complexas aparelhagens; os astrônomos sabem muito bem como caracterizá-la e associam ao seu nome um CM feito de informações muito sofisticadas; contudo, enquanto falam sobre isso, cada um tem de N4 um TC que compreende os procedimentos que seguem para identificá-la e os sinais (qualquer que seja o seu gênero) que recebem quando a focalizam.

36. Neisser (1987: 9) fala de esquemas cognitivos, mas esclarece que eles não são nem categorias nem modelos; de fato, aparecem como sistemas de espera, fundamentados em experiências anteriores, que orientam a construção do juízo perceptivo. Mas admite: "Não posso dizer o que são: não saberíamos como caracterizar os pré-requisitos estruturais da percepção até que sejamos capazes de descrever a informação que o recipiente retira. Existem poucas razões para acreditar que estas estruturas preliminares tenham muito em comum com os modelos cognitivos dos quais depende a categorização; e existe cada motivo para acreditar que sejam primorosamente concedidas às propriedades ecológicas relevantes do mundo real."

37. No que segue, tomarei nota de Rosch 1978, Rosch & Mervis 1975, Rosch et al.1976, Neisser 1987, Reed 1988, Violi 1997.

38. Poderíamos objetar que estes testes são viciados pelo fato de que o sujeito deve respondê-los verbalmente; aposto que perceptiva e emocionalmente qualquer um que distinga um par de calças de smoking de um par de *hot pants* rosa com a mesma prontidão com que distingue as calças de um casaco. Mas, decerto, escolhi um exemplo malicioso, porque é evidente que distinguimos uma banana de uma maçã melhor do que distinguimos um maçã gala de uma maçã red.

39. "Visto que a semântica de uma língua não é divisível de uma semântica do mundo natural, os esquemas que utilizamos para a compreensão da linguagem não são diferentes daqueles que usamos para a compreensão do mundo. Se a experiência do mundo não se reduz a inventários limitados e pré-formados, assim não é o sentido linguístico" (Violi 1997, 11.1).

40. Violi (1997, 5.2.2) observa: "Pensemos nas manufaturas: uma cadeira, uma cama, uma camisa são todos objetos cuja função é definida por um ato intencional, em cuja base se desenvolverá um programa motor definido e comum a todos os objetos daquele tipo. Todas as cadeiras são objetos em que me sento, seguindo as mesmas sequências de ações, todos os copos são objetos em que bebo da mesma forma etc. Quando passo deste nível ao superordenado, à categoria dos móveis, por exemplo, não posso mais identificar um único programa motor, porque móvel não dá lugar a uma única interação comum, mas a vários e diferentes tipos de ações." Esta insistência sobre o papel da corporalidade ao determinar o significado e as categorizações nos leva ao tema das *affordances*, e constitui um dos pontos de virada do cognitivismo contemporâneo com relação à semântica tradicional.

41. Reed (1988: 197) se pergunta por que, elaborada uma categoria das roupas, é mais difícil reconhecer como roupa uma gravata-borboleta do que uma camisa. Depende do fato de que definimos as roupas como algo que vestimos em cima de nós para nos sentirmos quentes, e, neste caso, uma gravata-borboleta sequer seria uma roupa. Mas, o teste obteria resultados diferentes se, em vez da categoria roupas, propuséssemos ao sujeito a categoria das peças de vestuário. Mas temo que neste caso a categoria mais que funcional seria de tipo comercial, e eis que assim o laço estaria muito bem ao lado das camisas e dos cintos, porque os compramos nas mesmas lojas, ou os conservamos com as calças e os lenços no armário ou no quarto de dormir antes que na livraria ou na cozinha. Num certo nível de habilidade categorial podemos colocar uma bicicleta e um carro juntos entre os Veículos, mas se a categoria é a dos objetos de presente de aniversário, a bicicleta é associada ao relógio e ao cachecol e o carro corre o risco de ser excluído do grupo.

42. Julgo que aqueles que chamo tipos bastardos correspondem ao que Violi (1997, 9,1) chama "valor médio".

43. Alguém sugere que se nos pedem para desenharmos um triângulo, em geral desenhamos um triângulo equilátero. Não pretendo discutir se a coisa se deve a memórias escolásticas ou ao fato de que esteja na natureza de que, na cultura, as formas triangulares que vemos (como montanhas ou pirâmides egípcias) são mais facilmente reconhecidas pelo modelo do equilátero do que pelo do triângulo retângulo (mesmo que, em geral, as montanhas sejam mais escalenas). O que torna estas experiências pouco relevantes para um discurso sobre os tipos cognitivos como protótipos é o seu valor estatístico. Suponhamos que 99% da população mundial desenhe um triângulo como equilátero. Restaria 1% praticamente igual a toda a população italiana, que se comportaria de forma diferente. Ora, se pedirmos a um representante dos 99% e a um representante do 1% para decidir se algo é triangular mais que quadrado ou circular, imagino que haveria um consenso. Isto nos diria que não é necessário que o TC de triângulo se identifique com o protótipo estatisticamente mais difundido.

44. Lakoff (1987: 49) distingue categorias como *kinds* de efeitos de classificação, mas não distingue *kinds* de categorias. Na p. 54 chama categoria a de causa no sentido em que há um protótipo de como e por que algo deve ser considerado como causa (um agente faz algo, um paciente sofre, a sua interação constitui um evento único, parte do que o agente faz muda o estado do paciente, há uma transferência de energia entre agente e paciente etc. — todos traços que me parecem dizer respeito apenas à causalidade humana). Portanto, no caso da causa, Lakoff fala de categoria em sentido kantiano; contudo, a lista dos *frames* ou casos gramaticais fornecidos para definir a causa fazem pensar (em termos kantianos) não na categoria, mas no esquema. Mais uma vez aparece uma ambiguidade que poderia ser reduzida, considerando com mais cuidado a história do conceito de categoria.

45. Acho estranho que sujeitos normais sequer o tenham definido como algo em forma de caixa, difícil de ser aberta quando está em andamento ou quando para entre um plano e outro, visto que são justamente estas duas propriedades que explicam a instintiva claustrofobia que este meio de transporte inspira em muitas pessoas. Talvez toda a amostra seja composta apenas de agoráfobos.

46. Nota Lakoff (1978: 66): "Os efeitos prototípicos são reais, mas superficiais. Nascem de uma variedade de fontes. É importante não confundir efeitos prototípicos com a estrutura da categoria assim como é fornecida pelos modelos cognitivos." Vejamos a benemérita confusão que Lakoff cria sobre as opiniões comuns sobre o conteúdo e as possíveis utilizações de *mãe* (e as suas páginas parecem particularmente proféticas, ou, no mínimo, brilhantemente pioneiras, diante dos debates atuais sobre a clonagem e sobre a inseminação artificial).

47. Remeto a Violi (1997, 6.13.2) sobre a diferença entre prototipicidade categorial e tipicidade do significado.

48. A situação não seria diferente daquela imaginada por Locke para as sensações (*Ensaio* II, xxxii, 15): "Nem as nossas ideias simples poderiam de alguma forma ser acusadas de falsidade se, pela diversa estrutura dos nossos órgãos, estabelecêssemos que o mesmo objeto deve produzir ideias diferentes no espírito de diferentes homens ao mesmo tempo: por exemplo, se a ideia de uma violeta produzida no espírito de um homem pelos seus olhos fosse a mesma que uma calêndula produz no espírito de um outro homem, e vice-versa. Visto que, não podendo nunca saber isto [...], nunca poderiam, de modo algum, ser confundidas nos seus nomes as ideias assim obtidas, e não haveria falsidade alguma nem em uma nem na outra. Visto que todas as coisas que possuem a estrutura de uma violeta produzindo constantemente a ideia que ele chama azul, e aquelas possuidoras da estrutura da calêndula produzindo constantemente a ideia que com outra constância chamou amarelo, seja como forem aquelas mesmas aparências na mente, poderia distinguir as coisas pelas suas utilizações com uma certa regularidade mediante aquelas aparências, e entender e significar as distinções assinaladas pelos nomes azul e amarelo, como se as aparências ou as ideias da sua mente, recebidas por aquelas duas flores, fossem exatamente como as ideias que estão no espírito dos outros." Reformulado por Wittgenstein, o problema soa como: "Suponhamos que cada um tenha uma caixa em que há algo que chamamos 'coleóptero'. Ninguém pode olhar a caixa do outro; e cada um diz que sabe o que é um coleóptero apenas olhando o seu coleóptero. — Mas poderia acontecer que cada um tenha na sua caixa alguma coisa diferente. Poderíamos ainda imaginar que esta coisa mudasse continuamente" (*Ricerche filosofiche* I, 293).

49. Apenas Maria Corti olhou-me com surpresa, dizendo-me: "Ah, é você, mas o que você fez, mudou o penteado?" (Histórico)

50. Uma variação desta experiência aconteceu no meu departamento universitário. Entrei (inesperadamente barbeado) no escritório de uma colega que falou comigo por alguns instantes, sem mostrar surpresa alguma. Só depois que saí, um estudante presente perguntou-lhe se era realmente eu e, diante do seu espanto por aquela pergunta, notou que eu não tinha a barba. Naquele momento, a minha colega percebeu. A explicação é que me conhecia havia muitos anos, isto é, desde quando eu ainda não tinha barba. Mas, na mesma tarde, a colega passou diante do meu escritório, e através da porta aberta entreviu, sentado à minha mesa, um personagem que não deveria estar naquele lugar. Teve um instante de perplexidade, depois, é óbvio, lembrou-se de que era eu que estava sem barba.

Ela me conhecia *ante*-barba, mas naquele escritório (tínhamos sido transferidos para aquele lugar havia poucos anos) sempre me vira *post*-barba. Portanto, parece que tinha dois tipos fisionômicos diferentes para mim, digamos, um particular e outro profissional. Uma outra experiência que deveria ser comum a pessoas que ganham peso depois de dietas periódicas é encontrar outras pessoas que se apressam em dizer quanto lhes acharam mais magras ou mais gordas do que de costume; a afirmação não coincide nunca com o estado do sujeito, isto é, o sujeito ouve dizer que engordou quando perdeu, pelo menos, oito quilos, e que emagreceu quando os ganhou. O que significa que quem emite o juízo compara a pessoa ao tipo que construiu tempos antes e que este se baseava na situação do sujeito no primeiro ou no encontro mais significativo. Nas relações sociais, estamos mais gordos ou mais magros não em relação ao veredicto da balança, mas em relação aos tipos fisionômicos alheios.

51. Além disso, notemos que, se fossem possíveis técnicas de clonagem total, em que o clonado não só tivesse o mesmo corpo, mas ainda os mesmos pensamentos, as mesmas memórias e o mesmo patrimônio genético do arquétipo, então até os indivíduos como Gianni se tornariam replicáveis como um romance ou uma composição musical: existiria uma "partitura" para produzir Gianni à vontade.

52. É óbvio que devemos considerar o caso em que eu e o meu interlocutor tenhamos uma boa familiaridade com SV2. Senão, todos temos experiências de incerteza; por exemplo, há quem seja capaz de reconhecer *A apaixonada* (ou *Michelle*) pelas primeiras notas, mas não *Os adeuses* (ou *Sergeant Pepper*) — mas isto é o mesmo que dizer que reconhecemos Johann Sebastian porque trabalha todos os dias conosco e, ao contrário, temos dificuldade em reconhecer Ludwig sempre que o encontramos depois de dez anos.

53. Vejamos a propósito alguns interessantes esboços de Merrell (1981: 165 segs.).

54. Se o parâmetro tímbrico conta tão pouco, poderemos dizer que a *Quinta* de Beethoven tocada no mandolim é sempre a mesma composição? Intuitivamente não — no máximo, reconheceremos a linha melódica. Por que, ao contrário, nos contentamos com a transcrição de SV2? Evidentemente, porque a segunda é uma composição para instrumento solista, enquanto que a primeira é uma obra sinfônica, e na execução no mandolim não passamos apenas de um timbre ao outro, mas perdemos a complexidade tímbrica essencial da obra. Mas a resposta não é de todo satisfatória. Quais reduções de harmonia orquestral estamos dispostos a suportar para dizer que aquela execução é sempre da *Quinta*? SV2 transcrita para ocarina seria ainda SV2 como foi transcrita para flauta? Se assobio no início de SV2, estou "seguindo" SV2 ou forneço apenas um tipo de paráfrase, como se dissesse que *Os noivos* é a história de dois noivos? Ou assobiando ofereço apenas um suporte mnemônico para evocar o tipo, como quando digo que *Os noivos* é aquele livro que começa com "O ramo do lago de Como"? E o que acontece com *Os noivos* traduzido para o francês? É como SV2 transcrito para flauta? Remeto a outra data a resposta a estas e outras perguntas, de grande interesse para uma teoria da chamada tradução intersemiótica (pelo que remeto a Nergaard 1995), mas menos essenciais para o problema que aqui discuto.

55. Acredito que isto se aproxima do segundo dos dois casos considerados por Marconi (1997: 3): competência inferencial intacta e péssima competência referencial contra boa competência referencial e péssima competência inferencial.

56. Brüggen seria capaz de identificar o seu TC com o seu CM, mas neste caso estaremos diante da mesma competência que o zoólogo tem do rato, e vimos que nos interessa apenas a competência que nós também temos em comum com o zoólogo.

4. O ornitorrinco entre dicionário e enciclopédia

1. Diego Marconi (1986, Apêndice) examinou uma série de dicionários, bilíngues e monolíngues, desde a Idade Média até o século XVIII, e encontrou que as definições (ou glosas) aparecem (quando aparecem e não se trata de simples repertórios de palavras permitidas): (i) como sinônimo em outra língua; (ii) como instrução para a identificação ou produção do referente (vejamos, por exemplo, Sexto Pompeu Festo, século II, *De verborum significatu*, para quem a *murie* (salmoura) é obtida triturando sal grosso num pilar e recolhendo-o num vaso de creta etc.; (iii) como puros preceituários de palavras difíceis transformadas em traduções em palavras simples (mas o problema da competência dicionarística é o da definição das palavras simples!); (iv) por sinônimos (*adulteradas* = to counterfeit or to corrupt); (v) usando o latim como língua franca (*ambíguo* = "anceps, obscurus").

2. Os inconvenientes do método de Wilkins (1668) já são aqueles que eu observara na definição de *bachelor* em Katz e Fodor (vejamos Eco, 1975, 2.10).

3. Mesmo quando os psicólogos cognitivos falam de atividade categorial se referem, em grande parte, a uma primeira capacidade de subsumir a experiência em classificações que podemos definir como selvagens. Por ex., Bruner et al. (1956: 1) falam de classes de "situações perigosas" em que, naturalmente, somos levados a inserir um alarme aéreo, um píton perturbado enquanto rasteja por uma árvore, a reprovação de um superior.

4. Para estas informações cf. Alan Rey, ed., *Le Robert. Dictionnaire Historique de la Langue Française*. Paris: 1992.

5. Ou, procedemos como muitos de nós organizam a própria biblioteca. Se a *Estética* de Croce, há dez anos, estava na chamada divisão "Estética", no momento em que iniciamos a pesquisa gnosiológica, o livro pode mudar (até o fim da pesquisa) para a seção "Conhecimento". O critério é pessoal, mas, não obstante, pertinente, uma vez fixadas as regras para encontrá-lo.

6. A esta categoria de propriedades canceláveis ao nível de CN não pertencem apenas aquelas de caráter taxionômico. Marconi (1997: 43) dá o exemplo de duas asserções que, segundo a sua perspectiva, seriam ambas necessárias, mas constitutivas da competência comum, enquanto que a primeira é universal e a segunda particular: (i) *o ouro tem o número atômico 79*, (ii) *37 é o décimo terceiro número*

primo. O enunciado (i), decerto, não reflete a competência comum, e aceitarei considerá-lo "necessário", isto é, não cancelável, dentro do discurso científico. Poderia não sê-lo amanhã, quando descobrirmos que o paradigma hodierno não presta contas de forma adequada da diferença entre os elementos. Um ourives distingue o ouro do ouropel com base nos seus critérios que definirei empíricos (não me interessa quais), e, no resto, as pessoas comuns possuem um TC do ouro bastante impreciso, o que permite a trapaceiros e falsários fazer com que o que não é ouro passe facilmente por tal. Quanto a (i), poderia ser mais "coercivo" do que (ii) se aceitássemos a distinção kantiana entre juízos analíticos e juízos sintéticos *a priori*. De fato, Kant diria que os nossos conhecimentos sobre o número depende do esquematismo transcendental, enquanto que o do ouro é um conceito empírico (com efeito, Kant presumia saber como podemos gerar o número 37, mas não como podemos determinar o que é o ouro). Há entre os dois uma diferença que não me parece completamente aprisionada pela oposição universal e necessário x particular e necessário. Decerto, (ii) não pertence ao CN: basta que saibamos que 37 é um número menor que 38 e maior que 36, e como podemos criá-lo. Se nos dissessem para comprar tantas ratazanas quantas podemos numerar com base no décimo terceiro número primo, acredito que voltaríamos de mãos vazias. Estas observações nos permitem dizer que negar que os ratos são MAMÍFEROS, que o ouro tem aquele número atômico e que 37 é o décimo terceiro número primo, do ponto de vista do CN são todas as três afirmações irrelevantes, justamente porque são importantes (e não canceláveis) apenas para fins de um conhecimento setorial mais elaborado.

7. O que percebemos quando vemos alguém que veste a camisa debaixo do casaco? Não vemos, mas sabemos que a camisa também envolve a coluna. Sabemos porque possuímos um TC da camisa fundamentado em experiências perceptivas (e produtivas). Seria opcional se tem um colete e como, se tem mangas compridas ou curtas, mas se tem punhos então tem as mangas compridas. Ora, em *Totò e a doce vida*, a mulher, muito avarenta, obriga o marido a vestir uma camisa composta apenas de colete, peitilho e pulsos. O resto será coberto pelo casaco e não há necessidade de esbanjar tecido inútil. Totò razoavelmente objeta que, se por acaso ocorrer-lhe um mal-estar no trem e lhe tirarem o casaco, todos perceberão o vergonhoso engano: de fato, ele diz que neste caso os presentes perceberão que integram estímulos incompletos com um TC forte, chegando, assim, a pronunciar um juízo perceptivo errado. Naquele ponto, os presentes decidiriam que aquela que perceberam como uma camisa, por sua vez, era uma camisa *falsa*. Mas a mulher (excluindo a possibilidade deste incidente) especula sobre a própria confiança incoercível na existência do TC, que compreende traços não canceláveis.

8. Por outro lado, Walt Disney conseguiu fazer com que reconhecêssemos como rato um animal com a cauda e as orelhas do rato, mas bípede e com um tronco antropomorfo. É legítimo perguntarmo-nos se o reconheceríamos logo como rato se nos fosse apresentado logo como Mickey Mouse. Neste caso, diremos que o nome, sugerindo-nos um CN, nos orientou a aplicar o TC com indulgência (e a convenção iconográfica fez o resto).

9. A história é tão surpreendente, ainda por muitos versos controversa (algumas testemunhas ou artigos científicos da época são de difícil achado, como admitem os históricos), e a bibliografia tão complexa que me referirei ao que aprendi de Burrell (1927) e Gould (1991), remetendo a eles para referências bibliográficas mais completas. Quando as próprias referências de Burrell são incompletas, registro entre parênteses "cit. Burrell". Além disso, advirto que na Internet encontrei 3.000 endereços que dizem respeito ao ornitorrinco, alguns dos quais completamente acidentais (pessoas ou instituições que decidiram intitular seu clube ornitorrinco, livrarias *et similia*), mas outros dignos de interesse, e que vão de centros universitários a quem julga o ornitorrinco a melhor demonstração da existência de Deus, a grupos fundamentalistas que, apurada a antiguidade do ornitorrinco com relação a outros mamíferos, se perguntam como este pequeno animal pôde migrar do Monte Ararat, no fim do Dilúvio, até as charnecas australianas.

10. *Account of the English colony in the New South Wales*, 1802: 62 (cit. Burrell).

11. *The Naturalist Miscellany*, Plate 385, 386 (cit. Burrell).

12. *General Zoology*, vol. I (cit. Burrell).

13. Para Home cf. "A description of the anatomy of the *Ornithorhynchus paradoxus*", *Philosophical Transactions of the Royal Society*, parte 1, n. 4, pp. 67-84. Para Geoffroy de Saint-Hilaire vejamos "Extraits des observations anatomiques de M. Home, sur l'échidné", *Bulletin des Sciences par la Société Philomatique*, 1803; "Sur les appareils sexuels et urinaires de l'Ornithorynque", *Mémoires du Muséum d'Histoire Naturelle*, 1827. Para Lamarck, *Philosophie zoologique*, Paris, 1809.

14. A menos que não se manifeste através da linguagem, mas através do comportamento. Coloquem dez homens marchando no deserto e, depois de dias de sede, façam com que encontrem palmeiras e um poço de água: todos os dez se jogarão na água e não nas palmeiras. Reconheceram a água? O problema está mal formulado, decerto reconheceram alguma coisa que todos desejavam da mesma forma, mas poderemos dizer que a reconheceram como água só depois de os levarmos a interpretar verbalmente o seu comportamento, ou só depois que dois de nós concordássemos em interpretá-lo desse modo — e eis que voltaremos ao ponto de partida.

15. A análise de Hjelmslev (1943), pela qual o espaço semântico ocupado pelo termo francês *bois* não coincide com aquele ocupado pela palavra italiana *legno*, com certeza nos diz que a categoria "bois" pode abarcar, para um falante francês, tanto a madeira para lenha quanto a madeira para construção (que, para um inglês, seria apenas *timber*) e um conjunto de árvores que chamaremos *bosque*. Esta segmentação do *continuum* pode corresponder àquilo que Davidson, negando-o, chama de esquema conceitual. Mas é certo que um francês possui um TC para a árvore e um outro para o bosque, mesmo que a sua língua o obrigue a utilizar um termo homônimo. No mesmo modo, em que nós italianos distinguimos muito bem o filho de nossa filha do filho de nosso irmão, mesmo que tenhamos (diferentemente dos franceses) um único termo homônimo *nipote* para indicar os dois.

16. Os *Prolegômenos* de Hjelmslev são de 1943. "Two dogmas of empiricism" de Quine é de 1951. *The Structure of Scientific Revolutions* de Kuhn é de 1962. Se depois

os dois filões procederam de forma independente é outro assunto. Hjelmslev conhecia Carnap, por relações pessoais posso testemunhar que Kuhn não conhecia Hjelmslev, mas prometera a si mesmo ver a tradição estruturalista antes de escrever as coisas que não pôde terminar antes de morrer, ignoro o quanto Quine conhecia da tradição estruturalista.

17. Em todo o caso, como a pensava em "The Semantic Conception of Truth and the Foundations of Semantics" (*Philosophy and Phenomenological Research* 1944): "Podemos aceitar a concepção semântica da verdade sem renunciar a uma atitude gnosiológica qualquer; podemos permanecer realistas ingênuos, realistas críticos ou idealistas, empiristas ou metafísicos — ou o que fôssemos antes. A concepção semântica é completamente neutra em comparação com todas estas questões." Cf. Bonfantini 1976, III, 5 e Eco 1997.

18. Se assumirmos o exemplo tarskiano de forma ingênua, nós nos encontraremos na mesma situação dos editores de Saussure que representaram a relação entre significante e significado com um oval dividido em dois, onde na parte inferior está a palavra *arbre* e na parte superior o pequeno desenho de uma árvore. Ora, o significante *arbre* é decerto uma palavra, mas o desenho da árvore não quer e não pode ser um significado ou uma imagem mental (porque, quando muito, é um outro significante, não verbal, que interpreta a palavra abaixo). Visto que o desenho elaborado pelos editores de Saussure não devia ter nenhuma ambição formal, mas apenas uma função mnemônica, podemos nos desinteressar disso. Mas com Tarski o problema é mais sério.

19. O congresso, de título "W.V.O. Quine's Contributions to Philosophy", aconteceu junto ao International Center of Semiotic and Cognitive Studies dell'Università di San Marino em maio de 1990. As atas do congresso agora estão em Leonardi, P., e Santambrogio, M., eds., 1995.

20. Falo do mapa, não da "fisionomia" dos lugares; para este problema valem as observações feitas em 3.7.9.

21. Desejarei remeter a uma velha pesquisa sobre o latido do cão (que aparece agora em Eco e Marmo 1989). A pesquisa nascera (por época do seminário sobre a semiótica medieval) percebendo que diversos autores da época, ao falar de várias formas expressivas a se oporem à linguagem humana articulada, citavam sempre o *latratus canis* (junto com o gemido dos enfermos ou o canto do galo). Como se tratava de classificações muito complexas, procuramos traçar para cada autor um tipo de árvore taxionômica, e, ao fazer isto, percebemos que o latido canino, o gemido dos enfermos e o canto do galo ocupavam, conforme os autores, um nó diferente da árvore (e algumas vezes apareciam como exemplos do mesmo comportamento semiósico, outras como casos diferentes). Os medievais tinham o hábito (não sei quão desprezível, mas com certeza oposto àquele dos modernos) de dizer coisas novas fingindo repetir o que os outros disseram antes deles, por isso sempre foi difícil compreender quando assumiam posições contrárias à tradição anterior. Aquela experiência nos mostrara com clareza que discussões aparentemente análogas sobre os fenômenos comunicativos ocultavam profundas diferenças sistemáticas. Em suma, e sem entrarmos no mérito, para um pensador

o latido do cão era uma coisa e para um outro, outra coisa. O mesmo comportamento, à luz do sistema, assumia diversos significados. E se tratava do mesmo fenômeno que cada autor percebia como os outros (tratava-se da experiência comum de sentir o latido dos cães). Mais uma vez, tratava-se de enunciados observativos análogos (*há um cão que late*), pelo qual, mesmo alguns séculos distante, todos davam a impressão de terem o mesmo CN de *cão*. E, à luz do quadro de admissões de cada um, e, portanto, no quadro de diversos CMs, aquele cão que latia representava um fenômeno diferente. O latido do cão era como a casa de tijolos em Vanville.

22. Cf. a propósito Picardi na Introdução a Davidson 1984 (ed. it.) e Picardi 1992. Picardi (1992: 253) se questiona qual é a relação entre as teorias de que um intérprete deve dispor para entender uma língua e as teorias que, de vez em quando, deve construir para cada interlocutor em particular para cada estágio da conversação. Não me parece que Davidson faça algo para dissolver este nó e justamente porque lhe falta, talvez por razões linguísticas, uma diferença entre *langue* e *parole*, ou entre *significado* dos termos de uma língua e *sentido* dos enunciados.

23. Vejamos a propósito as observações de Alac 1997.

24. A propósito, remeto à análise feita por Zijno 1996 sobre as posições de Davidson e de Sperber-Wilson. É claro que nenhum destes autores afirma que não existem algumas convenções linguísticas, e que, enfim, todos seguimos determinadas regularidades, tanto para pressupor crenças no interlocutor quanto para contratar pertinências e elaborar inferências sobre a situação comunicativa. Contudo, sublinhamos o problema do trabalho para "minimizar a divergência", deixando entender que, possuindo uma boa teoria sobre o falante, podemos passar sem uma teoria sobre a língua. E quando dizemos que "comunicar significa tentar modificar o *ambiente cognitivo* de um outro indivíduo" (Zijno 1996, 2.1.2) e que "um *ambiente cognitivo* para um indivíduo é o conjunto dos fatos que lhe são manifestos" (Sperber e Wilson 1986: 65), este ambiente cognitivo se assemelha muito àquele que chamo TC, e, para pressupô-lo no falante, devo também ter uma representação em forma de CN. A inferência e o contrato dizem respeito ao esforço de tornar publicamente compatíveis os nossos ambientes cognitivos. É o caso do meu exemplo de Ayers Rock. É claro que, se alguém me diz que Ayers Rock é um animal, deduzo que o seu ambiente cognitivo é não só bastante dessemelhante do meu, mas também daquele publicamente ajustado. Minimizar a divergência significa levar o outro a aceitar, pelo menos em parte, um CN razoavelmente aceitável pela Comunidade. No máximo, posso entender o princípio de caridade além dos confins normais, se falo com um primitivo que vê realmente Ayers Rock como um animal. Mas aceito adaptar o meu ambiente cognitivo ao seu, só para fins de uma interação comunicativa, que julgo oportuna salvar a todo o custo. Depois, continuo a pensar que aquela montanha *não é* um animal. Para falar de forma grosseira, o princípio popular pelo qual damos sempre razão aos loucos não significa que a Comunidade aceita o seu ponto de vista. Se depois a Comunidade errou, e aquele que julgávamos louco teve razão, é um outro assunto: a história nos ensina que isso ocorre com frequência, e a Comunidade nos deu

um pouco de tempo para modificar o que, por regra social, todos julgavam correto. Em suma, a contratação não institui um ambiente cognitivo, presta contas de ambientes cognitivos anteriores, corrige-os, procura homogeneizá-los.

25. Dizer que, de vez em quando, contratamos não significa dizer que, aos poucos, convenções mais fortes e mais estáveis não sejam sedimentadas. Cf. Dummett 1986: 447-458. Uma bela visão de negócios do significado encontra-se em Bruner, cujo mérito é ter colocado o problema do *Meaning* no centro das Ciências Cognitivas. Não só afirma que a cultura torna os significados *públicos* e *compartilháveis* (e a ideia peirciana da *publicidade* dos interpretantes não lhe é estranha), mas ainda sustenta que, por mais ambíguos e polissêmicos que sejam os nossos discursos, somos sempre capazes de tornar público o seu significado, *negociando-o* (1990: 13).

26. Também Marconi 1997, 5 reflete sobre os Schtroumpf, citando o meu artigo "Schtroumpf und Drang", em *Alfabeta*, 5 de setembro de 1979 (agora em *Sette anni di desiderio*. Milano: Bompiani, 1983: 265-271).

27. Cito no original porque, como observei no meu artigo, a tradução italiana utiliza um número de *puffi* inferior ao número de *schtroumpf* do texto em francês.

28. Como é o universo cognitivo dos Schtroumpf? Visto que chamam indiferentemente *schtroumpf* a casa, o gato, o rato e os solteiros, talvez isto signifique que não possuem estes conceitos e não sabem distinguir um gato de um solteiro? Ou possuem um sistema da expressão (um léxico, em particular) muito pobre, mas um sistema do conteúdo pelo menos tão vasto e articulado quanto as experiências permitidas pelo seu ambiente? Ou ainda, como a língua Schtroumpf permite dizer tanto *a quinta schtroumpfa de Beethoven* quanto *a schtroumpfa sinfonia de Beethoven* e *a quinta sinfonia de Schtroumpf* (mas nunca *a schtroumpfa schtroumpfa de Schtroumpf*), talvez possuam um léxico tão rico quanto o nosso e recorram ao homônimo criado por razões de preguiça, de afasia, por vício ou por segredo? Mas utilizar uma única palavra para tantas coisas não os levará a ver as coisas, todas, unidas por um estranho parentesco? Se um ovo, uma pá, um fungo são Schtroumpf, não viverão num mundo em que as ligações entre pá, ovo e fungo são muito mais imprecisas do que no nosso mundo e no de Gargamel? E se assim fosse, isto conferiria aos Schtroumpf um contato mais profundo e rico com a totalidade das coisas, recitando-lhes um universo impreciso do seu *pidgin*? São todas questões que não tenho vontade de resolver aqui, mas que enumero para dizer que as histórias de Peyo, mesmo que tenham sido concebidas para crianças, apresentam alguns problemas semióticos para os adultos.

5. Notas sobre a referência como contrato

1. Por exemplo, aquele utilizado em Santambrogio (1992), que se ocupa da referência a "objetos gerais". Santambrogio pretende estudar como podemos tratar, em termos de quantificação, os enunciados sobre os objetos gerais, e numa semântica

propriamente funcional o problema apresenta algum interesse, mas julgo que neste caso *referir-se a algo* se torna sinônimo de *falar de algo*. Cada vez que falamos de algo, mas neste caso não vejo qual fenômeno específico é significado pelo termo *referência*.

2. Sobre a diferença entre asserções semióticas e factuais vejamos *Tratado*, 3.2. Se depois dissesse que todos os ornitorrincos põem ovos, e se também o quantificasse como fiz para a propriedade de ser mamífero, decerto não me referirei a todos os ornitorrincos existentes e que existiram, porque não podemos excluir que existem ornitorrincos estéreis. Simplesmente, mais uma vez direi que, a qualquer animal que desejemos aplicar o termo *ornitorrinco*, deve se tratar de um animal que tem a propriedade diferente de amamentar os filhotes: à primeira vista, pareceria assim, porque, se os ornitorrincos amamentam os filhotes, isto ficou provado por diferentes enunciados observativos, enquanto serem mamíferos depende de convenção taxionômica; mas, visto que a taxonomia registra como mamíferos os animais a que é atribuída a propriedade de amamentar os próprios filhotes, e numerosos enunciados observativos nos dizem que os ornitorrincos amamentam os filhotes, podemos considerar os dois enunciados como equivalentes do nosso ponto de vista. Quem os emite não se refere a nada, mas contribui para confirmar o acordo social sobre o CM a ser atribuído ao termo correspondente, ou sobre o formato do sistema categorial assumido dentro de um determinado esquema conceitual.

3. A função referencial não é necessariamente expressa pela forma gramatical. Tomemos um enunciado como *Napoleão morreu a 5 de maio*. O enunciado deve ser entendido como referencial, se emitido no mesmo mês por um mensageiro que vai de Santa Elena a Londres; um estudioso que dissesse, com base em novos documentos que acabou de descobrir, que *Napoleão não morreu a 5 de maio*, por certo se referiria a Napoleão como indivíduo, e se dissesse que *todos os manuais de história que consultei fornecem uma informação errada sobre Napoleão*, decerto iria se referir a todos os manuais de história que consultou. Mas, se um estudante, respondendo a uma pergunta de história, dissesse *Napoleão morreu a 5 de maio*, duvidarei se se trata ainda de um enunciado com função referencial. O aluno, muito desinteressado em Napoleão e na sua vida, para agradar ao professor está apenas citando um dado de enciclopédia. Isto é, ele procura demonstrar que conhece a convenção cultural pela qual associamos a propriedade de ter morrido a 5 de maio de 1821 à noção de Napoleão, tanto quanto se respondesse ao professor de química que a água é H_2O (em que, com muita evidência, não estaria se referindo à água, mas àquilo que dizem os manuais vigentes). Tanto que, se o estudante dissesse que Napoleão morreu a 18 de junho de 1815, o professor lhe diria que não lembra bem o que dizem os manuais, visto que aquela é registrada como a data da batalha de Waterloo. Mas se o professor dissesse com sarcasmo *observe que nesta data Napoleão estava vivo e robusto*, neste caso pretenderia se referir a Napoleão como indivíduo. Concordo que poderíamos contestar este meu exemplo, e, antes, ficaria contente se alguém o fizesse, porque me confortaria na ideia de que, decidir se um enunciado tem ou não função referencial, é matéria de contratação.

4. Ducrot explica perfeitamente por que não fora dito ou admitido. Para Saussure e para a posteridade saussuriana, os significados eram puramente diferenciais e não eram definidos pelo seu conteúdo. No significado de um signo eram registrados apenas os traços distintivos que o distinguiam com relação aos outros signos de uma língua, e não uma descrição dos seus possíveis referentes: "para retomar o exemplo aristotélico, o significado de *homme* não comporta o traço 'implume', porque ocorre que a classificação natural, incorporada pelo francês, não opõe *homme* a *oiseau* dentro de uma categoria *bipède*, mas *homme* e *animal* dentro de uma categoria *être animé*" (1995: 303).

5. Devo admitir ter originado, em obras anteriores, o equívoco de que, por um lado, a semiótica não deveria estar interessada nos processos de referência e que pudéssemos tratar de forma unitária tanto o problema da identificação do referente quanto o problema dos atos de referência. Da *Estrutura ausente* até *As formas do conteúdo*, do *Signo* ao *Tratado* esforcei-me por encontrar títulos e fórmulas que não davam margem a dúvidas, como "o equívoco do referente" e "a falácia referencial". Mas a polêmica se devia ao fato de que naquelas obras desejávamos marcar como a cultura constituía um sistema do conteúdo, e como os discursos produzem um efeito de verdade, de modo que parecia menos importante estabelecer a que indivíduo ou estado de negócios nos referíamos, ao dizermos que Dione corre. Naturalmente, ninguém pensava que não usamos a linguagem para nos referirmos a algo. O problema era ver a referência como função do significado, e não vice-versa. Contudo, a ênfase "antirreferencialista" era evidente. Nas *Formas do conteúdo* (Eco 1971) fazíamos uma distinção entre juízos semióticos e juízos factuais, mas dizíamos que nem sequer os juízos factuais introduzem de novo o referente no universo semiótico: "um juízo factual tem relevo semiótico apenas se é assumido como verdadeiro, independentemente da sua verificação e do fato de que é uma mentira" (p. 90). O que era muito justo, se desejávamos mencionar uma consideração dos signos como fenômenos culturais, mas não levava muito em consideração o fato de que, antes que um juízo factual fosse assumido como garantido pela Comunidade, é necessário que ele também tenha sido pronunciado em algumas circunstâncias e tenha obtido um consentimento intersubjetivo. Mas toda uma seção do *Signo* (Eco 1973) é dedicada às discussões históricas sobre as relações entre signo, pensamento e realidade. A segunda parte do *Tratado* fala do que acontece quando exprimimos juízos indiciais e como, ao nos referirmos a objetos, confrontamos dados perceptivos com dados culturais; enquanto que os capítulos sobre os modos de produção sígnica versam, em grande parte, sobre o trabalho que se realiza ao interpretar sintomas, marcas, indícios, vetores topossensitivos em que aprender algo sobre o que é verdadeiro, e como são construídos ou se assumem como signos exemplos, amostras, projeções, para referir, indicar, designar, representar objetos do mundo. Enfim, ter-me ocupado tanto de abdução, e não só a propósito de leis gerais, mas também a propósito de fatos — como ocorre nas investigações de Sherlock Holmes (Eco e Sebeok 1983) —, significa que estava interessado nos mecanismos mentais, diante dos quais chegamos a dizer algo verdadeiro ou, pelo menos, verossímil com referência a in-

dividuos e eventos específicos. Agradeço a Augusto Ponzio (1993: 89) por observar que no *Tratado* eu passava de uma semiótica aparentemente "antirreferencial" a uma semiótica "não imediatamente referencial". Quer dizer, se antes parecia que eu afirmava que a semiótica não tem nada a ver com as nossas relações com a realidade, na segunda fase dizia que não é possível explicar como nós nos referimos à realidade, se antes não estabelecemos como damos significado aos termos que utilizamos.

6. Retomo um argumento de Bonomi (1994, 4). Em 1934, Carlo Emilio Gadda publica um artigo, "Manhã nos açougues". Tratava-se da descrição do açougue de Milão, mas se o artigo (inédito) não tivesse nunca mencionado a cidade de Milão e um pesquisador tivesse encontrado uma cópia manuscrita entre as cartas inéditas de Gadda, poderia tê-lo entendido como um exemplo de ficção narrativa. Se mais tarde descobre que o texto era um artigo jornalístico, que fora julgado pela sua veracidade, mesmo mudando a sua opinião sobre a natureza daquele texto, o pesquisador não teria necessidade de o ler novamente. O mundo descrito, os indivíduos que o habitavam, as suas propriedades, seriam sempre os mesmos e simplesmente o pesquisador agora "projetaria" aquela representação na realidade. Portanto, "porque o conteúdo de um relatório que descreve um determinado estado de coisas foi entendido, não é necessário que sejam aplicadas as categorias do verdadeiro e do falso àquele conteúdo".

7. Para as minhas objeções à designação rígida, remeto a Eco 1984, 2.6.

8. De modo atécnico, Campanini procede como o computador pseudointeligente do projeto Eliza. Nesta experiência, o computador, que obviamente não entende o que diz o interlocutor humano, é instruído a captar um sujeito no enunciado do interlocutor e construir sobre ele uma pergunta que parece inteligente: se o interlocutor disse que tinha problemas com o pai, o computador pede "fale-me um pouco do seu pai". Na cena do sarchiapone, Campanini se limita a captar o nome da propriedade suposta por Chiari e diz, em conclusão: "mas a propriedade que o senhor nomeou não pertence ao sarchiapone."

9. Sobre este tipo de pressuposições existenciais, vejamos Eco e Violi 1987 e Eco 1990, 4.4.

10. Sobre este ponto poderíamos reacender a velha controvérsia medieval se a existência é um acidente da essência (atributivamente, Avicena) ou um seu ato (Tomás). Mas decerto ocorre distinguir uso predicativo de uso existencial da existência (vejamos para uma límpida síntese Piattelli Palmarini 1995, 11). Isto permite esclarecer um ponto discutido em 2.8.3, referindo-me à interpretação de Fumagalli (1995), segundo o qual as três categorias peircianas da Firstness, Secondness e Thirdness, se no primeiro Peirce eram elementos da proposição, no segundo são momentos da experiência. Como momento da experiência, a existência não é um predicado, é o encontro com algo que está contra, diante de mim, anterior a qualquer elaboração conceitual — e é praticamente aquele sentimento imediato do ser de que falava em 1.3. É uma existência pré-predicativa. Mas, ao contrário, quando afirmo que Paris possui a propriedade de existir neste mundo enquanto as Cidades Invisíveis de Calvino não a possuem, passei à existência como predicado.

11. Vejamos, para os paradoxos da designação rígida em contextos científicos, Dalla Chiara e Toraldo di Francia 1985.

12. Alessandro Zijno me faz notar que, mesmo neste caso, a caixa fechada teria sempre uma etiqueta mínima (aquele *it.*, ou *fr.*, aquele "domain" que aparece no fim do endereço, e que me permite voltar à zona do batismo). Mas admitamos também que a indicação seja tão fraca (e impenetrável para muitos neófitos) que faz com que a julguemos irrelevante.

13. Poderíamos dizer que ninguém está verdadeiramente interessado na solução. Mas se da relação Jekyll-Mary nascesse um filho, Charles, que aos vinte anos descobre que os Jekyll eram dois, Charles poderia estar muito interessado em saber quem era o próprio pai carnal. Visto que, por causa das relações sexuais quotidianas entre Jekyll e Mary, agora seria impossível determinar em que dia Charles fora concebido, eis o caso de alguém que saberia com certeza que o próprio pai é, decerto, *um* dos dois irmãos Hyde, e procurará sempre um modo de saber qual dos dois era.

14. Holmes pensa como Putnam (1992) que a Coisa em si não é tanto um desconhecido por definição quanto um limite ideal do conhecimento. Portanto, também concordo com Follesdal (1997: 453): a rigidez da designação é uma ideia reguladora, no sentido kantiano do termo, uma noção normativa.

15. Entre as infinitas contribuições sobre o assassino de Smith, cito apenas três textos que tive presente durante a redação deste parágrafo: Bonomi (1975: 4), Santambrogio (1992) e, sobretudo, Berselli (1995: 1.3).

16. Originalmente, Nancy desejava desposar um norueguês. Pelo meu conhecimento, o exemplo aparece em McCawley 1971, mas talvez já circulasse. Interessantes sugestões sobre o caso de Nancy chegaram-me (em forma manuscrita) de Franz Guenthner nos anos 70, durante um debate no Centro de Semiótica de Urbino.

17. Sempre me irrito quando recebo um postal, digamos, de Bali com "Cordiais saudações. Giovanni". Qual Giovanni? É possível que aquele Giovanni não saiba que existem no mundo tantas outras pessoas com o seu mesmo nome, e que destas conheço, pelo menos, umas vinte? Mas será possível que pense ser o único Giovanni que conheço? Cito um caso que é muito comum. Isto significa que as pessoas pensam no seu nome em termos de designação rígida. Mas que as pessoas cometam este erro (ou incorram nesta fraqueza) não é uma razão para o fazerem também os filósofos.

18. Como dissemos na nota 16, tomei o exemplo de Nancy de McCawley. Trata-se da mesma Nancy? É verdade que a sua desejava desposar um norueguês e a minha um filósofo analítico, mas a mesma Nancy poderia ser muito volúvel. Ou poderia nutrir a estranha crença de que todos os filósofos analíticos fossem noruegueses. Quando falarmos da minha Nancy falaremos também daquela de McCawley? Como vemos, contratar a referência é operação muito complexa.

19. Os mundos inconcebíveis (em narrativa e nas artes figurativas) são um exemplo de *impossibilia*, isto é, mundos que o leitor é levado a conceber apenas quanto basta para entender que é impossível concebê-los. Dolezel (1989: 238 segs.) fala a este propósito de "self-voiding texts" e de "self-disclosing meta-fiction". Nestes

casos, por um lado, as entidades possíveis parecem ser levadas à existência narrativa, visto que são aplicados procedimentos convencionais de confirmação; por outro lado, o estatuto desta existência permaneceu incerto porque os próprios fundamentos do mecanismo de confirmação estão minados. Estes mundos narrativos impossíveis incluem contradições internas. Dolezel dá o exemplo de *La maison de rendez-vous* de Robbe-Grillet, em que um mesmo evento é introduzido em diversas versões conflitantes, um mesmo lugar é e não é a ambientação do romance, os eventos são ordenados em sequências temporais contraditórias, uma mesma entidade narrativa é representada de diversas maneiras existenciais.

20. Não basta objetar que aqui não se trata de referência, mas de representação. Fora o fato de que o que iria contradizer a opinião bem ajustada de que com a imagem de algo podemos nos referir a algo (pensemos numa foto da atualidade que se torna notícia para todos os efeitos), os paradoxos da impossibilidade de conceber — engenhosamente excluídos da fenomenologia da referência — emergiriam novamente na fenomenologia da representação e não ganharíamos nada.

21. Para um boa antologia das várias discussões, cf. Salmon (1981, Appendix 1).

22. Por outro lado, o próprio argumento poderia ser utilizado ainda para países da história mais estável, compreendendo a França, e não é fácil dizer a que se referisse a expressão *Estados Unidos da América* se não nos perguntamos se foi pronunciada antes ou depois da aquisição da Louisiana ou do Alasca.

23. A mais recente é a de Santambrogio 1992, pela qual os personagens de ficção seriam semelhantes aos "objetos gerais".

24. Se as propriedades de tipo (d) podem parecer de pouco relevo para uma definição enciclopédica do personagem fictício, vejamos esta curiosa notícia que encontrei na *Reppublica* de 1º de setembro de 1985 (assim como a notícia aparecia na versão um pouco diferente no *Corriere della Sera* do mesmo dia, podemos supor que proviesse de um texto de publicidade): *"Era a vingança de uma mulher ciumenta e não a mensagem em código de uma espiã o falso necrológio publicado nos dias transcorridos pelo* Times *em Londres. Revela-o o jornal* The Sun. *O necrológio anunciava a imprevista morte na Cornualha de Mark, Timoth e James, 'filhos prediletos' de uma condessa alemã. Rita Colman, um magistrado londrino, confessou ter mandado publicar o texto a pedido da condessa Margarete von Hessen, mãe dos três rapazes. O jornal agora descobriu que o atual marido de Rita Colman divorciou-se da condessa von Hessen há cinco anos, e é o pai de Mark, Timoth e James. Os três rapazes estão vivos e robustos e um deles, Mark, está justamente passando as férias na Cornualha, onde foi encontrado pelo* Sun. *'Quem fez esta brincadeira macabra foi a mesma pessoa que procurou enlamear o nome de minha mãe há dois anos', comentou o jovem. Em 1983, um jornal inglês divulgara uma falsa notícia, segundo a qual um prelado da igreja anglicana, Robert Parker, iria abandonar o trabalho e a mulher para viver com a condessa von Hessen. Desde ontem Rita Colman não se encontra em Londres: partiu com o marido em férias para Devon."* Notemos que este texto nomeia com precisão os atores do acontecimento, une-os mutuamente através de relações S-necessárias, atribui-lhes tanto as propriedades "anagráficas" quanto ações muito precisas. Contudo, se julgás-

semos que se trata de uma narração, ficaríamos muito perplexos. Decerto, existe uma Rita Colman que confessou ter mandado publicar a notícia *p* que é falsa, mas por que mandou publicá-la? A pedido da condessa von Hessen, ex-mulher de seu marido, diz-se. Mas, visto que a condessa sabe que os três rapazes estão vivos, por que levou Colman a publicar a notícia? Para aterrorizar o ex-marido? E por que Colman aceitou, visto que aquele ex-marido agora é o seu marido, e que, evidentemente, deseja-o em bom estado de saúde para passar com ele as férias em Devon? Para agradar à condessa? Mas, por quê, se, segundo a insinuação de um dos filhos, Colman não tem nenhuma amabilidade para com a condessa e, antes, já divulgara a falsa notícia dos seus amores com um prelado anglicano, para enlamear a sua reputação? Se esta notícia fosse uma narração, não conseguiríamos parafraseá-la de modo sensato, justamente porque confunde as nossas ideias sobre as propriedades de tipo (d). Ou a tomaremos como o início de um acontecimento, cujos mistérios deverão ser esclarecidos a seguir. Naturalmente, o texto é confuso mesmo como notícia de crônica, mas neste ponto basta pensar que o redator de publicidade fosse um trapalhão ou que os jornais italianos tenham traduzido muito mal um texto inglês, e o fato termina ali.

25. Semprini (1997) dedica um parágrafo às condições de reconhecimento de personagens lendários das histórias em quadrinhos, e mostra como são identificados pelo nome, por traços fisionômicos marcados, pelas roupas inconfundíveis, pelo estado civil, por uma série de competências específicas e vários outros detalhes (frases típicas, rumores que acompanham de forma constante alguns gestos canônicos etc.). Existem muitas pessoas reais para as quais possuímos tantas instruções de reconhecimento?

26. Um termo indical ou dêitico tem um significado independentemente do contexto e da circunstância. Mas é no âmago da circunstância que deve ser negociado o modo com que o utilizamos para nos referirmos. Ducrot (1995: 309) dá um exemplo que nos lembra as incertezas do explorador de Quine diante do *gavagai* do indígena. "*Este ou aquele*, mesmo levando em conta o gesto de designação, não são suficientes para delimitar um objeto. Como saber que o que se me mostra à mesa é o livro na sua totalidade, ou a sua capa, ou a sua cor, ou o contraste entre a sua cor e a da mesa, ou a impressão particular que me dá neste momento. Um substantivo, eventualmente implícito, é necessário para realizar o ato de referência."

27. Vejamos em Eco (1979, 1.3) a análise dos dois usos contextuais de *ao invés de*.

28. Para ter um dêitico, cujo conteúdo se identifique absolutamente com a própria referência (quer dizer, com o que é usado para mencionar), deveremos pensar no mais elementar dos movimentos indicais, isto é, num dedo apontado, acompanhado talvez de uma expressão verbal como *aquele* ou *veja!* E mesmo neste caso ocorre conhecer antes o significado do gesto dêitico. Existem civilizações em que a indicação ocorre apontando não um dedo, mas a língua (Sherzer 1974), enquanto que em outras civilizações apontar a língua significa escárnio, mas não indicação.

29. Mesmo os conectivos e os operadores lógicos possuem um conteúdo e isto parece claro quando alguém (sem lógica) utiliza um motor de procura na Internet e lhe explicam em que sentido devem ser entendidos operadores como AND e OR. Que

as instruções são fornecidas não em forma de definição, mas como sequência de operações é irrelevante. Mesmo para definir o sentido do verbo *saltitar*, vimos em 3.4.6, recorremos a um tipo de encenação que mostra as sequências de ações.

6. Iconismo e hipoícone

1. Para uma exposição do debate, vejamos Calabrese 1985, Fabbrichesi 1983, Bettetini 1996 (I.3 e II.1.1).
2. Fabbrichesi (1983) apresenta a hipótese de que aquele debate não morreu de morte natural, porque a semiótica se recusava a refletir "filosoficamente" sobre o conceito de semelhança, e esta semelhança a ser explicada não era a correspondência entre dois objetos (digamos um desenho e o seu original), mas a Firstness peirciana, como diferença interna, "que não distingue objetos concretos, mas prepara a sua individuação e constituição" (1983: 109). Acredito que a chamada fosse justa e tentei responder ao apelo no cap. 2 deste livro. Fabbrichesi observava que o tema estava destinado a reaparecer na semiótica da textualidade, na discussão sobre metáforas, processos abdutivos, cooperações interpretativas, reconhecimento de *frames* — e é a enumeração de tudo aquilo de que me ocupei depois do atraso "não natural" do debate sobre o iconismo. Vemos que era necessário, pelo menos para mim, antes de voltar aos ícones, fazer aquela viagem de formação. Pensando bem, vinte anos são a medida necessária para que uma viagem iniciática não se reduza a férias pagas com antecedência em voo *charter*. Sem pretender citar todos aqueles a quem devo numerosas reelaborações sobre o problema do iconismo, mencionarei apenas alguns que, intervindo diretamente nos meus escritos na matéria, algumas vezes me confortaram e com mais frequência me colocaram em crise. Em ordem dispersa, e remetendo para os particulares às Referências Bibliográficas: Tomas Maldonado, Giorgio Prodi, Massimo Bonfantini, Rossella Fabbrichesi, Antonio Perri, Peter Gerlach, as discussões com Alessandro Zinna sobre o semissimbólico, Omar Calabrese, Thomas Sebeok, Gaimpaolo Proni, Fernande Saint-Martin, Göran Sonesson, o Grupo μ, Francisca Pérez Carreño, Soren Kiorup, Martin Krampen, Floyd Merrel, Robert Innis, Ivo Osolsobe com quem tive um vívido debate sobre ostensão, Winfried Nöth para as polêmicas sobre a soleira inferior da semiótica nas décadas de Cérisu 1996, vários autores que contribuíram em Bouissac et al., eds., 1986 (em particular Alan Rey, Michael Herzfeld e Monica Rector), assim como Pierre Fresnault Deruelle e Michel Costantini pelo trabalho contínuo de atualização bibliográfica sobre a imagem, que estão realizando com *Eidos. Bulletin international de sémiotique de l'image*.
3. Esta distinção não é homóloga àquela, para utilizar as palavras de Dennet (1978, III, 10) entre *iconófilos* e *iconófobos* no âmbito das ciências cognitivas. Direi que distinguindo (i) valor icônico do conhecimento de (ii) natureza dos hipoícones, a oposição de Dennett está dentro do ponto (i). Em todo o caso, segundo os vários repertórios já citados, entre os iconoclastas são, em geral, citados Goodman, Gombrich, grande parte dos greimasianos, o Grupo de Liei e até psicólogos como

Gregory, enquanto que entre icônicos poderíamos lembrar do primeiro Barthes e do primeiro Metz, Gibson, do primeiro Wittgenstein, Maldonado.

4. Fabbrichesi, Leo (1983: 3) me reprova justamente por isto, mesmo que talvez deprecie como o problema reaparece no *Tratado* a propósito das "invenções", e não presta contas (pela data em que publica) do modo como em parte terei procurado repropô-lo no ensaio sobre os espelhos de 1985.

5. Reprova-me, por exemplo, Sonesson por ter-me detido apenas no iconismo visível; mas eu, justamente naqueles anos, publicava em *VS* dois ensaios de Osmond Smith (1972, 1973) sobre o iconismo musical, e citava, por exemplo, experiências de iconismo sintático. Mas também é verdade que em pelo menos duas ocasiões escrevi que falar de iconismo para os diagramas existenciais de Peirce era pura metáfora, porque não reproduzem relações morfológicas e espaciais. Sinal de que, naquele clima cultural, ao pronunciar a palavra "ícone" já nos apoiávamos no universo pictórico.

6. O debate a propósito é muito amplo. Por um lado, existem experiências que mostram como até os animais reconhecem as imagens (a partir da lenda de Zeuxipe); por outras relações etnográficas que nos mostram um "primitivo" (em todo o caso, quem quer que tenha vivido sem ser exposto a imagens fotográficas ou ainda a práticas representativas), que vira nas suas mãos a foto de uma pessoa conhecida manifestando perplexidade, assombro ou até absoluto desinteresse. Trata-se quase sempre de experiências não suficientemente adaptadas: em alguns casos, o que atinge o primitivo é a oferta de um pedaço de papel, objeto a ele desconhecido, enquanto que se a imagem é estampada em tecido aproxima-se dela com mais confiança; em outros casos, a responsabilidade é da péssima qualidade da imagem; em outros, o fato de que o primitivo fica perplexo não significa que não reconheça o sujeito representado, mas simplesmente que não percebe como os traços de uma pessoa conhecida podem aparecer como por encanto num pedaço de papel. Em outros ainda, trata-se, evidentemente, de perguntas formuladas de forma errada, que remetem aos equívocos da tradução radical de Quine.

7. De outra forma o próprio Maldonado, ao se referir à consideração das relações motivadas entre ícones e realidade, não teria insistido tanto na "otimização" da similaridade, ou no estudo de técnicas que permitissem e que permitem no futuro "encontrar, no plano técnico, a melhor adequação possível entre as perguntas convencionais que provêm do observador e aquelas não convencionais que se originam do objeto observado" (1974: 291).

8. Isto explica por que Metz (1968b: 115n) estava prestes a aceitar as minhas críticas sobre uma ideia de hipoícone como *analogon*, e rever os seus componentes culturais.

9. A literatura é vasta sobre a fecundidade do enxerto, mas agrada-me citar a contribuição mais recente: Jean Fisette 1995.

10. Diz-se que a operação mais que de cirurgia foi de medicina preventiva, porque foi conduzida com sensível antecipação com relação ao aparecimento de uma teoria da designação rígida.

11. Vejamos, para uma contemporização das posições, Bettetini 1971 e 1975.

12. Alguém hoje poderia definir a semelhança como uma relação diádica de algo consigo mesmo, enquanto que a similaridade seria uma relação ainda triádica (cf. Goodman 1970): A é semelhante a B do ponto de vista C, e talvez o que foi definido um "multi-place predicate" (cf. Medin e Goldstone 1995). Contudo, vejamos em 3.7.6 a discussão sobre a diferença entre reconhecer um indivíduo como o *mesmo* indivíduo e reconhecê-lo como *semelhante* a outros da sua espécie. Visto que o reconhecimento de categorias de base (como um cão ou uma cadeira) radicou-se no processo perceptivo, não deveremos também nestes casos falar de semelhança e não de similaridade instituída?

13. O problema lembra o das "formas amostras" no *Crátilo*, cf. Dionigi 1994: 123 segs.

14. "A mudança imprevista de intensidade na imagem revela linhas de contorno e, portanto, as formas dos objetos no mundo visível" (Vaina 1983: 11).

15. E mais uma vez prevalecia a necessidade de ligar o hipoícone imediatamente a um significado, de tipo cognitivo, e, portanto, sustentava que da experiência hipoicônica voltávamos logo à "representação abstrata da mão". Em outras palavras, o problema era o do Objeto dinâmico (individual) como *terminus ad quem* (ideal) de um processo cognitivo de que podíamos apenas controlar o Objeto Imediato (geral). E, assim, arriscávamos sempre não levar em consideração o objeto como *terminus a quo*, isto é, o fato de que para constituir qualquer representação abstrata da mão partíamos sempre (nós ou quem havia transmitido o seu tipo) de uma experiência perceptiva.

16. Devo estas observações a Paolo Fabbri, que, aliás, se referia a algumas discussões com Ruggero Pierantoni. Por conseguinte, Fabbri sugere que uma semiótica da percepção deveria recuperar o conceito de "enunciação", que implica o ponto de vista do sujeito. Acho a sugestão fecunda de desenvolvimentos e parece-me que os mostrei nestes ensaios. Fabbri concilia tornar central o conceito de enunciação em todos os parágrafos que seguem, como aquele sobre as próteses e o outro sobre os espelhos e as marcas. Julgo que a presença do sujeito com o seu ponto de vista seja central — mesmo se não expressa em termos de "enunciação" — nas outras partes deste capítulo, e, em particular, naquele sobre os espelhos.

17. Vejamos, por exemplo, Gombrich (1982: 333): "A fotografia não é arbitrária, porque uma transição gradual da obscuridade à luz, relevante no sujeito, permanecerá como tal, mesmo dentro de dimensões reduzidas, na sua imagem fotográfica." No *Tratado*, procurei evitar colocar o olho na caixa-preta, e traduzira a noção de estímulo substituído, traduzindo-a (em termos de tipologia da produção sígnica) naquela de *estímulos programados*.

18. Não a via, apesar de viver numa cultura já dominada pela teoria pictórica da perspectiva. Curioso fenômeno que parece contrastar com duas posições opostas, que as relações de perspectiva são fornecidas pelo objeto e que são impostas como esquema interpretativo de origens culturais. Digamos, então, que, embora as coisas funcionem, o objeto não lhe fornecia traços suficientes para captar a perspectiva, e a cultura ainda não lhe fornecera esquemas suficientes para vê-la.

19. Exceto que lá o tipo contemplava quatro passagens: (i) estímulos (o que agora chamo a Lua em si); (ii) transformação (o trabalho desenvolvido ao desenhar);

(iii) modelo perceptivo; (iv) modelo semântico. À luz do que dissemos neste livro, o tipo cognitivo agora desenvolveria a dupla função dos dois "modelos", perceptivo e semântico. Ou, se devemos considerar um estado mais sofisticado (mas ao mesmo tempo mais pobre do tipo cognitivo e dos seus enriquecimentos devidos à interpretação enciclopédica), o que então chamava o modelo semântico equivaleria a uma representação muito abstrata, ou visivelmente muito estilizada, ou puramente verbal-categorial, do tipo "planeta do sistema solar circundado por anéis gasosos". Esclarecido este ponto, parece-me, contudo, que ali delineasse um caso semelhante àquele de Galileu, em que quem desenha "praticamente 'ultrapassa' o modelo perceptivo e 'escava' diretamente no *continuum* disforme [da expressão], configurando o percepto no mesmo instante em que o transforma em expressão" (Eco 1975: 3.6.8). O fato de que, naquelas páginas, depois os exemplos de invenção radical fossem quase todos de caráter artístico não devia fazer pensar que existissem invenções radicais apenas no campo da arte: e o exemplo de Galileu agora parece-me convincente. Vejamos de novo no *Tratado* a Figura 4.4 da p. 318, em que (parece-me) já procuramos mostrar como poderia ter procedido o explorador que encontrou pela primeira vez o ornitorrinco, se teve algum talento gráfico. Incapaz de compreender o que tinha diante de si, e de coordenar dados que nenhuma categoria ou noção de gênero existente conseguia controlar, deveria ter começado a projetar numa folha os traços que tentava caracterizar, de modo que imediatamente depois de terminar o desenho o ornitorrinco pareceu-lhe como um organismo dotado, pelo menos morfologicamente, de uma certa legalidade. Porque se depois o explorador, contra qualquer verossimilhança cronológica, fosse Leonardo, eis que poderemos entrever um nexo entre Estética como *gnosiologia inferior* e Estética como teoria da arte.

20. Valentina Pisanty (perplexa comunicação pessoal) perguntou-me o que eu veria se apontasse o dedo indicador para os meus olhos (aqueles da cabeça). Parece difícil manter as duas imagens simultaneamente, talvez necessitasse fechar os dois olhos normais quando utilizamos o terceiro olho, mas não sei se bastaria. A conclusão mais razoável é que a inovação imporia redesenharmos o nosso cérebro. Talvez seja por causa desta dificuldade que nunca experimentamos implantes de um terceiro olho na ponta do indicador. Mas o problema não é da minha competência.

21. Ao contrário, reservarei o termo *instrumento* para aqueles artifícios como faca, tesoura, sílex lascado, martelo, que não só fazem o que o corpo não poderia nunca fazer mas, com relação às próteses que simplesmente nos ajudam a interagir melhor com o que existe, produzem algo que antes não havia. Eles trituram, subdividem, modificam as formas. Um melhoramento dos instrumentos são as *máquinas*. Elas fazem, mas sem precisarem mais ser guiadas pelo órgão cujas possibilidades ampliam. Uma vez preparadas, funcionam sozinhas. Mas poderíamos discutir se máquinas locomotivas como a bicicleta e até o automóvel, que ainda exigem uma colaboração direta (unida a um esforço) da mão e do pé, não são, ao mesmo tempo, também próteses magnificativas (no máximo); e, neste caso, um avião dos primórdios seria, ao mesmo tempo, máquina e prótese magnificativa,

enquanto um jumbo jet é pura máquina, como o tear mecânico. Mas próteses substitutivas, extensivas e magnificativas, instrumentos e máquinas são tipos abstratos aos quais vários objetos podem ser diversamente relacionados, conforme o uso que deles fazemos e do seu nível de sofisticação.

22. Nos anos 80 eu escrevera um ensaio sobre os espelhos (agora em Eco 1985). Ele desenvolvia uma observação do *Tratado*, mas se movia na direção de uma revisão profunda do conceito de ícone e hipoícone. Por isso, aqui retomo os seus aspectos fundamentais.

23. O que significa "virtual", que parece se opor a "real"? Maltese (1976) "questiona" uma expressão (1975: 256), em que digo que uma imagem virtual não é uma expressão material (obviamente para falar que não é um desenho ou um quadro, e que desaparece quando o espelhado se afasta) e acusa-me de antimaterialismo idealista — mas, paciência, esta era a retórica da época. A distinção entre imagens reais e virtuais não é minha, é da ótica, que chama reais as sombras chinesas ou as imagens cinematográficas, e até as imagens dos espelhos côncavos, que podem ser recolhidas por uma tela, e virtuais as imagens especulares (cf., por ex., Gibson 1966: 227). A imagem virtual do espelho é assim chamada porque o espectador a percebe como se estivesse dentro do espelho, enquanto que o espelho não tem um "dentro".

24. É espantoso encontrar um estudioso que, com o olho, tenha tanta familiaridade (Gregory 1986) que continua a se admirar com este fenômeno (e sobre o fato de que, por sua vez, os espelhos não invertem o alto com o baixo). Gregory percebe que deve se tratar de um fato cognitivo (nós nos imaginamos, como dizia, dentro do espelho), mas não parece satisfeito com a resposta, julgando que se assim fosse deveríamos ter uma "extraordinária" habilidade mental, como se não tivéssemos outras que parecem ainda mais extraordinárias. Gregory também cita Gardner (1964), que também fez a óbvia observação de que o espelho não inverte nada. Mas nem isto o satisfaz, e acrescenta um outro motivo de espanto: que os espelhos invertem também a profundidade, isto é, que se deles nos afastamos, digamos, para o norte, a imagem se afasta de nós para o sul, e se torna menor (e, digo, ainda faltaria que corrêssemos ao seu encontro); e que, no entanto, não invertem o côncavo com o convexo. Basta considerar o espelho como uma prótese, ou um olho no dedo indicador, e eis que faz com que eu veja o que veria se alguém estivesse diante de mim: se esse alguém se afasta, a sua imagem se torna menor, mas se tem a barriga proeminente, ela permanece assim e a sua boca do estômago não se contrai para dentro.

25. Mesmo que o seguidor tivesse feito uma forma de reconhecimento sobre os sapatos do senhor X, teria apenas um indício *muito forte* de que aqueles sapatos são do senhor X. De fato, perceberia apenas a marca dos sapatos (em geral), que exibem formas (em geral) semelhantes àquelas que fez numa determinada sola.

26. Do ponto de vista prático, é muito excepcional que eu mostre a alguém o meu casaco refletido no espelho para lhe dizer que, com a palavra *casaco*, entendo algo feito desse ou daquele jeito, mas admitamos ainda que, por efeito de espelhos intrusivamente opostos, o casaco que indico está no outro quarto e o meu inter-

locutor poderá vê-lo apenas no espelho: a prótese especular lhe permite perceber um objeto que, em segunda instância, será eleito como signo ostensivo.

27. Bacchini (1995) escreveu um engenhoso ensaio em que, partindo dos meus textos, pretende demonstrar que a imagem especular é signo. Depois do que até agora repeti deveria estar claro que podemos sustentar várias teses na condição de não querer aceitar a minha premissa: falo da experiência de uma pessoa que se olha no espelho, sabendo que se encontra diante de um espelho. Bacchini julga esta premissa "ideológica" e julga-a de "um nível muito baixo" (ele prefere complexas encenações especulares como a de Orson Welles). Mas, para mim, este nível baixo é fundamental e se esta premissa é ideológica, é como qualquer outra premissa. Uma vez superado este nível baixo, todos os exemplos levantados por Bacchini dizem respeito a casos de mentira, erro, trucagem, teatros catópticos, que eu já considerara em Eco 1985. Bacchini diz que é preciso fazer uma *pragmática* do espelho (e concordo, se não porque esse era, de fato, o título de um parágrafo do meu ensaio) e que é preciso perceber as várias "modalidades epistêmicas". Concordo, e acredito que este discurso termine na citada proposta de Fabbri, para quem uma teoria da enunciação se torna central mesmo na semiótica do visível, e da percepção em geral. Contudo, neste discurso percebo uma única modalidade epistêmica (a de quem está conscientemente diante de um espelho) e não me interessam as outras. Acredito que seja lícito fazer escolhas e escolher casos óbvios para mostrar que não o são. Omito depois o discurso sobre as marcas, que retomei nestas páginas. Bacchini diz que a marca está temporalmente separada do impressor, mas não espacialmente, porque é "contígua" ao impressor, a quem corresponde em tudo. Aqui parece-me que se confundem presença simultânea temporal, contiguidade espacial e relação de congruência (puramente formal, e que ainda subsiste na máscara mortuária de uma pessoa morta há tempos).

28. "Provavelmente não conseguiremos nunca saber qual foi o itinerário filogenético que nos permitiu passar da percepção da imagem refletida ao desenvolvimento de tecnologias finalizadas na produção artificial de imagens" (Maldonado 1992: 40).

29. Não posso senão concordar com Maldonado (1992: 59 segs.): uma nova tipologia de construtos icônicos, até a realidade virtual — e, portanto, construtos icônicos não estáticos, mas dinâmicos e interativos — apresenta novos problemas que exigem um novo instrumental conceitual. Exceto que o crescimento destes instrumentos se apresenta hoje num impreciso cruzamento entre as várias ciências cognitivas. Acredito que uma semiótica geral deva prestar contas do fato de *que* estes fenômenos existem (e nos interrogam), não *como* cognitivamente funcionam.

30. Um argumento a favor do poder dos estímulos substituídos poderia ser que, em geral, temos reações sexuais (genuínas) diante de *imagens* de corpos humanos, como ocorre com foto de atores ou de modelos para revistas pornográficas. Não vale objetar que com frequência ocorre, para quem sofreu o fascínio daquelas imagens, encontrar depois o original em pessoa, perceber que era muito menos sedutor: simplesmente, a foto fora precedida de uma encenação (trucagem, en-

quadramentos e jogos de luz prudentes) ou até fora sabiamente retocada. Esta seria simplesmente a prova de que os hipoícones podem nos levar, por estímulos substituídos, a perceber algo que não existe de verdade. Nem sequer vale objetar que, durante séculos, várias pessoas se excitaram sexualmente olhando imagens que, de fato, não consideramos realistas, como as de Vênus africanas, ou delicadas xilografias que representavam Eva em alguma Biblia Pauperum. Seria fácil dizer que nestes processos de excitação a imagem tem um papel secundário, enquanto que o primário foi desenvolvido pela fantasia, e pela força do desejo. Se fosse apenas assim, não explicaríamos, então, por que o hipoícone foi sempre utilizado como estímulo erótico — ou por que, mesmo sendo o desejo muito forte, não bastaria a alguém a imagem de um triângulo retângulo. Portanto, por mais baixa que seja a definição dos estímulos substituídos, em épocas ou culturas diferentes, os hipoícones forneceram excitação erótica. Isto nos leva a pensar que a noção de "vicariedade" de um estímulo não pode ser fixada com base em critérios rigorosos, mas depende da cultura e da disposição dos sujeitos.

31. Do ponto de vista do presente discurso é irrelevante que estes procedimentos possam dizer respeito àqueles processos ulteriores de tornar a substância do conteúdo pertinente em que muitas operações artísticas se baseiam (de que falei no *Tratado*, 3.7.3).

32. Visto que diz algumas coisas compartilháveis com Sonesson (1989) sobre o que segue, desejarei definir que me ocupei justamente deste problema na relação no congresso anual da Associazione Italiana di Studi Semiotici, em Vicenza de 1987 (Eco 1987).

33. Cf. Simone 1995. Sobre o reconhecimento dos fonemas, cf. também Innis (1994: 5), que retoma e desenvolve as ideias de Bühler ("Phonetik und Phonologie", 1931): identificar um som como forma (*Klanggestalt*) e reconhecer um objeto (*Dinggestalt*) seriam o mesmo tipo de aprendizagem. Voltando à tipologia dos tipos de abdução (Eco 1983 e Bonfantini 1980, 1983, 1987) poderei dizer que o reconhecimento dos fonemas representa uma abdução de primeiro tipo, em que a regra já é conhecida, e trata-se justamente de reconhecer a ocorrência — o resultado — como um caso daquela regra. Mas o fato de que a abdução é quase automática não exclui que seja abdução, hipótese.

34. Os criptógrafos afirmam que cada mensagem em cifras pode ser decifrada, basta que saibamos que é uma mensagem.

35. "O que este tipo de signos icônicos tem em comum [...] é que a sua utilização *como* signos icônicos pressupõe que eles sejam imediatamente percebidos em si mesmos como objetos dos sentidos, com todo o direito, antes da sua utilização enquanto representativos de algo mais" (Ransdell 1979: 58). Depois de quase quarenta anos de discussões agora ocorre dar razão novamente a Barthes (1964a) quando, a propósito da fotografia (não das pinturas), falava de mensagem sem código. Ainda falava do que agora chamo de modalidade Alfa. Neste sentido dizia que a imagem simplesmente denotava. A passagem à modalidade Beta estava para ele no momento da conotação, quando a imagem é vista como texto, e interpretada (além daquela que pode ser interpretação perceptiva).

36. Além desta soleira passamos à similaridade conceitual. Podemos estabelecer uma relação de similaridade perceptiva entre um homem e uma mulher, mas a similaridade entre marido e mulher, ou entre parceiros, é puramente conceitual.

37. Peirce diz num certo ponto: "Assim, os ícones são tão completamente substituídos pelos seus objetos que se torna difícil distingui-los... Então, ao contemplar um quadro, há um instante em que perdemos consciência do fato de que não é a mesma coisa, a distinção entre cópia e objeto real desaparece, e no momento é puro sonho — não é uma existência particular e, contudo, não é uma coisa geral. Naquele momento contemplamos um ícone" (CP 3.362). Desejamos conceder ao nosso grande e venerado mestre ter utilizado apenas uma metáfora num certo ponto?

38. A regra não é tão simples porque há uma notável latitude tanto ao interpretar verbalmente as imagens quanto ao ligá-las a etiquetas. Antes de mais nada, há uma primeira regra *semiossintática* por que, dados S como sujeito visível e E como etiqueta, para com eles compor um sintagma, ambos podem ser nomeados *de dicto* ou *de re*. Quer dizer que a letra alfabética G pode ser inserida na frase ou como grama (G) ou como som da letra (GÊ). Mas o que mais importa para a semântica do enigma é que *de dicto* ou *de re* podem ser nomeados como imagens, no sentido em que o objeto deve ser reconhecido e definido ou verbalmente nomeado, ou entra em jogo apenas como algo que leva como nome próprio a própria etiqueta. A primeira regra *sintática* é que a sequência é lida de forma linear da esquerda para a direita. A segunda (ou regra de boa formação dos sintagmas mínimos) é que a etiqueta pode seguir ou preceder a definição do sujeito. A terceira é que, quando o sujeito é interpretado nos termos de uma ação, podemos indiferentemente adotar seis diferentes estruturas sintáticas, ou (dado S = sujeito, V = verbo, O = Complemento Objeto) SVO, SOV, VSO, VOS, OVS, OSV. Quanto às regras *semânticas* para nomear os Sujeitos, devemos tornar as suas propriedades pertinentes. O fato de que os Sujeitos sejam homens e mulheres pode contar ou não. Do mesmo modo, podem ser caracterizadas pertinências *individuais* (aquele personagem é reconhecido como Hércules ou Napoleão), pertinências *iconográficas* (aquela pessoa é um rei ou uma dama), pertinências *diegéticas* (aquela pessoa está matando alguém, ou celebrando as próprias núpcias). Assim como os Sujeitos, ou por necessidade ou por iniciativa engenhosa do desenhista, são inseridos em cenas embora surreais, algumas vezes Sujeitos não etiquetados também devem se tornar pertinentes.

Apêndice 1: Sobre a denotação

1. Esta é a tradução (parcialmente atualizada, para homogeneizá-la com os outros escritos deste livro) de "Denotation", que apareceu em Eco e Marmo 1989: 43-80. Agradeço a Maria Teresa Beonio Brocchieri Fumagalli, Andrea Tabarroni, Roberto Lambertini e Constantino Marmo por terem discutido comigo este escrito, fornecendo-me preciosas sugestões.

2. No *Periherm.* II (ed. Meiser: 20-27), discutindo se as palavras se referem diretamente aos conceitos ou, ao contrário, às coisas, para os dois casos Boécio utiliza a expressão *designare*. A propósito do mesmo contexto, diz "vox vero conceptiones animi intellectusque significat" e "voces vero quae intellectus designant". Falando de *litterae, voces, intellectus, res*, ele sustenta que "litterae verba nominaque significant" e que "haec vero (nomina) principaliter quidem intellectus secundo vero loco res quoque designant. Intellectus vero ipsi nihil aliud nisi rerum significativi sunt". Em *Categ. Arist.* (PL 64, 159), diz que "prima igitur illa fuit nominum positio per quam vel intellectui subiecta vel sensibus designaret". Parece-me que *designare* e *significare* aqui sejam considerados mais ou menos equivalentes. Mas o ponto fundamental é que, antes de mais nada, as palavras significam os conceitos e, portanto, apenas em consequência, podem fazer logo referência às coisas. Sobre toda a questão cf. De Rijk 1967, II, I: 178 segs. Nuchelmans (1973: 134) faz notar como, embora pareça que Boécio utilize também *significare*, junto com *designare, denuntiare, demonstrare, enuntiare, dicere* com uma expressão-objeto, para indicar o que é verdadeiro ou falso, quando depois emprega os mesmos termos com uma pessoa em função de sujeito, pretende dizer que alguém, naquela forma, torna manifesta a opinião de que algo é ou não verdadeiro: "a definição de uma *enuntiatio* ou *propositio* como enunciado que significa algo verdadeiro ou falso reflete o fato de que, conforme o ponto de vista de Aristóteles, é o pensamento ou a crença de que algo é verdadeiro que é verdadeiro ou falso no sentido estrito do termo. Então, se virmos como Boécio apresenta esta questão, a verdade e a falsidade não estão nas coisas, mas nos pensamentos e nas opiniões, e apenas num segundo tempo (*post haec*) nas palavras e nos enunciados (Cf. Nuchelmans 1973: 134; com referência a *In Categ. Arist.* e *In Periherm.*).

3. Na *Dialectica* (V, II, *De Definitionibus*, ed. De Rijk: 594) é evidente que um nome é *determinativum* de todas as possíveis diferenças de algo, e é justo ouvindo pronunciar um nome que somos capazes de entendê-las (*intelligere*) todas; a *sententia* compreende no seu interior todas estas diferenças, enquanto que a *definitio* apresenta algumas delas, isto é, aquelas que servem para determinar o sentido de um nome dentro de uma proposição, eliminando todas as ambiguidades: "Sic enim plures aliae sint ipsius differentiae constitutivae quae omnes in nomine *corporis* intelligi dicantur, non totam corporis sententiam haec definitio tenet, sicut enim nec hominis definitio *animal rationale et morale vel animal gressibile bipes*. Sicut enim *hominis* nomen omnium differentiarum suarum determinativum sit, omnes in ipso oportet intelligi; non tamen omnes in definitione ipsius poni convenit propter vitium superfluae locutionis... Cum autem et *bipes* et *gressibilis* et *perceptibilis disciplinae* ac multae quoque formae fortasse aliae hominis sint differentiae, quae omnes in nomine *hominis* determinari dicantur... apparet hominis sententiam in definitionem ipsius totam non claudi sed secundum quamdam partem constituionis suae ipsius definiri. Sufficiunt itaque ad definiendum quae non sufficiunt ad constituendum."

4. De Rijk (1967: 206), por exemplo, sustenta que em Abelardo "parece prevalecer um ponto de vista que não se sustenta na lógica" e que o termo *impositio* "na

maior parte dos casos está para *prima inventio*" e "raramente o encontramos com o sentido de denotar alguma imposição efetiva nesta ou naquela proposição emitida por um falante efetivo qualquer. Até quando as *voces* estão separadas das *res*, a sua ligação com o intelecto leva o autor ao domínio da psicologia, ou o confina àquele da ontologia, a partir do momento em que o *intellectus*, por sua vez, faz com que se refira à realidade. Mesmo a teoria da predicação parece extremamente influenciada pela prevalência de perspectivas que não pertencem à lógica". De Rijk (1982: 173) sugere que os lógicos medievais "conseguiriam melhores resultados se tivessem abandonado por completo a própria noção de significação". Isto significa pedir aos filósofos medievais (que não eram lógicos puros no sentido moderno do termo) para escreverem o que não podiam ou não desejavam escrever.

5. No Comentário sobre Prisciano, em Viena (cf. De Rijk 1967: 245), um nome "significat proprie vel appellative vel denotando de qua manerie rerum sit aliquid" de modo que *denotare* ainda parece ligado à significação da natureza universal.

6. "Oblatum sensui vel intellectui" significa que, embora diga respeito às qualidades sensíveis dos signos, Bacon assume uma posição menos radical do que a de Agostinho. Ele admite várias vezes que podem existir ainda signos intelectuais, no sentido em que mesmo os conceitos podem ser considerados como signos das coisas percebidas.

7. Ainda existem outros que, por sua vez, confessam as suas perplexidades. Boehner (1958: 219) diz que "Scoto já havia rompido com esta interpretação do texto aristotélico, sustentando que, em geral, ao falar, o significado das palavras não é o conceito, mas a coisa". Não obstante, na nota 29 acrescenta: "Sob nossa orientação foi escrita uma tese (de Fr. John B. Vogel, O.F.M.) sobre o problema da significação direta das coisas segundo Scoto; o autor observou uma separação considerável entre um tratamento deste problema no *Oxoniense* e nas *Quaestiones in Perihermeneias opus primum and secundum*." (Para uma interpretação intencionalista vejamos Marmo em Eco et al. 1989.)

8. Existe pelo menos um exemplo de *denotare* de forma ativa, citado por Maierù (1972: 98) e tirado das *Elementarium logicae*, em que Ockham distingue dois sentidos de *appellare*. O primeiro é o de Anselmo, enquanto diz respeito ao segundo Ockham escreve: "aliter accipitur appellare pro termino exigere vel denotare seipsum debere suam propriam formam". Pareceria que aqui *denotare* esteja para "governar" (ou exigir) ou "postular" um correferencial dentro do quadro do contexto linguístico.

9. Para uma utilização semelhante de *denotari* vejamos *Quaestiones in libros physicorum* 3 (aos cuidados de Corvino, *Rivista critica di storia della filosofia*, X, 3-4, maio-agosto de 1955).

10. Maierù cita Pietro da Mantova: "Verba significantia actum mentis ut *scio, cognosco, intelligo*, etc. denotant cognitionem rerum significatarum a terminis sequentibus ipsa verba per conceptum". Logo depois desta frase, Pedro dá um exemplo: "Unde ista propositio *tu cognoscis Socratem* significat quod tu cognoscis Socratem per hunc conceptum 'Socratem' in recto vel obliquo" (*Lógica* 19vb-20ra). É

claro que *denotare* e *significare* são mais ou menos equivalentes, e que os dois são empregados para falar de atitudes proposicionais — um tema intencional por excelência.

Apêndice 2: Croce, a intuição e a desordem

1. Este artigo fora escrito para *La Rivista dei Libri* (17. 1991) como concessão à reedição Adelphi da *Estética* crociana. Eu o inseri nesta coleção porque antecipa algumas das considerações sobre intuição, conceito e esquema tratadas em **2**, e mostra como as confusões kantianas sobre o esquema, e a resistência em fundamentar o juízo perceptivo em objetos de natureza, influenciaram o pensamento idealista sucessivo.

Referências bibliográficas

Alac, Morana
1997   *Gli schemi concettuali nel pensiero di Donald Davidson.* Trabalho de conclusão de curso (graduação em Semiótica). Universidade de Bolonha. Faculdade de Letras e Filosofia. A.A. 1995-1996.

Albrecht, Erhard
1975   *Sprache und Philosophie.* Berlim: Deutscher Verlag der Wiessenschaften.

Apel, Karl-Otto
1972   "From Kant to Peirce: The Semiotical Transformation of Transcendental Logic". In Beck, L. W., ed. *Proceedings of the Third Kant Congress.* Dordrecht: Reidel: 90-105.
1975   *Der Denkweg von Charles S. Peirce.* Frankfurt: Suhrkamp.
1995   "Transcendental Semiotics and Hypothetical Metaphysics of evolution: A Peircean or quasi-Peircean Answer to a recurrent problem of post-Kantian philosophy". In Ketner 1995: 366-397.

Arnheim, Rudolf
1969   *Visual Thinking.* Berkeley: University of California Press (tr. it. *Il pensiero visivo.* Torino: Einaudi 1974).

Aubenque, Pierre
1962   *Le problème de l'être chez Aristote.* Paris: P.U.F.

Bacchini, Fabio
1995   "Sugli specchi". *Il Cannocchiale* 3: 211-224.

Barlow, Horace, Blakemore, Colin e Weston-Smith, Miranda, eds.
1990   *Images and understanding.* Cambridge: Cambridge U.P.

Barthes, Roland
1964a "Rhétorique de l'image". *Communications* 4: 40-51.
1964b "Éléments de sémiologie", *Communications* 4 (tr. it. *Elementi di semiologia*. Torino: Einaudi 1966).

Baudry, Léon
1958 *Lexique philosophique de Guillaume d'Ockham. Étude des notions fondamentales*. Paris: Lethielleux.

Benelli, Beatrice
1991 "Categorizzazione, rappresentazione e linguaggio: aspetti e tendenze dello sviluppo del pensiero concettuale". In Cacciari, ed. 1991: 5-46.

Beonio-Brocchieri Fumagalli, Maria Teresa
1969 *La Logica di Abelardo*. Florença: La Nuova Italia.

Berselli Bersani, Gabriele
1995 *Riferimento ed interpretazione nominale*, Milão: Angeli.

Bertuccelli Papi, Marcella
1993 *Che cos'è la pragmatica*. Milão: Bompiani.

Bettetini, Gianfranco
1971 *L'indice del realismo*. Milão: Bompiani.
1975 *Produzione del senso e messa in scena*. Milão: Bompiani.
1991 *La simulazione visiva*. Milão: Bompiani.
1996 *L'audiovisivo*. Milão: Bompiani.

Bickerton, Derek
1958 "Ockham's theory of signification". In Buytaert, E., ed. *Collected Articles on Ockham*. St. Bonaventure, New York-Louvain-Paderborn: The Franciscan Institute: 201-232.

Bonfantini, Massimo A.
1976 *L'esistenza della realtà*. Milão: Bompiani.
1987 *La semiosi e l'abduzione*. Milão: Bompiani.

Bonfantini, Massimo A. e Grazia, Roberto
1976 "Teoria della conoscenza e funzione dell'icona in Peirce". *VS* 15: 1-15.

Bonfantini, Massimo A. e Proni, Giampaolo
1983 "To guess or not to guess". *Scienze Umane* 6. Ora in Eco e Sebeok 1983.

Bonomi, Andrea
1975   *Le vie del riferimento*. Milão: Bompiani.
1994   *Lo spirito della narrazione*. Milão: Bompiani.

Bonomi, Andrea, ed.
1973   *La struttura logica del linguaggio*. Milão: Bompiani.

Bouissac, Paul, Herzfeld, Michael e Posner, Roland, eds.
1986   *Iconicity*. Tübingen: Stauffenburg.

Brandt, Per Aage
1989   "The dinamics of modality". *Recherches sémiotiques — semiotic inquiry* 9, 1/3: 3-16.

Bruner, Jerome
1986   *Actual Minds and Possible Worlds*. Cambridge: Harvard U.P. (tr. it. *La mente a più dimensioni*. Bari: Laterza 1997).
1990   *Acts of Meaning*. Cambridge: Harvard U.P. (tr. it. *La ricerca del significato*. Torino: Boringhieri).

Bruner, Jerome, et al.
1956   *A Study of Thinking*. New York: Science Editions (tr. it. *Il pensiero*. Roma: Armando 1969).

Burrell, Harry
1927   *The Platypus. Its discovery, zoological position, form and characteristics, habits, life history, etc.* Sydney: Angus & Robertson.

Cacciari, Cristina
1995   Preface to Cacciari, ed. 1995

Cacciari, Cristina, ed.
1991   *Esperienza percettiva e linguaggio*. Número especial de *VS* 59/60.
1995   *Similarity*. Sl.: Brepols.

Calabrese, Omar
1981   "La sintassi della vertigine. Sguardi, specchi, ritratti". *VS* 29: 3-32.
1985   *Il linguaggio dell'arte*. Milão: Bompiani.

Caramazza, A., Hillis, A.E., Rapp, B.C. e Romani, C.
1990   "The multiple semantic hypothesis: Multiple confusion?", *Cognitive Neuropsychology* 7.

Carnap, Rudolf
1955 "Meaning and synonymy in natural languages". *Philosophical Studies* 7: 33-47 (tr. it. "Significato e sinonimia nelle lingue naturali". In Bonomi A., ed. 1973: 117-133).

Casati, Roberto e Varzi, Achille C.
1994 *Holes and other superficialities*. Cambridge: M.I.T. Press (tr. it. *Buchi e altre superficialità*. Milão: Garzanti 1996).

Cassirer, Ernst
1918 *Kants Leben und Lehre*, 1918 (tr. it. *Vita e dottrina di Kant*, Florença: Nuova Italia 1977).

Corcoran, John, ed.
1974 *Ancient Logic and its Modern Interpretations*. Dordrecht: Reidel.

Corvino, Francesco et al.
1983 *Linguistica Medievale*. Bari: Adriatica.

Dalla Chiara, Maria Luisa e Toraldo di Francia, Giuliano
1985 "Individuals, Kinds and Names in Physics". *VS* 40: 29-50.

Davidson, Donald
1984 "On the very idea of conceptual scheme". In *Inquiries into truth and interpretation*. Oxford: Oxford U.P.: 183-198 (tr. it. *Verità e interpretazione*. Bolonha: Mulino 1994: 263-282).
1986 "A Nice Derangement of Epitaphs". In Lepore, E. e McLaughlin, B., eds., *Actions and Events. Perspectives on the Philosophy of Donald Davidson*. Oxford: Blackwell: 433-446.

Deleuze, Gilles
1963 *La philosophie critique de Kant*. Paris: PUF (tr. it. *La filosofia critica di Kant*. Bolonha: Cappelli 1979).

De Mauro, Tullio
1965 *Introduzione alla semantica*. Bari: Laterza.

Dennett, Daniel C.
1978 *Brainstorms*. Montgomery: Bradford Books (tr. it. *Brainstorms*, Milano: Adelphi 1991).
1991 *Consciousness Explained*. Nova York: Little Brown (tr. it. *La coscienza. Che cosè*. Milano: Rizzoli 1993).

De Rijk, Lambert M.

1962-67 *Logica Modernorum. A Contribution to the History of Early Terminist Logic.* Assen: Van Gorcum.

1975 "La signification de la proposition (*dictum propositionis*) chez Abelard". *Studia Mediewistyczne*, 16.

1982 "The Origins of the Theory of the Property of Terms". In Kretzmann et al. 1982.

De Rijk, L. M., ed.

1956 P. Abelard, *Dialectica*. Assen: Van Gorcum.

Dionigi, Roberto

1994 *Nomi forme cose*. Bolonha: Fuori Thema.

Dolezel, Lubomir

1989 "Possible Worlds and Literary Fiction". In Allen, E., ed., *Possible Worlds in Humanities, Arts and Sciences*. Berlim: De Gruyter: 221-242.

Donnellan, Keith

1966 "Reference and definite descriptions". *The Philosophical Review* 75: 281-304 (tr. it. In Bonomi, ed., 1973).

Ducrot, Oswald e Schefer, Jean-Louis

1995 *Nouveau Dictionnaire Encyclopédique des Sciences du Langage*. Paris: Seuil.

Dummett, Michael

1973 *Frege. Philosophy of language*. London: Duckworth (tr. it. *Filosofia del linguaggio. Saggio su Frege*. Casale Moferrato: Marietti 1983).

1986 "A Nice Derangement of Epitaphs: Some Comments on Davidson and Hacking". In Lepore, E., ed., *Truth and Interpretation. On the Philosophy of Donald Davidson*. Oxford: Blackwell (tr. it. "Una graziosa confusione di epitaffi". In Peissinotto, L., ed., *Linguaggio e interpretazione. Una disputa filosofica (1986)*. Milão: Unicopli 1993).

Eco, Umberto

1968 *La struttura assente*. Milão: Bompiani (2a. ed. riv., 1980).

1971 *Le forme del contenuto*. Milão: Bompiani.

1975 *Trattato di semiotica generale*, Milão: Bompiani.

1975b "Chi ha paura del cannocchiale?" Op. Cit. 32: 5-32.

1979 *Lector in fabula*. Milão: Bompiani.

1983 "Corna, zoccoli, scarpe: tre tipi di abduzione". In Eco e Sebeok 1993; 228-255.

1984 *Semiotica e filosofia del linguaggio*. Torino: Einaudi.

1985 *Sugli specchi*. Milão: Bompiani.

1987 "Introduzione" al XV Convegno dell'A.I.S., Vicenza 1987, su "Il significante". *Carte Semiotiche* 7, 1990: 11-16.

1990   *I limiti dell'interpretazione*. Milão: Bompiani.
1992   *Interpretation and overinterpretation*. Cambridge: Cambridge U.P. (tr. it. *Interpretazione e sovrainterpretazione*. Milão: Bompiani: 1995).
1993   *La ricerca della lingua perfetta*. Bari: Laterza.
1994   *Six Walks in the Fictional Woods*. Cambridge: Harvard U.P. (tr. it. *Sei passeggiate nei boschi narrativi*. Milão: Bompiani 1994).
1997   "On meaning, logic and verbal language". In Dalla Chiara, M.L. et al., eds. *Structures and Norms in Science*. Dordrecht: Kluver: 431-448.

Eco, Umberto e Marmo, Costantino, eds.
1989   *On the Medieval Theory of Signs*. Amsterdam: Benjamins.

Eco, Umberto, Santambrogio, Marco e Violi, Patrizia, eds.
1986   *Meaning and Mental Representations*. Special issue of *VS* 44/45 (agora Bloomington: Indiana U.P. 1988).

Eco, Umberto e Sebeok, Thomas A., eds.
1983   *The Sign of Three*. Bloomington: Indiana U.P. (tr. it. *Il segno dei tre*. Milão: Bompiani 1983).

Eco, Umberto e Violi, Patrizia
1987   "Instructional Semantics for Presupposition". *Semiotica* 64, 1/ 2 1-39 (tr. it. con variazioni in Eco 1990).

Edelman, Gerald M.
1992   "The science of recognition". In *Bright Air, Brilliant Fire*. Nova York; Basic Books: 73-80.

Eichmann, Klaus
1988   "The control of T lymphocyte activity may involve elements of semiosis". In Sercarz et al. 1988: 163-168.

Ellis, Ralph D.
1995   "The imagist approach to inferential thought patterns: The crucial role of rhythm pattern recognition". *Pragmatics* e *Cognition* 3, 1: 75-109.

Evans, Gareth
1982   *The Varieties of Reference*. Oxford: Clarendon.

Fabbrichesi Leo, Rossella
1981   "L'iconismo e l'interpretazione fenomenologica del concetto di somiglianza in C. S. Peirce". *ACME, Annali della Facolà di Lettere e Filosofia dell'Università degli Studi di Milano*, xxiv, III: 467-498 (ora ampliato, in Fabbrichesi 1986).
1983   *La polemica sull'iconismo*. Napoli: Edizioni Scientifiche Italiane.
1986   *Sulle tracce del segno*. Florença: Nuova Italia.

Fillmore, Charles
1982 "Towards a Descriptive Framework for Spatial Deixis". In Jarvella, R.J. and Klein, W., eds., *Speech, Plan and Action*. Londres: Wiley: 31-59.

Fisette, Jean
1995 "À la recherche des limites del'interprétation". *Recherches sémiotiques — Semiotic inquiry* 15, 1/ 2: 91-120.

Fodor, Jerry A.
1975 *The language of Thought*. Nova York: Crowell.

Fodor, Jerry A. e Lepore, Ernest, eds.
1992 *Holism*. Oxford: Blackwell.

Follesdal, Dagfinn
1997 "Semantics and Semiotics". In Dalla Chiara, M. L. et al., eds., *Structures and Norms in Science*. Dordrecht: Kluver: 431-448.

Fredborg, K. M., Nielsen, L. e Pinborg, J.
1978 "An unedited part of Roger Bacon's Opus Maius: De Signis". *Traditio*, 34: 75-136.

Fumagalli, Armando
1995 *Il reale nel linguaggio. Indicalità e realismo nella semiotica di Peirce*. Milão: Vita e Pensiero.

Gardner, Howard
1985 *The Mind's New Science*. Nova York: Basic Books (tr. it. *La nuova scienza della mente*. Milão: Feltrinelli 1988).

Gardner, Martin
1964 *The Ambidextruous Universe*. Nova York: Penguin.

Gargani, Aldo G.
1971 *Hobbes e la scienza*. Torino: Einaudi.

Garroni, Emilio
1968 *Semiotica ed estetica*. Bari: Laterza.
1972 *Progetto di semiotica*. Bari: Laterza.
1977 *Ricognizione della semiotica*. Roma: Officina.
1986 *Senso e paradosso*. Bari: Laterza.

Geach, Peter
1962 *Reference and Generality*. Ithaca: Cornell U.P.

Gentner, Dedre e Markman, Arthur B.
1995   "Similarity is like analogy: Structural alignment in comparison". In Cacciari, ed., 1995: 11-148.

Gerlach, Peter
1977   "Probleme einer semiotischen Kunstwissenschaft". In Posner, R. e Reinecke, H.P., eds., *Zeichenprozessen*. Wiesbaden: Athenaion: 262-292.

Geyer, B.
1927   *Peter Abaelards philosophische Schriften*. Münster: Aschendorff.

Gibson, James J.
1950   *The Perception of the Visual World*. Boston: Houghton-Mifflin.
1966   *The Senses Considered as Perceptual Systems*. Boston: Houghton-Mifflin (London: Allen and Unwin 1968).
1971   "The information available in pictures". *Leonardo* 4/2: 197-199.
1978   "The ecological approach to visual perception of pictures". *Leonardo* 11/3: 227-235.

Gilson, Étienne
1948   *L'être et l'essence*. Paris: Vrin, 2a. ed. aum. 1981.

Gisalberti, Alessandro
1981   "La semiotica medievale: i terministi", in Lendinara-Ruta 1981: 53-68.

Gombrich, Ernest
1956   *Art and Illusion*. The A. W. Mellon Lectures in Fine Arts (ora New York: Bollingen 1961; tr. it. *Arte e illusione*. Torino: Einaudi 1965).
1982   *The image and the eye. Further studies in the psychology of pictorial representation*. Oxford: Phaidon (tr. it. *L'immagine e l'occhio*. Torino: Einaudi 1985).
1990   "Pictorial instructions". In Barlow et al. 1990: 26-45.

Goodman, Nelson
1951   *The Structure of Appearance*. Cambridge: Harvard U. P.
1968   *Languages of art*. Indianapolis: Bobbs-Merrill (tr. it. *I linguaggi dell'arte*. Milano: Saggiatore 1976).
1970   "Seven Structures on Similarity". In Swanson, ed., *Experience and Theory*. Boston: University of Massachusetts Press (ora in Goodman, N. *Problems and Projects*. Indianapolis: Bobbs-Merrill 1972).
1990   "Pictures in the mind?". In Barlow et al. 1990: 358-364.

Gould, Stephen Jay
1991   *Bully for Brontosaurus*. Londres: Hutchinson Radius.

Gregory, Richard
1981   *Mind in Science.* Cambridge-Londres: Cambridge U.P.
1986   *Old perceptions.* Londres: Methuen (tr. it. *Curiose percezioni.* Bolonha: Mulino 1989).
1990   "How do we interpret images?". In Barlow et al. 1990: 310-330.

Greimas, Algirdas Julien
1983   "De la colère". *Du sens 2.* Paris: Seuil (tr. it. *Del senso 2.* Milano: Bompiani 1985).
1984   "Sémiotrque figurative et sémiotique plastique". *Actes Sémiotiques* VI, 60.

Greimas, Algirdas J. e Courtés, Joseph
1979   *Sémiotique. Dictionnaire raisonné de la théorie du langage.* Paris: Hachette (tr. it. *Semiotica. Dizionario ragionato della teoria del linguaggio.* Florença: Usher 1986).

Grupo μ
1992   *Traité du signe visuel.* Paris: Seuil.

Habermas, Jürgen
1995   "Peirce and communication". In Ketner 1995: 243-266.

Hausman, Carl R.
1995   "In and Out in Peirce's percepts". *Transactions of Charles Sanders Peirce Society,* xxvi, 3: 271-308.

Heidegger, Martin
1915   "Die Kategorien und Bedeutungslehre des Duns Scotus". *Frühe Schriften.* Frankfurt/M: Klostermann, 1972 (tr. it. *La teoria delle categorie e del significato in Duns Scoto.* Bari: Laterza 1974).
1929   *Was ist Metaphysik?* Bonn: Cohen (tr. it. "Che cosè la metafisica?" In *Segnavia.* Milano: Adelphi: 59-78).
1950   *Holzwege.* Frankfurt: Klostermann (tr. it. *Sentieri interrotti.* Florença: Nuova Italia 1984).
1973   *Kant und das Problem der Metaphysik.* Frankfurt/M: Klostermann, 4a. ed. 1973 (tr. it. *Kant e il problema della metafisica.* Bari: Laterza 1981).

Henry, Desmond P.
1964   *The De Grammatico of St. Anselm. The Theory of Paronymy.* Notre Dame: University of Notre Dame Press.

Hilpinen, Risto
1995   "Peirce on language and reference". In Ketner 1995: 303.

Hjelmslev, Louis
1943   *Prolegomena to a Theroy of Language*. Madison: Wisconsin University Press (tr. it. *I fondamenti della teoria del linguaggio*. Torino: Einaudi 1968).

Hochberg, Julian
1972   "The representation of things and people". In Gombrich, E. et al. *Art, perception and reality*. Baltimore: Johns Hopkins U.P. (tr. it. *Arte, percezione e realtà*. Torino: Einaudi 1978).

Hofstadter, Douglas
1979   *Gödel, Escher, Bach*. Nova York: Basic Books (tr. it. *Gödel, Escher, Bach*. Milão: Adelphi 1984).

Hogrebe, Wolfram
1974   *Kant und das Problem einer traszendentalen Semantik*. Freiburg/München: Alber (tr. it. *Per una semantica trascendentale*. Roma: Officina 1979).

Hookway, Christopher
1988   "Pragmaticism and 'Kantian Realism'?" *VS* 49: 103-112.

Houser, Nathan
1992   Introduction. In Kloesel, C. e Houser, N., eds. *The Esssential Peirce. Selected Philosophical Writings*. Bloomington: Indiana U.P.

Hubel, David H.
1982   "Explorations of the primary visual cortex, 1955-1978 (a review)". *Nature* 299, 5883: 515-524.

Hubel, David H. e Wiesel, Torsten N.
1959   "Receptive fields of single neurons in the cat's striate cortex". *Journal of Phisiology* 148: 105-154.

Humphreys, Glyn W. e Riddoch, M. Jane
1995   "The old town no longer looks the same: Computation of visual similarity after brain damage". In Cacciari, ed., 1995: 15-40.

Hungerland, I. C. e Vick, G. R.
1981   "Hobbes' theory of language, speech and reasoning". In Hobbes, Th. *Computatio sive logica*. New York: Abaris Books.

Husserl, Edmund
1922   *Logische Untersuchungen* (3a. ed.). Halle: Niemayer (tr. it. *Ricerche logiche*. Milão: Saggiatore 1968).

1970   "Zur Logik der Zeichen (Semiotik)". In van Breda. H. L., ed., *Husserliana* XII. Haia: Nijhoff: 340-373 (tr. it. *Semiotica*. Milão: Apirali 1984).

Innis, Robert E.
1994   *Consciousness and the Play of Signs*. Bloomington: Indiana U.P.

Jackendoff, Ray
1983   *Semantics and Cognition*. Cambridge: M.I.T. Press (tr. it. *Semantica e cognizione*. Bolonha: Mulino 1986).
1987   *Consciousness and the Computational Mind*. Cambridge: M.I.T. Press (tr. it. *Coscienza e mente computazionale*. Bolonha: Mulino 1990).

Jakobson, Roman
1970   "Da i net v mimike". *Jazyk i celovek* (tr. ingl. "Motor Signs for 'Yes' and 'No'". *Language in Society* I; tr. it. "Gesti motori per il 'sì' e il 'no'". *VS* 1, 1971: 1-20.

Job, Remo
1991   "Relazione tra fattori visivi e fattori semantici nell'identificazione di oggetti: alcuni dati neuropsicologici". In Cacciari, ed., 1991: 197-206.

Johnson, Mark
1989   "Image. Schematic Bases of Meaning". *Recherches sémiotiques — Semiotic inquiry* 9, 1/3: 109-118.

Johnson-Laird, Philip
1983   *Mental models*. Cambridge: Cambridge U.P. (tr. it. *Modelli mentali*. Bolonha: Mulino 1988).
1988   *The Computer and the Mind*. Cambridge: Harvard U.P. (tr. it. *La mente e il computer*. Bolonha: Mulino 1990).

Kalkhofen, Hermann
1972   "*Pictorial* stimuli considered as *iconic* signs". Ulm: mimeo.

Kant, Immanuel
1781-87 *Kritik der reiner Vernunft*. In *Kants gesammelte Schriften*, III-IV. Berlin-Leipzig 1903-04 (tr. it. Di Giorgio Colli, Milão: Adelphi 1976).
1783   *Prolegomena zu einer jeden künftigen Metaphysik*. In *Kants gesammelte Schriften*, IX. Berlin-Leipzig 1911 (tr. it. Di Giorgio Fanno, *Prolegomena*. Milão: Istituto Editoriale Italiano 1948).
1790   *Kritik der Urteilskraft*. In *Kants gesammelte Schriften*, V. Berlin-Leipzig 1908-13 (tr. it. di Leonardo Amoroso, *Critica della capacità di giudizio*. Milão: B.U.R. 1995).
1800   *Logik*. In *Kants gesammelte Schriften*. IX. Berlin-Leipzig 1923 (tr. it. di Leonardo Amoroso, *Logica*. Bari: Laterza 1984).

1936-38 *Opus Postumum*. In *Kants gesammelte Schriften*, XXI e XXI. Berlin-Leipzig 1936-38 (tr. it. di Vittorio Mathieu, *Opus Postumum*. Bari: Laterza 1984).

Katz, J. e Fodor, J.
1963   "The structure of a semantic theory". *Language* 39: 170-210.

Kelemen, János
1991   "La comunicazione estetica nella *Critica del Giudizio*. Appunti per la ricostruzione della semiotica di Kant". *Il cannocchiale* 3: 33-50.

Kennedy, John M.
1974   *A psychology of picture perception*. San Francisco: Jossey-Bas.

Ketner, Kenneth L., ed.
1995   *Peirce and contemporary thought*. Nova York: Fordham U.P.

Kjorup, Soren
1978   "Iconic codes and pictorial speech acts". *Orbis litterarum 4*. Copenhagen: Munksgaard: 101-122.

Kosslyn, Stephen M.
1983   *Ghosts in the Mind's Machine. Creating and Using Images in the Brain*. Nova York: Norton.

Krampen, Martin
1983   *Icons of the Road*. Special issue of *Semiotica* 43, 1 /2.

Kretzmann, Norman
1974   "Aristotle on spoken sound signicant by convention". In Corcoran 1974: 3-21.

Kretzmann, Norman et al.
1982   *The Cambridge History of Later Medieval Philosophy. From the rediscovery of Aristotle to the Disintegration of Scholasticism, 1100-1600*. Cambridge: Cambridge University Press.

Kripke, Saul
1971   "Identity and Necessity". In Munitz, M. K., ed., *Identity and Individuation*. New York: New York U.P. (tr. it. in Bonomi, ed. 1973: 257-294).
1972   "Naming and Necessity" in Davidson, D. e Harman, G., eds., *Semantics of Natural Language*. Dordrecht: Reidel; 2a. ed. in volume, Oxford: Blackwell (tr. it. *Nome e necessità*. Torino: Boringhieri 1982).
1979   "A Puzzle about Belief". In Margalit, A., ed., *Meaning and Use*. Dordrecht: Reidel: 239-283.

Kubovy, Michael
1995 "Simmetry and Similarity". In Cacciari, ed. 1995: 41-60.

Kuhn, Thomas
1989 "Possible worlds in history of sciences". In Allen, S., ed. *Possible Worlds in Humanities, Arts and Sciences.* Berlim: De Gruyter: 9-31.

Lakoff, George
1978 "Cognitive models and prototype theory". In Neisser, ed. 1978: 63-99.
1987 *Women, Fire and Dangerous Things.* Chicago: Chicago U.P.

Lambertini, Roberto
1989 "Sicut tabernarius vinum significat per circulum: Directions in contemporary interpretations of Modistae". In Eco e Marmo, eds., 1989, pp. 107-142.

Leech, G.
1974 *Semantics.* Harmondsworth: Penguin.

Lendinara, P. e Ruta, M. C., eds.
1981 *Per una storia della semiotica: teorie e metodi.* Palermo: Quaderni del Circolo Semiologico Siciliano, 15-16.

Leonardi, Paolo e Santambrogio, Marco, eds.
1995 *On Quine. New Essays.* Cambridge: Cambridge U.P.

Lewis, David K.
1973 *Counterfactuals.* Oxford: Blackwell.

Lynch, Kevin
1966 *A View from the Road.* Cambridge: M.I.T. Press.

Lyons, John
1968 *Introduction to Structural Linguistics.* Cambridge: Cambridge U.P.
1977 *Semantics* I-II. Cambridge: Cambridge U.P. (tr. it. *Manuale di Semantica.* Bari: Laterza 1980).

Maierù, Alfonso
1972 *Terminologia logica della tarda scolastica.* Roma: Ateneo.

Maldonado, Tomás
1974 "Appunti sull'iconicità". In *Avanguardia e razionalità.* Torino: Einaudi: 254-298.
1992 "Appunti sull'iconicità". In *Reale e virtuale.* Milão: Feltrinelli: 119-144.

Maloney, Thomas S.
1983   "The semiotics of Roger Bacon". *Medieval Studies* 45: 120-154.

Maltese, Corrado
1978   "Iconismo e esperienza". In *Aspetti dell'iconismo. Atti del IV convegno della A.I.S.S., settembre 1976* (Mimeo): 55-71.

Mameli, Matteo
1997   *Synechism. Aspetti del pensiero di C. S. Peirce.* Trabalho de conclusão de curso (graduação em Semiótica). Universidade de Bolonha, Faculdade de Letras e Filosofia. A.A. 1995-96.

Marconi, Diego
1955   "On the structure of lexical competence". *Aristotelian Society Proceedings*: 131-150.
1986   *Dizionari e enciclopedie.* 2a. ed. Torino: Giappichelli.
1997   *Lexical Competence.* Cambridge: M.I.T. Press.

Marconi, Diego e Vattimo, Gianni
1986   "Nota introduttiva" alla tr. it. di Rorty 1979.

Marmo, Costantino
1984   "Guglielmo di Ockham e il significato delle proposizioni". *VS* 38/39: 115-148.

Marr, David
1987   "Understandng Vision from Images to Shapes". In Vaina, L., ed., *Matters of Intelligence.* Dordrecht: Reidel: 7-58.

Marr, David e Nishishara, H. Keith
1978   "Visual information processing: Artificial intelligence and the sensorium of sight". *Technology Review* 81, 1: 2-23.
1978   "Representation and recognition of the spatial organization of three-dimensional shapes". *Proceedings of the Royal Society of London* 200 (B): 269-294.

Marr, David e Vaina, Lucia
1982   "Representation and recognition of the movements of shapes". *Proceedings of the Royal Society of London* 214 (B): 501-524.

Martinetti, Piero
1946   *Kant.* Milão: Bocca 1946 (tr. it. Milano: Feltrinelli 1968).

Mathieu, Vittorio
1984   Introduzione a I. Kant, *Opus Postumum.* Bari: Laterza.

Maturana, Humberto
1970   "Neurophysiology of cognition". In Garvin, Paul, ed. *Cognition: A multiple view*. Nova York: Spartan Books 1970.

May, Michael e Stejernfelt, Frederik
1996   "Measurement, diagram, art". In Michelsen, A e Stjernfelt, F., eds., *Billeder fra det fjerne/Images from afar*. Sl: Kulturby 1996 (Universitetsforlaget i Oslo): 191-204.

McCawley, James D.
1971   "Where do noun phrases come from?". In Steinberg, D. D. e Jakobovits L. A., eds., *Semantics*. London: Cambridge U. P.: 217-231.
1981   *Everything that Linguists have Always Wanted to Know about Logic*. Chicago: University of Chicago Press.

Medin, Douglas L. e Goldstone, Robert L.
1995   "The predicates of similarity". In Cacciari, ed. 1995: 83-110.

Merleau-Ponty, Maurice
1945   *Phénomenologie de la perception*. Paris: Gallimard.

Merrell, Floyd
1981   "On understanding the logic of 'understanting': A reincarnation of some Peircean thought". *Ars Semeiotica* IV, 2: 161-186.
1991   "The tenuous 'reality' of signs". *Signs becoming signs*. Bloomington: Indiana U.P.

Metz, Christian
1964   "Le cinéma: langue ou langage?" *Communications* 4: 52-90.
1968a "La grande syntagmatique du film narratif". *Communications* 8: 120-124.
1968b *Essais sur la signification au cinéma*. Paris: Klincksieck 1968.

Mill, John Stuart
1843   *A System of Logic*. London: Routledge,1898 (tr. it. *Sistema di logica deduttiva e induttiva*. Torino: UTET 1988).

Minsky, Marvin
1985   *The society of mind*. Nova York: Simon & Schuster (tr. it. *La società della mente*. Milano: Adelphi 1989).

Moody, Ernest A.
1935   *The Logic of William of Ockham*. Nova York: Shed & Ward.

Morris, Charles

1946 *Signs, Language, and Behavior.* Nova York: Prentice Hall (tr. it. *Segni, linguaggio e comportamento.* Milano: Longanesi 1963).

Neisser, Ulrich

1976 *Cognition and Reality.* San Francisco: Freeman.

1978 "From direct perception to conceptual structure". In Neisser, ed., 1978: 11-24.

Neisser, Ulrich, ed.

1987 *Concepts and conceptual development: Ecological and intellectual factors in categorization.* Cambridge-Londres: Cambridge U.P. (tr. it. *Concetti e sviluppo concettuale.* Roma; Nuova Città 1989).

Nergaard, Siri, ed.

1995 *Teorie contemporanee della traduzione.* Milão: Bompiani.

Nesher, Dan

1984 Are there grounds for identifying 'Ground' with 'Interpretant'? In *Peirce's Theory of Meaning. Transaction of Charles Sanders Peirce Society*, 20, 1984: 303-324.

Neubauer, Fritz e Petöfi, János S.

1981 "Word Semantics, Lexicon System and Text Interpretation". In Eikmeyer, H. J. e Rieser, H., eds., *Words, Worlds and Contexts.* Berlin: De Gruyter: 344-377.

Nida, Eugene

1975 *Componential Analysis of Meaning.* Haia: Mouton.

Nietzsche, Friedrich

1873 "Ueber Wahreit und Lüge im aussermoralischen Sinne". In Grossoktav-Ausgabe. Leipzig 1895 (tr. it. "Su verità e menzogna in senso extramorale", In *Opere*, III, 2. Milão: Adelphi 1973).

Nuchelmans, Gabriel

1973 *Theories of Propositions. Ancient and Medieval Conceptions of the Bearers of Truth and Falsity.* Amsterdam: North Holland.

Oehler, Klaus

1979 "Peirce's foundation of a semiotic theory of cognition". *Peirce studies* 1: 67-66.

1995 "A response to Habermas". In Ketner 1995: 267-271.

Ogden, C. K. e Richards, I. A.

1923 *The Meaning of Meaning.* London: Routledge (tr. it. *Il significato del significato).* Milão: Saggiatore 19660.

Osmond-Smith, David
1972 "The iconic process in musical communication". *VS* 3: 31-42.
1973 "Formal iconism in music". *VS* 5: 43-54.

Ouellet, Pierre
1992 "Signification et sensation". *Nouveaux Actes Sémiotiques* 20. Limoges: Pulim.

Paci, Enzo
1957 "Relazionismo e schematismo trascendentale". In *Dall'esistenzialismo al relazionismo*. Messina: D'Anna 1957.

Palmer, Stephen
1978 "Fundamental aspects of cognitive representation". In Rosch e Lloyd, eds. 1978.

Pareyson, Luigi
1954 *Estetica*. Torino: Edizioni di 'Filosofia'. (Milão: Bompiani 1988).
1989 *Filosofia della libertà*. Gênova: Melangolo.

Pasolini, Pier Paolo
1966 "La lingua scritta della realtà". In *Empirismo eretico*. Milão: Garzanti 1972: 198-226.
1967a "Discorso sul piano sequenza ovvero il cinema come semiologia della realtà". In *Linguaggio e ideologia nel film (Atti della Tavola Rotonda alla III Mostra Internazionale del Nuovo Cinema, Pesaro, maggio 1967)*. Novara: Cafieri 1968: 135-150.
1967b "Il codice dei codici". In *Empirismo eretico*. Milão: Garzanti 1972: 277-284.

Pavel, Thomas G.
1986 *Fictional Worlds*. Cambridge: Harvard U.P. (tr. it. *Mondi di invenzione*. Torino: Einaudi 1992).

Peirce, Charles S.
1934-48 *Collected Papers*. Cambridge: Harvard U.P. (tr. it. parz. In Peirce 1980, 1984, 1992).
1980 *Semiotica*. Torino; Einaudi.
1982-83 *Writings of Charles S. Peirce*. Bloomington: Indiana U.P. (tr. it. parz. In Peirce 1980, 1984, 1992).
1984 *Le leggi dell'ipotesi*. Milão: Bompiani.
1992 *Categorie*. Bari: Laterza.

Pérez Carreño, Francisca
1988 *Los placeres del parecido. Icono y representación*. Madri: Visor.

Perri, Antonio

1996a *Scrittura azteca, semiosi, interpretazione*. Tese (doutorado em Semiótica), 8º ciclo, Universidade de Bolonha (para uma versão resumida, ver Perri 1996b).

1996b "Verso una semiotica della scrittura azteca". In De Finis, G., Galarza, J., Perri, A., *La parola fiorita. Per un'antropologia delle scritture mesoamericane*. Roma: Il Mondo 3 Edizioni: 141-286.

Petitot-Cocorda, Jean

1983 "Paradigme catastrophique et perception categorielle". *Recherches sémiotiques — Semiotic inquiry* 3, 3: 207-247.

1985a *Les catastrophes de la parole*. Paris: Maloine.

1985b *Morphogénèse du sens*, vol.1. Paris: P.U.F. (tr. it. *Morfogenesi del senso*. Milão: Bompiani 1990).

1989 "Modèles morphodynamiques pour la grammaire cognitive et sémiotique modale". *Recherches sémiotiques — Semiotic inquiry* 9, 1-3: 17-51.

1995 "La réorientation naturaliste de la phénomenologie". *Archives de philosophie* 58, 4: 631-658.

Philippe, M.-D.

1975 *Une philosophie de l'être est-elle encore possible? III. Le problème de l'Ens et de l'Esse*. Paris: Téqui.

Piaget, Jean

1955 *La représentation du monde chez l'enfant*. Paris: PUF (tr. it. *La rappresentazione del mondo nel fanciullo*. Torino; Einaudi 1955).

Piattelli Palmarini, Massimo

1995 *L'arte di persuadere*. Milão: Mondadori.

Picardi, Eva

1992 *Linguaggio e analisi filosofica*. Bolonha: Patron.

Pierantoni, Ruggero

1981 *Fisiologia e storia della visione*. Torino: Boringhieri.

Pinborg, Jan

1972 *Logik und Semantik im Mittelalter. Ein Überblick*. Stuttgart-Bad Cannstatt: Fromann-Holzboog (tr. it. *Logica e semantica nel Medioevo*. Torino: Boringhieri 1984).

Pisanty, Valentina

1993 *Leggere la fiaba*. Milão: Bompiani.

Ponzio, Augusto
1983 "La semantica di Pietro Ispano". In Corvino et al. 1983: 123-156.
1990 *Man as a Sign*. Berlim: De Gruyter.
1993 "Aspetti e problemi della filosofia del linguaggio e della semiotica in Italia". In Calabrese, O. et al., eds., *La ricerca semiotica*. Bolonha: Progetto Leonardo: 65-140.

Popper, Karl
1969 *Conjectures and refutations*. Londres: Routledge 1969 (tr. it. *Congetture e refutazioni*. Bolonha: Mulino 1972).

Posner, Roland
1986 "Iconicity in syntax". In Bouissac et al., eds. 1986: 305-338.

Prieto, Luis
1975 *Pertinence et pratique*. Paris: Minuit (tr. it. *Pertinenza e pratica*. Milano: Feltrinelli 1976).

Prodi, Giorgio
1977 *Le basi materiali della significazione*. Milão: Bompiani.
1988 "Signs and codes in immunology". In Sercarz et al., 1988: 53-64.

Proni, Giampaolo
1990 *Introduzione a Peirce*. Milano: Bompiani.
1992 *La fondazione della semiotica in Ch. S. Peirce*. Tese (doutorado em Semiótica), 2º ciclo. Universidade de Bolonha, A.A. 1991-92.

Putnam, Hilary
1975 "The Meaning of Meaning". In Gunderson, K., ed., *Language, Mind and Knwoledge*. University of Minnesota Press. Ora in Putnam, H., *Mind, language and reality*. London: Cambridge U.P.: 215-271 (tr. it. *Mente, linguaggio e realtà*. Milano: Adelphi 1987).
1981 *Reason, Truth and History*. Cambridge: Cambridge U.P. (tr. it. *Ragione, verità e storia*. Milano: Saggiatore 1985).
1987 *The Many Faces of Realism*. LaSalle: Open Court.
1992 *Il pragmatismo: una questione aperta*. Bari: Laterza.

Pylyshyn, Zenon W.
1973 "What the Mind's Eye Tells the Mind's Brain: A Critique of Mental Imagery". *Psychological Bulletin* 8: 1-14.

Quine, Willard V. O.
1951 "Two Dogmas of Empiricism". In *From a Logical Point of View*. Cambridge: Harvard U.P. 1953 (tr. it. *Il problema del significato*. Roma: Ubaldini 1966).

1960   *World and Object*. Cambridge: M.I.T. Press (tr. it. *Parola e oggetto*. Milão: Saggiatore 1970).
1995   *From Stimulus to Science*. Cambridge: Harvard U.P.

Ransdell, Joseph
1979   The epistemic function of iconicity in perception. *Peirce Studies*. 1, 1979: 51-66.

Rastier, François
1994   "La microsémantique". In Rastier, F. et al., *Sémantique pour l'analyse*. Paris: Masson.

Reed, Stephen K.
1988   *Cognition. Theory and Application*. Pacific Grove: Brooks/Cole (tr. it. *Psicologia cognitiva*. Bolonha: Mulino 1989, 2a. ed 1994).

Roberts, Don D.
1973   *The existential graphs of Charles S. Peirce*. Haia: Mouton.

Rorty, Richard
1979   *Philosophy and the Mirror of Nature*. Princeton U.P. (tr. it. *La filosofia e lo specchio della natura*. Milão: Bompiani 1986).

Rosch, Eleanor
1978   "Principles of categorization". In Rosch e Lloyd, eds., *Conditioned categorization*. Erlbaum: 15-35 (tr. it. in Anolli, L. e Ciceri, R., eds., *Elementi di psicologia della comunicazione*. Milão: LED 1995: 161-191).

Rosch, Eleanor e Lloyd, B.B., eds.
1978   *Cognition and Categorization*. Hillsdale: Erlbaum.

Rosch, Eleanor e Mervis, Caroline B.
1975   "Family resemblances: Studies in the internal structure of categories". *Cognitive Psychology* 7: 573-605.

Rosch, Eleanor et al.
1976   "Basic objects in natural categories". *Cognitive Psychology* 8: 382-440.

Rossi, Paolo
1997   *La nascita della scienza moderna*. Bari: Laterza.

Russell, Bertrand
1905   "On denoting", *Mind*, 14: 479-493 (tr. it. "Sulla denotazione". In Bonomi ed., 1973: 179-195).
1940   "The object-language". In *An inquiry into meaning and truth*. Londres, Allen & Unwin.

Sacks, Oliver
1985   *The Man who Mistook his Wife for a Hat.* Londres: Duckworth (tr. it. *L'uomo che scambiò sua moglie per un cappello.* Milão: Adelphi 1986).

Saint-Martin. Fernande
1987a   "Pour une reformulation du modèle visuel de Umberto Eco". *Protée*, automne 1987: 104-114.
1987b   *Sémiologie du langage visuel.* Sillery: Presses de l'Université du Québec.
1988   "De la fonction perceptive dans la constitution du champ visuel". *Protée* 16, 1/ 2: 202-213.

Salmon, Nathan U.
1981   *Reference and Essence.* Princeton: Princeton U.P.

Santambrogio, Marco
1992   *Forma e oggetto.* Milão: Saggiatore.

Santambrogio, Marco, ed.
1992   *Introduzione alla filosofia analitica del linguaggio.* Bari: Laterza.

Schank, Roger e Abelson, R. P.
1977   *Scripts, Plans, Goals and Understanding.* Hillsdale: Erlbaum.

Searle, John
1979   "Literal meaning". In *Expression and meaning.* Cambridge: Cambridge U. P.: 116-136.
1985   *The construction of Social Reality.* Nova York: Free Press (tr. it. *La costruzione della realtà sociale.* Milano: Comunità 1996).

Sebeok, Thomas A.
1972   *Perspectives in Zoosemiotics.* Haia: Mouton.
1976   "Six Species of Signs". In *Contribution to the Doctrine of Signs.* Bloomington: Indiana U.P.: 117-142.
1979   "Iconicity". In *The Sign* e *its Masters.* Austin: University of Texas Press: 107-127 (tr. it. *Il segno e i suoi maestri.* Bari: Adriatica 1985).
1991   *A Sign is just a Sign.* Bloomington: Indiana U.P.
1994   *An Introduction to Semiotics.* Toronto: Toronto U.P.

Sebeok, Thomas A., ed,
1978   *Animal communication.* Bloomington: Indiana U.P. (tr. it. *Zoosemiotica.* Milano: Bompiani 1973).

Sellars, Wilfrid
1978   "The role of imagination in Kant's theory of experience". In Henry W. Johnstone jr., ed. *Categories: A Colloquium.* Pennsylvania State University 1978.

Semprini, Valentina
1997 *La rappresentazione del conflitto nella letteratura a fumetti.* Trabalho de conclusão de curso (graduação em Semiótica). Universidade de Bolonha, Faculdade de Letras e Filosofia. A.A. 1995-96.

Sercarz, Eli, Celada, Franco, Mitchison, Avron e Tado, Tomio, eds.
1988 *The semiotics of cellular communication in the immune system.* Berlin: Springer.

Sherzer, Joel
1974 "L'indicazione tra i Cuna di San Blas". *VS* 7: 57-72.

Simone, Raffaele
1995 "The search for similarity in the linguist's cognition". In Cacciari, ed. 1995: 149-157.

Sonesson, Göran
1989 *Pictorial Concepts.* Malmö: Lund University Press.
1994 "Pictorial semiotics, Gestalt theory, and the ecology of perception". *Semiotica* 99, 3 /4: 319-400.

Spade, Paul V.
1982 "The semantics of terms". In Kretzmann et al. 1982: 188-196.

Sperber, Dan e Wilson, Deirdre
1986 *Relevance.* Cambridge: Harvard U.P. (tr. it. *La pertinenza.* Milão: Anabasi 1992).

Strawson, Peter F.
1950 "On Referring". *Mind* 59: 320-344 (tr. it. in Bonomi, ed. 1973: 197-224).

Tabarroni, Andrea
1989 "Mental signs and the theory of representation in Ockham". In Eco e Marmo, eds., 1989, pp. 195-224.

Tarski, Alfred
1944 "The semantic Conception of truth". *Philosophy and Phenomenological Research,* 4, 1944, pp. 341-376 (tr. it. in Linsky, L., ed., *Semantica e filosofia del linguaggio.* Milão; Saggiatore 1969).

Todorov, Tzvetan
1982 *La conquête de l'Amérique.* Paris: Seuil (tr. it. *La conquista dell'America.* Torino: Einaudi 1984).

Tversky, Amos
1977   "Features of similarity". *Psychological Review* 81: 327-352.

Vaina, Lucia
1983   "From shapes and movements to objects and actions". *Synthese* 54: 3-36.

Varela, Francisco et al.
1992   *The embodied mind*. Cambridge: M.I.T. Press.

Vattimo, Gianni
1980   *Le avventure della differenza*. Milão: Garzanti, 1980: 84.
1983   "Dialettica, differenza, pensiero debole". In Vattimo, G. e Rovatti, P. A., eds. *Il pensiero debole*. Milão: Feltrinelli.
1994   *Oltre l'interpretazione*. Bari: Laterza.

Violi, Patrizia
1991   "Linguaggio, percezione, esperienza: il caso della spazialità". In Cacciari, ed. 1991: 59-106.
1997   *Significato ed esperienza*. Milão: Bompiani.

Violi, Ugo
1972   "Some possible developments of the concept of iconism". *VS* 3: 14-29.

Wierzbicka, Anna
1996   *Semantics. Primes and Universals*. Oxford: Oxford U.P.

Wittgenstein, Ludwig
1922   *Tractatus Logico-Philosophicus*. Londres: Routledge (tr. it. *Tractatus Logico-Philosophicus*. Torino: Einaudi 1964).
1953   *Philosophische Untersuchungen*. Oxford: Blackwell (tr. it. *Ricerche filosofiche*. Torino: Einaudi 1973).

Zijno, Alessandro
1997   *Fortunatamente capita di fraintendersi. Intersezioni tra la concezione di lingua di Donald Davidson e la Teoria della Pertinenza*. Tese (doutorado em Semiótica), 8º ciclo. Universidade de Bolonha. A.A. 1995-96.

Índice

Este livro foi composto na tipografia
Minion Pro, em corpo 11/14,5, e impresso em
papel off-white no Sistema Digital Instant Duplex
da Divisão Gráfica da Distribuidora Record.